电脑家用888问

王智毅 编著

金盾出版社

内 容 提 要

随着信息时代的到来，电脑已进入千家万户，为适应电脑家庭使用的需要，我们编写了这本《电脑家用888问》。本书以通俗易懂的文字，深入浅出地回答了电脑在操作、维护、应用等方面碰到的各种问题，详细讲述了解决这些问题的具体办法和技术要点，语言简练，表达准确，技术含量大，应用范围广，既可供电脑爱好者使用，也可供各种电脑培训班培训电脑操作人员时参考。

图书在版编目(CIP)数据

电脑家用888问/王智毅编著．—北京：金盾出版社，2003.10
ISBN 978-7-5082-2697-2

Ⅰ.电…　Ⅱ.王…　Ⅲ.电子计算机-问答　Ⅳ.TP3-44

中国版本图书馆CIP数据核字(2003)第082437号

金盾出版社出版、总发行
北京太平路5号(地铁万寿路站往南)
邮政编码：100036　电话：68214039　83219215
传真：68276683　网址：www.jdcbs.cn
封面印刷：北京精彩雅恒印刷有限公司
正文印刷：北京四环科技印刷厂
装订：海波装订厂
各地新华书店经销
开本：787×1092 1/16　印张：19.25　字数：477千字
2009年9月第1版第5次印刷
印数：27001—33000册　定价：32.00元

前　言

电脑在飞快地普及，可以说已经在我们的工作、学习和生活中无孔不入。一台电脑加上互联网，只要你愿意，它几乎能帮你做任何事情。早晨起床要看新闻吗？打开电脑；身体不适要找个专家问问吗？打开电脑；感到寂寞想找个朋友聊天吗？打开电脑；“朋友来了有好酒”，酒是真是假？打开电脑；要读书吗？打开电脑；要学英语吗？打开电脑；要出国留学吗？打开电脑；要找工作吗？打开电脑……。一旦人们了解了这些，懂得了电脑确有实实在在用途的话，我想，无论他年纪多大，无论他从事什么工作，无论他文化程度高低，都一定会激发出空前的学用电脑的兴趣和积极性。

显然，电脑可以给我们的学习、工作提供极大的方便和帮助，使我们的生活更加充实、快乐，因此，它越来越成为人们生活中不可或缺的组成部分，成为每个家庭忠实的朋友。电脑使用价值高、应用范围广特点的真正实现，有赖于对电脑潜能的充分开发和运用，本书正是基于这样的考虑而编写的。

本书在编写过程中，考虑到使用者的需要，特别是考虑到初学电脑的朋友和中老年朋友的需要，突出了两个特点：一是具体、实用。尽量不使用或少使用抽象难懂的专业术语，使具有一般文化水平的朋友都能读得懂，并能够掌握。书中内容绝大部分经过实际操作，涉及实际操作的内容都一步一步尽可能具体，以期尽量减少读者朋友们的误操作，让初学电脑的朋友也能依据书中操作步骤轻松搞定。二是书中所涉及的每个问题既有其内在的连续性，又相对独立成篇。读者朋友既可以按顺序一步一步地学下去，也可以根据个人需要有选择地阅读，甚至可以像使用工具书那样，碰到什么问题，就到书中去查找解决问题的办法，使学习和使用都方便。

本书在编写过程中，得到了电脑专家和朋友们的大力支持和帮助，他们在技术上把关，对绝大部分内容进行了实际操作测试，使本书能较快地与读者朋友见面，在此一并表示真诚的谢意。由于本人水平所限，书中难免会存在一些错误和疏漏之处，诚恳希望读者朋友给予批评指正，不吝赐教！

作　者

目　录

三、电脑的通信联络

一、电脑的购买和维护

001. 电脑是什么?

电脑就是电子计算机。电子计算机是20世纪最伟大的发明之一。1946年2月15日,世界上第一台电子计算机ENIAC诞生于美国。ENIAC重30吨,占地167平方米,用了18000多个电子管、1500多个继电器、70000多个电阻、10000多个电容,功率为150千瓦。ENIAC每秒可完成5000次加减法运算,虽然其运算速度远不及现在最简单的计算器,但它的诞生宣布了电脑时代的到来。自ENIAC问世50多年来,计算机得到了突飞猛进的发展,其体积越来越小、功能越来越强、价格越来越低、应用越来越广。随着微型计算机的出现以及计算机网络的发展,计算机的应用不仅改变了人类社会的面貌,而且正改变着人们的生活方式。计算机分巨型机、小巨型机、大型主机、小型机、工作站和个人计算机等6类,个人计算机即我们平常所说的微机(微型计算机),也称PC机。用于家庭的个人计算机也就叫做家用电脑。家用电脑一般包括主机、显示器、键盘、鼠标、音箱、Modem(调制解调器)等部分,核心部件在主机箱内。主机有立式和卧式两种,性能上没有差别,价格也相差不大。目前流行的是立式机箱,因为立式机箱散热好,又容易扩充。

002. 什么是多媒体计算机?

人类社会信息的表现形式是多种多样的,如我们常见的文字、声音、图像等都是信息的表现形式,通常人们把这些表现形式叫做"媒体"。但是,这里所说的"多媒体",并不是指多媒体信息本身,而主要是指处理和应用它的一套技术,即"多媒体技术"。在多媒体技术的推动下,计算机从传统的单一处理字符信息的形式,发展为能对文字、声音、图像和影视等多种媒体信息进行综合处理和集成,创造出集文字、图像、声音于一体的新型信息处理模式,实现了计算机多媒体化。同时,利用计算机网络系统进行多媒体信息传输,为人类社会提供了全新的信息服务。将多媒体技术和计算机技术相结合,成了我们经常所说的多媒体计算机。实际上,多媒体计算机就是能综合处理多种媒体信息,如文字、图形、图像、音频、视频、动画等,并使多种信息互相联系,具有交互性能的计算机系统。

003. 怎样选购电脑?

对于一般家庭来说,买电脑的首选是品牌机。一是品牌机的生产者都拥有注册商标和生产许可证,有自己完整的生产流水线,具备一定的研发能力,它们的产品信誉较高。二是要考虑电脑配置。应该说,目前大多数品牌机的配置都比较合理,稳定性也较好。但也有一些厂商为了降低成本,在配置上作文章,搞一些"好马不配好鞍"的机型。购买前最好请教一下懂行的朋友。三是要讲究扩展性和升级空间。由于电脑及相关产品发展很快,说不定没过半年数月你就想增加功能或者是提高一下配置,如果无此远虑,到时你就会让商家贴在机箱上的保修标封束缚了手脚,因为一般厂商的保修卡上都注明:如擅自打开机箱,正常的维修服务将会失效。因此,一定要事先考虑周全。四是售后服务要有保证。一般大的厂商都是承诺三年质保,一年免费上门服务，提供全天候 24 小时电话技术咨询的。五是要看随机赠送的软件。自然是多多益善。最后，还要顾及外观和款式，符合人体生物工程和人性化的设计使用起来总是要感觉好一些。

004. 什么是“硬件”？

硬件是指构成计算机的物理设备，是一些实实在在的有形实体。简单地说，当我们买回电脑，从商场里搬回家的那套东西统统都是硬件。基本硬件包括运算器、控制器、存储器、输入和输出设备等。我们看到的家用电脑，通常是由主机、显示器、键盘、鼠标以及音箱等组成。运算器、控制器、存储器等都装在主机机箱内，不打开机箱从外边看不到；键盘、鼠标属于输入设备，而显示器、音箱、打印机则是输出设备。当然，电脑的硬件远不止这些，常见的还有光盘刻录机、扫描仪等。

005. 什么是“软件”？

就计算机系统而言，软件是指硬件以外所有的东西。包括计算机程序、程序描述以及其他附属资料和文档等。简而言之，软件是所有的程序及有关技术文档资料的总称。二者中更重要的是程序，它是计算机正常工作的最重要因素，一般我们所说的软件就是指计算机程序。当然，软件是相对硬件而言的，如果把硬件看作是构成计算机系统的物质资源，那么软件则是使计算机系统正常运转的技术和知识资源。也可以说，在计算机系统中，硬件是构成计算机系统的各种功能部件的集合，软件则是构成计算机系统的各种程序的集合。当你打开电脑，在机器中正在运行的，就是软件。根据软件的用途，通常分为系统软件和应用软件两大类。

006. 电脑都必须有硬件和软件吗？

回答是肯定的。每台电脑都必须既有硬件又有软件，换句话说，既有硬件又有软件的计算机才是真正有用的计算机。在一台电脑中，硬件和软件是一个统一的整体，是有机的结合。任何一方都不可能脱离另一方而单独发挥作用。有了硬件，软件才得以运行；有了软件，硬件才知道去做什么。当然，有些功能是既可以用硬件也可以用软件来实现的。比如，早期的一些计算机没有乘除运算指令，乘除运算都是通过程序来完成的。某一功能若用硬件实现，则计算机的线路就会相对复杂，但速度快；某一功能若用软件实现，则计算机的线路就会相对简单，但速度慢。自计算机诞生以来，无论是硬件还是软件的发展，都是双方互相推动和促进的。早期的计算机软件很少，伴随着硬件的快速发展，软件也日益完善。近年来，许多软件越做越大（如 Windows 操作系统），在低档硬件上无法发挥其优势甚至不能运行，这就迫使硬件加速发展以适应软件的发展。

007. 家用电脑的主要硬件有哪些？

我们去选购电脑，首先接触的一个东西就是“配置”，所谓配置，就是计算机的主要硬件构成。通常，我们看一台电脑，无论是家用的还是商用的，都有主机、显示器、键盘、鼠标等几部分。表面上看起来，各种品牌、型号的电脑都差不多，只是外观上有一些区别罢了。但决定电脑性能或者说价格的关键硬件都在我们一眼无法看透的主机箱内，也就是厂商提供的配置清单上列在前面的那些。包括：1、系统主板，又叫主机板，或简称主板、母板。2、中央处理器，通常简称作 CPU。3、内存条，简称内存。4、显示卡，简称显卡。5、硬盘驱动器，简称硬盘。6、光盘驱动器，简称光驱。7、软盘驱动器,简称软驱。8、显示器,有普通显示器和液晶显示器之分。9、键盘。10、鼠标。除显示器、键盘、鼠标外,其余都在主机箱内,一般来说,它们的性能和质量决定着整台电脑的性能和档次。

008. 主机是什么?

主机是电脑必不可少的重要部件。打开主机箱就可以看到:上面是电源,它的作用是将220V的交流电转换成为电脑工作时需要的直流电,电源的散热风扇在电脑开机后会自动打开。在电源的下面,装有中央处理器、内存条、显示卡等,它们都按一定的规则和要求与一块大的印刷电路板组合在一起,这块电路板就是主板,是主机箱里最重要的部件。此外,主机箱里还有光驱、软驱、硬盘等。

主机在开机状态下是不允许移动的,因为轻微的震动就可能造成硬盘等设备的损坏。当然,平时移动主机也要尽可能轻拿轻放。

009. 电脑主机前面板有些什么?

电脑的操作几乎都在主机前面板上。因此,有必要把前面板上都有些什么了解清楚。电脑的外观设计虽然五花八门,但是基本配置都是相同的。前面板上都有光驱、软驱、电源开关、复位按键、电源灯、硬盘工作灯等。

光驱一般安装在最上部,光驱面板上有耳机插孔、音量调节旋钮。像一般录音机上那样的播放键是用来播放CD音乐盘的,出盘键用来弹出和关闭光盘托架。当读盘时,指示灯闪亮,没有盘片或不读盘时不亮。光驱下面的主机箱面板上有二到三个不等的预留位置,需要时把塑料档片拿下来,就可以安装内置刻录机或是DVD－ROM等设备。再往下,大概主机前面板的中间位置,就是软驱了。软驱上唯一的按钮是用来弹出软盘的,指示灯在软驱读写盘时会闪亮。电源开关、复位按键、电源灯、硬盘工作灯等大都也安装在前面板的中间位置,当然,也可以安装在面板的其他位置。按下电源开关即启动电脑,但电脑关机一般不使用它;复位按键又叫重启键,只有在电脑开机状态下才有用,按下它,电脑便被迫重新启动;电源灯在电脑开机或电源接通状态下呈绿色闪亮;硬盘灯在硬盘读盘时呈红色闪亮,不读盘时呈绿色。此外,有些电脑还在面板下部配置了USB、麦克以及音频输出接口。

010. 安装电脑应注意哪些事项?

从正规商家购买的电脑,第一次安装完全可以由商家负责。如果自己安装,在动手安装之前,一定要认真阅读“计算机用户手册”或相应的使用说明书。一是电脑摆放位置应尽可能通风,避免靠近热源或阳光直射,避免潮湿,避免与电扇、电视机、电冰箱、微波炉、空调机等电器共用同一电源接线板。二是连线要正确。计算机各部件之间的连线有两种:一种是信号线,另一种是电源线。不管是信号线还是电源线,其连接必须要正确无误。目前,计算机各部件与主机连接的信号电缆插头的形状一般决定了只有一种插入方向,插入的方向正确才能插得进去。如果在连接时感觉很难插进去,则有可能是插反了方向或所插的插座有误,要查看仔细。三是连接好保护地线。许多家庭对此缺乏足够的重视,认为接不接地线无所谓,实际上这是很重要的一环。虽然一般不会造成生命危害,但却会影响机器性能。四是电源线接好后,在按下主机前面板的电源开关通电之前,一定要仔细检查各部件的连接及电源开关是否处于正常状态。

011. 怎样连接电脑各外部设备？

电脑的接线端口一般都集中在主机的后面板上，目前新电脑接口的形状、位置和色彩都有了统一规定，只须按不同颜色对照连接即可。一些接口还作了防反插设计，插错了或插反了是插不进去的。首先是键盘和鼠标的"PS/2"接口，不仅有颜色区别，而且各有标志：蓝色接键盘，绿色接鼠标。只须将有截面的或印有箭头的这一面对准"PS/2"接口的右边，并保持与机箱垂直，就能轻松插入。其次，是 4 个黑色的 A 型 USB 通用串行接口。USB 接口为扁平 4 芯防反插设计插座。第三是两个蓝色的串口 9 针 D 型插座 COM1 和 COM2。它们一般用来连接外置调制解调器等设备。COM2 的优先权大于 COM1，因此要首先使用 COM2。第四是红紫色 D 型 25 孔并行接口 LPT1。一般用于连接打印机。最下面是绿色 D 型 3 排 15 孔的显示信号插座，供连接显示器信号线用。需要注意的是，串口、并行接口、显示信号插座在插入后都应当拧紧插头上的固定螺杆，确保信号的可靠传输。

如果主板集成了声卡，那么还会有 3 个圆形音频插孔：1、模拟音频输出接口"SPK"，用来连接音箱的信号线插头；2、线性输入接口"Line In"，用它可以把外部音频设备的声音输入电脑并播放出来，如使用普通的收音机或录音机等；3、话筒信号输入接口"MIC(麦克)"，用它连接话筒的信号线插头。如果主板上也安装了网卡和 1394 卡，这两种接口比较特殊，一般不会插错。最后是连接电源线。在连接电源时，应先将电源电缆的一端插头插入主机箱背后的插座内，再将电缆的另一端插头插到交流电源插座内。

012. 什么是 CPU？

CPU 又叫中央处理器或称微处理器，是微机的心脏。由于微机的处理功能全都是由 CPU 来完成的，所以 CPU 的性能直接决定了微机的性能。CPU 的外观是一个方形的块状物，下面有许多针脚，中间部分是一片薄薄的硅晶片，上面密布着数以千万计的晶体管，Pentium 4 CPU 就在上面集成了大约 5500 万个晶体管，就是这些晶体管，相互合作，为我们演绎出优美的音乐、五彩缤纷的图像等等。目前，最新型个人电脑的 CPU 是美国 Intel 公司生产的 0.13 微米制造工艺的 P4(Pentium4)。

013. 怎样安装 CPU？

CPU 的安装不复杂，如 P4 CPU，使用的"ZIF"插座是方形零插拔力插座，安装时只要稍微用心一些，就不会有问题。第一步：释放身上的静电。计算机中的电子产品对静电高压非常敏感，人体静电有可能对计算机元器件造成损害，所以在安装 CPU 之前，要断开所有电源，双手通过触摸墙壁、自来水管等释放身上的静电。当然，最好是戴上胶皮手套隔绝静电。第二步：抬起锁杆。只须轻轻向外拉即可抬起主板"ZIF"插座旁的锁杆。第三步：插入插座。将 P4 处理器的引脚缺针位置对准 Socket 478 插座的相应位置，平稳地将 CPU 的引脚插入插座中。第四步：固定 CPU。轻压 CPU，使 CPU 的引脚与插座紧密结合，然后均匀用力放下锁杆，直到锁杆扣回时发出声响，表明将 CPU 固定好。第五步：涂上硅脂。硅脂是在购买 CPU 时附送的，通常装在一个塑料管内。轻轻把它挤出来，均匀涂抹在 CPU 芯片上，注意不要涂得太厚。第六步：安装风扇。将专用风扇底部对准涂好硅脂的 CPU 芯片，均匀用力在主板相应的位置上扣好风扇扣。

014. 什么是主板？

主板又称系统主板或母板，表面看上去就是一块电路板，用来控制和驱动整个机器，是微机的核心部件，是CPU与其他部件连接的桥梁。主板主要包括：1. CPU插座。CPU插座用来连接和固定CPU。目前大部分主板采用Socket系列CPU插座，Socket插座位于主板右方，属于零插拔力插座。2. 内存总线插槽。内存类型不同，内存插槽的形式也有所区别。SDRAM内存采用168线的DIMM内存插槽，一般主板上都有3条DIMM内存插槽。DDR SDRAM内存采用184线DDR DIMM插槽，形式与DIMM插槽基本相同，但在插槽中间只有一个防反插断口。RAMBUS内存采用184线RIMM插槽，插槽中间有两个防反插断口。3. AGP图形总线插槽。AGP总线插槽位于主板中间位置，它提供显示卡专用的快速数据传输。4. PCI总线插槽。PCI总线插槽在主板左方，大部分主板有5－6个PCI总线插槽。PCI总线主要负责如声卡、电视卡等外设信号的传输。5. BIOS芯片FWH(固件控制中心)。BIOS芯片无固定位置，一般处于主板左下方或左上方。BIOS芯片将一些非常重要的软件固化在一个只读存储器芯片(ROM)中，因此也称它为固件。BIOS的作用是：初始化硬件设备、系统自检、子程序调用等。6. 主板跳线。在主板上还有一些跳线插座，用来配置主板硬件。如：CPU电压调整、CMOS密码清除等。此外，还有用来连接主机面板电源灯、硬盘灯、喇叭、电源开关、复位按键等接线的插座以及电源、硬盘、软驱、光驱接口等。

015. 什么是内存？

内存是用来存储运行的程序和数据的。由于所有程序和数据都必须调入内存才能处理，因此，内存是继CPU、主板之后计算机里又一个不可或缺的重要部件。内存通常制作成条状插在主板的内存插槽中，因此人们又把它叫做内存条。许多人弄不明白内存究竟是怎么回事，为什么那么重要。打一个不太恰当的比喻，电脑开机之后就好像我们从书架上取出一本书，电脑要把一些程序调入内存才好运行，我们读书也必须有一定的空间才翻得开书本，内存的作用就相当于我们要翻开书本必须的空间。空间越大翻书的动作越自如，内存越大计算机也就运行的越流畅，挤在书架里的书是翻不开的，因此，没有内存的计算机也就无法开机运行。目前市场上有SDRAM、DDR SDRAM、RDRAM(Rambus)三种内存条，它们的工作方式不同，互不兼容，外观形状大同小异。内存有两个重要的技术指标，一是存储容量，二是存取速度。通常，选择内存条，就是要尽可能快的速度和尽可能大的容量。

016. 家用电脑一般该配多大物理内存？

由于内存是存放执行程序的代码以及相关数据的，操作系统包括设备驱动程序，都要占用内存空间，操作系统不同，应用程序不同，对内存的大小要求也有不同。一般家用电脑，内存不应少于64MB，如果条件允许，配置一条128MB或256MB的内存最好，充足的内存对系统速度的提升作用相当明显。

017. 什么是显卡？

显卡是显示卡的简称。没有显卡，连接电脑的显示器屏幕就会是一片漆黑。有人把显卡比作CPU与显示器之间的桥梁。没有这座桥，我们是玩不转电脑的。显卡的作用是根据CPU提供的指令和数据，将程序运行过程和结果进行相应的处理，并转换成显示器能够接收的信号，然后通过屏幕显示出来。显卡的基本部件有:图形处理芯片 GPU、显存 VDRAM、数字模拟信号转换器 RAM DAC、显卡 BIOS、显示总线 AGP、信号输出接口 VGA 以及显卡上的晶振、电容、电阻等。随着技术的进步,显卡的电子元器件越来越少,功能越来越强。图形处理芯片 GPU 决定了显卡性能的高低;显存的大小直接影响到显示颜色的多少、显卡支持的最高分辨率;RAM DAC 的工作是将显卡的数字信号转换为显示器需要的模拟信号;显卡 BIOS 芯片主要用于保存 VGABIOS 程序,用于显卡工作时的控制和管理,使用者可以根据需要使用特定工具软件进行升级。AGP 总线实际上是 PCI 总线的扩展,进一步提高了显卡的性能;视频信号输出接口就是供用户连接显示器的 VGA 视频信号接口,支持双显示器的显卡通常还提供两个 15 孔的 D 型显示器插座,有些具备电视信号输出的显卡还有一个视频信号插座或 5 针的 S 端子插座,支持液晶显示器的显卡,也具有相应的数字视频输出接口"DVI"。有些显卡上装有风扇,那是为了给显卡散热。

018. 什么是显示器?

显示器是电脑不可或缺的重要输出设备,它主要有 CRT(阴极射线管)和 LCD(液晶显示器)两种类型。CRT 显示器就是我们常见的带有显像管的传统显示器,而 LCD 显示器则是近几年刚刚流行起来的没有显像管的显示器。CRT 显示器目前流行的规格有 15 英寸、17 英寸、19 英寸、20 英寸、21 英寸几种。这个尺寸是指显示器对角线的长度,由于 CRT 显示器显像管外壳的厚度,我们真正可见的显示器画面尺寸要小些。如 17 英寸 CRT 显示器实际画面为 15.7 英寸左右。早期显示器的表面呈凸起的球面,以后又出现了平面直角显示器、镜面管显示器等。目前流行的是纯平管显示器,显示屏外表面完全平整,而显示屏内壁则微呈球面,再通过特殊曲率设计,在视觉上使图像达到了完全平面的效果。在调节方式上,目前大部分显示器采用数控式调节,显示器内部带有专用的微处理器,能够记忆显示模式,常见的有按键式和飞梭单键两种方式。数字式调节方式采用屏幕显示菜单控制(OSD)操作,直观简单。常见的调节内容有亮度、对比度、屏幕尺寸、位置、几何失真等。LCD 显示器目前流行的规格以 15 英寸为主。由于不使用显像管,LCD 显示器可视画面尺寸要比同样尺寸的 CRT 显示器大一些。LCD 显示器目前多采用 TFT(薄膜晶体管)液晶显示屏。TFT 液晶显示屏通常包括:玻璃基板、透明电极、偏光板、晶体管等。

显示器与电脑中显卡的接口有 VGA 和 DVI 两种。VGA 是一种模拟显示接口,可以接 CRT 显示器或者有模拟接口的 LCD 液晶显示器。DVI 是数字信号接口,只能用于液晶显示器。

019. 怎样选购 LCD 显示器?

LCD 显示器与传统的 CRT 显示器相比,有着诸多无可比拟的优势:无辐射、不闪烁、无散热影响、颜色失真近乎为零等。LCD 显示器的表面是一层易碎的玻璃,如果这块玻璃破裂,则整台显示器就立即报废。因此,在选购 LCD 显示器时,首先要仔细地检查该表面玻璃有无裂纹和划伤的痕迹。其次是检查坏点。通常所说的坏点有两种:一种是"亮点",另一种是"暗点"。亮点就是始终亮着的点,暗点则是始终都不亮的点。如果我们仔细观察某些液晶显示器,就会发现显示器上有几个特别亮的点,这就是亮点,过亮的点看起来令人不舒服,也无法正常显示图像和字符。同样,液晶显示器上还可能出现暗点,暗点多了也会影响液晶显示器正常使用,暗点和亮点都是没有办法修复的,所以它们均叫做坏点。一台液晶显示器的亮点和暗点各不超过 3

个就算合格，这一点在选购时要特别注意。那么，在实际选购时该如何检查 LCD 显示器有无坏点呢？进入 MS－DOS 方式时，全屏都是黑色的，就可以十分清楚地看出是否有亮点。也可以在 Windows 桌面上右键单击，在弹出菜单中单击选中“属性”→“外观”，然后把颜色选为“白色”或“黑色”，“确定”后就会使桌面成为全白色或全黑色，可以清楚地看出屏幕上是否有暗点或亮点。

除此之外，液晶显示器的延迟时间、可视范围、多种接口也很重要。延迟时间是越小越好；可视范围是越大越好；接口则是越多越好。最后，在把 LCD 显示器买回家后，最好马上接到自己的显卡上试用，看它是否和自己的显卡相匹配。

020. 如何安装多台显示器？

只要计算机中有空闲的 PCI 插槽，Windows 98/Me/2000/XP 都可同时支持使用多台显示器，我们可以分别在每台显示器上显示不同的程序，也可以针对每台显示器选择不同的分辨率和颜色深度，更可以将应用程序从一个显示器上拖放到另一个显示器上，或者一台显示器播放 VCD 的同时另一台运行程序。要安装多台显示器，要求与计算机相连的每台显示器各有一个 PCI 显卡。多显示器功能目前只支持 PCI 显卡。第一步：关闭计算机，将 PCI 显卡插入计算机，开机后 Windows 自动检测，引导完成安装。第二步：在桌面空白处单击鼠标右键，选择“属性”，打开“显示属性”对话框。第三步：切换到“设置”页，用鼠标将显示器拖到屏幕的相应位置，然后单击“确定”按钮即可。也可以进入“控制面板”→“系统”→“设备管理器”对每台显示器分别设置。其中与第一个显卡相连的显示器是主显示器。

021. 什么是硬盘？

硬盘是用于保存电脑各种文件数据的存储器。是由包含多个盘片的盘片组加上硬盘驱动器，固定密封在一个专用的盒内。硬盘的精密度高、存储容量大、存取速度快。一台电脑可以配一个硬盘，也可以配两个或多个硬盘。硬盘按尺寸分有 3.5 英寸、2.5 英寸等；按接口分有 IDE、SCSI、USB 等。家用电脑几乎都使用 3.5 英寸的 IDE 接口硬盘。每个硬盘正面都贴有产品标签，上面印着型号、序列号、生产日期等信息。此外，还有一个透气孔，以保证硬盘内部气压与外部大气压一致；硬盘后部设有 4 针电源接口、数据接口插座和主从盘跳线等。电源插座提供电力保证，数据接口插座是硬盘与主板之间进行数据交换的通道，主从盘跳线则是用以区分驱动器访问顺序的。硬盘内部结构由磁头、盘片、控制电路板及其它附件组成。其中磁头和盘片组件是硬盘的核心。硬盘内部是绝对无尘的，通常固定安装在主机箱内。在普通环境下将硬盘拆开，意味着硬盘报废。一般认为，硬盘容量越大、转速越高越好。

022. 怎样安装硬盘？

一般家用电脑只安装一块硬盘。第一步：查看主板说明书或到网站上看看，确认主板 BIOS 支持大硬盘，戴上胶皮手套，或用手摸一下墙壁，将身上的静电放掉。第二步：拆开硬盘包装盒，认清硬盘数据线和主板上的 IDE 接口。主板上一般有两个 IDE 接口，在接口旁边标记有“IDE1”、“IDE2”，也有标记为“IDE0”和“IDE1”的。“IDE1”优先于“IDE2”，因此，一般都把硬盘接在“IDE1”上，把光驱等接在“IDE2”上。硬盘、光驱、软驱等设备必须安装在机箱中，硬盘安装在靠中间位置的 3.5 英寸插槽中。第三步：固定硬盘。只安装一块硬盘可以不设置跳线。将硬盘放到插槽中去时，注意手指尽量不要接触硬盘底部的电路板，对准插槽轻轻往里推，直到硬盘上的螺孔与机箱上的螺孔对正为止。硬盘的两边各有两个螺孔，上螺钉的进深要均衡，不要先拧好一边再去拧另一边。第四步：在主板上找到“IDE1”，从主板包装盒中找出 IDE 数据线，选择标有“System”字样的端口（离数据线中间那个接头距离最远的一头）与主板上的 IDE 接口相连，选择标有“Master”字样的另一头与硬盘相连。硬盘数据线采用防反插设计，只要对准缺口是不会插反的。第五步：连接电源线。随便从机箱电源输出插头中找一个空闲的大四芯插头插入硬盘的电源接口即可。

023. 怎样安装双硬盘？

第一步：考虑好 IDE 设备的主从关系。通常一块主板有两个“IDE”接口，可以接 4 个 IDE 设备。所谓 IDE 设备就是指使用 IDE 接口的硬盘、光驱等。现在我们要安装两块硬盘，而机器里一般还会有一个光驱，如果还有刻录机，一台机器里就有 4 个 IDE 设备。一种情况是双硬盘加光驱：应将容量大、速度快的新硬盘设置为主盘，接在“IDE1”接口上；在“IDE2”上将旧硬盘设为主盘，光驱设为从盘；另一种情况是双硬盘加双光驱：应将两块硬盘接在“IDE1”上，新硬盘设为主盘，旧硬盘设为从盘，两个光驱接在“IDE2”上，CD－ROM 或 DVD—ROM 设为主盘、刻录机为从盘。第二步：确定硬盘的安装位置。现在机箱一般都有 3 个 3.5 英寸插槽，软驱安装在最上面，单硬盘安装在最下面，空出一个插槽有利于散热；安装双硬盘没法空出插槽，应将速度快、使用次数多的新硬盘安装在旧硬盘的上面。当然，如果机箱有 4 个 3.5 英寸插槽，两个硬盘之间能空出一个插槽最好。第三步：设置好跳线，像安装单硬盘一样将两只硬盘分别安装、连接好。

024. 怎样使用 FDISK 命令为新硬盘分区？

新硬盘必须分区和格式化才可以使用。现在可以对硬盘分区的程序很多，但经常使用的是 DOS 程序 FDISK。用 FDISK 对硬盘分区，可以利用 Windows 98 的启动盘进行。第一步：将启动盘插入软驱，开机启动电脑。第二步：出现启动选单后使用键盘上的箭头键或数字键选第一项进入 DOS，键入命令“fdisk”后回车。第三步：系统提示是否选择支持 FAT32 格式的分区，键入“Y”后回车。第四步：进入分区选项后，在“Enter choice”处输入“1”，出现创建分区界面。第五步：继续选“1”后回车，首先建立主引导分区。这时，系统会询问是否使用最大的可用空间作为主分区，直接回车即可按缺省输入“Y”，将整块硬盘分成一个主分区，这实际上就是不分区，一般不这样做，应键入“N”后回车。第六步：系统提示硬盘可用空间总量，在光标处以 MB 为单位或者按百分比输入需要建立主引导分区的大小，回车后会显示分区情况，按“ESC”键返回到建立分区主界面。第七步：键入“2”后回车，建立扩展分区。系统提示输入扩展分区大小，可按系统提示值或自己输入的值回车。对于一般家用电脑来说，应选择所有剩余空间。也就是把在建立主引导分区之后的所有剩余空间都创建为扩展分区。第八步：回车后系统提示建立逻辑驱动器，这里可以直接回车把整个扩展分区建成一个逻辑磁盘，也可以根据自己的需要建立 D、E、F 等多个逻辑磁盘。第九步：如要建立多个逻辑磁盘，只须按系统提示的可用空间总量，以 MB 为单位依次输入每个逻辑磁盘的大小或占扩展分区的百分比回车即可，直至分配完毕。第十步：逻辑磁盘建完后，分区即告完成，系统会提示退出 FDISK 重新启动机器对新建分区格式化。第十一步：键入“Esc”后回车，退出 FDISK。第十二步：使用键盘同时按下“Ctrl＋Alt＋

Del”仍然用 Windows 98 启动盘重新启动机器进入 DOS。第十三步：在 DOS 提示符下键入“format C:”回车，首先对 C 盘格式化，然后可以以此类推继续键入“format D:”回车等，对其他分区格式化；也可以在对 C 盘格式化后即安装 Windows 系统，然后再使用 Windows 对其他分区格式化，Windows 的格式化要比 DOS 快许多。

025. 怎样使用 FDISK 命令删除硬盘分区？

如果要对已经分了区的硬盘重新分区，必须先删除已有的分区。第一步：将 Windows 98 启动盘插入软驱，开机启动电脑。第二步：出现启动选单后使用键盘上的箭头键或数字键选第一项进入 DOS，键入命令“fdisk”后回车。第三步：系统提示是否选择支持 FAT32 格式的分区，键入“Y”后回车。第四步：进入分区选项后，在“Enter choice”处输入“3”，出现删除分区界面。第五步：删除 DOS 分区的顺序，与建立分区的顺序相反，继续键入“3”后回车，首先删除逻辑磁盘。第六步：在删除分区界面键入“2”后回车，删除扩展分区。第七步：在删除分区界面键入“1”后回车，删除主分区。在删除分区或逻辑磁盘时，因为删除分区数据将全部丢失，系统会不断地“Warning”提出警告，可以通过输入“Y”或“N”确认或取消。第八步：删除分区完成后或者在任何需要的时候，可以在建立分区界面键入“4”后回车，浏览当前硬盘的分区信息。包括逻辑驱动器的分配情况、空间使用状况及分区格式等。确认分区完全删除后，就可以按照对新硬盘分区的操作重新分区使用了。

026. 硬盘该分多少个区？

一般情况下，系统文件应与其他文件分盘存放，就是说一块硬盘通常要分两个以上分区。具体该分多少个区应视硬盘容量大小而定。以在 Windows 系统下使用 80GB 的硬盘为例。第一步：C 盘分 5GB，用于安装 Windows 系统，无论是 Windows 98，还是 Windows XP，都够用。第二步：D 盘分 5GB，用于存放“我的文档”等资料性数据文件或准备日后安装第二操作系统。把数据文件单独放在一个分区有助于以后查找和备份资料。第三步：E 盘分 10GB，用于存放一些常用的工具软件及应用软件。对于工具软件，还可以划分详细目录分类，现在很多人都养成了从网上下载软件的习惯。可以专门建立一个文件夹用于存放下载软件。第四步：F 盘分 50GB，可以使用这个区专门存放游戏、经典电影、MP3 音乐和图片等。不要看这个区好像够大，如果你是一个电影或者游戏爱好者，就会发现，这点空间存不了几部 DVD 影片，长一点的连续剧一部都放不下。第五步：G 盘剩下大约 10GB。可以留作机动，存放一些备份，例如驱动程序，系统的镜像等等。

027. 怎样为硬盘加装外置抽取盒？

第一步：购买硬盘盒。硬盘抽取盒由两部分组成，一个框架和一个抽屉。框架可像安装光驱一样安装在主机箱上的 5.25 英寸插槽中；抽屉用来放置硬盘。第二步：在主机箱内，像连接一般硬盘一样将 IDE 数据线一端接在主板上，另一端接在硬盘抽取盒上，再接上一个四芯电源插头。第三步：注意抽屉上的锁孔，是用来防止硬盘误插拔、防盗以及控制电源的。第四步：安装完成后可以像使用普通硬盘一样使用抽取盒中的硬盘。在需要带走硬盘时，必须关闭电源，否则极易损坏硬盘。

028. 什么是光盘和光盘驱动器？

光盘一般是指只读光盘(CD－ROM)，此外，还有一次性写入光盘(CD－R)和多次可擦写光盘(CD－RW)，以及逐渐流行起来的 DVD 光盘等。目前包括家用电脑在内的个人电脑系统中使用最广泛的仍然是只读光盘。每张只读光盘的存储容量大约为 650MB，光盘中的信息是制造时写入的，只能被电脑读取而不能再次写入。存储在光盘中的信息是包括各种程序在内的数据文件，当然，音乐 CD、VCD 光盘也属于只读光盘，也能被电脑读取。光盘驱动器简称光驱，是电脑中用以读取光盘数据的设备，固定安装在电脑主机箱内。将光盘放入光驱时，要将光盘的信息面(没有印刷文字的一面)朝下放入。最初光驱的数据传输速率只有 150Kbit，现在的光驱读取速率有了大幅度的提高，提高的幅度都是以这个速率的整数倍为单位，称为倍速，如市场上常见的 40 倍速、52 倍速光驱等。每个光驱上都贴有产品标签，印着型号、序列号、生产日期等信息。后部设有 4 针电源接口、数据接口插座和主从盘跳线等。电源插座提供电力保证，数据接口插座是光驱与主板之间进行数据交换的通道，主从盘跳线用以区分光驱访问顺序。光驱后部还有一个 4 针音频输出接口，用以将音频信号输出到声卡。在光驱的前面板上，有耳机插孔、音量调节旋钮。像一般录音机上标志一个箭头那样的播放键是用来播放 CD 音乐盘的，出盘键用来弹出和放入光盘后关闭光盘托架。当读盘时，指示灯呈黄色闪亮，没有盘片或不读盘时不亮。

029. 什么是刻录机？

刻录机是“可写入光盘驱动器”的俗称。刻录机有内置刻录机与外置刻录机之分，外置刻录机价格较高。内置刻录机与普通光驱 CD－ROM 一样，也是固定安装在主机箱内，安装方法也相同。外观与普通的 CD－ROM 光驱差不多，不同品牌刻录机的功能按键位置也许不一样，但结构都是大同小异。一台 6 倍速写入的刻录机，前面板上通常都写有“6×4×32”字样，该标示是什么意思呢？我们知道，普通光驱只能读，不能写，因此便有了一个“读”的速度——如 XX 倍速。刻录机除了具备 CD－ROM 的读取功能外，它还有“写”的功能，为了标称不同刻录机“写”的快慢，同样采取“倍速”这个单位来标示。既然能“写”，自然也有“擦”的功能，也需要有速度单位。于是“6×4×32”就标示了刻录机的“写、擦、读”三个重要参数。在实际应用上，刻录机“写”的速度是最重要的，目前市场上的主流刻录机的写入速度都在 12 倍速以上，当然写入速度越快的刻录机价格就越高。

除了标示不同外，刻录机的指示灯也要比 CD－ROM 多一个，那就是多出了一个“WRITING”指示灯。当“WRITING”指示灯闪烁时，表示刻录机正在写入数据；另一个“DISC IN”指示灯则与普通光驱的指示灯相同，灯亮时表示正在读取光盘中的数据。内置刻录机的后面板与普通光驱完全相同，需要注意的是，大部分刻录机的默认主从跳线是“SL”，也就是从盘，所以如果打算将刻录机作为主盘使用，就要将跳线设置改过来。

030. 什么是刻录盘？

刻录盘就是用来刻录数据的光盘，有 CD－R、CD—RW 两种。前者只能进行一次性刻录，而后者则可以反复擦写和刻录。通常我们见到的 CD－R、CD－RW 盘片的直径均为 120mm，厚度为 1.2mm。在刻录盘的印刷面(也就是正面)，印有商标、性能参数等信息，“700MB”是刻录盘的最大容量，“1X～12X”表明支持 1 倍速到 12 倍速的刻录速度。刻录盘的数据面颜色有金色、绿色、蓝色等，我们据此把它们区分为金盘、绿盘、蓝盘等等。绿盘的特点是价格便宜，兼容性好，但是怕光，不适合用来长期保存数据；蓝盘除了价格便宜外，还具有长期保存数据的优点；金盘的稳定性比其它盘都要好，具有较高的读取率。另外金盘不怕强光，可用来长期存储数据。

031. 怎样选购刻录机？

刻录机作为新一代的数据移动存储设备，以其容量大、易保存和存储介质便宜等优点，一问世就受到广大消费者喜爱。随着刻录技术的不断成熟，刻录机的价格也降到了一个大众可以接受的价位，开始进入普通家庭，成为人们攒机时选择越来越多的计算机外部储存设备。购买刻录机首先是选定品牌。国外品牌有 SONY、YAMAHA、HP、NEC、理光等，国内品牌有阿帕奇、爱国者刻龙、亚迅、啄木鸟等。一般能够打入中国市场的国外品牌都是著名大厂，在国际市场上有良好的口碑，但价格较国产品牌略高。从实用角度看，国内不少品牌质量也不次，且价格低廉，售后服务完善，已成为许多家庭用户的首选。其次是关注价格。价格是消费者购买刻录机时考虑最多的因素之一。目前市场上主要有高、中、低三个档位。中档以 12 倍速－16 倍速居多，是市场的中坚力量，品牌丰富，选择余地大。特别值得一提的是，从 12 倍速开始，大部分刻录机都有了防刻死技术，这大大提升了刻录的安全性和稳定性。建议经常刻盘的朋友最好选择 12 倍速以上的，相信无论是刻录时间还是刻录成功率都会让人满意。高档多在 20 倍速以上，如源兴刻录大师 24 倍速，SONY CRX175A1 24 倍速，爱国者 24 倍速刻龙等。此外售后服务也很重要，应尽可能选择信誉高的厂商。

032. 什么是“防刻死”技术？

光盘刻录机在刻录数据时，要先将数据存入缓存，然后一次性连续传递给激光头刻录。如果缓存中的数据空了，后面的数据又没有及时补充上来，就会出现缓存欠载现象，直接造成刻录失败，在低速刻录时代，一般是通过增加刻录机的缓存来解决问题。现在，人们已找到了多种解决方法：一是 BURN—Proof 技术。刻录时，内部的芯片会持续监控缓存区的状态，每当缓存内的资料短缺时，刻录机便会暂停刻录，直到缓存中资料量补足后，才会继续刻录。二是 JustLink 技术。在刻录时始终对缓存中堆积的刻录数据进行监视，当缓存中的数据量减少，JustLink 技术就会预测到缓存欠载，从而停止刻录等待数据追加，当数据堆积到一定程度，再从刻录中断的地方重新刻录。三是 Seamless link 技术。Seamless link 技术可以监控刻录时缓存内的数据量。当缓存中的数据量低于一定标准时，暂停刻录过程并存储录制终点。在暂停状态等待新的数据填充后，再回到停止的地方刻录。

033. 什么是 DVD？

DVD 使用同 CD 一样大小的盘片，采用 MPEG2 的标准图像压缩技术，图像的分辨率远远超过 VCD 的图像分辨率。DVD 能够兼容播放 CD(包括 VCD)，为音频和视频的播放提供了更高的容量和质量。一张 DVD 可以容纳多达 17GB 的数据，能够播放两个多小时的高质量、全屏幕的视频。此外，DVD 内建的显示方式也可调整为 16：9 或 4：3 的画面比例，并按照杜比 5.1 声道编码的音频信号存储，能更好地还原影片的音质。DVD 的介质可分为只读(DVD－ROM)、一次可写(DVD－R 或 DVD－WO)、可擦写(DVD－RAM)。DVD—ROM 光盘可分为

DVD5(单面单层)、DVD9(单面双层)、DVD10(双面单层)、DVD18(双面双层)四种规格。这四种规格的 DVD 光盘的直径都是 12cm,由于面数和层数不同,它们的容量有所区别,DVD5 的容量为 4.7GB,DVD9 的容量为 8.5GB,DVD10 的容量为 9.4GB,DVD18 的容量为 17GB。目前市场上常见的是 DVD5 和 DVD9 规格的 DVD—ROM 光盘。DVD 光驱在读取 DVD 光盘时,双层光盘可以理解为将两层盘片叠加在一起,下层是反射层,通过它可以读取上层的数据。读下层盘片时总是从内圈开始,并从里往外读取,读完下层以后再读上层。读上层盘片数据有两种方法:一种是 OTP(Opposite Track Path)法,从外圈开始,并从外向里移动;另一种是 PTP(Parallel Track Path)法,从内圈开始,并从里向外移动。当然,对于硬件、软件以及介质来说,容量越大,价格也就越贵。如果你计划要在你的计算机中添加一个光驱,建议你安装一个 DVD 光驱,因为它是计算机多媒体的新一代产品,不仅可以兼容读取以前的各种光盘,而且价格也已经很便宜了。

034. 什么是软盘和软盘驱动器?

软盘是计算机上常用的外存储器。是将一个装有磁化材料的圆环状塑料薄片,封装在一个护套内制成。计算机将数据信息以同心圆的方式一圈圈地存储在这磁化材料上,同心圆被称作磁道,每一磁道又分若干段,称作扇区。软盘的第一磁道在同心圆的最外围。软盘按盘片直径分为 5.25 英寸和 3.5 英寸软盘;按盘片两面是否都能存储信息,分为单面盘和双面盘;按每面划分的磁道数及每道上扇区数的多少,又分为单密度盘、双密度盘和高密度盘。现在计算机使用的软盘几乎都是 3.5 英寸双面高密度盘,其容量是 1.44MB。软盘驱动器简称软驱,是用来读写软盘上数据信息的机电装置,固定安装在电脑主机箱内。软盘的盘片在软驱内旋转,软驱的磁头从旋转的盘片上读出或写入数据信息。软驱也分为 5.25 英寸和 3.5 英寸两种,同时也有低密度和高密度之分。高密度软驱既可读写高密度软盘也可读写低密度软盘,而低密度软驱只能读写低密度软盘。现在计算机上使用的基本上都是 3.5 英寸高密度软驱。每个软驱正面都贴有产品标签,上面印着型号、序列号、生产日期等。后部设有小 4 针电源接口、数据接口插座。电源插座提供电力保证,数据接口插座是软驱与主板之间进行数据交换的通道。软驱前面唯一的按钮是用来弹出软盘的,读盘指示灯在软驱读写盘时会闪亮。

035. 什么是声卡?

在家用电脑的配置里,声卡是必不可少的,否则,你的电脑就是个哑巴。声卡看起来同显卡差不多,也是一块电路板,只不过通常比显卡要小一些。目前的声卡大都采用 PCI 接口,固定安装在主机箱里,也有一些声卡和主板做成一体,称作集成声卡或板载声卡。按照对音频的处理方式,声卡又分为硬声卡和软声卡。硬声卡由声卡本身处理音效,软声卡的音效则由 CPU 代劳。一般来说,集成声卡不如单独的声卡、软声卡不如硬声卡。一个比较高档的声卡通常由以下各部分组成:一是数字信号处理芯片。这个芯片承担着声音处理所需的大部分运算,它的好坏决定着声卡的性能和档次。二是音频解码芯片。有些声卡将这个芯片集成在数字信号处理芯片内。三是波表音色库。四是功率放大芯片。五是保证声卡工作电压稳定的三端稳压块。六是用于连接专用的数字/光纤子卡的多功能扩展插座"AUD EXT"。七是接收来自光驱数字音频信号的 CD 数字音频接口"CD SPDIF"。八是内部 1394 插座。九是用来连接内置音频源的辅助音频输入插座"AUX IN"。十是 CD 音频输入插座"CD IN"。利用这个插座通过 3 针或 4

针的音频线连接光驱上的音频接口，将CD的模拟音频信号输入声卡。十一是电话自动应答插座“TAD”。它可以使电脑具备电话自动应答功能，支持自动应答的Modem和软件。十二是中置/重低音输出或数字化音箱输出插孔。用于连接重低音音箱或者数字化音箱的插头。十三是线性输入插孔“LINE IN”。用它可以把外部音频设备的声音输入电脑并播放出来，如使用普通的收音机或录音机等。十四是麦克输入插孔“MIC IN”。用它连接话筒的信号线插头。十五是前置音箱线性输出插孔“LINE OUT 1(FRONT)”。用于连接到前置左右音箱的插头，有时标记为：FL/R。十六是后置音箱线性输出插孔“LINE OUT 2(REAR)”。用于连接到后置左右音箱的插头，有时标记为：RL/R。十七是数字化乐器插孔“MIDI”。主要用来连接“MIDI”键盘和电子琴等电子乐器上的“MIDI”接口，实现“MIDI”音乐信号的直接传输。同时也可用来连接游戏操纵杆等外界游戏控制器。

036. 怎样安装声卡？

第一步：打开集成声卡。主板集成声卡缺省状态一般都是打开的。打开集成声卡有两种方法，一是BIOS设置法。以AWARD类型的BIOS为例，一般都能在“Integrated Peripherals”(内建整合周边设定)设置中找到“AC ‘97 Audio”字样的选项，将其设置为“Enabled”即可。二是通过主板上的跳线设置。这种主板有一个标有“AC ‘97”字样的跳线，只须根据主板说明书设置就行了。第二步：集成声卡与光驱连接。光驱包装盒中都有一根长长的连接线，通过它来传送播放光盘时的音频信号。先把那根线的一端插在光驱后面的四针音频输出接口上，然后再到主板声卡输出端附近找到“CD IN”插座，把线的另一端接到该插座上。第三步：集成声卡与音箱等设备的连接。集成声卡一般都是双声道，输入、输出插孔都采用3.5mm的立体声插孔，我们只须将音箱等设备的3.5mm插头插入声卡上的相应插孔中就可以了。第四步：安装独立声卡。先要屏蔽集成声卡。具体的方法也是用BIOS或跳线，可以参考打开集成声卡的操作方法。然后在主机箱内选择一个“PCI”插槽，将手上的静电放掉，双手捏住声卡，均匀用力插入插槽中，再拧上螺钉将声卡固定在机箱上。与集成声卡不同，独立声卡一般都是多声道。声卡与音箱应按音箱说明连接。第五步：安装子卡。有的声卡还带有一块小“子卡”。子卡也要安装在主机箱里，把与主卡相邻的那块金属挡板拆掉，插入子卡后用螺钉固定即可。子卡安装好后，不要忘了用数据线将主卡与子卡连接起来，否则子卡无用。

037. 怎样选购电脑音箱？

在电脑设备中，音箱的情况是最复杂的了。价格上从几十元到上千元，数量上从两只箱子到五六只，档次上从普通的立体声到2.1、4.1、5.1各种声道都有。那么，怎样才能选购到满意的音箱呢？首先，要有一个恰当的定位，按自己的需要购买。调查显示，电脑有源音箱销售量最大的品种，集中在500元以下的中低档产品，尤其是价格为200元左右的产品最受欢迎。其次，要选择有实力的品牌，以保证产品质量。第三，要特别注意厂家在音箱上的标称功率。一些商家为了推销自己的产品，常常在标称功率上玩数字游戏，最拿手的就是把峰值功率的“峰值”二字去掉，这样，一对输出功率本来只有5W的有源音箱可能就变成了50W。常见标称功率有这么几种：一是最大不失真输出功率。这一指标一般为5%，较高档的为1%，较低档的为10%。二是最大输出功率。是说功放电路在不考虑失真的前提下，所能够达到的最大输出功率。三是最大正弦波连续输出功率。四是最大峰值功率。我们应该重点给予关注的是最大正弦波连续输出功率。应该说这才是一个比较客观、真实地反映音箱功放系统性能的硬指标。测试时是以固定频率的正弦波信号输入到功放的输入端，在功放的输出端，接上假负载和高性能指标的示波器，然后逐步加大信号源的输出电压，观察功放输出的正弦波的波形，在不出现削顶失真的情况下，所能够达到的最大功率，就是最大正弦波连续输出功率。一般较正规的多媒体音箱生产厂家会以此来标注自己的音箱产品。或者说，敢于标注最大正弦波连续输出功率是需要厂家拿出实力和勇气的。

038. 多声道声卡与音箱怎样连接？

多声道声卡与多声道音箱的连接有多种方法，常见的有两种：一是通过多声道模拟信号接口来连接。多声道音箱的输出端口一般都有多个，如 5.1 声道声卡的输出接口就有“前置”、“后置”、“中置”等 3 个接口。这些接口传输的信号都是模拟音频信号，一般这种声卡与音箱的连接采用 3 个 3.5mm 的立体声接口来完成，每个 3.5mm 的立体声接口负责传输 2 路信号，达到输出“前左/前右、后左/后右以及中置/超低音”等各个声道信号的目的。通过 3 个 3.5mm 的立体声接口来分别传输多声道音频信号是最常见的方式，但也有一些厂商将这 3 个输出接口合并成 1 个大的接口，再通过附送的 3 个 3.5mm 接口的转接线连接音箱。二是通过 S/PDIF 接口连接音箱。S/PDIF 是 SONY、Philips 数字音频接口的简称。S/PDIF 接口传输的是数字音频信号，要求与声卡相连的多声道音箱必须具有 Dolby Digital/DTS 解码功能。这种情况下，声卡与扬声器之间只需一条数字信号线连接即可。

039. 怎样选购电视卡(盒)？

电视接收盒和电视卡都是用电脑看电视的接收设备。内置式的电视卡优点是不需外接电源，具有视频采集功能等，缺点是必须打开电脑才能看电视，另外安装也要比电视盒麻烦一些。电视盒可以不开电脑收看电视节目，缺点是大都不具有视频采集和录像功能等。具体选购要点是：1. 根据实际需要选择。如果仅仅是用电脑看电视，可以选择电视盒，价格便宜，接收效果也不错。对于希望录制电视节目的家庭，就要选择电视卡。2. 注意产品功能。一是能否支持兼容接收 PAL、NTSC 等制式的视频节目，能否全频道接收增补频道的节目。二是内置电视卡最好选用分辨率高，并可以保存为多种影像格式，且具有 MPEG－1、MPEG－2 压缩功能的。三是视频、音频插孔越多越好。此外，还要注意是否附带遥控、调频广播接收等功能。

040. 什么是网卡？

随着宽带网的普及，网卡也在普及。网络有多种多样，网卡也各有不同，但我们所接触的网大都是以太网，所以，人们一般说网卡就是指以太网网卡。网卡也叫网络适配器，按接口分有 ISA、PCI、PCMCIA、USB 网卡以及主板集成网卡等。PCI 网卡是最常见的网卡，至于 PCMCIA 网卡则是用于笔记本电脑的网卡，主板集成网卡使用起来要方便一些。网卡所支持的带宽有 1000 Mbps、10/100Mbps 自适应以及 10Mbps。目前使用 10/100 Mbps 自适应网卡最多，是市场的主流。一块 PCI 接口的 10/100 Mbps 自适应网卡由六部分构成：一是主控制编码芯片。这是网卡的核心元件，控制着进出网卡的数据流。二是用来发送和接收中断请求(IRQ)信号的调控元件。三是 Boot ROM 插槽。里面存放着网络启动的程序，用于从网络启动电脑。四是网络唤醒接口。这个接口只有在具备网络唤醒功能的网卡上才有，具备此功能，就能在网上将已经关机的电脑重新打开，当然，需要主板的支持。五是用来显示工作状态的指示灯。六是用于连接网络的接口。常见的有 RJ－45 接口、BNC 接口等，也有两种接口都有的所谓“双口网卡”。RJ－45 接口很像电话机的电话线接口，连接方便，使用最多。

041. 什么是调制解调器？

调制解调器就是 Modem，也有人把它戏称为“猫”，是拨号上网必需的设备。从外形与安装方式来看，调制解调器可以分为外置调制解调器与内置调制解调器。通过计算机外部接口进行数据传输的，称外置调制解调器。外置调制解调器共同的外部特征是电路都封装在独立的外壳中，不需要对中断和 COM 口进行设置，连接方便。外置调制解调器又分串行口调制解调器与 USB 口调制解调器两类。串口连接的调制解调器通过串行电缆与计算机的串行口连接，需要独立的电源供电。USB 调制解调器则支持热插拔，不需要独立的电源。内置式调制解调器与我们常见的显卡、声卡等板卡相似，都是安装在主板上的，由主板电源直接供电。内置调制解调器省却了外部连线的麻烦，并且借助 CPU 的运算能力还能设计成“软猫”。所谓“软猫”，指的就是这种借助 CPU 运算能力负担一部分工作的调制解调器。至于“硬猫”，一般认为，凡没有采用“软猫”形式设计的调制解调器产品，不管内置外置，都叫作“硬猫”。与显卡 BIOS 相似，如今的调制解调器都有了 Firmware 芯片，在 Firmware 中存放着主芯片所需要的各种数据，包括各种协议，例如 V9.0、V9.2 等。一些调制解调器的 Firmware 可以像升级主板、显卡的 BIOS 那样通过升级来改善调制解调器的性能。一般调制解调器上还装有扬声器，拨号时发出“猫叫声”，但也有一些产品没有扬声器，而是将信号输出到声卡上，通过音箱发声。无论外置还是内置调制解调器，都少不了两个接口，一个是“PHONE”，用来连接电话机；一个是“LINE”，与上网用的电话线相连。

042. 什么是键盘？

键盘是家用电脑必须的输入设备，标准键盘共有 101 个键，目前主流键盘是在原有 101 键上增加了 3 个 Windows 功能键，称作 Windows 键盘。操作键盘时，通过按下键盘上的键来输入命令或数据，有时还可以通过键盘控制计算机的运行，如热启动、命令中断、命令暂停等。键盘的组成包括二十六个字母键、10 个数字键、标点符号键、特殊符号键以及若干控制键和功能键等。这些键在键盘上横向排成 6 排，可以分成 4 个主要部分：第一部分是最上面一排，为特殊功能键。由 12 个特殊功能键（F1－F12）、逃逸键（Esc）、屏幕内容打印键（Print Screen SysRq）、显示内容卷动键（Scroll Lock）、暂停/中止键（Pause/Break）及 3 个指示灯组成。3 个指示灯分别是数字锁定指示灯（Num）、大写锁定指示灯（Caps）和滚屏锁定指示灯（Scroll）。第二部分是下面五排键的左边，为基本键。由标准的白键和灰键（控制功能键，也有白色的）组成。白键包括 26 个英文字母键、数字键、标点符号键、特殊符号键及空格键；灰键有表格键（Tab）、大写字母锁定键（Caps Lock）、2 个上档键（Shift）、2 个控制键（Ctrl）、2 个转换键（Alt）、2 个启动 Windows“开始”菜单的键（即有 Windows 图标的那 2 个键）、鼠标右击替代键（即最下一排左 Ctrl 键＋右 Ctrl 左邻的那个键）、退格键（BackSpace）和回车键（Enter）。第三部分是下面五排键的中间，为编辑键。由光标移动键、插入键（Insert）、删除键（Delete）、Home 键、End 键、PageUp 键和 Page Down 键组成。第四部分是键盘的右边，为“小键盘”，是数字与算术符号输入区。包括光标移动键、数字键、插入键（Ins）、删除键（Del）、Home 键、End 键、Pg Up 键、Pg Dn 键、四则运算符号键、小数点键、回车键(Enter)及数字锁定键(Num Lock)。键盘一般用 PS/2 蓝紫色圆形插座。键盘插头也是蓝紫色的,上面有一个插入方向标志,一般为一个简单的“键盘”图形或箭头,将标志面朝上对准插入。另外,键盘面板的倾斜度可以通过背面的支脚来调节。

043. 什么是鼠标?

鼠标是鼠标器的简称。通过点击或拖拉鼠标,可以很方便地对计算机进行操作。鼠标有机械式、光电式以及遥控式等多种,目前使用最多的是机械式。机械式鼠标底部有一个滚球,鼠标移动时,滚球随之滚动,传递信息给 CPU,从而实现操作。使用鼠标时,屏幕上会出现一个鼠标光标。它的形状随着软件工作环境、系统操作任务及工作状态的不同而变化。当移动鼠标时,鼠标光标就会在窗口中移动。常用的鼠标操作有:单击和双击。单击是指按一次鼠标左键。单击鼠标左键可以用于选择某个对象或触发按钮。双击是指连续两次快速按鼠标器的左键。用于启动程序或打开窗口。另外还有:单击右键。指向对象后,单击鼠标右键将弹出该对象的快捷菜单。在快捷菜单中可以完成对于该对象的操作和属性设置等;拖动是指把鼠标光标定位在一个目标上,然后按下鼠标左键不放,拖拉至新的位置后放开;指向就是移动鼠标,将鼠标光标放到某一项目上。除此以外,在 Windows 操作系统中还经常会遇到各种不同形状的鼠标光标。这是因为当鼠标光标移动到不同的功能区时鼠标的形状就会改变,常见的有:(1)I 状光标。一般出现在文件(文本)编辑区内。在光标闪动位置可以输入文本内容、插入图形或进行文本编辑等操作。(2)左箭头光标。是鼠标在中文 Windows 中的基本形状,可以进行选择窗口、菜单、文件夹等常规操作。(3)右箭头光标。这是一个指向右上角的斜箭头。此光标符号出现在窗口左侧的选择框或字体名称框上,可以用它选择某文本行、某文本段或整个文件。(4)沙漏光标。这是一种等待光标,每当系统正在处理一个较大的任务时,特别是处理与磁盘有关的操作时即出现这种光标,意思是请稍候,暂时不要操作。(5)帮助光标。这是在按下联机帮助键或单击“帮助”菜单时出现的光标。(6)上下箭头光标。这种光标指针出现在窗口的上边或下边边界上,当出现此种光标指针时,可以按住左键拖动鼠标改变窗口的上下大小。(7)左右箭头光标。这种光标指针出现在窗口的左边或右边边界上,当出现此种光标指针时,可以按住左键拖动鼠标改变窗口的左右大小宽度。(8)左右斜双箭头光标。这种光标指针出现在窗口四角位置上,当出现此种光标指针时,可以按住左键拖动鼠标同时改变窗口的高度和宽度。(9)十字双箭头光标。这种光标在移动窗口的位置时出现,使用它可以很方便地移动整个窗口。

鼠标电缆插头的形状有三种:圆形、9 孔 D 型和 25 孔 D 型。常见的是圆形绿色“PS/2”插头,插头上一般有一个标志,连接时只要将它朝上插入主机箱背面同样有标志的五孔插座内即可。如果方向不对,是插不进去的。

044. 什么是打印机?

在与电脑有关的设备里,打印机是人们最为熟悉的了。早在计算机诞生之前,打印机就已经存在了。计算机诞生之后,可以说推动打印机产生了翻天覆地的变化,成为电子计算机的一个重要输出设备,其作用主要是将电脑中的信息输出到纸张上,以利于使用和保存。常见的打印机有针式打印机、喷墨打印机和激光打印机三类。针式打印机是在打印时,打印头上的钢针撞击色带,将字印在打印纸上。针式打印机常见的有 9 针和 24 针打印机,目前最常用的是 24 针打印机。喷墨打印机在工作时,打印机的喷头喷出墨汁,将字印在打印纸上。由于喷墨打印机是非击打式，所以工作时噪音较小。激光打印机是采用激光和电子放电技术，通过静电潜像，然后再用碳粉使潜像变成粉像，加热后碳粉固定，最后印出内容。激光打印机噪音低、打印效果好、打印速度快，但打印成本较高。喷墨打印机和激光打印机有彩色打印和单色打印之分，针式打印机只能打印单色。

045. 怎样选购家用扫描仪？

一是要了解技术参数。一般扫描仪的物理技术指标有分辨率、色彩深度、动态范围、感光元件，以及扫描幅面等。分辨率是指每英寸面积所能容纳的颜色点数量，如1200dpi是表示在1英寸之内包含1200个颜色点，扫描仪的分辨率越高，分析的图像画面越精细，扫描效果也越好。色彩深度主要是用来表现色彩的位数量，它决定了图像的细腻程度、层次、色彩动态范围，具有和光学分辨率同样的重要性。动态范围是指扫描仪分辨图像高光和暗部之间层次的能力，用“D”来表示。动态范围越大，表示层次的分辨能力越强，层次越丰富。感光元件是扫描仪中的关键部件。目前扫描仪所使用的感光器件主要有CCD和CIS两种。CIS与CCD相比，具有体积小、重量轻、器件少和抗震性较高的优点。常见的扫描仪幅面有A4、A4加长、A3等。大幅面的扫描仪价位都比较高，一般家庭用户选择A4或A4加长即可。二是要选择品牌。目前国内扫描仪市场，基本呈现紫光、明基、中晶三强鼎立的局面。其他常见的品牌还有佳能、惠普、爱克发等。总的来说，选择这些品牌的产品，在质量和售后服务上都会有保障。三是要注意接口。目前扫描仪常见接口有SCSI、EPP、USB和最新的Firewire接口。在选购扫描仪时，必须了解这几种接口各自的特点和适用范围，然后才能确定哪种扫描仪更适合自己。对于家庭用户来说，一般应选择安装方便的USB接口扫描仪。四是不要忘了随机附件和售后服务。现在很多扫描仪都随机附送了一大堆软件。如：OCR、图像编辑软件等。

046. 怎样选购数码相机？

购买数码相机，首先要对数码相机的各项性能技术指标了解清楚，才能有目的地去买。首先要考虑的是CCD像素。CCD(电荷耦合器件)是数码相机的成像元件。CCD的分辨率，也就是像素数，常被用作区分数码相机档次的依据。如果拍摄照片主要是在电脑上看，100万像素就够了。但是如果要输出，比如要打印时，至少要300万以上像素才合适。其次是最大分辨率。最大分辨率决定了所拍摄影像打印出高质量画面的大小，或在计算机显示器上显示画面的大小。数码相机分辨率的高低，取决于CCD芯片上像素的多少，因此当我们选择了CCD后，最大分辨率就决定了。第三是光学变焦和数码变焦。光学变焦是真正的变焦，而数码变焦实际上是一种画面放大，意义不大。一般2倍以上的光学变焦就能满足日常拍摄需要。第四是存储媒介。数码相机存储媒介有内置式和可移动式两种。内置存储媒介是与数码相机固化在一起的。采用内置式存储媒介的优点是一旦想拍就可拍摄，而不需要另配存储媒介；可移动式存储媒介是随时可装入数码相机或从数码相机中取出的存储媒介，存储满后可更换。另外，现在还有一种既有内置式存储媒介又有可移动式存储媒介的数码相机。一般来讲，可移动式存储媒介更方便，当然，可能的情况下，应选择既有内置式又有可移动式存储媒介的相机。第五是镜头。数码相机的成像面积和CCD的面积有关，各种数码相机CCD面积大小是不一样的。镜头焦距一定时，成像面积越小，镜头的视角也越小。因此一个镜头，在一种数码相机中是广角镜头，在另一种数码相机中可能就是一般镜头。对于变焦功能，也要有一个正确的认识，理论上变焦倍率越高成像质量越差，一般 2 倍也就可以了。第六是快门。通常普通数码相机的快门大多在 1/1000 秒之内，快门不单要看“快”还要看“慢”，就是快门的延时。一般数码相机提供的快门速度足够我们日常使用，除非你有特殊需求。第七是彩色液晶显示屏。用来预览或回放拍摄的图像。当发现拍摄得不理想的图像时，就可以立即删除。直观性是最大的特点。第八是输出接口。数码相机拍摄的图像，一般需要送至计算机中进行处理，因此数码相机都有输出接口。一般的数码相机都采用 USB 接口输出，并几乎都带有视频输出接口，可在电视机上欣赏你所拍摄的图片。可能的情况下，应尽量选择 USB 接口。第九是电池。电池是数码相机的关键配置，数码相机不像摄像机那样可以使用大电池，它一般使用的是 AA 可充电或不可充电电池。数码相机的耗电量是非常大的，最好是选择带有充电电池和充电器的数码相机。这一点非常重要。因为一旦电池没有了电，再高级的相机也将玩不转。

047. 如何检查数码相机的 CCD？

CCD 无疑是数码相机最关键的部件。由于生产工艺复杂，越是面积大的 CCD，越难免出现噪点和坏点。具体检查步骤如下：盖上镜头盖，避免强光直射。选定最常用的 ISO100 值；照片分辨率选最大，画质选最好，并选择非压缩方式存储。然后设定 1 秒以上的快门速度进行长时间曝光，看是否有白色的或者彩色的点。如果多为彩色的点，而且位置不停地变，那么是噪点；如果是白色的而且总是在相同位置出现的点，那么就很可能是 CCD 的坏点。拍摄时间越长，噪点、坏点越少，CCD 的质量就越好。另外和笔记本电脑的液晶显示屏一样，数码相机的 LCD 显示屏也可能存在坏点，检查 LCD 坏点的简单方法是：对着白纸拍一张纯白的画面，再盖上镜头盖拍一张纯黑的画面，然后用机器的 LCD 回放，仔细查看 LCD 上是否有不同颜色且位置固定的点，如果有，则可以断定 LCD 存在坏点。

048. 什么是移动存储设备？

目前市场上的移动存储设备类型和品牌较多，按介质划分有六大类。一是传统型磁存储设备。该设备存储技术成熟、使用范围广、购买方便，是存储设备中的主力军。如软盘、硬盘等。二是大容量软驱。大容量软驱是在原有磁盘的基础上发展起来的。这种软盘驱动器与现有软盘结构基本相同，但是绝大多数都为 100MB 以上的大容量。目前主要有 ZIP、Supper 软盘、Mitsumi 公司的产品 UHC、美国 Syquest 公司的 EZFlyer 230、日本 Olympus 的 SYS230、SuperDisk 等。三是移动硬盘。移动硬盘从根本上来说是高速磁记录存储器，容量在 1GB 以上，传输速率甚至可超过 10MB/s。目前市场上流行的移动硬盘增加了防尘、抗震、更加精确稳定等技术后，其盘片转速和数据传输率要远远高于任何一款大容量软盘，盘片的使用寿命也更久。不过也有一些厂商生产的移动硬盘直接采用了个人电脑硬盘或者是由便携电脑硬盘改装而成，因此其体积较大、抗震性差，使用也不够安全。四是可擦写光盘 CD—RW、MO 磁光盘等。MO 驱动器有 3.5 英寸和 5.25 英寸两种，容量从 128MB 到 9.1GB，使用最多的是 3.5 英寸容量为 640MB 的 MO。五是磁带机。磁带机设备是一些大公司中常用的存储设备。它的传输速率和读写速度都较慢，使用寿命也存在缺陷，主要用于大型的备份和存档，而对于个人和小型办公室来说不适用。六是以 Flash 闪存为存储介质的存储设备。Flash Memory（闪存）是由东芝提出的概念，它具备断电后数据也能保存，低功耗、密度高、体积小、可靠性高、可擦除、可重写、可重复编程等优点。

049. 什么是USB?

USB是通用串行总线的英文缩写,是Intel公司开发的总线架构,使得在计算机上添加串行设备非常容易。现在已有不少电脑有前置的USB端口。USB的特点:一是安装简便。只须将设备插入计算机的USB端口中,系统会自动识别和配置。二是即插即用。由于USB使用新的、通用标准连接器,所以在计算机上添加设备时不必重新启动,支持热插拔,这就是USB设备的高级即插即用功能。三是兼容性强。可用于目前和今后的所有Windows操作系统。四是任意插拔。一个USB端口最多可以插127个USB设备。任何符合USB标准的外围设备,如Modem、鼠标、磁盘、打印机、扫描仪等,都可以连接到同一个USB端口。当然是拔下一个,才能再插上另一个。五是提供高传输速率。USB分为USB1.1和USB2.0两种,其传输速率分别为12Mbps和480Mbps。它是目前电脑的标准配置端口,但较早的机器上可能没有USB端口,要使用USB设备,就必须加上一块扩展卡。

050. 闪存有哪些优点?

一是不要驱动器,无外接电源。二是容量大,最小的也在8MB以上。三是体积小,重量仅20克左右。四是USB接口,使用简便,即插即用,可带电插拔。五是存取速度快,约为软盘速度的30倍。六是可靠性好,可反复擦写100万次,数据至少可保存10年。七是抗震、防潮、耐高低温,携带方便。八是带写保护功能,防止文件被意外抹掉或受病毒感染。九是在WindowsMe/2000/XP系统下可直接使用,不需要驱动程序。另外,还可以直接运行引导区中的Windows启动盘程序引导系统。

051. 什么是手写板?

手写板从硬件上分一共有四种:一是压感式。压感式就是感应触摸板上受到的压力,记录受到压力的位置,再对移动进行记录,得到相应的运动痕迹。二是静电耦合式。静电耦合方式与电容压感式十分相似,常常也把它归类于压感式。静电耦合方式的手写笔由于笔尖带电,使用的时候可能产生危险,已被淘汰。三是温度感应。采用温度感应方式的触摸板,多用于代替笔记本电脑鼠标的作用,在手写板产品上也有采用。四是光电式。光电式的手写板最主要的设计是笔的部分,它通过一个发光管发光,在水平和竖直两个方向上用两个感光管接受反射信号,识别反射回来的光信号来判断笔尖的移动。由于技术的限制,光电手写板的笔比较笨重,基本上也被淘汰了。从硬件原理上选择,如果不需要很精密的绘图,压感式手写板是最适合家用的。手写板识别笔的运动轨迹有识别绝对位置和识别相对运动两种不同的方式。相比之下采用相对运动方式的手写板使用起来比较随意,更加适应普通人的习惯。此外,绝大部分手写识别的软件可以实现免切换识别中英文输入,这对于购买选择来说是很重要的。随着普通家庭对手写板需求的逐渐上升,厂商们在手写板的基础上推出了一系列相关产品,如配合品牌机、加入到键盘上等。许多人对手写板与键盘的整合感兴趣,毕竟两者均为输入所必需的部件,而且键盘与手写板整合的价格与一个手写板的价格十分接近,具有竞争力。

052. 什么是电脑升级?

电脑配件属于高淘汰率产品,因此适时对电脑升级,是保持整机高性能的必由之路。电脑是由具备不同功能的配件组合而成的机器,要想整机性能优异,光靠某一个配件是不行的。在决定升级时，一定要注意整机的性能均衡。不同的用户对电脑各方面的性能需求有所不同，不管是装配新电脑还是升级旧电脑，购买电脑配件时要牢记：只有自己需要的才是最该买的。

电脑升级都是部分配件升级，对于一般家庭而言，最简单有效的升级方法是升级内存条。当电脑执行一般任务时，内存对整机速度和性能的影响要比CPU的速度影响大得多。当内存容量大于128MB时，电脑死机的现象会明显减少。另外，一般的主板都有两条以上的内存插槽，升级内存时只须将新买的内存条插在空闲的插槽中即可，操作非常简单。如今内存条的型号很多，在升级时应采用“就高不就低”的原则。升级内存条最容易出现的就是兼容问题，即使是同一品牌的内存条，由于生产时间的先后，也可能出现不兼容的现象。升级时最好带上旧内存条到商家处试试，如果相互兼容就购买，否则就换一种品牌的内存条再试。CPU是PC系统中非常重要的配件，也是很多用户特别喜欢升级的对象，不过，如果仅仅是普通家庭用户，当CPU的主频高于650MHz之后，可暂时不必考虑升级。理由是：第一，CPU的主频大于600MHz，多数应用都不成问题；第二，升级CPU大都需要更换主板，费用较高。与内存和CPU不同，升级硬盘的目的都是为了解决硬盘空间不足。可根据自己的实际情况选购第二块硬盘或购买刻录机解决存储问题。显卡性能的发挥跟CPU、主板、内存有很大关系，特别是CPU对显卡的影响非常大。如果需要升级到高端显卡，一定要考虑CPU、主板这些核心配件是否跟得上。光驱，质量好的也就是两三年寿命，如果升级光驱，建议选择DVD—ROM。另外刻录机也是不错的选择，特别对于硬盘空间紧张的家庭，刻录机更实用。显示器是寿命最长的设备，因此升级频率不高。但如果现在使用的还是14英寸的显示器，并且已使用一些年头，那么换一台17英寸纯平显示器或者15英寸液晶显示器也是一个不错的选择。

053．怎样选购机箱？

一是确定机箱结构和体积。应选择3/4高ATX机箱，因为体积合适，扩充性也比较好，拥有3个或者3个以上的5.25英寸驱动器安装槽和2个3.5英寸软驱安装槽。二是注意机箱外观。机箱的外观包括外部形状和颜色，机箱的外观很重要，毕竟机箱是一台电脑的门面。当然，机箱的外观一定要和机箱的质量结合，表里如一。三是确定机箱布局。如扩展卡插口、驱动器槽的个数及使用方式、机箱面板的设计以及机箱内的散热问题。关于扩展卡插口，有的机箱采用了一些独特的设计，不使用螺钉就能直接固定扩展卡，取下扩展卡的时候也不必用螺丝刀，很方便。另外一个重要的方面就是驱动器槽，如果价格相差不大，应选择带有4个5.25英寸驱动器槽的机箱，这样升级能力要强一些。机箱内散热性能的好坏也是相当重要的。购买机箱时要注意察看机箱是否预留有机箱风扇位置，最好是前后两个方向都有。四是看机箱的用料和做工。机箱的制作材料一般采用镀锌钢板。制作工艺比较好的机箱，外壳钢板用指甲是划不出明显的痕迹的。五是确定机箱的功能。目前市场上的机箱产品很多具有独特功能。比如散热加强型机箱，增加了若干风扇，有利于提高电脑运行的稳定性。有些则在使用方便性上下了功夫，把USB端子、音频端子等做到机箱前面板上。六是讲究选购技巧。看机箱板材是否厚重，可用手试试能不能将其弄变形；将机箱上面及侧面的盖板去掉，稍用力把机箱沿对角抱起，看是否变形，也可以检测机箱架构的牢固性。还有一个窍门，那就是掂重量。一般来说越沉的机箱质量越好。

054. 什么是电源?

电源在电脑主机箱的背面,是一个铁盒状的东西,小风扇是散热用的。电源的右边是电源输入/输出端。下面插孔是电源输入端,上面是电源输出端,也就是常说的显示器电源插座。电源分 AT、ATX、Micro、ATX 等几种类型,常见的是 ATX 电源。电源的铭牌上都标明了电源的技术指标,有额定输入电压、功率、输出指标等。在铭牌的最下方,一般都标有该电源所通过的认证。其中,中国电工产品安全认证委员会(简称 CCEE)是我国唯一的电工产品安全认证机构。CCEE 认证是电工产品的强制性认证标准,即凡是在我国市场上销售的电子产品都必须被强制通过这一认证。CCEE 认证为白底绿色图案,由代表中国的长城符号组成,所以 CCEE 认证又被称为长城认证。电源的输出接头有:主板电源插头,由 20 根电源线组成;大 4 芯插头,用于插在硬盘、光驱等设备上;小 4 芯插头,用于插接软驱;还有两个 P4 专用插头,一个 6 芯,类似于早期 AT 电源上与主板连接的插头,另外则是一个 4 芯插头。电源的使用非常简单,只要不将接头插反就没问题。有时接触电源外壳或机箱箱体时,会有一种触电的感觉。只要将电源或机箱有效接地,就没事了。

055. 什么是总线?

CPU 需要与各种外围硬件设备进行数据交换,如果每种设备都分别引入一组线路直接与 CPU 相连,将会导致系统线路杂乱无章。为简化硬件电路和系统结构,计算机中引入了一组可供多种设备共同使用的数据传输线路,这就是总线。也就是说,总线是计算机中各部件之间传送数据的公共通路。总线的主要性能参数有总线带宽、总线位宽和总线工作时钟频率。总线带宽也称总线传输速率,用来描述总线传输数据的快慢。用总线上单位时间(每秒)可传送数据量的多少表示,常用单位为 MB/s。总线位宽指总线一次能传送二进制数的数据量,单位为 bit(位)。我们常说的 32 bit(位)、64bit(位)即是指总线宽度。总线位宽越大,则每次通过总线传送的数据越多,总线带宽也越大。总线工作时钟频率简称为总线时钟,用以描述总线工作速度快慢,用总线上单位时间(每秒)可传送数据的次数表示,总线时钟常用单位为 MHz。总线时钟频率越高,单位时间通过总线传送数据的次数越多,总线带宽也就越大。

按总线的功能分类,计算机中有三种类型的总线,即传送数据信息的数据总线、传送地址信息的地址总线和传送各种控制信息的控制总线。数据总线是 CPU 与存储器、CPU 与 I/O 接口设备之间传送数据信息的总线,数据总线上的信息是双向传输的。地址总线上传送的是 CPU 向存储器、I/O 接口设备发出的地址信息,地址总线上的信息是单向传输的。控制总线传送的是各种控制信号,有 CPU 至存储器、I/O 接口设备的控制信号,有 I/O 接口送向 CPU 的应答信号、请求信号,因此,控制总线上的信息是双向传输的。

056. 什么是硬件跳线?

不管是主板还是硬盘、光驱等,都有跳线。所谓跳线,也就是镶嵌在主板、硬盘、光驱等设备上的金属插针,或称跳线柱,以及套在这些金属针上的跳线帽。跳线柱是一根根小金属柱,而跳线帽从外表来看是一个有两个“小孔”的塑料帽,不过跳线帽表层的这层塑料是用来起绝缘及保护作用的,它的里面有两块金属弹片。当跳线帽插在跳线柱上时,这两根跳线柱之间就形成了一个“通路”。跳线的作用是调整设备上不同电信号的通断关系,并以此调节设备的工作状态。一个跳线至少有两根跳线柱,但也可以有多根跳线柱。具备多根跳线柱的跳线称作跳线组,从排列组合的角度看，跳线组能够调节的状态要比只有两根跳线柱的跳线要多，所以跳线组常用在主板上，调节 CPU 外频、倍频等。另外，很多主板上还有 DIP 开关设置，用以替代跳线帽，使用起来简单方便。DIP 开关右上角通常有“ON”标识，表明开关拨向上部时为接通状态，向下则为断开状态。跳线非常重要，如果设置错误，轻则死机，重则损坏元器件，所以在调整跳线时，一定要仔细阅读说明书，核对跳线名称、跳线柱编号和通断关系。

057. 什么是 CPU 电压设置跳线？

对于超频爱好者来说，主板上的 CPU 电压设置跳线好处很多，适当提高超频状态下的 CPU 工作电压，能有效提高 CPU 的稳定性。需要注意的是，提高 CPU 的工作电压会造成 CPU 温度升高，另外也对 CPU 的寿命有影响。所以使用时只能稍微提高，并且分几个档位，否则会严重影响 CPU 的安全。由于需要提供多个档位的电压值，所以这种跳线一般为跳线组。CPU 电压设置跳线不是所有主板都有，如果有也大都在 CPU 插座附近。一般家庭用户千万不要随意更改 CPU 的电压设置，否则极易出现问题。

058. 怎样设置 CPU 外频跳线？

一是 Socket370 主板。Socket370 接口的主板支持赛扬、PIII 系列 CPU，由于赛扬系列 CPU 的外频分为 66MHz、100MHz 两种，而 PIII 的外频又为 133MHz，所以 Socket370 主板必须同时支持 66MHz、100MHz、133MHz 标准外频，用来设置这三种外频的外频跳线一般是一个跳线组。至于如何排列组合从而实现 66MHz、100MHz、133MHz，则要看各自主板的说明书，主板商大都会将说明直接印刷在主板上，在外频跳线的附近一般都能找到白色字体的简单说明。具体设置时只须按照说明将跳线帽插在“1－2”号跳线柱或者“2－3”号柱上即可。说明书中的“1－2”的意思就是指将 1 号与 2 号跳线柱用跳线帽连起来，跳线的旁边都对 1 号跳线柱用数字“1”或“A”进行了标示，我们很容易就能确定跳线中各个跳线柱的编号。也有些主板具备“自动侦测”功能，不需要手动设置外频跳线。二是 Socket A 主板。支持毒龙、Athlon、AthlonXP 的 Socket A 接口的主板一般都是一个三针跳线，因为这三种 CPU 的外频只有 100MHz 与 133MHz 两种。三是 Socket423/Socket478 主板。这类主板支持 P4 CPU，虽然目前的 P4 有 Willamette 与 Northwood 两种核心，前端总线为 400MHz，而以后的 Northwood P4 将采用 533MHz 的前端总线。现在的 P4 主板一般都只提供两档标准外频，即 100MHz 与 133MHz，采用三针跳线。由于目前 P4 都是 100MHz，所以跳线缺省值即为 100MHz，无需重新设置。

059. 怎样设置 BIOS 写保护跳线？

由于 CIH 一类的病毒能够破坏 BIOS 芯片，所以后来的主板便针对这种情况增加了一个 BIOS 写保护跳线。具备这种跳线的主板 BIOS 芯片在刷新 BIOS 程序时，需要更改 BIOS 的电压才能写入 BIOS 程序。处于写保护状态为 5V，未处于写保护状态为 12V。用来调节这个电压的跳线也就是“BIOS 写保护跳线”。写保护跳线一般位于 BIOS 芯片附近，当把跳线帽插在“2—3”号跳线柱上时，处于可写入状态；插在“1－2”号跳线柱上时，处于写保护状态，缺省设置为写保护状态，不可写入。

060. 什么是清除 CMOS 设置跳线?

清除 CMOS 设置跳线一般位于 BIOS 芯片附近,常见的设置方法是:当跳线帽插在"1－2"号跳线柱上时,CMOS 设置处于正常状态。通常也是主板出厂时的缺省设置;当把跳线帽改插在"2－3"号跳线柱上时,CMOS 设置将被清除;当将 CMOS 设置清除后,还必须将跳线帽重新插在"1－2"号跳线柱上,否则开不了机。

061. 为什么硬盘、光驱等也要设置跳线?

硬盘、光驱等驱动器上面的跳线是用来设定主从关系的。一块主板上有两个 IDE 接口,一个 IDE 接口可以接两个 IDE 设备(硬盘、光驱等),当需要在一个 IDE 接口上接两个 IDE 设备(硬盘、光驱等)时,就必须使用跳线将它们其中的一个设置成 Master(主盘),而另一个设置成 Slave(从盘)。

062. 怎样设置 IBM 硬盘跳线?

硬盘跳线的位置都在数据线接口与电源接口的中间。IBM 硬盘的跳线共有上下两排 9 根跳线柱,当将一个跳线帽插在"G－H",另外一个跳线帽插在"A－B"上时,为"Master",这也是硬盘出厂时的缺省设置。当将一个跳线帽插在"A—B"上,另外一个插在"C—D"上时为"Slave"。现在的硬盘一般都支持 ATA66/100,用来连接硬盘的数据线也由原来的 40 芯变成了 80 芯,在使用 80 芯的数据线时,如果硬盘的跳线设置成"Cable Select",主从关系将由硬盘在数据线上的位置决定。数据线连接主板的那头叫"System",中间叫"Drive1",另外一头叫"Drive 0"。当硬盘跳线设置成"Cable Select"后,接在"Drive 0"上是"Master"(主盘),接在 Drive1 上是"Slave"(从盘)。其他硬盘跳线设置与 IBM 类似。

063. 怎样设置光驱跳线?

一般光驱跳线都是 6 针,也就是上下两排各 3 根跳线柱,通过一个跳线帽设置出"Master"、"Slave"及"Cable Select"。光驱一般在跳线旁边都有标注:"MA"即"Master","SL"即"Slave","CS"则是"Cable Select"。缺省设置为"MA"。如果要改为"Slave",只要将插在"MA"上的跳线帽改插在"SL"上就行了。刻录机、DVD 光驱等的跳线设置都一样。

064. 怎样设置 AC'97 声卡屏蔽跳线?

现在的主板大都集成了声卡,一般称 AC'97 声卡,虽然能满足一般家庭的需要,但还是有很多人会再购买一块 PCI 声卡。这时就要关闭 AC'97 声卡,一般在集成声卡输出端的附近,可以找到一个 3 针跳线,只要将缺省的"1－2"改为"2－3"就能将 AC'97 声卡屏蔽。

065. 怎样设置键盘开机跳线?

许多主板都支持键盘开机,打开此功能后,只要按键盘上相应的键,就可以启动电脑。但主板出厂时的跳线缺省设置为不支持键盘开机。这个跳线一般位于键盘 PS/2 接口附近,将缺省的"1－2"连接改为"2－3"连接就可以开启键盘开机功能。

066. 组装电脑怎样确定配机方案?

在配置一台电脑时通常先选择处理器，接着是主板，一块好的主板是整台电脑的核心，它决定着我们所追求的速度、稳定性、兼容性和以后的升级。然后再确定选用多大的硬盘和怎样的内存，作出配置之后，可以找一些懂行的朋友征求意见，主要是看配置是否合理，有无兼容性问题等，然后去市场看看，和不同的商家沟通，注意他们对每一产品的客观评述。因为他们身在市场，熟知每个产品，购买时注意不要一味贪图便宜，以免买到假货。另外，一款好的电源是不可忽视的配件，一款好的散热器也是不可忽视的配件。普通家庭还应该将鼠标作为选购重点，因为鼠标作为最基本的输入设备，使用频率高于键盘。

067. 怎样组装 P4 电脑?

在动手安装前，先用手摸摸水管、墙壁，放掉身上的静电，或戴上胶皮手套防止静电。

第一步：安装 CPU 到主板上。首先将主板上 CPU 插槽旁的扳手扳上去，将 CPU 芯片引脚向下对着插孔插下去。放好 CPU 后，再把扳手压下。然后挤少许散热胶(硅脂)在芯片表面，用手指将散热胶涂均匀。等上一二分钟，让产生的气泡散尽，将散热器对准放上去。先将散热器一边的卡钩在主板上卡好，再将另一边也卡好，然后同时将散热片上的两个白色固定卡杆互相往反方向扳，直到卡杆水平并压紧风扇为止。最后稍微用力摇摇看是否牢固。

第二步：安装内存条到主板上。轻轻扳开内存条插槽上两边的卡钩，两手拿好内存条，对准防反插设计的缺口，均匀用力地将内存条插入槽内。

第三步：分别安装机箱内部配件。首先将光驱从机箱前面板装入支架内，用购买时带的螺钉将光驱固定在机箱上；其次安装软驱，软驱要从机箱里面装，正好和光驱相反；最后安装硬盘，硬盘固定方法同软驱。注意螺钉不要拧得太紧，各个螺钉用力要均匀，否则会造成故障。有的机箱没有把这些接口处的挡片去掉，可以用螺丝刀撬掉。当机箱内的配件都装妥当以后。再将装好 CPU 和内存条的主板放入机箱内，应将主板上的各个外设接口对应插入到机箱预留的后面板空位上。之后将主板上的螺丝孔和拧在机箱上的螺母对应用螺钉固定。

第四步：连接各种线路。先将 CPU 风扇的电源插头插入 CPU 插槽旁的三针插座；然后插入 P4 六芯或方四芯辅助电源插头，插头卡钩和底座卡钩要对应起来，不要插反；第三是连接 20 针的主板电源插头，插头和插座都有防插反设计，只要对准插紧即可。第四是给各驱动器连接电源和数据线。先把硬盘数据线插上。注意硬盘数据线和主板上的第一个 IDE 槽插在一起，还有数据线上其中一面突出的小黑块要和 IDE 槽上的缺口对应起来，同样这个数据线的另一头也要和硬盘上的 IDE 槽上的缺口对应起来，然后再将机箱电源上的大四芯电源线接头插入硬盘电源插口。电源接头也有防插反设计，方向反了是插不进去的。给软驱插数据线时注意数据线有一根红线的一边靠近软驱的电源插座就不会插反。软驱的电源插头有点不同，要将有卡钩的一面朝下插入软驱的电源针脚。电源红线一侧应与数据线红线侧相邻才正确。给光驱接线同于硬盘接线，但光驱多一根音频线。插音频线的方法是：根据光驱后部插座上的标记，红色线为左，白色为右插入光驱的音频接口，另一头也对应插入声卡上的“CD IN”音频插座。如果音频线插反了的话，并无大碍，只会造成左右声道相反。内部配件连接完毕后，就可以给主板接面板按键开关线了。由于不同的主板针脚排列位置不同，按照主板说明书连接即可。

第五步：安装显示卡。现在主流显卡的接口都只对应主板上唯一的 AGP 插槽。将显卡的金手指对准 AGP 槽，用双手按住显卡顶部，竖直地将金手指压入槽内插紧。然后用螺钉将它固定在机箱上。网卡、电视卡等安装与显卡相同，只是插槽为PCI插槽。最后盖上机箱盖。

第六步：连接外部设备。机箱后背有两个PS/2接口，靠主板侧是键盘接口，右面的是鼠标接口。现在的主板都用颜色来区分类似的插头，插的时候要看清楚，分清颜色。接着是连接显示器。将D型插头对应显卡上的插座插入，拧紧插头螺杆。如果有网卡，将网线的水晶头插入网卡的RJ－45插座上，听到“搭”的一声就插好了。最后一步才是进行电源连接。至此，一台P4电脑就组装好了。

068. 怎样连接机箱内部电源？

第一步：连接主板电源接头。主板不仅自己需要电源，而且还得给CPU、显卡、PCI卡等设备供电，因此用来给主板供电的那个接头是最大的。该接头由20根电源线组成，在接头的一边，还有一个起固定作用的夹子。一般都能在主板CPU插座附近找到一个与电源接头差不多大，同样具备20个针孔的插座。把电源接头有夹子的一面对准插座一边的小凸出块，然后稍用力往下按，电源接口就会插到插座中，并且接口上的夹子会自动夹住凸出块，使接触更牢固。第二步：连接大四芯电源接头。大四芯电源接头是电源输出接头中数量最多的，一般一个计算机电源至少有4个这样的接头。大四芯接头由一黄一红两黑共4根电源线组成。由于该接头的两个边角是斜面状，所以这种接头也叫“D”型头。大四芯电源接头是给硬盘、光驱、刻录机等IDE设备提供电源的。硬盘、光驱等设备上都相应有一个D型插座，因为有D型这种防反插设计，很容易就能将电源接头插在设备上。第三步：连接小四芯接头。小四芯接头与大四芯接头一样，也是由一黄一红两黑4根电源线组成，它的供电对象是软驱。小四芯接头的上面有一条凸出的棱，在接头的背面还有一个小凸出块，而对应的软驱电源插座也有相应的凹槽，所以一般情况下是不会插反的。第四步：连接P4主板专用接头。P4主板专用接头一种是六芯，一种是方四芯。并不是所有的P4主板都需要辅助电源，使用较多的是方四芯插座。

069. 怎样连接机箱内部风扇？

机箱内部风扇一般指CPU风扇，CPU风扇的电源插头一般都采用三芯接头，其中黑黄二线是用来提供电源的，那根红线用来供主板监控CPU的转速。一般主板都提供3个风扇插座，其中位于CPU插座附近的那个是用来连接CPU风扇的，边上印有“FAN1”或“CPU FAN”字样，有的显卡也需要安装风扇，连接方法与CPU风扇相同，就近找一个风扇电源插座插上即可。风扇电源插头也有防反插设计，只能一个方向插进去。

070. 怎样连接主板电源控制线？

在机箱内都能找到一把带插孔的线缆，插槽的表面还标示一些英文字母。这就是主板控制线。在主板右下角可以找到一排插针，插针的旁边也印有一些英文说明，这是插控制线的地方。第一步：连接电源开关控制线。电源开关控制线英文标示为“POWER SW”或“PW”。主板对应的插针也标有“PW”或“PW ON”字样。主板控制线是没有极性的，顺插还是反插都一样。不过最好是把有标示的一面朝外，以便以后维修时好辨认。第二步：连接复位开关控制线。复位开关控制线的英文标示为“RESET SW”或“RST”。第三步：连接硬盘指示灯连接线。硬盘工作状态指示灯在机箱前面板，其实就是一个发光二极管，它的英文标示为“HDD LED”或“HD LED”。第四步：连接电源指示灯连接线。电源指示灯也在前面板上，发光的颜色一般为绿色。

该连接线同样为两根，英文标示为“POWER LED”或“P L”。目前很多主板上用来插电源指示灯的插针有 3 根，如果将主板上的 3 根插针依次排为 1、2、3，我们只须将连接线插在 1 号与 3 号插针上即可。另外，许多机箱中这两根线插槽部分是独立的，不能标注英文。不过一般机箱只提供上述 4 种控制线，前 3 种一般都有英文标注，剩下两根自然就是电源指示灯连接线了。第五步：连接机箱喇叭连接线。机器启动时发出的“嘀”声就是靠机箱中的喇叭发出的，机箱喇叭有两根连接线，英文标示为“SPEAKER”或“SK”。主板安排给机箱喇叭的插针有 4 根，一般只需将连接线插在 1、4 号插针上。

071. 什么是 BIOS？

BIOS(Basic Input Output System)即基本输入/输出系统，是电脑中最基本的一种程序。一般都将 BIOS 程序保存在一个不需要电源的记忆体芯片中，也就是平时所说的 CMOS 芯片。BIOS 为计算机提供最低级的、最直接的硬件控制，计算机的原始操作都是依照固化在 BIOS 里的内容来完成的。准确地说，BIOS 是硬件与软件程序之间的一个“转换器”或者说是接口，负责解决硬件的即时需求，并按软件对硬件的操作要求具体执行。目前国内的 BIOS 基本上都是 AWARD 或 AMI 公司的产品，而国外则大多采用 Phoenix 公司的。

072. 怎样设置主板 BIOS？

以 Award BIOS 为例。第一步：开机按下键盘上的“Del”键，进入 Award BIOS 设置程序主菜单 CMOS Setup。主菜单分上、中、下三部分：上边部分是 BIOS 的各个设置选项。中间靠下部分是键盘操作提示。“Esc”键表示不储存修改而退出，“上、下、左、右箭头”表示用方向键在上面的各个设置选项之间移动，“F10”键表示储存修改并退出。下边部分是对上面的各个设置选项的解释信息。当光标移到某个选项时，信息栏就会显示这个选项的相关提示。例如对第一个设置选项 Standard CMOS Features 的信息显示：“Time，Date，Hard Disk Type…”，表示该选项与设置时间、日期、硬盘类型等有关。

第二步：改变系统时间和日期。具体方法是：进入 CMOS Setup 主菜单，选择第一项 Standard CMOS Features(标准 CMOS 功能设置)，按“Enter”键进入它的子菜单；在所示菜单中通过移动方向键选中第一项 Date(mm：dd：yy)项(mm：dd：yy 表示月：日：年)，按“Page Up”或“Page Down”键改变日期数值；设置时间的方法同样是在子菜单中将光标移到第二项 Time(hh：mm：ss)项(hh：mm：ss 表示时：分：秒)，按“Page Up”或“Page Down”键修改时间。

第三步：改变电脑启动设备的顺序。进入 CMOS Setup 主菜单，选中 Advanced BIOS Features 项，按“Enter”键进入它的子菜单；在子菜单中按方向键，选中第一引导设备 First Boot Device 项，然后按“Page Up”键或“Page Down”键进行选择使其参数为 Floppy，这样在启动计算机时，系统就会首先从软盘驱动器中搜索启动盘；同样要从光盘启动，则只要在上一步中改变 First Boot Device 的参数为 CD－ROM 即可；修改完毕后按“Esc”键返回主菜单，然后按“F10”键保存并退出 CMOS Setup 主菜单。也可以在子菜单中把第二引导设备 Second Boot Device 项的参数设为 CD－ROM，这样如果软盘无法启动则从光盘启动，然后把第三引导设备 Third Boot Device 项的参数设为硬盘 C 盘 HDD－0。这样当软盘和光盘都无法启动时，则从硬盘启动。

第四步：设置跳过自检搜索软驱。每次开机时，一般软驱都会发出一阵声音，这是 BIOS 在搜索软驱。如果要节省时间,可以在BIOS中改变设置,开机时跳过搜索软驱就可以了。方法是:进入CMOS Setup主菜单中,选中BIOS高级功能设置Advanced BIOS Features项,按"Enter"键进入子菜单;按方向键把光标移到开机自检搜索软驱Boot Up Floppy Seek选项,按"Page Up"或"Page Down"键选择参数Disabled;修改完成按"Esc"键返回,再按"F10"键存储并退出CMOS Setup主菜单。

第五步:设置开机密码和CMOS密码。为了不让别人随便使用自己的电脑,可设置BIOS的密码功能对电脑加密。这包括CMOS Setup主菜单中的设置管理员密码Set Supervisor Password和设置使用者密码Set User Password。另外在BIOS高级功能设置Advanced BIOS Features子菜单中有安全选项Security Option项,可以设置密码保护的类型,包括System参数和Setup参数。下面把系统密码设置为abc1,CMOS密码设置为abc2。具体方法如下:进入CMOS Setup主菜单。选择设置管理员密码Set Supervisor Password项,按下"Enter"键,会出现一个红色的输入密码文本框Enter Password;在Enter Password中输入如abcl,按下"Enter"键后又出现一个确认密码红色文本框Confirm Password,要求再次输入密码;输入密码abcl后按下"Enter"键 。然后,在CMOS Setup主菜单中选择设置使用者密码set User Password项,按下"Enter"键,与设置Supervisor Password相同,输入CMOS密码abc2并确认,按下"Enter"键,返回到CMOS Setup主菜单。最后在CMOS Setup主菜单中选择Advanced BIOS Features项,按"Enter"键进入子菜单,选择安全选项Security Option项,按"Page Up"或"page Down"键选择参数为System。按"Esc"键返回CMOS Setup主菜单。按"F10"键保存设置并退出CMOS Setup。完成设置后,重新启动电脑,在开机画面中就会多出一个密码输入框,输入abcl,按"Enter"键即可;同样进入CMOS Setup主菜单按"Del"键,出现密码输入框时,要求输入密码,输入abc2,按"Enter"键即可。

第六步:BIOS的保守设置和优化设置。CMOS Setup菜单中可供调入的默认参数设置有两种,即保守设置BIOS Defaults和优化设置Setup Defaults。保守设置是指在CMOS Setup菜单中,有些比较容易引起故障的选项参数,被设为Disabled,或是参数水平设得比较低。在保守设置的状态下,大多数硬件都能良好地运行,不过系统整体性能比较差。优化设置正好与保守设置相反。优化设置是指在CMOS Setup菜单中,能提高系统性能的选项参数都设为Enabled。在优化设置的状态下,可使电脑在最优状态下运行,不过由于优化设置针对的是大多数硬件,有些特殊的硬件在这种状态下也许会出现问题,这就需要手动修改某些选项。一般情况下可选择优化设置,如果机器出现故障,如安装新硬件后无法使用,可以选择保守设置试试,也许就能解决问题。AMI BIOS的设置与此类似。

073. 怎样安全使用计算机?

一是要注意环境。环境温度在15℃~35℃为宜,过冷或过热都会对机器正常工作有影响。计算机工作的环境湿度最好保持在20%~80%之间,湿度过高易造成元件的锈蚀,湿度过低易产生静电。灰尘会引起元器件漏电、接触不良、弄脏磁头等。二是开关机顺序:先开外设,后开主机。外设包括显示器、打印机、扫描仪等。关机顺序则相反,先主机,后外设。三是开关机时间注意间隔。注意关闭电脑后,再次启动时间间隔应不少于20秒。四是雷雨天最好不上网,因为雷电有可能通过电话线引入Modem,而将Modem损坏。五是小心使用硬盘。硬盘灯在闪动,表明硬盘正在读写数据,这时候不能关机,也不能移动主机,否则有可能造成硬盘的物理损坏。六是小心使用软驱。当系统显示软盘的数据拷贝完成时，不要马上取出软盘，应等软驱灯熄灭后才可取出软盘。因为虽然系统显示操作完成，但软驱实际上还要工作1—5秒。七是小心使用光驱。不用劣质光盘，以减少对激光头的损害。少用光驱看VCD，可以把电影拷到硬盘中去。切忌用市面上清洁VCD机的清洁盘清洁激光头，因为高速旋转的毛刷会损害激光头。八是维护好主机。搬动主机时，一定要关闭电源，以免短路损坏机器。九是保养鼠标。鼠标使用一段时间后，应清洁鼠标内部的灰尘和污垢，否则，鼠标会不听使唤。十是维护音箱。音箱要尽量远离显示器，避免磁化显像管。十一要注意资料保存。资料或文件等重要的数据资料不要保存在C盘(系统盘)上，因为一旦系统崩溃或是染毒，C盘上的数据往往无一幸免。十二是注意杀毒防毒。至少要装一种杀毒软件，并开启防火墙，同时应定期升级病毒库，以达到防毒杀毒的目的。十三是注意垃圾清理。如果系统慢了，往往是由于磁盘碎片和注册表的垃圾多了而造成的。可以单击“开始”→“运行”，输入defrag清理碎片和垃圾。十四是注意真假死机。判断真假死机的方法，是按下数字键盘区的NumLock键，如果指示灯有反应，则说明没有死机，而是假死机。很多假死机是由于运行的程序没有响应造成的，这时，可以同时按下“Ctrl＋Alt＋Del”键，在弹出的列表中选定标注没有响应的程序项，单击“结束任务”即可让系统恢复正常运行。

074. 电脑漏电是怎么回事？

电脑的供电电源是一种高效率的开关电源。开关电源由于缺少有效隔离措施，加之工作频率较高，很容易通过线路、空间形成的分布电容释放静电和产生高频干扰。如果电脑机箱没有良好接地的话，当积累的静电达到较高电压时，一旦人体某个部位触及到机箱，就会对人体“放电”，产生机箱漏电的感觉。在目前的条件下，这种漏电现象还没有有效的方法根除。并且随着季节的变化，以及每个人自身的固有电阻不同，对漏电的感知程度也各不相同。正规的电源厂家，一般都采用正规、成熟的电路和元件来组织生产，并且严格按照各种安全法规，对产品进行测试。这样电源的漏电程度便被控制在一个允许的范围内，不会危及到人的生命安全。

075. 电脑启动方式有哪些？

同我们日常使用的各种电器一样，计算机只有在接通电源以后才能工作。但由于计算机比我们日常使用的各种家用电器要复杂得多，因此，从机器接通电源到做好各种准备工作要经过各种测试及一系列的初始化，这个过程被称为启动。一是冷启动。冷启动是指机器尚未加电情况下的启动。第一步：检查电源是否接好；第二步：打开显示器、打印机、扫描仪等外部设备；第三步：按下主机箱面板上的电源开关，接通主机电源。这时机器就开始启动，系统首先对内存自动测试，屏幕左上角不停地显示已测试内存量。接着启动硬盘驱动器，机器自动显示提示信息，进入操作系统。二是复位启动。该启动过程类似于冷启动。一般说来，为避免反复开关主机而影响机器工作寿命，在热启动无效的情况下，可用复位启动方式。启动方法是用手按一下主机箱面板上的复位按钮即可。三是热启动。所谓热启动是指机器在已加电情况下的启动。通常是在机器运行中异常停机时使用。在DOS下的操作方法是先用两手指按住“Ctrl”与“Alt”键不松开，再按下“Del”键，然后同时抬起三个手指，机器便重新启动。如果用户正在Windows系统中操作，则按下“Ctrl＋Alt＋Del”组合键后，系统会给出提示，询问是否确实要重新启动计算机。如果确定，可再次按下“Ctrl＋Alt＋Del”键。热启动过程在以上介绍的几种启动方式中最为迅速，因为省去了一些硬件测试及内存测试。但是，当某些严重错误使得热启动无效时，只有选用冷启动或复位启动。

076. 怎样设置定时开机？

第一步：在 BIOS 设置主界面中选择“Power Management Setup”，进入电源管理窗口。缺省情况下，“Resume By Alarm”定时开机选项是关闭的。第二步：将光标移到“Resume By Alarm”项，用“Page Down”键将“Disabled”改成“Enabled”，此时“Resume By Alarm”选项下原本是灰色的日期和时间设置会变亮。第三步：将光标移到“Date Alarm”上，通过“Page Down”在 1－31 之间设定具体日期。第四步：将光标移到“Time Alarm”上，按照需要将具体时间设置好，时间模式一般为“小时：分钟：秒钟：”。第五步：保存设置退出 BIOS。此后，在关机状态下，当 BIOS 中的时钟跳到设定的时刻，机器就会自动启动。有的主板只能将时间设置成当月的某天某时，就是说每设置一次，就只能使用一次。也有的主板能设置一个周期，也就是“每天的这个时候”。

077. 怎样设置键盘开机？

第一步：找到主板上的键盘开机设置跳线，按照主板说明书重新设置，打开键盘开机功能。第二步：启动电脑，按“Del”键进入 BIOS 设置画面，将光标移到“Integrated Peripherals”项上。第三步：按回车键进入下一级菜单。将光标移到“Power on Function”项上，按回车键，出现选项菜单。从菜单中可以看到，有 7 种键盘开机方式供我们选择。第四步：将光标移到某个方式上，回车，即选定了此方式。此后，在关机状态下，就可以使用键盘开机了。七种键盘开机方式：一是不进行任何设置的开机方式。二是密码开机(Password)。选定“Password”后回车，返回上一级菜单，将光标移到“KB Power ON Password”项上回车，然后输入密码。系统会提示再次确认密码，确认后按“F10”保存退出。密码开机是一个保密性很强的开机方式，只有在键盘上敲入密码，系统才会启动。这种模式下，机箱面板上的电源按钮将不再起作用。三是热键开机(Hot Key)。选定“Hot Key”后回车，返回上一级菜单，将光标移到“Hot Key Power On”上回车，此时会出现热键选择菜单，共有 12 个组合热键供选择。热键开机是一种辅助开机方式，既可以通过面板上的电源开关开机，也可以通过设定的某个热键开机。四是鼠标左键或右键开机(Mouse Left/Right)。通过单击鼠标启动电脑，此方式与上面的热键开机差不多。但这种方式很容易因兼容性问题造成开机失败，如果单击鼠标启动电脑失败，可以使用电源开关开机。五是任意键开机(Any key)。这种方式是，只要碰到键盘上任何一个键，电脑就会启动。六是按钮开机(Button Only)。意思是不许使用键盘开机，只能按电源开关。七是 Windows 98 键盘开机 Key Board 98。这种方式与热键开机差不多，只是换了一个键而已。目前普遍使用的键盘(104 键)上有“Wake Up”“Sleep”“Power”三个功能键。选择此方式后，只要按下“Wake Up”键即可开机。

078. 怎样设置 Modem 远程开机？

Modem 就是调制解调器，Modem 远程开机就是调制解调器远程唤醒：第一步：启动电脑，按“Del”键进入 BIOS 设置画面；第二步：进入 BIOS 设置中的“Power Management Setup”窗口，将光标移到“ Power On By Ring/LAN”上；第三步：将默认的“Disabled”改成“Enabled”。

然后保存设置退出即可。此后，在关机状态下，通过Modem就可以开机了。具体使用方法：如果是内置Modem，只要将电话线插入Modem的线路输入端就行了；如果是外置Modem，首先要根据Modem所连接的串行端口来设置不同的中断号(IRQ)，一般情况下COM1口使用IRQ4，COM2口使用IRQ3。然后插好电话线，打开Modem的电源。需要时，只要利用电话或Modem呼叫该电话号码，电脑就会自动开机。但是，Modem没有自动识别功能，只要收到呼叫信号就会开机，因此在不需要此功能时，应将它关闭，否则电话铃一响机器就会启动。

079. 怎样设置网络开机？

第一步：打开计算机，按下"Del"键，我们可以在BIOS中看到"Power On By Ring/LAN"一项，那个"Ring"自然是针对Modem的，而"LAN"就是"网络开机"，也有一些主板称之为"Wake Up On LAN"，简称"WOL"。要使用WOL，必须具备以下两个条件：1. 网卡支持；2. 主板支持。支持WOL的网卡比普通网卡多了一个三芯插座和一根连接主板WOL接口的连线。而支持WOL的主板也有一个三芯插座，此插座一般都在PCI插槽附近。将网卡插入PCI插槽后，再用网卡附带的三芯连接线将网卡与主板上的WOL接口连起来就行了，最后别忘了在BIOS中，将"Power On By Ring/LAN"打开。此外，网络唤醒只能在待机(Stand by)状态下才能实现，而在此状态下系统的IP地址与计算机名都是不可用的，唯一能标识其身份的只有内部网卡的物理地址，即MAC地址。知道MAC地址后，我们可以通过另外一台电脑执行相应的软件，向网络发出含有该地址的特殊数据包。虽然此时等待唤醒的电脑处于关机状态，但是其内部芯片通过网线所传来的电流，仍然可以接收与处理这些数据包。如果该数据包是该网卡的，则网卡通过三芯连接线发出开机信号，通知主板启动。第二步：MAC地址的获得。除了可以从网卡设置软件中得到此地址外，我们还可以通过运行"WiniPcfg"这个程序获得MAC地址。第三步：通过软件发送数据包。为了唤醒网络上的计算机，用户必须利用专用软件发出一种数据包。当前大多采用AMD公司制作的Magic Packet1.0，这套软件可以生成网络唤醒所需要的特殊数据包。Magic Packed1.0虽然只是AMD公司开发推广的一项技术，并非业界公认的标准，但是仍获得很多网卡制造商的支持，因此许多具有网络唤醒功能的网卡都能与之兼容。第四步：从网上将该软件下载(具体下载地址为http://www.amd.com/products/npd/software/pcnet_family/drivers/magicpacket.html)之后，根据软件提示将软件安装好。第五步：执行"Magpac.exe"程序。在软件主界面的"Magic Packets"菜单中单击"Power On One Host"命令，出现一个"Send a Magic Packet to One Host"对话框。第六步：在"Destination Ethernet Address"中输入欲唤醒计算机网卡的MAC地址，单击Send按钮，等待唤醒的计算机就会自动启动了。

080. 怎样关闭计算机？

用完电脑，当我们要关掉它时，通常不能直接关闭主机电源，这样容易造成数据丢失和系统故障。要对没有保存的文件进行存盘，关闭已打开的应用程序。在最新的Windows XP系统中，应单击"开始"按钮，打开"开始"菜单，选择"关闭计算机"命令，在出现"关闭计算机"对话框后，单击"关闭"按钮；若使用的是Windows98/Me/2000操作系统，则单击"开始"，选择"关闭计算机"菜单项，出现"关闭计算机"对话框，然后再选择"关闭计算机"即可；当然，若使用的是DOS操作系统，则可直接关闭计算机电源。

081. Windows 系统下怎样添加硬件?

由于 Windows 98 以后的 Windows 系统提供了即插即用功能,如果添加的是即插即用硬件,则 Windows 将替你完成大部分的添加工作,如果不是,也可以让 Windows 帮助完成大部分工作。不论是否即插即用硬件,如果添加后出现问题,都可以利用 Windows 发现冲突的原因(大部分冲突是由于 IRQ、端口或 DMA 地址分配有问题引起的),并且可以用人工设置方式将新硬件分配到不同的地址。一般如果计算机添加了新的硬件设备,在启动计算机时 Windows 会进行自动搜索,并启动"添加硬件向导"完成硬件安装。也可以在启动计算机后,按照以下步骤添加新硬件:进入"控制面板",单击"添加新硬件"图标,启动 Windows"添加新硬件"向导。按照"向导"指引可以轻松完成几乎所有硬件的安装。

082. 什么是应用软件?

供解决实际问题而设计的应用程序称为应用软件。按照服务对象应用软件又分为通用软件和专用软件。专用软件是专为少数用户设计的目标单一的应用软件,例如数控机床的自动控制软件、教学辅导软件等。通用软件一般是为解决许多人都会遇到的同一类问题而设计的,按其使用性质又可分为实用软件和工具软件。一般家庭日常所接触和使用的软件,绝大多数是应用软件,其中又以通用软件居多。

083. 获取软件的途径有哪些?

获取软件的方法通常有两种。一是商业软件须进行购买。购买后得到一张安装光盘或安装软盘,另外附有说明书、用户卡及用户回函等,可以享受到优质的售后服务;二是对于自由软件和共享软件,最常见的获取方式就是从互联网上免费下载。目前国内知名度较高的软件下载网站有华军软件园(http://www.newhua.com)、中国下载(http://www.download.com.cn)等。下载得到的通常是 ZIP 格式的压缩包,解压缩后就可以正常安装使用了。

084. 软件版本有哪些分类?

一是测试版本。测试版本有 α、β、γ 三种,α 版本一般仅供内部测试使用,漏洞(Bug)较多;β 版本即我们所说的 Beta 版本,用户可从发布站点免费下载进行测试,如果发现 Bug 可以报告给开发者;γ 版本是正式发布前的测试版本,功能与正式版本基本相似,一般不会再有什么大的变动。二是正式版本。这里所讲的正式版本也有多种类型:Release 即所谓的零售版本,在版本号中一般不会看到这个单词,而是简写为 r 或 R;Standard 即最常见的标准版本,该版本一般只包含软件的基本功能或基本组件,价格相对较低;Professional 即为专业版,功能较标准版要增加许多;Deluxe 是所谓的豪华版,不过有时也只是外表华丽而已;Enterprise 是企业版,主要是针对大型企业客户开发的,功能最为完整,但价格也高;Reference 是不常见的百科全书版,例如微软的 Encarta Reference 版本,所包含的主题、图像、影片剪辑等相对于 Standard 和 Deluxe 版均有大幅增加。三是注册版本。注册版本(Registered)相对于未注册版本(Unregistered)而言,可以获得正式版本的所有功能。四是试用版本。即常见的 Trial 版本,绝大多数软件都可以从发布站点免费下载该版本进行试用,但大多数都有使用时间或功能限制。还有一种 Demo(演示)版本,它与未注册版本有些区别,一般无法保存文件或编辑结果。五是升级版本。为了保持新版本与旧版本软件的兼容性,一般软件厂商都会及时发布某软件的升级版本(Update），安装过程中会自动搜索原有版本，如果未找到原有版本，则会拒绝安装。六是 OEM 版本。OEM 版本通常是指软件厂商为某些品牌机量身定制的随机预装版本，在功能上与正式版本没有什么区别，只是不单独销售。

此外，我们经常还可以从网上看到汉化版本（将英文版本的菜单、按钮、对话框等汉化为中文界面）、破解版本（对软件内核进行了某些修改，让用户无须注册即可获得正式版本一样的功能）、网络版本（适合于局域网用户）等。

085. 怎样安装软件？

第一步：执行安装程序。如果有安装光盘，将光盘放入光驱，安装程序一般会自动运行，然后按照向导提示，一路单击"下一步"即可完成安装。如果是从网上下载的软件，通常要手工执行安装程序，找到 Setup. exe 或 install. exe 文件，双击即可运行安装程序。有些下载软件是扩展名为 exe 的自解压文件，运行后也会自动启动安装向导。第二步：同意授权协议。运行安装程序后，首先会看到一个欢迎窗口，然后是授权协议窗口，必须同意这个授权协议才能继续安装，选择"我同意"或"I Agree"。如果是商业软件，例如 WPS、Office、Windows XP，通常还要求输入序列号，否则也会退出安装。第三步：选择安装路径。虽然绝大多数软件的缺省安装路径都在 C:\Program Files\下，但时间一长，C 盘内的文件会越来越多，影响系统运行，最好单击"浏览"按钮，将安装路径改到其它分区，如 D 盘或 E 盘。第四步：选择安装方式。软件安装方式通常有典型（Typical）、最小（Minimum）、自定义（Custom）三种，一般可以选择缺省的"典型（Typical）"安装方式。第五步：复制程序。单击"下一步"后耐心等待复制程序结束，完成软件安装。第六步：重新启动计算机。大部分软件安装结束后会要求重新启动计算机。一般来说，软件安装结束后重新启动一下机器无论对新软件使用还是系统的流畅运行都是有好处的。

086. 执行软件安装程序的方式有哪些？

一是自动运行。一些商业软件，特别是大型商业软件，如 Windows、Office 等多采取这种方式，安装时，把光盘放入光驱，只要光驱读盘，软件安装程序就开始自动运行，随后根据屏幕提示继续安装就可以了。二是手动执行软件安装程序。手动执行软件安装程序也叫手动安装。手动安装的情况比较复杂，简单说，只要是不能自动运行，包括从网上下载或是从光盘安装，也包括大型商业软件，都可以手动安装。手动安装通常有以下几种方式：1、通过"我的电脑"打开软件所在的光盘或软盘，也包括硬盘，找到 setup. exe 或者 install. exe 文件，双击即可；2、通过"开始"菜单进入"控制面板"，双击"添加/删除程序"，启动"添加/删除程序"向导，然后按照向导指引一步一步完成软件安装；3、通过"开始"菜单进入"运行"，单击"浏览"找到待安装软件的 setup. exe 或者 install. exe 文件，无论是在硬盘，还是在软盘、光驱中都可以找到，当然，直接在"运行"文本框中用键盘输入待安装软件 setup. exe 或者 install. exe 文件的路径及文件名也可以，最后，单击确定即可启动软件安装程序。

087. 怎样安装和卸载大型商业软件？

商业软件一般多以光盘方式发行，它们功能丰富、容量大，但安装也相对复杂，常见的如超级解霸、Office、各种光盘游戏等都是典型的商业软件。下面就以 Office 2000 为例介绍此类软件的安装和卸载。第一步：将光盘放入光驱，一般都会自动运行安装程序，如果未自动运行，可以直接双击光盘根目录下的setup.exe启动安装程序。首先出现的是用户信息界面,用户名、缩写和单位可随意填写,产品密钥一般以标签的形式贴在软件包装上,将它输入到空格中,单击“下一步”。第二步:接着是授权协议,将“我接受…”前的复选框选中,单击“下一步”。第三步:在“安装类型”窗口中有三种选择:“开始安装”即默认安装方式,“完全”为安装所有组件,“自定义”可自行选择安装哪些组件。由于一般都不会用到所有Office组件,为了节省硬盘空间,不妨选择“自定义”。第四步:在随后出现的窗口中选择安装需要的组件,实际上选择Word、Excel和PowerPoint就能满足一般的办公应用,如果搞不清楚,直接单击“下一步”开始安装即可,如果对Office非常熟悉,还可选择“为每个应用程序选择详细的安装选项”以便进一步精选Office的组件。第五步:如果在上一步选择为每个程序定制安装选项,就会进入这个窗口,单击“+”可以展开该组件的子功能,单击各功能会显示安装方式菜单,其中:“从本机运行”表示将该功能安装到硬盘上;“从本机运行全部程序”表示将该功能及其所有子功能都安装到硬盘上;“在首次使用时安装”表示暂时不安装该功能,用到时再安装。第六步:功能定制完成后将显示确认窗口,列出即将安装的组件、硬盘空间等摘要,单击“安装”后耐心等待,最后会弹出“…已成功安装”窗口。至此,Office 2000的安装就完成了。

卸载Office 2000最好是仍然使用Office安装光盘,光盘装入光驱自动运行后单击“删除”完成卸载,当然,也可以用Windows控制面板的添加删除程序卸载。

088. 怎样安装和卸载一般共享和免费软件?

第一步:解压。共享和免费软件一般都存放在网上,下载到自己的硬盘中后,第一步要做的通常就是解压。如果发现下载到硬盘中的软件扩展名为zip,这就是经过压缩的软件。在Windows Me/XP操作系统中,可将这些压缩软件看作普通文件,双击即可进入,在其他操作系统中则需要装有WinZip一类的压缩解压缩软件。在WinZip的支持下,右键单击压缩软件选择Extract to folder…就可以将该软件解压缩到当前路径下以该软件命名的文件夹中,当前路径缺省状态下都是Windows中的temp临时文件夹。这一步要看清楚,否则会找不到刚刚解压过的软件。第二步:执行软件安装程序。找到并打开刚刚解压缩生成的文件夹双击“setup.exe”文件执行软件安装程序,一般先出现欢迎安装窗口,按照提示单击“NEXT”或“下一步”。第三步:同意授权协议。接着出现的多是软件授权说明等信息,只能选择“Agree…”或“同意”等,否则无法继续。第四步:确定安装路径。随后出现的窗口很重要,用来确定软件的安装路径,也就是软件要安装到硬盘中的哪个位置,可以单击“Browse”或“浏览”自己选择,也可以单击“下一步”使用缺省安装路径。第五步:复制程序。在出现准备安装的提示窗口后,单击“下一步”开始安装,即复制程序。文件复制结束后一般会显示安装成功的窗口,单击“Finish”或“完成”就安装成功了。卸载软件可以在桌面上单击“开始”→“设置”→“控制面板”→“添加/删除程序”,在程序列表中找到要删除的软件名,单击“更改/删除”按钮后,Windows会自动将其卸载。

089. 怎样安装和卸载绿色软件?

绿色软件多是功能单一、容量较小的免费共享软件。它们一般只有一个可执行文件,不会向系统文件夹添加文件,不会修改注册表。绿色软件无须安装,双击即可运行,将文件本身删除即完成卸载。第一步:上网找到该软件的下载页面,右键单击下载链接,在弹出菜单中选择“目标另存为”。第二步：计算机会弹出文件保存窗口，为该软件指定存放路径后单击“保存”按钮，该软件便会被下载到指定文件夹中。第三步：找到指定文件夹，双击下载文件即可运行使用这个软件。第四步：要卸载该软件，只须将软件所在文件夹删除即可。

090. 软件卸载的常用方法有哪些？

一是利用软件自身卸载程序卸载。很多软件自身带有“卸载”或“Uninstall”程序。什么时候你不想让它呆在机器里时，可以从软件程序组中找到并运行这个程序，然后按照屏幕提示操作，直到卸载成功。二是进入 Windows 的控制面板，单击“更改/删除”按钮完成卸载。有时，从程序组中找不到“卸载”或“Uninstall”，可以在桌面上单击“开始”→“设置”→“控制面板”→“添加/删除程序”，在程序列表中如果能找到该软件，就可以直接从这里删除，不过这种方式有时无法删除软件的安装目录，需要手动删除。三是使用专用工具卸载。有一些与系统紧密结合的软件如 IE、DirectX 等，只能借助专门的卸载工具卸载，卸载工具通常可以从网上下载。四是手工卸载。如果以上卸载都不行，就只好强行删除安装文件夹了，不过在删除之前应备份重要的系统文件或自认为有必要备份的数据，然后进入资源管理器或我的电脑，找到要卸载的软件文件夹直接删除。

091. 什么是驱动器、盘符及路径？

驱动器分为软盘驱动器、硬盘驱动器和光盘驱动器，分别简称软驱、硬盘和光驱。一般的计算机都有一个软盘驱动器 A、硬盘驱动器 C 和光盘驱动器 D。根据需要可选择不同的驱动器。系统当前正在使用的驱动器称为当前驱动器，有时也称为约定驱动器或联机驱动器。在 DOS 状态下，当前系统置于哪一个驱动器，屏幕就会显示出哪一个驱动器的系统提示行。驱动器的系统提示行一般称为驱动器的盘符。路径是一个与文件、目录或文件夹、驱动器关系密切的概念。它表示文件所在的具体驱动器及目录（文件夹）的状况，它用反斜杠“\”隔开的驱动器和目录名（文件夹名）来表示。例如，要表示 C 盘目录 WINDOWS. ME 下的子目录 MYSUBDIR 下的文件 OURFILE. COM 的路径，则为：C:\WIINDOWS. ME\MYSUBDIR，或详细地写为：C:\WINDOWS. ME\MYSUBDIR\OURFILE. COM。

092. 什么是驱动程序？

驱动程序是指一种用来解释各种 BIOS 不能支持的硬件设备，使计算机能识别这些硬件设备，从而保证它们的正常运行，以便充分发挥硬件设备性能的特殊程序。简单地说就是用来驱动硬件工作的特殊程序。

093. 为什么要安装驱动程序？

所有的硬件设备都需要安装相应的驱动程序，否则便无法使用。但像 CPU、内存、主板、软驱、键盘、显示器等设备却似乎并不需要安装驱动程序，而显卡、声卡、网卡等却一定要安装驱动程序，这是因为早期的硬盘和内存价格都很昂贵，当时的设计者在设计时只是将 CPU、主板、内存、显示器、软驱、键盘等标准硬件列为 BIOS 能直接支持的硬件，他们认为普通用户还不需要硬盘，所以未将硬盘列入其中，换句话说上述硬件安装后就可以被 BIOS 和操作系统直接支持，不再需要安装驱动程序了。但随着计算机技术的发展和进步，各种新硬件越来越多，先后出现了显卡、声卡、网卡、鼠标、光驱、打印机、Modem、扫描仪、数码相机、游戏杆等新设备，如何让BIOS和操作系统支持它们，就成了一个必须解决的问题。硬件厂商为了让操作系统能正确识别上面提到的BIOS无法直接支持的硬件，特地开发了相应的驱动程序，不安装驱动程序也就无法让这些硬件正常工作。但是，鼠标、光驱也不是标准硬件，为什么并不需要安装它们的驱动程序呢？原因并不是它们不需要驱动程序的支持，而是在安装Windows时会自动安装很多系统搜索到的硬件的驱动程序，已经不用再去手工安装了，这其中就包括鼠标和光驱。不过，假如你在纯DOS模式下想使用鼠标和光驱的话，那就还需要加载相应的驱动程序。如果对DOS操作系统比较熟悉，就一定知道config.sys、autoexec.bat两个文件，这两个文件中就分别加载了cd.sys和mscdex.exe两个文件，否则绝对无法访问光驱。虽然所有显卡(包括AGP和PCI接口)都可以在文本模式和最低640×480、16色模式下正常工作，但无法开启256色以上的模式，只有安装显卡专用驱动程序以后，才可以显示更高的分辨率、色深、刷新率或加入3D支持。因此显卡驱动程序的安装是操作系统安装结束后首先要做的事情。

094. 驱动程序的分类有哪些？

驱动程序的分类比较复杂，在安装时要看仔细。一是硬件厂商免费提供的专用驱动程序。一般情况下，显卡、声卡、网卡都会在包装盒中配有相应的驱动程序，比较普遍的是做在一张光盘上，也有的是放在软盘上，这种专用驱动程序比较成熟、稳定，可以放心使用，购买这些配件时一定要检查有无驱动程序盘。二是系统内置的通用驱动程序。这里所讲的系统是指Windows 9X/Me/NT/2000/XP。一般情况下，Windows能够自动识别并安装绝大多数硬件设备的驱动程序，这些驱动程序是硬件厂商提供并通过了微软自己的Windows硬件质量实验室的兼容性测试，可以保证与Windows的最大兼容性，使用时不会存在什么问题。而且，Windows的版本越高，所能支持的硬件设备也越多，例如最新推出的Windows XP基本上大部分的驱动程序都不用安装。三是公版驱动程序。比较常见的是显卡的驱动程序，如nVIDIA、ATi开发的显示芯片都有相应的公版驱动程序。公版是指由芯片厂商推荐的布线方法和元器件位置生产出来的型号，实际上也就是芯片厂商按照公版设计编制的驱动程序，它们的稳定性和兼容性也都无可挑剔。四是其它驱动程序。除了上面介绍的三类驱动程序外，还经常可以在驱动之家等网站上看到硬件厂商提供的测试版本的驱动程序(文件名带“α”、“β”等字样)，这些驱动程序只提供给用户测试，但不提供正式的技术支持，由于这些驱动程序并没有经过充分的测试，因此可能存在一些问题；也有些驱动程序并不是原厂商推出的，是由第三方厂商或一些个人发布的，不能轻易使用。

095. 怎样安装驱动程序？

一般在购买硬件的时候，无论是主板，还是声卡、显卡、打印机、扫描仪等，都免费附送该硬件的驱动程序，我们只要按照使用说明一步一步完成安装即可。另外，Windows操作系统也预置了一些通用驱动程序，当然系统内置的通用驱动程序一般都是知名大厂的品牌硬件。当安装这些硬件的时候，系统会自动识别、自动安装驱动程序，无须再另外安装。这也是我们在购买硬件时要尽量选购知名品牌的一个重要原因。应该说，绝大多数硬件的驱动程序安装到此都应该顺利解决了，真正需要我们从网上下载安装的只是极少数的情况。

[方法一]　可执行的驱动程序安装。可执行的驱动程序一般有两种，一是单独一个驱动程

序文件，只需双击它就会自动安装相应的硬件驱动；另一种是一个现成目录，或者是压缩文件解压后生成的目录，其中一定有一个 setup. exe 或者 install. exe 可执行程序，双击这个可执行文件，一般用一路单击“下一步”即可顺利完成安装。

[方法二] 手动安装。由于可执行文件往往有相当复杂的执行指令，体积较大，有些硬件的驱动程序也并非只有一个可执行文件，这就需要我们采用inf 格式手动安装驱动。以在 Windows 98 下安装声卡驱动为例：从“开始”菜单的“设置”进入“控制面板”。双击“系统”。打开“设备管理器”。如果声卡驱动程序尚未安装，我们会发现有关声卡的几个项目前面都标着一个黄色的问号或感叹号。这是因为 Windows 无法识别声卡，或者找不到相应的驱动程序，所以就用这样的符号把设备标示出来，提醒我们。一般常见的未知声卡设备名为“PCI Multimedia Audio Device”，双击这个设备名，在出现的对话框中选择“升级驱动程序”，然后跟随向导指定要安装驱动程序的位置，或者手动输入文件位置，一步一步完成安装。

[方法三] 在安装调制解调器(Modem)或打印机驱动程序时，也可以从控制面板中直接双击该设备名，跟随向导一步一步完成驱动程序安装。

096. 怎样查找和选择驱动程序？

首先是查找驱动程序。第一步：打开“设备管理器”窗口。右键单击“我的电脑”，选择“属性”命令，在弹出的窗口中选择“设备管理器”标签，可以看到这里显示了系统中所有的硬件设备。第二步：查看驱动程序。选择某个硬件设备，例如“显示卡”下面的设备名称，双击后就会看到“属性”窗口，在窗口里有一个“驱动程序”标签，单击“驱动程序”标签，可以看到驱动程序提供商、驱动程序更新日期、驱动程序版本等信息，单击“驱动程序详细信息”后还可以看到驱动程序文件的确切位置。假如在“设备管理器”窗口看到某个设备下显示黄色的惊叹号或问号，说明该设备的驱动程序还未安装；假如某个硬件设备的型号未被正确识别，那么说明驱动程序安装版本有误。其次是选择驱动程序。最理想的方法是选用硬件厂商的专用驱动程序或公版驱动程序，通常是购买硬件时附送的光盘或软盘。最简单的方法是使用 Windows 内置的通用驱动程序，无需我们安装。当然，如果你已对驱动程序比较熟悉，也可选择测试版本的驱动程序。不过，在安装前，请注意备份重要文件以防不测。

097. 怎样更新驱动程序？

以在 Windows 98/Me 中更新显卡驱动程序为例：第一步：将新下载的驱动程序解压到硬盘中指定路径。一般更新驱动程序都需要从网上下载，网上下载的软件大都是经过压缩的“压缩包”，必须用压缩解压缩软件如 WinZip 解压缩到指定文件夹才可以安装使用。第二步：在桌面上右键单击“我的电脑”，选择“属性”→“设备管理器”。第三步：在“设备管理器”窗口中会出现计算机中的硬件设备列表。打开“监视器”，选中下面的监视器名，然后单击下面左边的“属性”按钮。第四步：在显示器属性页面单击“驱动程序”→“升级驱动程序”按钮，启动“升级驱动程序”向导，单击“下一步”。第五步：此时出现选择窗口。可以选择让系统自己搜索驱动程序或是自己升级驱动程序。一般选择第一个选项，单击“下一步”。第六步：出现设置驱动程序搜索位置的界面，可以选择从软盘搜索，也可以选择从光盘搜索，由于新的驱动程序已在硬盘中，应选择“指定一个位置”选项，单击“下一步”。第七步：单击“浏览”找到驱动程序所在文件夹，单击“确定”。第八步：Windows 会分析所选驱动程序，并与正在使用的驱动程序比较，给出结果。如果安装选定的驱动程序，单击“下一步”。第九步：系统开始复制驱动程序，然后出现“完成窗口”，单击“完成”按钮。第十步：在“是否重新启动计算机”对话框中单击“是(Y)”按钮，Windows 重新启动，驱动程序更新完成。在 Windows 2000/XP 系统中，更新驱动程序操作与此类似。

098. 驱动程序更新失败怎么办？

驱动程序更新失败会造成相应硬件无法使用或系统文件被破坏等后果。在 Windows 操作系统中解决方法如下：一是重新安装旧版本驱动程序。如果能够进入 Windows，那么建议重新安装旧版本的驱动程序试一试，一般都能解决问题。二是恢复旧版本的驱动程序。Windows XP 提供了一个恢复旧版本驱动程序的功能，单击“返回驱动程序”按钮即可。但此方法仅局限于通过了测试的驱动程序。三是重新安装硬件。这就需要打开机箱，先将显卡、声卡、网卡等硬件设备从主板中拔出，然后重新插好、重新启动、安装驱动程序。当然，这里所说的也是旧版本驱动程序。四是重装系统。如果以上方法都不行，那就只能重装 Windows 操作系统了。

099. 什么是压缩？

通常所说的压缩，指通过缩小或去除数据间隔、空字段、冗余或无用数据等方式来减小数据长度，达到节约存储空间和提高传输效率的目的。常见的压缩文件扩展名有 ZIP、RAR 等。压缩分有损压缩和无损压缩，有损压缩是为了达到大幅度的压缩比，需要有选择性地损失一些细节，压缩比越大，损失的数据越多，压缩过程不可逆。有损压缩常用于对图像、音频或视频数据的压缩，虽然有损压缩会降低源数据质量，但由于人们的视觉或听觉对这部分损失的数据并不敏感，所以一般察觉不出数据丢失。例如 JPEG 图像、VCD 和 DVD 电影、MP3 音乐等。无损压缩是指经过压缩后，不丢失任何原始数据，复原后与原始文件完全一样。这类压缩广泛应用于文本、程序和特殊应用场合的图像数据，例如 BMP 图像以及用 WinZip 等压缩软件对文件进行压缩都属于无损压缩。

100. 常用压缩软件有哪些？

一是 WinZip。WinZip 是目前最常用的压缩软件，这主要是因为它功能强大、使用简单。它支持 ZIP、CAB、TAR、GZIP、MIME 等多种格式的压缩文件，与 Windows 资源管理器紧密集成，在资源管理器内部即可实现压缩、解压缩。它还包括 WinZip 向导和 WinZip 自解压缩器个人版。WinZip8.1 中新增添的文件分割功能允许对大文件进行任意分割，它还对 Windows XP 进行了优化，支持许多 Windows XP 中的新特性。二是 WinRAR。WinRAR 也是一款很常用的压缩软件。它不但支持 RAR 文件，还支持包括 ZIP 在内的很多种压缩格式。WinRAR 压缩率高而且速度很快，支持分卷压缩，可将大文件分割成多张软盘，这样方便携带和传输。WinRAR 可产生自动解压缩文件，并且支持鼠标右键快选功能。三是 WinAce。WinAce 除自身的 ACE 外，它还支持 ZIP、RAR、LZH、ARJ、TAR、CAB、LHA、GZIP 等几乎所有的压缩格式，还可分片压缩、建立自解压缩文件，并具有加密功能。WinAce 可预设压缩及解压缩路径、编辑程序等。WinAce 显示的压缩信息可以让你对压缩文件的情况一目了然。四是 ACDZip。ACDZip 是 ACD 公司出品的一款压缩软件。ACDZip 继承了 ACDSee 的特点，可以对图像、音频和视频文件进行压缩、解压缩，能直接看到文件内容，包括浏览缩略图和完整的文件。你不必解压缩就可以修改压缩包的内容，还可以将图像在 14 种图像格式之间进行转换。同时在 ACDZip 中可以将压缩文件通过 E－mail 发送出去。使用 ACDZip 同样可以创建自解压文件、设置解压密码。

101. 怎样安装和使用 WinZip?

第一步：下载安装。从 http://www.winzip.com/可以下载最新版本，也可以从国内各大站点下载汉化版本。下载结束后双击 WinZip.exe 开始安装。首先单击弹出窗口中的 Setup 按钮，接着确认安装路径，单击 OK 进行文件复制。随后会弹出设置向导，单击 NEXT 将进入版权说明界面，单击 Yes 同意该条款，接着出现的界面要求选择 WinZip 的运行方式。之后，一路单击 NEXT 即可完成安装。如果是汉化版本，通常在原版本安装完成之后，再将汉化文件覆盖上去，一般汉化文件中都有安装说明，是一个叫作 readme 的文本文件，按说明要求安装即可。

第二步：运行及注册。安装后 WinZip 会自动运行，首先出现的是“每日提示”，可选择下拉列表中的“Never show tips at start up”将它去除。此时的 WinZip 是未注册版，每次运行都会弹出版权说明，如果有注册码，可以单击“Help”→“About WinZip”→“Register”，输入名字和序列号，使其成为注册版，否则，只有每次运行都单击“I Agree”才能使用。

第三步：压缩文件和文件夹。压缩单个文件最简单的方法，就是选中要压缩的文件右键单击，在弹出菜单中选中 WinZip 子菜单进行操作。对于多个文件压缩可以同样操作，只是会自动弹出 Add(添加)窗口。如果选择的压缩文件中包含文件夹，不论数量和层次有多少，WinZip 都会将它们打入压缩包，而且自动记忆每个文件的相对路径。另一个压缩文件的方法是在桌面上双击 WinZip 图标，程序启动后单击 New(新文件)按钮找到要压缩的文件或文件夹进行操作即可。

第四步：释放压缩包(解压缩)。找到要解压缩的 Zip 压缩包双击，可以查看其中内容，直接单击 Extract 按钮将解压缩所有文件，如果只想解压缩部分文件，可以用鼠标选择后再解压缩，在 Extract 对话框中可以进行设置。另外一种方法是通过右键菜单进行解压操作，右键单击“Zip”压缩包，选择弹出菜单中 WinZip 的相应选项进行操作即可。用 WinZip 释放的文件会保持原来的目录结构。

第五步：分卷压缩。分卷压缩主要用于把大文件压缩到两张或更多软盘上便于携带，右键单击要分卷压缩的文件或文件夹，当弹出 Add 对话框时，将压缩包存放路径选定为 A 盘，这样分卷压缩功能才会被启用，接下来可以选择自动方式，在第一张软盘空间用完时，就弹出插入第二张软盘的提示，换盘单击确定即可，最后每张软盘上都会生成同名的压缩包。在另外的电脑上解压缩分卷压缩包时，WinZip 要逐张软盘读取内容，插入第一张盘解压缩后按照提示换盘即可。

第六步：创建自解压文件。如果电脑中没有安装 WinZip，就无法打开 ZIP 压缩文件，为此，WinZip 提供了创建自解压文件功能。所谓自解压，就是无论电脑中有没有解压缩软件，通过双击该自解压文件，都能够自动解压缩然后安装使用。创建自解压文件，要先压缩成 ZIP 文件，然后右键单击该文件，在右键菜单 WinZip 项下选择 Create Self－Extractor，单击 OK 即可在当前路径下生成后缀为 EXE 的自解压包，将这个压缩包拷到软盘上，就可以在随便哪台电脑中使用了。

102. 怎样格式化磁盘?

无论是硬盘还是软盘,出售时已经格式化的软盘除外,在第一次使用时必须进行格式化。在日常使用中,为了快速删除磁盘上的所有文件,有时也选择格式化。格式化软盘通常在Windows系统中操作。第一步:双击桌面上"我的电脑"图标,也可以右键单击"开始"菜单选择"资源管理器"进入"我的电脑"窗口。第二步:将要进行格式化的软盘插入驱动器中,通常是"A:"。第三步:右键单击要进行格式化的"A:"驱动器图标。第四步:在弹出的右键菜单中选择"格式化"命令。出现"格式化"对话框。如选中"快速格式化",则仅删除磁盘上的所有文件、重写磁盘分配表,不能查找磁盘坏区。第一次格式化磁盘应选择"全面"格式化。第五步:单击"开始"按钮,再单击"确定",系统即开始格式化磁盘。磁盘格式化完成后出现信息提示对话框。第六步:单击"确定",返回到"格式化"对话框,再单击"关闭"返回到"我的电脑"窗口。至此格式化磁盘完成。在Windows系统中格式化硬盘与格式化软盘操作类似,只是不能格式化Windows系统所在的分区。如果要格式化整个硬盘,重装系统,方法很多,最简单的方法是使用DOS命令。第一步:使用Windows 98启动盘启动电脑。第二步:在出现盘符后键入format c:然后回车。第三步:在确认提示状态下键入"y"然后回车。系统即开始对硬盘C区进行格式化,屏幕上不断闪现已完成格式化的百分比,结束后会出现磁盘信息提示,一路回车即可。如果硬盘有多个分区,其余分区的格式化既可以用DOS命令format,也可以等C区安装Windows系统以后,在Windows系统下进行,但是,这种方法不适用NTFS分区。

103. 怎样复制软盘?

所谓复制软盘是指将一张软盘中的内容复制到另外一张软盘上,并且使得这两张软盘内容完全一样。第一步:将需要复制的软盘插入到驱动器中。第二步:右键单击要进行软盘复制的驱动器图标,通常是"A:"。第三步:单击快捷菜单中的"复制软盘"命令。出现"复制软盘"对话框。第四步:单击"复制软盘"对话框中的"开始"按钮,出现信息提示对话框,系统要求插入源盘。检查是否已在驱动器中插入源盘。第五步:单击信息提示对话框中的"确定"按钮,系统即开始将源盘中的内容读入内存中。第六步:源盘内容读完后,系统提示"插入目标盘",此时,取出源盘,插入空的目标盘,单击"确定",系统即开始将保存在内存中的源盘内容写入目标盘。第七步:当系统显示"复制完毕"对话框时,单击"关闭"按钮,返回到"我的电脑"窗口。至此,软盘复制完成。

104. 怎样进行磁盘清理?

磁盘清理程序的作用是清除磁盘上不需要的文件,以便得到更多的可用磁盘空间。一般情况下,被清理的磁盘是硬盘。操作步骤如下:第一步:在Windows桌面上,单击"开始"→"程序"→"附件"→"系统工具"→"磁盘清理",出现"选择驱动器"对话框。第二步:单击下拉列表框中的下三角按钮,选择需要清理的驱动器。然后单击"确定"。第三步:在"要删除的文件"框中,单击需要删除的文件前面的复选框,选中的出现一个对号"√",可以选择多项。第四步:单击"确定",再单击"是",系统即开始删除所选择的文件,清理磁盘。

105. 什么是磁盘扫描?

无论是硬盘还是软盘,使用过程中难免会产生某些错误,例如磁头刮擦磁盘导致磁盘信息丢失或磁盘损坏，这就需要检测和修复磁盘错误。Windows 为此提供了一个操作简便的磁盘扫描程序工具，检查硬盘的逻辑和物理错误，并可修复其中已经损坏的区域。第一步：在 Windows 桌面上，单击“开始”→“程序”→“附件”→“系统工具”→“磁盘扫描程序”。第二步：从中选定想要扫描的驱动器，选定“自动修复错误”，其余各项可选缺省状态。第三步：设置好后单击“确定”，再单击“开始”，磁盘扫描程序开始运行，完成后会显示摘要信息。

106. 什么是磁盘碎片整理？

磁盘碎片整理程序的作用是把磁盘使用中产生的一些小块碎片，整理连接成较大块的区域，以存储更多的资料，提高使用效率，加快文件存取的速度。第一步：在 Windows 桌面上，单击“开始”→“程序”→“附件”→“系统工具”→“磁盘碎片整理程序”，出现“磁盘碎片整理程序”窗口。第二步：选择想要整理的磁盘。在 Windows 2000/XP 中，可以单击“分析”看是否需要整理。第三步：如确定要整理，单击“磁盘碎片整理程序”窗口中的“确定”或“碎片整理”，系统即开始对所选择的硬盘进行碎片整理。一般碎片整理需要花费较长的时间。如果时间不允许，随时可以单击“磁盘碎片整理程序”窗口中的“停止”按钮。第四步：整理完成后，单击信息提示对话框中的“查看报告”按钮，可以查看“磁盘碎片整理”信息。第四步：连续单击“关闭”按钮，退出程序。

107. 如何利用维护向导对系统进行定期维护？

Windows 的维护向导，可以让用户在开机状态下自动优化系统，并能在常规间隔中自动运行系统维护工具。第一步：在 Windows 桌面上，单击“开始”→“程序”→“附件”→“系统工具”→“维护向导”，初次启动维护向导会出现一个对话框，允许选择是否使用一般设置或是根据个人意愿设置。假设选择“快速”项，单击“下一步”。第二步：接下来可以选择何时进行系统维护工作，三个选项是：夜晚，从午夜到凌晨 3 点；白天，从正午到下午 3 点；晚间，从晚上 8 点到 11 点。根据自己的情况选定后单击“下一步”。第三步：现在可以看到缺省情况下将添加以下项目：加速你经常使用的程序；检查硬盘错误；从硬盘中删除不需要的文件。如果你在第一步中选择了“自定义”，则可以在这一步中选择自已想运行的程序。第四步：按照提示选择是否想现在就第一次运行系统维护，选定后单击“完成”，维护向导设置完成。

108. 怎样利用系统信息诊断电脑是否存在有问题的设备？

一般可以在 Windows 桌面上，单击“开始”→“控制面板”→“系统”→“设备管理器”查看电脑是否存在问题，也可以使用“系统信息”诊断电脑是否存在有问题的设备。第一步：单击“开始”→“程序”→“附件”→“系统工具”→“系统信息”。第二步：单击左侧窗口中“组件”旁的“+”号展开目录，再选中目录下的“有问题的设备”项，则有关的信息就都被显示在右侧的窗口中。如果电脑中不存在“有问题的设备”，则会显示“这台计算机没有存在问题的设备”。

109. 什么是系统文件检查器？

系统文件检查器是一个很好的工具，它能扫描 Windows 的系统文件是否损坏或是被删除，如果这些文件损坏可以将其还原，还可以从安装盘中解压缩已压缩的文件，完成扫描后与 default. sfc 文件进行比较。这个文件在 Windows 98 的安装盘中，它包括了每个文件的日期、时间、大小、版本号等信息，这有助于确保系统的正常平稳地运行。在还原原始文件前，“系统文件检查器”可以备份已有的文件,也可以根据文件和文件扩展名自定义搜索条件。第一步:在Windows 桌面上,单击“开始”→“程序”→“附件”→“系统工具”→“系统信息”→“工具”→“系统文件检查器”。第二步:单击选择“扫描改动过的文件”项,也可以选择“设置”,指定自己所需的选项。设置完成后单击“开始”即运行系统文件扫描。第三步:扫描过程中如果程序发现系统文件丢失或者被损坏,就会出现一个对话框。通常在其中选择“还原文件”,然后单击下一步。第四步:出现提示输入“要还原的文件所在的位置”及“该文件的目标”。一般需要的系统文件都可以从 Windows 98 的安装光盘中找到并恢复,而目标位置一般不需要进行更改。第五步:整个扫描检查过程大约需要几分钟,完成后可以单击“详细资料”查看程序给出的系统文件有关信息。

110. 什么是注册表?

个人计算机及其操作系统的一个特点,是允许用户按照自己的要求对计算机系统的硬件和软件进行各种各样的配置。按照这一原则,Windows 各版本中都采用了将应用程序和计算机系统,全部配置信息容纳在一起的注册表,注册表中包括了硬件外设的设置数据,驱动程序的参数和设置信息,安装、删除应用程序的信息,以及改变系统设置、桌面外观的信息等。Windows 在启动时,必须根据注册表中的内容来设置 Windows 环境,并安排好各种软硬件的设置。一旦注册表被损毁或者里面的数据出现了错误,系统就可能无法启动。而且另一台计算机上的注册表中的数据也不能拿到自己的计算机上使用,因为每台计算机所安装的软硬件都各有不同,所以可以说注册表是 Windows 的命脉。注册表是一个二进制的配置数据库文件,用户无法直接存取注册表。为了让高级用户能够编辑注册表,Windows 提供了注册表编辑器,可以用来查看和维护注册表。打开注册表编辑器的途径至少有两个:一是在 Windows 的目录下找到“regedit.exe”文件名双击;二是在“开始”→“运行”中输入“regedit”后单击“确定”。不过,一般用户最好别动它。

111. Windows 的注册表主要由哪些部分组成?

Windows 98 的注册表主要由两个文件组成:System.dat 和 User.dat。这两个文件都是“系统”、“隐含”、“只读”属性。其中,System.dat 保存有计算机的系统信息,如硬件设备配置和设备驱动程序的有关信息等。User.dat 保存有用户特征信息,如桌面设置、墙纸或窗口的颜色设置等。打开注册表编辑器可以看到,在左边窗格中,注册表中的数据是以“主键”的方式一层一层组成的。如果这个键包含子键,则在它的左边就会出现一个“+”号,用来表示在这个文件夹内还有其他内容。如果这个文件夹被用户打开了,那么“+”号就变为“-”号,这与 Windows 资源管理器的树形结构是一样的。六个根键是:1. HKEY_CLASSES_ROOT;2. HKEY_CURRENT_USER;3. HKEY_LOCAL_MACHINE;4. HKEY_USERS,这里记录了本机器上所有用户的设置,每个用户都会有自己的主键,以保存个人的设置值,而如果这台计算机没有启动多用户功能,则所有用户会共用相同的设备,并且记录在 HKEY_USERS\Default 主键里;5. HKEY_CURRENT_CONFIG,包括字体、BIOS、操作系统、打印机等四项配置信息,该主键是 HKEY_LOCAL_MACHINE\Config\001 的副本;6. HKEY_DYN_DATA,该主键保存的都是动态信息,它记录的是当前内存的设置及使用情况,一些系统监视程序就是从这里检索信息从而对当前的状况做出报告的,另外,此主键中的数据是只读状态,不允许用户改变。Windows Me/2000/XP 的注册表与 Windows 98 类似。

112. 什么是注册表检查程序？

注册表检查程序主要用于备份注册表副本，替换被其他程序修改的注册表，系统总是保存注册表配置的备份副本。如果当前注册表出现问题，可以使用备份副本。每次重新启动计算机时，注册表检查程序将自动扫描注册表。如果注册表检查程序提示有问题，将自动用备份副本替换注册表。第一步：在 Windows 桌面上，单击“开始”→“程序”→“附件”→“系统工具”→“系统信息”→“工具”→“注册表检查程序”，可以手工启动“注册表检查程序”。第二步：注册表检查程序启动后会自动运行。如果发现问题，会提示作了哪些更新；如果找不到错误，会询问是否备份注册表。注册表检查程序所备份的注册表备份文件位于 Windows/sysbckup 目录下，后缀名为“＊.cab”。

113. 什么是更新向导卸载工具？

更新向导卸载工具是指导用户卸载曾经用“Windows Update”下载安装的 Windows 补丁程序、驱动程序或系统工具，用以还原以前的 Windows 系统。第一步：在 Windows 桌面上，单击“开始”→“程序”→“附件”→“系统工具”→“系统信息”→“工具”→“更新向导卸载”。第二步：选择要卸载的项目，然后单击“卸载”。但是，如果从来没有从“Windows Update”Web 站点安装过更新版本，该工具将不显示“更新卸载”对话框，并提示“没有可以卸载的软件包”信息。

114. 怎样使用 Windows Me/XP 的系统还原？

第一步：在 Windows 桌面上，单击“开始”→“程序”→“附件”→“系统工具”→“系统还原”，启动系统还原向导。第二步：从中选择想要执行的任务。如果先前没有设置要还原的时间，即还原点，则可选择“创建还原点”一项。如果先前已设置了还原点，则可选择“将计算机还原到先前时间”一项。选定后单击“下一步”。第三步：跟随向导提示，设置创建还原点参数或选择所需的先前时间，最后完成系统还原。

115. Windows Me/XP 的系统还原有什么用？

一是使计算机返回到更稳定的状态。系统还原按特定间隔自动跟踪系统的各种变化，同时也跟踪程序安装等事件，并将系统还原到一个更稳定的状态或时间。使用者也可以自己创建还原点，比如可以选择更改某个系统文件的前一天作为还原点。二是还原系统不会丢失个人文件。在利用系统还原时，文档、电子邮件和浏览网页历史等项目全都会得到妥善保存。三是保存一到三周的更改。系统自动保存的可用还原点确切数目取决于计算机发生了多少活动，硬盘空间（或包含 Windows 文件夹的分区）的大小，以及计算机上分配了多少空间用来保存系统还原信息等。四是定位还原点的日期。运行系统还原时会出现一个日历，帮助你查找还原点的日期。你没有使用计算机的日期将不包含还原点，如果你经常使用计算机，可能每天都有还原点，而且某些天可能有多个还原点。还原点有几种类型：初始系统检查点、系统检查点、程序名安装还原点、Windows 自动更新还原点、已创建的手动还原点等。五是所有还原是可逆的。如果你不满意计算机还原后的状态，可以撤消该还原或选择另一个还原点。所有成功的还原均为可逆，所有失败的还原，将由系统还原自动撤消。

二、电脑的操作使用

116. 什么是操作系统?

操作系统(Operating System,简称OS)是一个专门的计算机程序,用来控制计算机系统中的外围设备,是用户与计算机硬件系统之间的接口,为用户和应用软件提供了访问与使用计算机硬件的桥梁。每个计算机操作系统都具有操作该计算机硬件设备的功能。因此,其他的程序就可以要求操作系统指挥各外围设备,完成它想要达到的工作。操作系统根据这些命令,以控制该设备所需方式送CPU执行,其他程序的设计人员就可以不必去了解这套硬件设备的特殊要求。操作系统有很多种类。目前,微型计算机上使用最广泛的操作系统是美国Microsoft公司开发的Windows操作系统,有Windows 98、Windows Me与Windows 2000、Windows XP等。

117. 什么是DOS操作系统?

DOS是"磁盘操作系统"英文的缩写,属于单用户、单任务的操作系统。DOS的主要功能:一是文件管理。为用户提供一种简便的存取磁盘文件的方法。二是设备管理。为用户提供使用各种输入/输出设备的操作方法。三是内存管理。只有被装入内存的程序才有可能在CPU中运行,内存管理就是根据用户程序的要求分配内存,保证内存中的多个程序互不干扰,正常运行。DOS的基本使用方法是用户从键盘输入合法的命令,通过请求计算机系统的服务,完成工作。

118. 什么是DOS命令?

任何一条DOS命令实际上都是一段程序,是操作系统为用户提供实现某种功能的手段。DOS命令分内部命令和外部命令。内部命令是包含在DOS命令处理程序COMMAND.COM中的子程序,随着DOS的启动一同调入内存。外部命令是以磁盘文件形式存放在磁盘上,执行时从磁盘调入内存。内部命令格式是:

命令动词[操作对象][参数]

外部命令格式是:

[盘符][路径]命令动词[操作对象][参数]

命令动词:是指出该命令所要完成的操作。操作对象:一般是磁盘文件,用其广义名表示:[盘符][路径][文件名][.扩展名]。参数:是对此操作的一种附加要求。

DOS命令与命令中的参数之间必须用空格分隔;路径与文件名之间用"\"分隔;命令格式中排在一起的参数排列顺序一般可以任意。例如DIR命令中可选参数/W、/P、>PRN的顺序可以任意;两级参数之间必须用空格相分隔。

119. 什么是DOS文件?

文件是一组相关信息的集合,它可以是程序,也可以是数据或一篇文章等。文件通常存放在外部介质如磁盘上。文件名的基本格式是:“主文件名.扩展名”。主文件名可以由 1~8 个字符组成,扩展名由 0~3 个字符组成。组成文件名的字符可以是英文字母、数字和一些特殊字符,但不能包含“?”、“+”、“()”等一些字符。文件名中的字母不区分大、小写,不可夹杂空格。文件扩展名表示文件的类别,DOS 系统常用的文件扩展名及其表示的文件类别如下:一是“com”命令文件,可在 DOS 下直接运行。二是“exe”可执行程序文件,可在 DOS 下直接运行。三是“bat”批处理文件,可在 DOS 下直接运行。四是“sys”系统文件。五是“txt”文本文件。六是“bak”备份文件。七是“dbf”数据库文件。八是“prg”数据库程序文件。此外,还有两个通配符:“*”可代表文件名中合法的多个任意字符;“?”可代表文件名中合法的一个任意字符。DOS 把一些常用的外部设备看作文件,称为设备文件,便于与磁盘文件统一管理。用户不能用 DOS 保留的设备文件名为自己的文件命名。应重点记住以下 DOS 保留的设备文件名。“CON”为键盘/屏幕的设备名;“PRN”或“LPT1”为打印机的设备名;“COM1”(AUX)、“COM2”为第一、第二串行接口;“LPT2”、“LPT3”为第二、第三并行打印口;“NUL”为空设备,用于测试虚拟设备。

120. 常用的 DOS 命令有哪些?

DOS 的命令有很多,分为内部命令和外部命令两大类。常用的内部命令有:“DIR”,列出所有文件清单,是 DOS 中最常用的命令之一;“MD”(MKDIR),建立子目录。目录相当于 Windows 中的文件夹;“RD”(RMDIR),删除子目录,但必须先删除其中的文件;“CD”(CHDIR),切换当前目录;“TYPE”,显示文件内容,只能显示文本文件或 ASCIl 码文件;“DEL”(ERASE),删除文件;“REN”,重新命名文件;“COPY”,复制文件;“TIME”,查看或调整时间;“DATE”,查看或调整系统日期;“VER”,查看操作系统版本号。常用的外部命令有:“FDISK”,磁盘分区;“FORMAT”,磁盘高级格式化;“DELTREE”,删除目录下所有文件;“SYS”,传送系统隐含文件,可以将启动盘上的系统文件传送到 C 盘上,但要求版本相同;“DISKCOPY”,复制软盘;“DISKCOMP”,比较两张软盘;“CHKDSK”,检验磁盘状态;“BACKUP”,备份磁盘文件;“RESTORE”,恢复备份的文件;“COMMAND”,加载命令处理程序;“DEBUG DOS”,调试程序;“EXTRACT CAB”,文件解压缩;“SMARTDRV”磁盘高速缓冲程序命令。

121. 怎样初始化和启动 DOS?

将 DOS 系统文件由磁盘装入内存的过程,称为 DOS 的启动或装入。DOS 有冷启动和热启动两种启动方式。冷启动是指将计算机电源打开时启动 DOS;热启动是指微机在运行的情况下,出现死机时,同时按下“Ctrl”、“Alt”、“Del”键重新启动 DOS。当 DOS 启动时,完成对系统的初始化。在 Windows 操作系统下,通常用“启动盘”的方式启动 DOS。

122. 如何在新硬盘上安装 Windows 98?

第一步:准备一张 DOS 启动盘,并确认启动盘包含有 FDISK.EXE 和 FORMAT.COM 文件,基于 MS-DOS 的光驱驱动程序,如果有 Windows 98 启动盘最好。第二步:用 Windows 98 启动盘启动机器。如果硬盘尚未分区,可以用 FDISK 命令分区,并设置一个 DOS 主分区为活动分区,退出 FDISK。第三步:重启计算机后,键入 FORMAT C:/s 格式化硬盘。如果有多个分区,可以只格式化准备安装系统的“C:”区,其余分区可以等 Windows 98 安装完成后利用 Windows 格式化。第四步:将 Windows 98 安装光盘放入光驱,重启计算机后,在 DOS 命令提示符下键入 Setup 后回车，即应出现 Windows 98 安装向导。如果在提示符下键入：setup id/ie/ih/im/is/iv 回车，安装程序将立即进入文件复制过程，可以节省时间。第五步：单击“继续”按钮，安装程序开始检查系统，报告检查结果并提出建议。第六步：再次单击“确定”，随后会出现“许可协议”界面，选择“接受协议”，单击“下一步”，开始初始化注册表数据库、准备 Windows 目录和检查硬盘空间。第七步：选定要安装的 Windows 98 组件后，向导将询问是否保存系统文件，新硬盘安装应选择“否”，单击“下一步”。第八步：提示制作紧急启动盘时，可以单击“取消”。待 Windows 98 安装完成后再利用添加/删除程序制作。这里选择同意制作启动盘。完成后单击“下一步”。第九步：Windows 98 安装程序开始复制文件。复制进度随机器配置不同而不同，须耐心等待。第十步：复制文件结束后，系统开始设置驱动数据库，设置硬件和即插即用设备，检测硬件等，重启计算机。第十一步：继续设置时间、时区、控制面板、程序组信息等直至再一次重新开机，出现 Windows 98 桌面，安装完成。

123. Windows 98 有哪几种安装模式？

在 Windows 98 安装过程中，安装向导会给出一个“安装选项”，可以选择下面四个安装选项中的一项。一是“典型”。如果要安装通常随 Windows 98 一起安装的组件，就单击该按钮，这也是安装程序的缺省选项。一般用户都应选择典型安装。二是“便携式”。如果想安装通常便携式计算机所需的选项，就单击该按钮。选择便携式安装，安装到计算机的组件要比典型安装少，适用于硬盘空间较为紧张的用户。三是“最小”。如果想安装尽可能小的 Windows 98，可以单击该按钮，以节约硬盘空间。四是“自定义”。为用户提供可以根据自己的意愿选择安装 Windows 组件的机会。

124. Windows 98 启动盘有什么用？

Windows 98 在安装过程中会提示制作一张启动盘，在计算机不能从硬盘启动时，可以用它来启动计算机。当然你也可以在装好 Windows 98 之后再制作，方法是在 Windows 桌面上，单击“开始”→“设置”→“控制面板”→“添加/删除程序”→“启动盘”，然后按屏幕提示制作即可。这张启动盘中除了有开机所需要的文件、ATAPI 及 SCSI 格式光盘驱动程序，以及常用的工具程序外，还有一个特殊的压缩文件，其中存放了一些工具程序。当用这张启动盘开机时屏幕上会出现三个选项：1. Start Windows 98 setup from CD－ROM；2. Start computer with CD－ROM support；3. Start computer without CD－ROM support。不论你是选择哪个开机选项，都会在计算机的内存中建立一个 2MB 的虚拟盘，这个虚拟盘是用来存放从 ebd. cab 文件解压缩出来的文件，这样我们就有足够用的工具程序修复、重建系统。

125. Windows Me 和 Windows 98 有哪些不同之处？

Windows Millennium Edition（简称 Windows Me）和 Windows 98 的区别实际很小，不过它也有许多 Windows 98 没有的新功能。Windows Me 把重点放在了以下技术上：一是使用更加方便。二是努力使用户在娱乐和多媒体方面获得更多、更好、更方便的享受，并且做得非常出色。三是为家庭网络用户提供了更为简单、易用的上网途径，使他们能够轻松地连接到 Internet 上，迅速找到自己最想得到和最适合的信息。为了实现这个目标，微软将 IE 的最新版本 IE5.5 集成在了 Windows Me 之中。四是家庭网络方面作了重大改进，可以很容易地将家中的多台电脑连在一起，让它们共用一个网络连接上网。

126. 怎样安装 Windows Me？

安装 Windows Me 可以从 Windows 3.X/9X 升级安装，也可以从 DOS 中安装，但不能直接在 Windows NT/2000/XP 中安装。一是从 Windows 3.X/9X 升级安装。Windows 3.X 指 Windows 95 以前的版本，Windows 9X 包括 Windows 95、Windows 98 以及 Windows 98SE（第二版）三个版本。在 Windows 桌面状态下将 Windows Me 安装光盘放入光驱，一般会自动运行，出现安装向导。如果没有自动运行，可单击“开始”→“运行”，在安装光盘光驱所在盘符下键入“setup”，然后回车或单击“确定”即可启动安装程序。也可以直接进入“我的电脑”，打开 Windows Me 安装光盘，找到“setup”文件双击，运行安装程序。二是从 DOS 中安装。用 Windows 98 启动盘启动机器，在出现启动选单时键入“2”，注意看清并记住光驱盘符，启动结束后进入光驱盘符，键入“setup”后回车，即可运行安装程序，出现安装向导。出现安装向导之后的安装过程与安装 Windows 98 类似，按照向导指引一步一步即可安装成功。

127. 怎样在 Windows 98 系统全新安装 Windows 2000？

Windows 2000 的安装一般有两种模式：升级安装和全新安装。对于已经在硬盘上安装了 Windows 98 的用户，建议安装一个新的 Windows 2000 Professional 系统与 Windows 98 共存，这样做的好处是既可以使用 Windows 2000 优异的性能，又不影响老软件和程序的使用。采用这种方式安装后，当每次启动 Windows 时，系统都会给出一个启动选择菜单，用户可以根据自己的需要选择使用 Windows 2000 还是 Windows 98 系统。

第一步：在光驱中放入 Windows 2000 的安装光盘，如果设置了光盘自动运行，将弹出操作选择窗口，选择第一项“安装 Windows 2000”。如果光盘没有自动运行，则打开光盘，运行“Setup”程序。然后安装程序会询问是否要升级到 Windows 2000，选择“是”，安装程序开始检测你现有的系统，如果一切正常，则会弹出安装方式选择窗口，选择“全新安装”并继续。

第二步：复制安装文件。Windows 2000 将拷贝一些必要的安装文件到硬盘中，在以后安装的时候就直接从硬盘读取，安装程序将自动安排拷贝文件。

第三步：重新启动系统。在这之前，程序提示将软驱中的软盘取走，按“Enter”键继续。系统启动后，提示将安装 Windwos 2000，选择进入 Microsoft Windows 2000 setup，然后安装程序将装载一些设备驱动文件，并提示这些设备文件的内容。不必设置。

第四步：选择安装项目。在出现的“欢迎使用安装程序”画面中有三个选项：按“Enter”安装 Windows 2000，按“R”键修复上一次的安装错误（当 Windows 2000 安装出现问题时，可以选择这种安装方式）和按“F3”退出；这里按 Enter 安装 Windows 2000。

第五步：安装向导将显示一个许可协议，按“F8”表示同意，如果要查看协议可按 Page Down 翻页键。这一步完成后，安装程序将检测已有的 Windows 版本，如果检测到硬盘上已经安装了一个 Windows 2000，会再次提示你是否要重新安装 Windows 2000。

第六步：随后会出现一个“选择特殊选项”的窗口，在这里可以输入和设置一些安装选项。其中包括：1、语言选项。主要语言选择“中文”。2、高级选项。在其中你可以更改安装文件的缺省位置和缺省系统文件夹（\WINNT）。如果选中“将所有文件从安装 CD 复制到硬盘”，这将增加安装过程中复制网络文件所花费的时间，在其中还可以指定在安装过程中由用户选择安装系统的磁盘分区。3、辅助功能选项。它为特殊需要的用户提供了一些辅助功能，使他们能更方便地使用计算机和安装程序，例如放大镜工具可以帮助视力有障碍的用户。设置完成后，单击“下一步”，出现“正在加载信息文件”，然后是“复制安装文件”画面。文件复制完成后重新启动计算机，进入非图形界面的文本安装阶段。

第七步：选择磁盘分区。你需要选择是按“Enter”键进行系统安装，还是按“R”键修复系统，这里我们选择继续安装，如果按“R”键，将进入“系统修复控制台”。在随后的下一步中，如果你在第六步的“高级选项”中选择了“安装过程中选择安装磁盘分区”，则安装程序会列出硬盘中所有的磁盘分区，可以使用上下箭头选择 Windows 2000 安装到哪一个磁盘分区。当然也可以按“C”键在这个画面中创建分区和按“D”键删除分区。如果要删除分区，用光标箭头选择要删除的分区，按“D”键。然后按照提示操作即可。如果要建立分区，用光标键选择未使用的分区，按“C”键，程序给出创建分区窗口，在“创建磁盘分区大小”栏中输入新建分区的大小（单位MB），然后按“Enter”键即可。程序返回上一界面。如果选择的磁盘分区包含有一个操作系统，下一步安装程序会提示你，是否继续安装程序（按“C”键）或者是另外选择一个分区（按 Esc 键）。

第八步：选择分区格式。当选择好 Windows 2000 安装的分区后，程序显示该分区的数据，并列出几个选项：1、用 NTFS 文件系统格式化磁盘分区；2、用 FAT 文件系统格式化磁盘分区；3、保持现有文件系统（无变化）。如果安装 Windows 2000 的这个分区还有其他要使用的文件，则必须选择“保持现有文件系统”选项。如果安装 Windows 2000 的这个分区是一个专门指定的分区，没有其他文件还要使用，就可以选择前面两项之一，即选择采用某种文件系统格式化该磁盘分区。建议最好是专门指定一个分区安装 Windows 2000，并将该分区格式化为 NTFS 格式，虽然这个分区不能被双系统中的另外一个 Windows 95/98 系统识别，但 NTFS 分区比较安全，磁盘空间使用的效率也比较高。

第九步：格式化分区。假设在上一步中选择了第一项，也就是用“NTFS 文件系统格式化磁盘分区”，则要进行这一步，如果选择“保持现有文件系统”就没有这一步；按“F”键即可开始格式化这个分区，安装程序将显示格式化进度。完成后安装程序会将文件复制到硬盘上的 Windows 2000 的安装目录，这是一个比较长的过程。

第十步：重新启动计算机。文件复制完成后，进行一些初始化的系统配置工作，会提示重新启动计算机。系统的这一次启动，就将以 Windows 2000 的内核来启动，并进入“Windows 2000 安装向导”，然后检测系统的硬件设备，检测的时间可能会比较长。

第十一步：区域和键盘布局设置。这一步是设置你所在的地区和使用的键盘布局，一般选择默认设置就可以了，如果你要修改某项，可以单击相应的自定义按钮。单击“下一步”继续。

第十二步：这一步要求输入姓名和单位名称。注意：这个姓名有可能作为 Windows 2000 中的一个登录名称（要根据后面的设置）。

第十三步：输入系统名称和登录密码。首先，安装程序为这一台计算机提供了名称，这个名称就是计算机的标识，主要用于计算机网络的识别。完全可以不使用安装程序指定的这个名称，而使用一个另外的名称。在 Windows 2000 中，可以设置多个用户，而且用户间级别不同，对系统的操作权限也不同，不同的用户都要用自己的名称（称为账户）和密码来启动 Windows 2000（称为登录）。Windows 2000 中设置了一个有最高权限的登录账户：administrator。在安装的时候，要为该登录账户设置一个密码。

第十四步：设置日期和时间。这一步需要设置系统的时区、日期和时间，一般都选默认设置。

第十五步：安装网络组件。开始安装网络组件，并弹出选择窗口，选择是典型安装还是自定义安装。对于大多数用户，选择"典型安装"即可。自定义安装的项目是一些局域网络设置，这些设置在安装成功后也可以进行。选择典型安装后，还需要简单选择一下网络类型，对于绝大多数家庭用户来讲，一般选择第一项："此计算机不在网络上"。

第十六步：随后会出现"工作组或计算机域"设置窗口，根据你所在局域网的网络管理员所提供的网络信息来选择，如果不在局域网中，选择第一项。

第十七步：安装系统组件。安装组件的过程比较长，分为安装组件、注册组件、保存设置、删除用过的临时文件四个步骤。

第十八步：出现"完成"按钮，单击"完成"后系统又一次重新启动。

第十九步：设置网络标识。重新启动后，安装程序提示进行网络标识设置，单击"下一步"，出现网络标识设置画面，选择"要使用本机，用户必须输入用户名和密码"，这样当第一次启动的时候，系统就只有两个账户：Administrator 和 Guest，其中 Guest 系统默认不能使用。如果选择"Windows 假设下列用户已经登录到本机上"，然后在下面的栏中输入一个账户名称和密码，系统开机时将以该账户自动登录。重新启动后，安装最后完成。

128. 怎样在 DOS 方式下安装 Windows 2000？

这种方法比在 Windows 98 中运行光盘安装要复杂一点。第一步：进入 DOS 状态。可以用 Windows 98 的启动盘启动计算机，也可以从 Windows 中退出到 DOS 状态，或者通过光驱启动进入 DOS 状态。第二步：运行 smartdrv. exe。在 DOS 的 C:\>提示符下，键入 cd Windows，进入 Windows 目录，然后键入命令"smartdrv. exe"并执行，这个命令是加快磁盘读取速度的命令，如果不执行该命令，Windows 2000 在 DOS 下的安装过程将非常缓慢。第三步：放入光盘。在光驱中放入 Windows 2000 的安装光盘，假设光驱的盘符为 H。键入命令"H:"，进入安装光盘目录。也可以将光盘中的文件全部拷贝到硬盘某个目录中，然后从硬盘安装，这样安装的速度会快一点，而且可以预防安装过程中出现光驱读写故障。第四步：运行 winnt. exe 安装程序。键入命令"cd i386"，进入安装程序所在的子目录。键入 winnt，开始安装。winnt. exe 是 Windows 2000 在 DOS 下使用的安装程序，而在 i386 目录中，还有一个 winnt32. exe 的文件，则是 Windows 2000 在 Windows95/98 下使用的的安装程序。第五步：开始安装。Windows 2000 的安装程序提示输入安装程序所在的路径，默认是 i386。按"Enter"继续。然后按安装向导提示一步一步操作即可安装成功。

129. 怎样在新硬盘上安装 Windows 2000？

一是如果手头有 Windows 2000 的安装启动盘，请在 BIOS 中将启动顺序设置为首先从软盘启动，然后将 Windows 2000 启动盘中的 1 号盘放入软驱，并把 Windows 2000 的安装光盘放入计算机的光驱中，然后重启计算机。按照提示依次插入 2～4 号启动盘。系统启动完成后，将自动从 Windows 2000 的安装光盘启动安装向导。二是直接将 BIOS 设置成从光驱启动，在光驱中插入 Windows 2000 安装光盘，然后启动计算机，安装程序将自动启动安装向导。

130. 怎样卸载 Windows 2000？

［方法一］ 对于只安装了 Windows 2000 的情况。在 FAT 文件格式下，可以直接用 Windows 98 启动盘启动计算机，然后对 Windows 2000 所在硬盘进行格式化，重新安装其它操作系统和应用程序。在 NTFS 文件格式下，可以用 Windows 2000 启动盘或 Windows 2000 光盘启动计算机，然后将 NTFS 分区删除，重新安装操作系统。

［方法二］ 对于 Windows 98 与 Windows 2000 双重引导的情况。可以先卸载 Windows 2000 下的全部软件，然后手工删除 Winnt、Document and Setting 文件夹，Pagefile. sys、Ntdetect. com、winnt. ini 及 Ntldr 等文件，再用 Windows 98 的启动盘启动计算机，进入 DOS 在 A：>提示符下输入命令 sys C：再启动计算机就直接进入 Windows 98 了。

131. Windows XP 有什么新特性？

Windows XP（XP 是 Experience 的缩写，Experience 的意思是经验、经历）是微软公司在新世纪发布的新一代操作系统。Windows XP 是在 Windows 2000 内核基础上开发的 32 位操作系统。包括 Home、Professional、Server、Advanced Server 以及数据中心版，其首先发行的是 Windows XP Professional 版。

在 Windows XP 中，增加了许多方便操作的功能。Windows XP 提供多语言支持。实际上从 Windows 2000 开始，微软公司已经在系统中增加了对多语言的支持功能，在 Windows XP 系统中内置了“全拼”、“微软拼音 IME 3.0”中文输入法，也可以像在 Windows 2000 中一样，增加“五笔型码”等常用的输入法。Windows XP 内置了图片浏览、文件压缩功能。安装了 Windows XP 后，无须再安装 ACDSee 等专用看图软件。Windows XP 提供的图片浏览功能非常实用，通过 Windows XP 提供的图片浏览器，可以轻松实现图片的翻页浏览、任意旋转、另存、打印、设置壁纸等功能。Windows XP 本身提供了对 ZIP 文件的压缩、释放功能。Windows XP 增强了多媒体功能。Windows XP 内置了 Windows Media Player 8.0 多媒体播放程序，在界面、音质方面都要超过 7.0 版本。Windows XP 中还增加了 Windows Movie Maker 视频编辑制作软件，虽然功能赶不上专业软件，但是完全可以满足家庭多媒体制作的要求。此外，Windows XP 中增加了对刻录机的支持，不再需要额外的刻录软件，就能像文件夹一样实现刻录光盘的读写操作。Windows XP 提供了安全快捷的网络连接。Windows XP 在网络连接配置上与 Windows 2000 基本相同。通过“网络属性”可以建立 Windows XP、Windows 2000、Windows 98 之间的局域网络。Windows XP 通信系统可以不间断地进行信息传递、视频会议、在线协作和应用程序共享。通信系统中的互联网电话功能可打网络电话，通话效果接近于普通电话的质量。

132. 怎样安装 Windows XP？

Windows XP 对计算机硬件要求 CPU 最低为 PII 233MHz、64MB 内存、1.5GB 可用硬盘空间。建议配置 PII 300MHz、128MB 内存，理想配置应高于 PII 500MHz、物理内存 256MB。比较理想的是在 Windows 98/Me 系统下选择“全新安装”，保留 Windows 98/Me 实现双启动。第一步：将 Windows XP 安装光盘放进光驱，一般都会自动运行。当出现欢迎界面时，选择“安装 Microsoft Windows XP”即可启动安装程序开始安装。如果未能自动运行或者该功能被关闭，在 Windows 窗口中，由“我的电脑”进入安装光盘，双击“setup. exe”文件即可；在 DOS 下，先加载光驱驱动程序和键入“smartdrv. exe”回车，然后键入“\I386\winnt. exe”回车即可。

第二步：安装程序启动后，会询问怎样安装，是要升级（推荐）还是全新安装（高级）。选择“全新安装”后，接受许可协议、键入产品密钥，选择“高级选项”，进入“我想在安装过程中选择安装驱动器号和磁盘分区（W）”项。

第三步：安装程序开始向硬盘复制安装文件，需要耐心等待。

第四步：复制结束后，机器重新启动，选择安装分区；也可以键入“C”，创建新的磁盘分区，或者删除某一磁盘分区。如果在前面没有正确选择“高级选项”，不会出现这个窗口。

第五步：根据自己的意愿选择分区格式。考虑到使用的方便性和兼容性，一般家庭以选择 FAT32 为好。

第六步：提示选择系统文件夹。建议另外选择一个文件夹，也就是说不要使用原来的 Windows 文件夹。

第七步：安装程序检查磁盘，大约需要 1 分钟时间。

第八步：重新启动机器后，开始正式安装 Windows XP，所需时间也较长，其间不要误认为机器死机而手工重启系统。

第九步：安装设备，屏幕上显示进度条，可以看到完成情况。

第十步：进入一般设置：(1)设置语言和区域选项，选缺省设置；(2)输入个人信息，根据情况任意输入即可，因为以后还可以修改；(3)设置管理员密码，这是必须的，而且这个密码不能忘记；(4)日期和时间设置；(5)安装网络，一般家庭不必理会；(6)设置网络，可使用典型设置。

第十一步：看到完成安装窗口，等待安装程序保存设置、删除用过的临时文件等。

第十二步：第一次启动 Windows XP 时，系统会提示是否立即联机注册，可以选择以后注册。

第十三步：应马上激活 Windows XP，否则 30 天后系统会被锁定。方法有 Internet 激活、电话激活两种。一般都选择 Internet 激活，连接 Internet 后，只要安装序列号无误，几秒钟后就可完成。另外，如果要在 Windows 98/Me/2000 中升级安装 Windows XP，只要在进行到“第二步”时，选择系统默认的“升级”安装即可。

133. Windows 2000/XP 有哪些启动模式？

在系统启动 Windows 2000/XP 时，按下“F8”键，屏幕上就会显示启动的高级选项菜单，显示：1. 安全模式；2. 带网络连接的安全模式；3. 命令行提示符的安全模式；4. 启用启动日志；5. 启用 VGA 模式；6. 最后一次正确的配置；7. 目录服务恢复模式；8. 调试模式。在遇到系统出现异常情况时，可以根据实际情况使用不同的启动模式，解决问题或将问题缩到最小范围。如果调用了启动模式的菜单仍想回到正常启动模式，可以选择正常模式，或者直接按下“Esc”键就可以了。Windows 98/Me 与 Windows 2000/XP 的启动模式类似，一般家庭是不会经常使用这些启动模式的。

134. 怎样启动 Windows 系统？

Windows 98/Me/2000/XP 的启动大同小异。第一步：按下主机前面板的电源按钮，电脑开始自检。第二步：当显示器上显示“Starting Windows ...”信息时：如果要正常进入 Windows 操作系统，稍候即可；如果要进入 DOS 操作系统，应立即按下“F4”键，进入 DOS 操作系统后，显示 DOS 提示符；如果要进入多重引导菜单，自己选择启动模式，应立即按下“F8”键。

第三步：第一次启动系统时，出现“输入 Windows 密码”对话框，在 Windows 98/Me/2000 中，可以输入密码，也可以不输入，如果第一次不输入密码，以后启动时“输入 Windows 密码”对话框将不再出现；在中文 Windows XP 中，则必须输入用户名和密码，然后单击“确定”或键入回车，就进入 Windows 操作系统了。

135. 怎样退出 Windows 系统？

第一步：在 Windows 桌面上，单击“开始”→“关机（关闭系统）”，或者使用快捷键按“Alt＋F4”。第二步：在弹出的对话框中，根据自己的需要选择，这里可选择“关闭计算机”。第三步：单击“确定”或直接在“确定”按钮上键入回车，关机程序即退出系统，同时关闭计算机电源。对话框中四个选项的意思是：1、关闭计算机。退出 Windows 系统，关闭计算机。如果计算机不能自动关机，应等到出现可以安全关机的画面后，再关掉计算机电源，否则会留下后患。2、重新启动。Windows 关机程序将自动重新启动计算机和进入 Windows 系统。3、等待。选择该项可以使计算机进入待机状态，这种状态下可节省电能消耗，又可保持立即可用的环境，用户可随时使用 Windows 系统。4、休眠。选择此项，计算机将保存当前系统设置，并将内存中的信息写入硬盘，然后关闭计算机进入休眠状态。当重新启动计算机时，Windows 系统将快速还原到计算机休眠以前的状态。Windows 98 中的“重新启动进入 MS－DOS”选项则是在重启机器后出现 DOS 提示符，为运行 DOS 程序做准备。

136. 什么是 Windows 的桌面？

Windows 启动后出现的屏幕画面就是桌面。桌面上的图形符号为图标，每个图标代表一个应用程序，图标下的文字就是应用程序的名称。如果要启动某一应用程序，可移动鼠标到图标上双击；或者使用键盘上的箭头键把光标移到图标上，按键盘上的回车键，图标所代表的应用程序就会立即运行。在 Windows 系统中，应用程序运行时，通常在屏幕上打开一个长方形工作区，这就是窗口。Windows 桌面底部的长条称为任务栏。任务栏中除显示有“开始”按钮外，右端还显示了当前时间、键盘语言等项目的图标。“开始”按钮的右邻还显示有几个快捷操作图标，单击这些图标，可以立即打开相应的程序。每打开一个程序，任务栏中就出现一个名称，对应桌面上打开的程序窗口。“开始”按钮是 Windows 系统中程序与执行方式的控制中心，它管理着存放在电脑中的应用程序和文件等，可以说是使用电脑的起点。单击“开始”就打开了“开始”菜单。通过“开始”菜单，可以启动程序、打开文档、更改系统设置、获取帮助以及在计算机中查找信息等。Windows 的“开始”菜单提供了“Windows Undate”、“程序”、“文档”、“设置”、“搜索（查找）”、“帮助”、“运行”及“注销（用户名）”、“关机”等组件和命令。菜单中“程序”、“设置”等项的右边有一个小三角，表示该项还有子菜单。这种含有子菜单的项称为组件。移动鼠标指向这些组件，即打开它们的子菜单。Windows 系统的桌面就好像我们的办公桌，随着工作内容的不同，桌面上放置的东西也有所不同。

在 Windows 桌面上使用键盘操作时，连续按动箭头键，光标就可在各程序图标之间移动。当光标停在某个图标上时，按回车键就可打开或运行该应用程序窗口。按动“Tab”键，可以使光标在程序图标与“开始”按钮和任务栏之间移动，按“Ctrl＋Esc”键或键盘上的开始菜单启动键（键盘最下面一行有窗口图形的键），都可以打开“开始”菜单。在“开始”菜单中按动箭头键就可以选择其中的组件和命令。

137. 怎样设置Windows桌面的“背景(墙纸)”?

第一步:在Windows桌面上,移动鼠标到任务栏,单击“开始”→“设置”→“控制面板”,双击“显示器”图标,单击“背景(墙纸)”。或者右键单击桌面任意空白处,在弹出的快捷菜单中单击选中“属性”→“背景(墙纸)”。第二步:在背景(墙纸)列表框中单击选定一种,如果选择“无”则不设置。第三步:背景(墙纸)共有三种显示方式。一是平铺(占满整个屏幕);二是居中,即将所选图片居中显示在屏幕上;三是拉伸,将图片压缩或拉伸到整个屏幕一样大。选定后单击“确定”。第四步:当背景(墙纸)的显示方式为“居中”时,可以设置桌面图案。单击“图案”按钮,可以选择各种图案,在选择的过程中,每选择一种都会在预览框中显示出来,选定后,单击“确定”完成设置。

138. 怎样设置Windows桌面的“屏幕保护程序”?

屏幕保护的作用主要是可以在短暂离开时设置密码,不让别人看到计算机工作内容或操作机器。第一步:在Windows桌面上,移动鼠标到任务栏,单击“开始”→“设置”→“控制面板”,双击“显示器”图标,单击“屏幕保护程序”;或者右键单击桌面任意空白处,在弹出的快捷菜单中单击选中“属性”→“屏幕保护程序”。第二步:在列表框中单击选定某一个屏幕保护程序后,设置好间隔时间即可。这样,计算机鼠标、键盘等停止操作到设定间隔时间时,就会自动运行屏幕保护程序。然后按任何一键或再次移动鼠标屏幕就恢复到屏幕保护程序运行前的状态。第三步:单击“密码保护”→“更改密码”,可以设置密码。这样,当屏幕保护程序恢复时就必须输入密码。第四步:设置完成后,单击“确定”退出。

139. 怎样设置显示器的分辨率、颜色及刷新频率?

显示器的分辨率是指在屏幕区域内所具有的像素数,它是用行数和列数来标定的。在同样大的区域内,分辨率越高,图像就越逼真。但这要受显卡和显示器的限制。第一步:在Windows桌面上,移动鼠标到任务栏,单击“开始”→“设置”→“控制面板”,双击“显示器”图标,单击“设置”;或者右键单击桌面任意空白处,在弹出的快捷菜单中单击选中“属性”→“设置”。第二步:在“屏幕区域”选项组中用鼠标拖动滑块到所要求的分辨率上,然后单击“确定”。此后,对于不同的显卡,系统会给出不同的屏幕提示。如果在设置的过程中,屏幕抖动厉害,说明所设分辨率不合适,系统将自动恢复原设置。第三步:颜色的设置一般要和分辨率的设置结合进行,因为显卡上的显示容量是固定的,显示分辨率和显示颜色之积受显存容量的制约,不能太大。所以显示分辨率越高,允许设置的颜色数也就越少。设置方法为:单击“颜色”框右端的下拉按钮,从下拉列表中选择适当的颜色设置,再单击“确定”即可。第四步:Windows可以改变显示器的刷新频率。显示器的刷新频率越高,其闪烁就越小,我们感觉就越舒服。应根据显示器说明书中的刷新频率指标设定刷新频率。单击“高级”→“适配器”,如果显示器和显卡允许调整,则在“刷新频率”下拉列表框中就会显示可选项。在选择时不要超过显示器说明书上的允许值。选定后单击“确定”退出。

140. Windows中的文件、文件夹、盘符、路径是什么意思?

文件:是电脑存储在磁盘或其它存储设备上的一组信息,这组信息可以是程序,也可以是一篇文章或一组数据。日常使用中,无论我们往电脑里输入什么,它都认为是一个文件。

文件夹：相当于DOS下的目录，就好比平时办公用的文件包，里面可以保存各种文件及下级的子文件夹。文件夹中，既有文件的名字，也可以有下一级文件夹的名字，还有文件建立或最后一次修改的时间、字节及属性等记录。文件夹成树状结构，最基本的一点，很像树的根，故常称根文件夹或根目录。其下面派生的文件夹，则称子文件夹，子文件夹可以有多层，包括根文件夹在内的每一层文件夹下都可以有文件和再下一级的子文件夹。

盘符：就是我们常说的C盘、D盘、A盘等代表磁盘或光驱等驱动器的符号。

路径：与DOS中的路径概念相同，它告诉你在哪里可以找到要找的文件或文件夹。

141. 怎样使用"拖放"操作？

"拖放"是指使用鼠标拖动程序图标执行任务。例如，把某一文件图标拖到正在运行的打印机图标上，打印机就会打印出拖去的文件；把某一程序文件图标拖到某个文件夹上，就可以把拖去的文件加入到该文件夹中；把某一文件图标拖动到正在运行的应用程序图标或窗口上，这个应用程序如果接收该文件图标，则表示使用该应用程序可以打开被拖去的文件，如果不能接收，则说明当前应用程序不能打开拖去的文件。第一步：移动鼠标到想要拖动的文件或文件夹图标上。第二步：按下鼠标左键不放，同时拖动图标到目的地（打印机、文件夹、应用程序窗口等图标上）。第三步：松开鼠标。这种操作仅适用于鼠标，不适用键盘。

142. "我的电脑"窗口里有什么？

双击桌面上"我的电脑"图标，即打开"我的电脑"窗口。所谓窗口，可以说是Windows操作系统的最大特色，"Windows"一词是英文"窗口"的意思，窗口在各个Windows操作系统里都无处不在，我们可以把整个Windows操作系统都看作是一连串的窗口操作。在这个窗口里我们可以看到一些图标："3.5英寸软盘"、"C："、"D："、"光盘E："等。窗口共由六个部分组成：一是标题栏。在最上边，用来显示窗口信息，这里显示的是"我的电脑"，在它的最左边是控制菜单框，在它的最右边有三个按钮，分别是"最小化"、"缩放"和"关闭"窗口。二是菜单栏。集中了应用程序可供选择的主要功能，包括"文件"、"编辑"、"查看"、"转到"、"收藏"和"帮助"等选项。三是工具栏。是窗口操作的快捷菜单，包括"后退"、"前进"、"向上"、"剪切"、"复制"、"粘贴"、"撤消"、"删除"、"属性"和"查看"等。四是左窗格。即整个窗口的左边，显示相关信息，如属性、容量等。五是右窗格。整个窗口的主要部分，显示主要内容。六是状态栏。最下面的一行，表示当前系统状态。

我们可以通过窗口实现交流，在"我的电脑"窗口里，可以通过双击它里面的各个图标来完成我们要做的事情。例如，可以双击"控制面板"完成计算机的设置工作。还可以通过菜单中的命令控制窗口的外观，以及实现对文档和程序的操作。

143. 什么是应用程序窗口？

应用程序窗口实际上就是Windows应用程序运行时的界面。应用程序的数据输入、结果输出都在窗口中显示。打开一个应用程序就打开了一个窗口。"我的电脑"实际就是一个应用程序，所有Windows应用程序的窗口都类似。

144. 什么是对话框?

对话框与窗口有类似的地方,顶部为标题栏,但是对话框中没有菜单栏,而且对话框的尺寸也是固定的,不能像窗口那样随意改变尺寸,对话框主要用作人与系统之间的信息对话,如运行程序之前或完成任务时必要的信息输入,或者是更改设置等。对话框的组成:一是标题栏。标题栏在对话框的顶部,它左端有对话框的名称,右端有对话框的关闭按钮和帮助按钮。二是选项卡或称标签。标题栏下面往往有选项卡,有了选项卡,就可以让用户在多个选项卡之间切换,同时选项卡的名称是完全可见的。用户就如同在图书馆中查阅书目卡一般。三是文本框。用于输入文本信息,一般在其右端带有一个下拉按钮,用户既可以直接在文本框中输入文字、修改文字,也可以用下拉按钮打开下拉框,从中选取要输入的信息。下拉框中保存了最近几次输入到该文本框的信息,或者预定义的信息。四是列表框。从列出的对象中选取需要的对象。这些对象既可以是文字形式表示出来的,又可以是某种图形或两者的结合。列表框为用户提供了参考的对象,用户可以从中作出选择,但不能直接修改列表中对象的内容。五是按钮。Windows 为不同用途的操作提供了形式多样的按钮,这些按钮形象易懂,便于操作。可以粗略地将对话框中的按钮分成以下几种:(1)命令按钮,即长方形的带有文字的按钮,如"确定"按钮、"取消"按钮等。(2)选择按钮。又可分成单选按钮和复选按钮两种。单选按钮为圆形,如果被选中,则中间加上一个圆点;复选按钮为方框形,若被选中,则方框中出现对号(√)标记。在同一组菜单选项按钮中,只能有一个单选按钮被选中,而复选按钮可任意选择。(3)数字增减按钮,它包括两个小按钮,紧紧放在一起。上面那个小按钮上标的三角箭头向上,它可使数字增加;下面那个小按钮标的三角箭头向下,表示可使数字减小。(4)滑动式按钮,这种按钮主要用于鼠标、键盘属性等对话框,用这种按钮可以形象地改变其响应速度等参数。

145. 怎样操作多窗口?

Windows 系统可以同时操作两个或多个窗口,也就是同时启动两个或多个程序,这不仅可以节约时间,而且可以更有效率。例如,可以用"写字板"写一段文字,再打开"画图"制作一个图形,并把图形通过剪贴板传送到"写字板"窗口中。当操作多个窗口时,常常要在不同窗口之间切换。一是在可见窗口之间切换。移动鼠标到想要切换的窗口空白处,单击。二是使用任务栏切换。在任务栏上移动鼠标到想要操作的窗口名称按钮上,单击。三是使用窗口地址栏切换。单击"我的电脑"窗口地址栏的下拉按钮,选择并单击下拉列表框中的窗口(程序)名。

146. 怎样翻看窗口内容?

由于窗口空间有限,需要的内容并不能完全在窗口工作区中显示出来。此时,可以对窗口进行上下和左右的翻滚操作。一是单击窗口右边或下边滚动条两端的黑三角按钮,在黑三角上按下鼠标左键不放,可以实现快速翻滚。二是单击窗口右边或下边滚动条两端的空白处,在两端空白处按下鼠标左键不放。三是移动鼠标到滚动条上,按下鼠标左键不放拖动滚动条。

147. 怎样改变窗口尺寸?

一是移动鼠标到窗口上下左右边框上,当看到鼠标变成上下或左右双箭头时,按下鼠标左键不要松开,然后拖动窗口边框到合适的地方放开鼠标左键。二是移动鼠标到窗口任意一角,当看到鼠标变成斜双箭头时,按下鼠标左键不要松开,然后拖动鼠标到合适的地方放开左键。

三是利用控制菜单命令改变窗口大小。

148. 怎样移动窗口?

一是移动鼠标到窗口标题栏,按下鼠标左键不要松开,然后拖动鼠标到合适的地方放开左键。二是移动鼠标到任务栏,右键单击要移动的窗口名称,在弹出菜单中单击选中"移动",然后移动鼠标到要移动的窗口标题栏,按下鼠标左键不要松开,拖动鼠标到合适的地方再放开左键。三是利用控制菜单命令移动窗口。

149. 怎样关闭应用程序(窗口)?

一是单击程序(窗口)右上角的关闭按钮"×"。二是双击左上角的控制菜单框。三是单击控制菜单框,选择并单击"关闭"。四是移动鼠标到菜单栏,单击"文件"→"退出"。五是移动鼠标到任务栏,右键单击要关闭的程序(窗口)名称,在弹出菜单中单击"关闭"。六是如果使用键盘操作,可按"Alt+空格"键打开控制菜单,然后使用箭头键移动光标,选择"关闭"命令并按回车键即退出当前打开的窗口。

150. 什么是"最小化"、"最大化"与"关闭"按钮?

最小化按钮"—"、最大化按钮"口"和关闭按钮"×"均位于窗口的右上角。当使用最大化按钮时,该按钮即变为恢复按钮。这三个按钮只能用鼠标选择。移动鼠标到最大化按钮上单击,就能把窗口放大到覆盖整个桌面屏幕,这时,最大化按钮变为恢复按钮。再次单击,即可将最大化的窗口恢复到原来大小。移动鼠标到最小化按钮上单击,当前窗口就会在屏幕上消失;但它所代表的应用程序仍然在计算机的内存里运行,名字也仍保留在屏幕底部的任务栏中,显示为一个含有该程序名字的按钮。不论何时,只要单击任务栏中的该程序按钮,就能恢复它的窗口,并保持原来在桌面上的位置和大小。单击关闭按钮就可以关闭窗口,退出正在运行的程序,任务栏上相应的名称按钮也跟着消失。

151. 什么是菜单及菜单命令?

菜单是 Windows 操作系统中最常见、最基本的操作方式。实际就是若干个可选命令项的集合,像是饭店提供给客人点菜的菜单,而列在菜单上面的每一个"菜名",就是一个菜单命令。如,在桌面上单击"开始",就打开了"开始菜单",排列在上面的诸如"帮助"等,就是菜单命令,当然,有些菜单命令打开以后又是一个菜单,那就叫子菜单。

152. 怎样打开菜单?

第一步:在桌面上双击"我的电脑"或打开任意窗口。第二步:移动鼠标到菜单栏想要选择的菜单项上。第三步:单击即可打开选中的菜单。

使用键盘打开菜单的方法有两种。一是如果菜单项后面的括号中有带下划线的字母,则可按"Alt+"带下划线的字母键选择该字母所在的菜单项。如果在同一个菜单栏中有多个菜单项,且具有相同的带下划线的字母,Windows 会自动选取列出的第一个菜单项;如果接下来再按一次"Alt"和那个带下划线的字母键就会选择下一个菜单项。二是先按"Alt"键或"F10"键激活菜单栏,这时选择用的反显亮条在菜单栏中出现,一般出现在左边第一个菜单项处,按箭头键移动亮条选择需要的菜单项，然后回车即可打开亮条所在的菜单。

153. 怎样操作指向打开菜单？

Windows 中有些菜单只需使用鼠标箭头指向菜单名就可以打开。如“开始”菜单及其子菜单。操作时单击打开“开始”菜单，菜单中列出若干条菜单命令。此时，移动鼠标，将鼠标光标指向“程序”，“程序”子菜单就会立即在“开始”菜单的右边弹出。如果在“程序”子菜单中将鼠标指向“附件”，则“附件”子菜单就会出现在“程序”子菜单的右边，也不需要单击鼠标。取消指向打开的菜单时，只需按一次“Esc”键，或者使用鼠标单击桌面的任意空白处。

154. 怎样选择菜单命令？

打开菜单后，就可以选择菜单中的命令让计算机执行。使用鼠标操作时，只需单击想要执行的菜单命令即可。使用键盘操作时，可移动箭头键选择想要的菜单命令，当前选中的命令将以反白显示，然后按回车键即可执行选中的菜单命令。

155. 有关菜单命令的操作常识有哪些？

一是显示颜色较淡的命令为当前不可执行命令。二是右边有三角形符号的菜单命令，表示该命令有若干个子命令，即有一个子菜单。一旦选择此命令，则在菜单旁会显示出一个附加的子菜单，该子菜单列出了可用的子命令，从中选择想要的子命令即可执行。三是命令名后面跟有省略号(…)是一种连接符号，表示一个尚未完成的命令。一般选择跟有省略号的命令后将出现一个对话框，提示执行此命令所需信息。四是命令名旁边的键名是快捷键，也叫热键，是对应命令的缩写。由于菜单中各条命令的使用频率不一样，为便于用户快速操作，Windows 为应用程序中的某些常用命令设置了快捷键。当在应用程序窗口或对话框窗口操作时，直接按此快捷键，即可执行对应的菜单命令，而不需要先打开该命令菜单，再选择相应的命令操作。五是命令名前面的对号(√)或实心圆点(·)为命令选中标记，表示该命令当前正在执行或者说该命令处于有效状态。因为有些菜单命令执行的结果就是改变窗口的一些设置，命令旁边有对号或实心圆点，就表示该设置是当前正在使用的。对号与实心圆点这两种标记的意义并不相同。在 Windows 系统的菜单中，菜单命令是分栏安排的，不同的命令栏之间有一条隔离线。用实心圆点标记的菜单命令是单选的，也就是说，这一命令栏里的菜单命令只能选择其中的一个，而且必须选择一个，同时出现的实心圆点标记始终只有一个。一旦选中，同栏中以前选择的命令将不再有效，因而实心圆点标记总是出现在最近选中的菜单命令上。而对号标记(√)是复选的，可以有多个对号同时出现，即这种命令栏里的菜单命令可以选择一个，也可以选择多个。同列于一栏里的菜单命令有几条就有可能出现几个对号标记符，这些命令有可能都被选中，也可能没有一个能被选中。因而同栏中可能所有命令前都有对号标记，也可能都没有。

使用键盘选择菜单命令时，可以直接键入命令中带下划线的字母，或者用上、下箭头键选择某一个命令后，按回车键，就可以选择并执行该命令。命令执行完以后，菜单会自动关闭。使用鼠标选择菜单命令时，只需把鼠标指针对准所选命令，然后单击鼠标按钮即可。如不想执行打开菜单中的任何命令，可按“Alt”键，打开的菜单就会自动关闭；也可以单击桌面任意空白处，关闭打开的菜单。

156. 怎样操作"控制"菜单命令?

第一步:在桌面上双击"我的电脑"或打开任意窗口。第二步:单击左上角的小图标,即打开控制菜单。选定并单击某项即可执行该命令。各命令的意思是:1、"还原"。用于在改变了窗口大小后回到原来大小。2、"移动"。用于改变窗口在屏幕上的位置。单击该命令后,鼠标变成四箭头状,此时拖动标题栏即可在屏幕上移动窗口。3、"大小"。用于改变窗口尺寸。单击该命令后,鼠标变成四箭头状,此时将鼠标移动到窗口四角或四边会变成双箭头状,拖动鼠标即可改变窗口大小。4、"最小化"。用于将窗口缩小到任务栏上。5、"最大化"。用于将窗口放大到全屏幕。6、"关闭"。用于关闭窗口,当然,也就等于退出程序或关闭文件。

157. 怎样操作"文件"菜单命令?

第一步:在桌面上双击"我的电脑"或打开任意窗口。第二步:单击选中某一个硬盘驱动器。第三步:单击菜单栏最左边的"文件"。在随后出现的一串菜单命令中,选定并单击某项即可执行该命令。常用命令的意思是:1、"打开"。用于打开窗口中选择的磁盘、文件夹等对象,与直接双击对象的作用相同。2、"资源管理器"。用于打开"Windows 资源管理器",等同于在桌面上单击"开始"→"程序"→"附件"→"Windows 资源管理器"。从中可以查看文件夹的分层结构以及所选文件夹中的全部文件和文件夹,可以对文件和文件夹进行复制、移动、删除、重命名等一系列操作。3、"搜索(查找)"。一般用于查找所选磁盘或文件夹里的文件。4、"格式化"。用于格式化所选驱动器的磁盘。5、"创建快捷方式"。用于在桌面上为选中的对象设置一个快速路径,以便在双击这个快速路径时,即能迅速访问相应的对象。6、"删除"。用于删除在"我的电脑"窗口或其下对象窗口里选中的对象。7、"重命名"。可为"我的电脑"窗口或其下对象窗口中选择的对象重新命名。8、"属性"。用于显示所选对象的信息,并可进行查错、整理等工作。选择"属性"命令后,屏幕上即出现它的对话框。该对话框中有 3 个选项卡,在"常规"选项卡中可以查看当前所选磁盘的使用空间及容量等信息,在"工具"选项卡中可以对所选磁盘进行查错、备份和碎片整理等工作,"共享"选项卡用于设置该磁盘的网络共享访问状态。9、"关闭"。用于关闭"我的电脑"窗口,退出程序。

158. 怎样操作"编辑"菜单命令?

第一步:在桌面上双击"我的电脑"或打开任意窗口。第二步:双击打开某一个硬盘驱动器。第三步:单击选中某一个文件或文件夹。第四步:单击菜单栏上的"编辑"。在随后出现的一串菜单命令中,选定并单击某项即可执行该命令。常用命令的意思是:1、"撤消"。用于取消已经执行的操作。2、"剪切"。将选定的文件或文件夹等对象使用剪贴板程序存入内存,是否被删除或被移动,视下一步的操作。3、"复制"。用于为选定对象做一个完全一样的副本。4、"粘贴"。结合"剪切"、"复制"使用,可以将选定对象移动或在别处做一个完全一样的副本。5、"粘贴快捷方式"。用于为选定对象设置一个快速路径,以便在双击这个快速路径时,即能迅速访问相应的对象。6、"全部选定"。用于选中窗口里的全部对象。7、"反向选择"。用于对操作对象进行与刚完成选定相反的操作。8、"复制到文件夹"。用于将选定对象复制到指定文件夹。9、"移动到文件夹"。用于将选定对象移动到指定文件夹。

159. 怎样操作“查看”菜单命令？

第一步：在桌面上双击“我的电脑”或打开任意窗口。第二步：单击菜单栏上的“查看”。在随后出现的一串菜单命令或子菜单中，选定并单击某项即可执行该命令。常用命令或子菜单的意思是：1、“工具栏”。用于按照个人意愿改变窗口工具栏显示方式等。一般不作变动。2、“状态栏”。用于选择是否取消窗口下面的状态栏。3、“浏览栏”。用于按照个人意愿选择是否使用窗口右边、下边的浏览栏，提示信息及显示方式、内容等。4、“大图标”。窗口内容的缺省显示方式。5、“小图标”。用于改变窗口内容的显示方式。6、“列表”。让窗口内容顺序排列。7、“详细信息”。窗口内容资料最为详尽的显示方式。8、“排列图标”。用于设定窗口内图标排列方式。

160. 怎样关闭打开的菜单？

应用程序（窗口）中的诸如“文件”、“视图”等菜单有时打开后，忽然改变主意又不使用了。关闭它们的方法很简单：使用鼠标操作时，单击桌面或窗口的任意空白处即可。使用键盘时，一是按“Alt”键或“F10”键，关闭菜单的同时取消菜单栏的激活状态，回到应用程序窗口中。二是按“Esc”键，仅关闭菜单；再按一次“Esc”键，才取消菜单栏的激活状态，返回应用程序窗口。

161. Windows 系统有哪些常见文件类型？

一是程序文件。程序文件是计算机能够识读并可以执行的文件。文件扩展名为“.exe”和“.com”。一般可以单击或双击程序文件名或其图标来启动和运行它们。二是文本文件。使用阅读软件可以查看文本文件中的文本内容。三是图像文件。图像文件用于存储图片信息或可视信息。由于存储方式的不同，图像文件有多种不同的格式，Windows 中常用的格式是“.jpg”和“.bmp”，并以相似的文件图标来表示。四是多媒体文件。多媒体文件是以数字形式存储音频和视频信息的文件。五是字体文件。Windows 带有很多字体文件，提供了丰富的字体。字体文件均在 Font 文件夹中。六是数据文件。数据文件是由数据库或电子表格程序创建的存储数据信息的文件。如 FoxBase 或 FoxPro 等数据库管理系统中的扩展名为“.dbf”的文件等。

162. 怎样选定文件或文件夹？

[方法一] 第一步：移动鼠标到目标文件或文件夹名上。第二步：单击。可以选定一个文件或文件夹。

[方法二] 第一步：单击选中一个文件或文件夹。第二步：左手按住“Shift”键不放。第三步：单击选中这组文件或文件夹中的最后一个。可以选定一组连续排列的文件或文件夹。

[方法三] 第一步：单击选中一个文件或文件夹。第二步：左手按住“Ctrl”键不放。第三步：单击选中这组文件或文件夹中的另一个。第四步：重复第三步操作。可以选定一组非连续排列的文件或文件夹。

[方法四] 第一步：移动鼠标到一个文件或文件夹前面。第二步：按下鼠标左键不要松开，应出现一个虚框。第三步：向右下方拖动鼠标，拉出一个随鼠标变化的虚框。第四步：到合适位置放开鼠标。可以选中框内的所有文件与文件夹。

[方法五] 第一步：移动鼠标到菜单栏单击“编辑”。第二步：选择并单击“全部选定”。可以选中窗口内所有文件与文件夹。

[方法六] 使用键盘按下“Ctrl+A”键。亦可以选中窗口内所有文件与文件夹。

［方法七］ 第一步：选中一个或若干个文件或文件夹。第二步：移动鼠标到菜单栏单击“编辑”。第三步：选择并单击“反向选择”。可以选中窗口内除第一步选中的文件或文件夹之外的所有文件与文件夹。

163. 怎样新建文件或文件夹？

［方法一］ 第一步：双击打开要新建文件或文件夹的文件夹，包括硬盘、软盘等。第二步：移动鼠标到菜单栏单击“文件”。第三步：选择并单击“新建”菜单。第四步：选择打开菜单中的文件类型或“文件夹”，选定后单击。第五步：在“文件名窗口”中键入自己需要的名称，否则新文件或文件夹将以缺省的“新建文件夹”之类命名。第六步：单击新文件或文件夹名，也可以使用键盘按“Enter（回车）”键。

［方法二］ 第一步：双击打开要新建文件或文件夹的文件夹，包括硬盘、软盘等。第二步：在任意空白处右键单击。第三步：选择并单击“新建”。第四步：选择菜单中的文件类型或“文件夹”，选定后单击。第五步：在“文件名窗口”中键入自己需要的名称。第六步：单击新文件或文件夹名，也可以键入“Enter”（回车）。

164. 怎样为文件或文件夹重命名？

［方法一］ 第一步：单击选中要改名的文件或文件夹。第二步：移动鼠标到菜单栏单击“文件”。第三步：在出现的菜单上选择并单击“重命名”。第四步：键入新的文件或文件夹名。第五步：单击新文件或文件夹名，也可以使用键盘按回车键。

［方法二］ 第一步：移动鼠标到需要改名的文件或文件夹上。第二步：单击鼠标右键。第三步：在出现的菜单上选择并单击“重命名”。第四步：键入新的文件或文件夹名。第五步：单击新文件或文件夹名，也可以使用键盘按“Enter（回车）”键。

［方法三］ 第一步：单击选中要改名的文件或文件夹。第二步：键入“F2”。第三步：键入新的文件或文件夹名。第四步：单击新文件或文件夹名，也可以使用键盘按“Enter（回车）”键。

165. 怎样打开文件夹？

［方法一］ 第一步：进入“我的电脑”或“资源管理器”，选中某个驱动器或文件夹。第二步：双击打开驱动器或一个文件夹。第三步：再双击打开某个具体文件夹，这样逐级打开，直到打开自己需要的文件夹。

［方法二］ 第一步：首先打开任意一个文件夹，例如从桌面上双击打开“我的电脑”。第二步：单击地址栏。第三步：在地址栏中输入要打开的文件夹路径，如 C:\My Documents。或者利用地址栏右边的下拉选择按钮选定“我的文档”文件夹。第四步：使用键盘按回车键，就直接打开了“我的文档”。

［方法三］ 第一步：进入“开始”菜单，单击“运行”。第二步：在“运行”中的文本框中输入要打开的文件夹路径，例如 C:\MyDocuments；或者使用“浏览”按钮选定。第三步：单击“确定”或使用键盘按回车键。

166. 怎样浏览文件或文件夹？

［方法一］ 打开“我的电脑”窗口，可以看到所用计算机所有磁盘、光盘驱动器、“控制面

板”、“打印机”及“拨号网络”的图标列表。双击任何一个图标即可查看其中的内容。一旦打开某个磁盘或对象，就能浏览其中的文件、文件夹以及文件夹中包含的文件、程序和子文件夹等。

［方法二］ 移动鼠标到任务栏，右键单击“开始”，在弹出菜单中单击“资源管理器”，也能在打开的窗口中浏览文件或文件夹。如果要打开某个文件或文件夹，或者要运行某个程序，双击图标即可。要回到上一级文件夹，可单击工具栏上的“向上”按钮或“后退”按钮，或者直接按键盘上的“Back space”键；在“资源管理器”窗口中也可以在左边窗格中直接选择或单击文件夹前面的“＋”“－”号。

167. 怎样“搜索(查找)”文件与文件夹？

［方法一］ 第一步：在 Windows 桌面上，移动鼠标到任务栏，单击“开始”→“搜索”→“文件或文件夹”。第二步：设定必要的搜索或查找条件，单击“开始搜索”。

［方法二］ 第一步：在 Windows 桌面上，移动鼠标到任务栏，右键单击“开始”，在弹出菜单中单击“搜索”。第二步：设定必要的搜索条件，单击“开始搜索”。

［方法三］ 在 Windows 应用程序窗口中，移动鼠标到菜单栏单击“文件”→“搜索”→“文件或文件夹”。第二步：设定必要的搜索或查找条件，单击“开始搜索”。

168. 文件或文件夹的属性有哪些？

Windows 的文件属性共有 4 种，某一文件可以同时具有其中的一种或多种属性。这四种属性的名称和意义为：1、系统。只有 Windows 的系统文件才具有系统属性。2、只读。具有这种属性的文件不能进行修改和存盘操作。3、隐藏。除非在“文件夹选项”中选择了“显示所有文件”按钮，这类文件不会被显示出来。4、存档。这类文件在使用完毕后，系统会提示我们进行存档操作，如我们编辑的 Word 文件、在写字板或记事本中编辑的文件等，系统会自动将其属性定义成存档。

更改文件属性操作如下：第一步：在“我的电脑”或“Windows 资源管理器”中，单击选中要更改其属性的文件或文件夹。第二步：移动鼠标到菜单栏单击“文件”→“属性”，也可以右键单击要更改其属性的文件或文件夹，然后单击“属性”。第三步：修改完成后单击“确定”。

169. 怎样查看隐藏文件和文件扩展名？

［方法一］ 第一步：在“我的电脑”或“Windows 资源管理器”中，单击选中要查看的文件夹。第二步：移动鼠标到菜单栏单击“查看”或“工具”→“文件夹选项”→“查看”。第三步：单击“显示所有文件和文件夹”并把“隐藏已知类型文件的扩展名”前面的对号(√)单击清除。第四步：单击“确定”。

［方法二］ 第一步：在 Windows 桌面上，移动鼠标到任务栏，单击“开始”→“设置”→“文件夹选项”→“查看”。第二步：单击“显示所有文件和文件夹”并把“隐藏已知类型文件的扩展名”前面的对号(√)单击清除。第三步：单击“确定”。

170. 怎样复制文件或文件夹？

［方法一］ 第一步：选中要复制的文件或文件夹(一个或若干个或全部)。第二步：移动鼠标到工具栏上单击“复制”按钮。第三步：打开要复制到的目的文件夹。第四步：移动鼠标到工

具栏上单击“粘贴”按钮。

［方法二］ 第一步：选中要复制的文件或文件夹（一个或若干个或全部）。第二步：移动鼠标到要复制的文件或文件夹上右键单击，在出现的菜单上选择并单击“复制”。第三步：打开要复制到的目的文件夹，右键单击任意空白处。第四步：在出现的菜单上选择并单击“粘贴”。

［方法三］ 第一步：选中要复制的文件或文件夹（一个或若干个或全部）。第二步：在要复制的文件或文件夹上按下鼠标左键不要放开。第三步：拖动鼠标到要复制到的目的磁盘（不能是同一个磁盘）文件夹中，放开鼠标。

［方法四］ 第一步：选中要复制的文件或文件夹（一个或若干个或全部）。第二步：移动鼠标到要复制的文件或文件夹。第三步：左手按下“Ctrl”键不放。第四步：按下鼠标左键不要放开，拖动鼠标到要复制到的目的文件夹（可以是同一磁盘）中。第五步：放开鼠标并放开“Ctrl”键。

［方法五］ 第一步：选中要复制的文件或文件夹（一个或若干个或全部）。第二步：移动鼠标到要复制的文件或文件夹上右键单击；也可以移动鼠标到菜单栏单击“文件”，在出现的菜单上选择并单击“发送到”。第三步：选定并单击合适的目标文件夹。此方式只能复制到“发送到”子菜单上列出的有数的几个目标文件夹内，并且只适用于不同驱动器。

［方法六］ 第一步：移动鼠标到要复制的文件或文件夹。第二步：按下鼠标右键不要放开，拖动鼠标到要复制到的目的文件夹或磁盘中。第三步：放开鼠标，在出现的快捷菜单上选择并单击“复制”。

［方法七］ 选中要复制的文件或文件夹（一个或若干个或全部）。第二步：单击菜单栏上的“编辑”。第三步：在出现的菜单上选择并单击“复制到文件夹”。第四步：单击“浏览”，选择要复制到的目的文件夹。第五步：单击“确定”。此方式不适用于 Windows 98。

171.“发送到”是什么意思？

发送实际就是复制，可以快速把文件或文件夹复制到软盘或“我的文档”中。将文件或文件夹发送到软盘（发送到“我的文档”等操作类似）的步骤如下：第一步：在软盘驱动器中插入一张软盘。第二步：单击选中要发送的文件或文件夹。第三步：移动鼠标到菜单栏单击“文件”→“发送到”→“3.5 英寸软盘”。也可以在要发送的文件或文件夹上单击鼠标右键，在弹出菜单上选择并单击“发送到”→“3.5 英寸软盘”。

172. 怎样移动文件或文件夹？

［方法一］ 第一步：选中要移动的文件或文件夹（一个或若干个或全部）。第二步：移动鼠标到工具栏上单击“剪切”按钮。第三步：打开要移动到的目的文件夹。第四步：移动鼠标到工具栏上单击“粘贴”。

［方法二］ 第一步：选中要移动的文件或文件夹（一个或若干个或全部）。第二步：移动鼠标到要移动的文件或文件夹上右键单击，在出现的菜单上选择并单击“剪切”。第三步：打开要移动到的目的文件夹，右键单击任意空白处。第四步：在出现的菜单上选择并单击“粘贴”。

［方法三］ 第一步：选中要移动的文件或文件夹（一个或若干个）。第二步：在要移动的文件或文件夹上按下鼠标左键不要放开。第三步：拖动鼠标到要移动到的目的（只能是同一个磁盘）文件夹上，放开鼠标。

［方法四］ 第一步：选中要移动的文件或文件夹（一个或若干个或全部）。第二步：移动鼠标到要移动的文件或文件夹。第三步：左手按下“Shift”键不放。第四步：按下鼠标左键不要放开，拖动鼠标到要移动到的目的文件夹（可以是同一磁盘）中。第五步：放开鼠标并放开“Shift”键。

［方法五］ 第一步：选中要移动的文件或文件夹（一个或若干个或全部）。第二步：移动鼠标到要移动的文件或文件夹上右键单击，也可以移动鼠标到菜单栏单击“文件”，在出现的菜单上选择并单击“发送到”。第三步：选定并单击合适的目标文件夹。此方式只能移动到“发送到”子菜单上列出的有数的几个目标文件夹内，并且只适用于同一驱动器。

［方法六］ 第一步：移动鼠标到要移动的文件或文件夹。第二步：按下鼠标右键不要放开，拖动鼠标到要移动到的目的文件夹或磁盘中。第三步：放开鼠标，在出现的快捷菜单上选择并单击“移动”。

［方法七］ 选中要移动的文件或文件夹（一个或若干个或全部）。第二步：单击菜单栏上的“编辑”。第三步：在出现的菜单上选择并单击“移动到文件夹”。第四步：单击“浏览”，选择要移动到的目的文件夹。第五步：单击“确定”。此方式不适用 Windows 98。

173. 怎样“删除”文件或文件夹？

［方法一］ 第一步：选中要删除的文件或文件夹（一个或若干个或全部）。第二步：移动鼠标到工具栏上单击“删除”，或者单击菜单栏“文件”→“删除”。第三步：在确认对话框中单击“是”。

［方法二］ 第一步：选中要删除的文件或文件夹（一个或若干个或全部）。第二步：移动鼠标到要删除的文件或文件夹上单击鼠标右键，在出现的菜单上选择并单击“删除”。第三步：在确认对话框中单击“是”。

［方法三］ 第一步：选中要删除的文件或文件夹（一个或若干个或全部）。第二步：在要删除的文件或文件夹上按下鼠标左键不要放开。第三步：拖动鼠标到桌面“回收站”图标上放开鼠标。第四步：在确认对话框中单击“是”。

［方法四］ 第一步：选中要删除的文件或文件夹（一个或若干个）。第二步：按“Del”键。第三步：在确认对话框中单击“是”。

不论采用哪一种方式，删除的文件只是被移入“回收站”。如果在删除文件的同时按下“Shift”键，则文件会被直接删除，而不进入“回收站”，当然，这样也就无法再捡回来。

174. 怎样保存文件？

［方法一］ 第一步：对某个文件的操作完成后，移动鼠标到菜单栏。第二步：单击“文件”→“保存”。

［方法二］ 第一步：对某个文件的操作完成后，移动鼠标到菜单栏。第二步：单击“文件”→“另存为”。第三步：在出现的对话框中输入或使用下拉列表按钮选定保存位置、文件名。第四步：单击“保存”。

［方法三］ 第一步：对某个文件的改动操作完成后，单击“文件”→“退出”或“关闭”，也可以单击窗口右上角的“关闭”（×）按钮。第二步：在出现的询问是否保存对话框中单击“是”。

175. 什么是“我的公文包”?

“我的公文包”是 Windows 提供的一个用于同步文件的实用程序,可以用于两台计算机相连后文档的自动更新。对于一般家庭,利用“公文包”在同一台机器上实现同步备份,或者文档自动更新,可能更实用一些。第一步:打开任意磁盘或者文件夹,在空白处单击右键,选择“新建”→“公文包”。第二步:单击“公文包”,创建一个“新建公文包”文件夹,可以根据个人喜好重新取名。第三步:像使用普通文件夹一样,双击打开“新建公文包”,将所有要备份的数据或文档复制进来,复制时,窗口标题显示“正在更新公文包”。第四步:将“新建公文包”复制到软盘、硬盘或者移动硬盘中。第五步:需要时,右键单击“新建公文包”文件夹,选择“全部更新”,即可完成更新数据或文档,完成最新备份。

176.“我的文档”是怎么回事?

“我的文档”其实就是一个文件夹,是 Windows 系统提供的便于存取文件的桌面文件夹,其中保存的文档、图形或其他各类文件都可以通过“我的文档”快速访问。Windows 系统提供的“写字板”、“画图”等应用程序,以及 Office 等许多软件,在保存文件时,缺省状态下,都是将文件自动保存在“我的文档”中。“我的文档”在“我的电脑”或“Windows 资源管理器”中的名字是“My Documents”,在桌面上双击“我的文档”图标就可以打开它。

177. 怎样使用语言栏?

Windows XP 采用了一种新的汉字输入工具栏,称为“语言栏”。

[方法一] 移动语言栏。第一步:移动鼠标到屏幕右下角“语言栏”上的“移动控制杆”,让鼠标变成四箭头形。第二步:按下鼠标左键不要放开,拖动“语言栏”到屏幕的任意空白处。第三步:放开鼠标即可。

[方法二] 选择语言。第一步:单击“语言栏”中的“语言选择”。第二步:在“语言选择”列表中选择需要的语言。

[方法三] 最小化语言栏。第一步:单击“语言栏”中的“最小化”,出现对话框。第二步:单击“确定”。

[方法四] 恢复到浮动状态。第一步:单击“语言栏”中的“语言选择”。第二步:在弹出菜单中,选择并单击“显示语言栏”;或者单击“还原”。

178. 什么是“回收站”?

Windows 在桌面上有一个图标叫“回收站”,人们把它比喻成“垃圾箱”,无论在电脑中删除什么文件,系统通常都先把它们放到这个“垃圾箱”里,当后悔时,可以再从“垃圾箱”里捡回来,只有选择了“清空回收站”或者在回收站里再删除后,这些文件才真的从磁盘中消失。

179. 怎样从回收站中“捡”回文件?

[方法一] 第一步:在 Windows 桌面上双击回收站图标。第二步:选中想要恢复的文件并右键单击。第三步:在弹出菜单上选择并单击“还原”,即可将此文件恢复为删除前的状态。

[方法二] 第一步:双击回收站图标。第二步:单击选定想要恢复的文件。第三步:移动鼠标到菜单栏,单击“文件”。第四步:在弹出菜单中选择并单击“还原”,即可还原该文件。

[方法三]　第一步：双击回收站图标。第二步：移动鼠标到菜单栏，单击“编辑”。第三步：在弹出菜单中选择并单击“全部选定”。第四步：选定并单击“还原”。这样就把回收站的全部文件“捡”回来了。

180. 怎样在回收站里彻底删除文件？

[方法一]　第一步：在Windows桌面上双击回收站图标。第二步：选中想要彻底删除的文件右键单击。第三步：在弹出菜单中选择并单击“删除”。第四步：在确认对话框上选择“是”。

[方法二]　第一步：双击回收站图标。第二步：单击选定想要彻底删除的文件。第三步：移动鼠标到菜单栏，单击“文件”。第四步：在弹出菜单中选择并单击“删除”。第五步：在确认对话框上选择“是”。

181. 怎样使用“清空回收站”？

[方法一]　第一步：在Windows桌面上双击回收站图标。第二步：移动鼠标到菜单栏，单击“文件”。第三步：在弹出菜单中选定并单击“清空回收站”。第四步：在确认对话框上选择“是”。

[方法二]　第一步：右键单击桌面上的回收站图标。第二步：在弹出的快捷菜单上选定并单击“清空回收站”。第三步：在确认对话框上选择“是”。

182. 怎样使用“任务栏”？

“任务栏”在桌面最下方，呈长条状横贯整个屏幕。缺省情况下，任务栏中从左到右依次是开始菜单、频道、Internet Explorer浏览器、Outlook Express、显示桌面、计划任务、音量控制、输入法以及系统日期时间等图标。任务栏缺省位置在屏幕的下方，如果愿意，可以移动到屏幕的上、下、左、右任何一个位置。要改变任务栏的一些设置，可以单击“开始”进入“设置”→“任务栏和开始菜单”项；或者右键单击任务栏空白处，在弹出的“快捷菜单”中单击“属性”。然后在需要的选项上打上对号(√)，单击“确定”。移动任务栏的操作如下：第一步：选中任务栏空白处，按下鼠标左键，不要松开。第二步：一直按着左键，拖动鼠标到需要的屏幕的左边、右边或上边。第三步：到达合适位置后松开鼠标左键即可。

183. 怎样管理多任务？

Windows是多任务操作系统，可以同时打开多个应用程序，并将正在运行的应用程序名按打开的先后顺序排列在任务栏上。但在同时打开的多个窗口中，总是只有一个窗口在其他窗口之上，处于活动状态，这个窗口称作当前窗口。多个任务即程序(窗口)之间的切换与管理如下：第一步：将鼠标指向任务栏。第二步：单击任务栏上需要切换的程序(窗口)名字。依序可以将任务栏上所有窗口切换为当前窗口。

也可以使用键盘操作。第一步：按住“Alt”键，在需要的操作完成之前不要松开。第二步：按一次“Tab”键，这时屏幕中心区域出现一个对话框，显示所有打开窗口的图标，当前选定的窗口名字显示在对话框底部的长方形区域中，被一个方框围着。第三步：在持续按住“Alt”键的同时不断按动“Tab”键，选定当前窗口图标的方框便在各窗口图标间移动，当选定方框到达想要切换为当前窗口的图标时，松开“Tab”键和“Alt”键，选定窗口便切换为当前窗口出现在屏幕上。此外，任务栏上有一个凹进的矩形框，框中有当前窗口的名字，这个框称为窗口选中框。按下“Alt＋Esc”组合健，可以使窗口选中框依次在任务栏上列出的各窗口名字之间进行切换。如果选中的窗口在激活以前已经打开在屏幕上，那么这个窗口便显示在屏幕的最前面，成为当前窗口。如果选中的窗口当前为最小化，则可以在使用“Alt＋Esc”键选中后按下回车键，这个窗口便恢复在桌面上。

184. 怎样根据需要设置任务栏？

［方法一］ 可以把自己常用的软件添加到任务栏上的快速启动栏，这样启动程序只须在任务栏上单击。第一步：在“资源管理器”或“我的电脑”中，找到要添加到快速启动栏的程序文件。第二步：按下鼠标左键，拖动程序到快速启动栏适当位置。第三步：松开鼠标左键。

［方法二］ 可以将不需要的快速启动项目删除。第一步：用鼠标选中想要删除的快速启动项目。第二步：右键单击。第三步：在弹出的快捷菜单上单击删除。

［方法三］ 根据需要可以自己在任务栏上新建工具栏。第一步：在任务栏空白处右键单击。第二步：在弹出的快捷菜单上单击选中“工具栏”→“新建工具栏”。第三步：在出现的窗口中选择需要的项目，如“我的电脑”，单击“确定”，这样“我的电脑”就出现在任务栏上，打开就方便多了。

185.“开始菜单”中各项是什么意思？

一是 Windows 更新（Windows Update）。可以随时更新 Windows 的一些最新设置，当然，使用时必须连接到 Internet。二是程序。利用“程序”菜单，可以快速启动程序。三是收藏夹。“收藏夹”菜单中列出了经常访问的文件夹或文件。单击其中的某一项，将连接到一个收藏的网址，或打开一个文件夹或文档。“收藏夹”子菜单中列出了硬盘上“收藏夹”中存储的所有项目。四是文档。开始菜单的“文档”子菜单包含最近 15 个打开文档的列表，可以方便快速地访问最近打开过的文档。五是设置。通过“设置”菜单，可以浏览和调出控制面板，设置打印机、任务栏和开始菜单等。六是搜索（查找）。利用它可以查找计算机中的文件或文件夹等。七是帮助。可以方便地解决操作中不明白的问题。八是运行。提供了增强的命令行输入功能，输入路径可以在这里立即启动程序。九是注销。快速改变用户并且不用重启计算机的实用工具。

在使用键盘操作时，按“Ctrl＋Esc”键或者键盘最下边一行中的“开始”菜单键（印有窗口标志）就可以打开“开始”菜单，按动箭头键就可以选择其中的组件和命令。Windows XP 中的“开始”菜单外观有较大的改变。如果想改回经典模式，第一步：右键单击“开始”按钮，选择“属性”。第二步：在出现的对话框中单击“经典开始菜单”，然后单击“确定”。

186. 怎样使用 Windows 的“帮助”？

［方法一］ 在 Windows 桌面上，移动鼠标到任务栏，单击“开始”→“帮助”。

［方法二］ 在任意程序（窗口）中，移动鼠标到菜单栏，单击“帮助”→“帮助主题”。

［方法三］ 使用工具提示。工具提示是指在应用程序窗口、文档窗口、对话框或者任务栏中，将鼠标指向某个标题，屏幕会弹出相应的提示信息，提示该组件的功能。例如，当我们移动鼠标指向“最小化”图标时，稍等一会，系统就会弹出一个提示框，得到帮助信息。

［方法四］ 利用“这是什么？”。Windows 系统中各窗口标题栏上都有一个“？”（这是什

么）。在任何对话框中单击“?”后，鼠标指针就会带上一个问号标记，当把它放到需要帮助的地方时，单击鼠标右键就在相应的地方出现“这是什么”按钮。随后单击，就会显示出需要帮助选项的有关描述。

［方法五］ 把帮助内容打印下来。第一步：单击“开始”→“帮助”。第二步：选择需要的帮助单击。第三步：在出现的帮助信息框上单击“打印”。也可以在应用程序的帮助信息窗口中选择“打印”，把需要的帮助内容打印下来。

187. 怎样使用开始菜单中的“搜索（查找）”？

Windows 98 中的“查找”，只能查找计算机中的文件和文件夹。Windows Me/2000/XP 中的“搜索”，功能则要强大得多。使用“搜索”命令可以迅速搜索本机或网络上其他计算机中的文件和文件夹，也可以在网络上或 Internet 上查找计算机或相关资源。通过“搜索”对话框中的选项，用户可以定义详细的搜索条件，并且可以保存起来，不必在每次搜索时都重新键入。使用时单击“开始”→“搜索（查找）”，一般使用搜索（查找）本机文件比较多，选定后按需要操作即可。

188. 怎样使用开始菜单中的“文档”？

用户可能会经常使用某几个文档，或者在某几个文档上的工作需要持续若干天，并且可能高频率地调用某几个文档。这时，为提高文档的搜索与打开速度，可以使用开始菜单中的“文档”子菜单打开最近使用的文档。“文档”子菜单自动记录了用户最近打开的15个文档，这些文档的存储位置可以相同，也可以不相同。操作时，单击“开始”→“文档”→相应的文档名称即可。

189. 怎样使用开始菜单中的“运行”？

不论文件夹或程序位于本机还是网络上的其他计算机中，用户都可以使用“开始”菜单中的“运行”命令，来打开文件夹或启动应用程序。而且，执行过的命令将被保存起来，再次运行该命令时，可以在“运行”对话框的列表中选定，不必再次键入。使用时，单击“开始”→“运行”，可以键入想要打开文件或启动程序的位置及名称，也可以通过“浏览”找到想要打开的文件或启动的程序，键入或选定后单击“确定”。

190. 怎样使用开始菜单中的“注销”？

“注销”命令是 Windows 为适应多人使用同一台机器提供的一项功能，它允许使用者不重新启动计算机就能从当前使用者换到另一使用者，即注销当前用户，随后快速引导 Windows 系统，让其他用户登录进入自己设置的系统使用环境，继续使用机器。这样可以节省时间，提高效率。单击“开始”→“注销”后，在对话框“确实要注销吗”选择“是”则注销当前用户，让其他使用者登录；选择“否”则返回当前使用者的系统环境。

191. 启动 Windows 应用程序有哪些常用方式？

［方法一］ 第一步：在桌面上单击“开始”→“程序”。第二步：移动鼠标到想要运行的应用程序名上。第三步：单击。

［方法二］ 第一步：在桌面上或文件夹窗口中移动鼠标到想要运行的应用程序图标上。第二步：双击。

［方法三］ 第一步：用键盘上的箭头键选中应用程序图标，或用鼠标单击选中。第二步：按回车键。

［方法四］ 第一步：在“我的电脑”或“Windows 资源管理器”窗口中，单击选中想要运行的应用程序图标。第二步：单击“文件”菜单→“打开”。

［方法五］ 第一步：在“我的电脑”或“Windows 资源管理器”窗口中，单击选中任意非可执行程序文件图标（文本、图像等）。第二步：单击“文件”菜单→“打开方式”。第三步：在对话框中选定要使用的程序，指定是否“始终使用该程序打开这些文件”。如果对话框程序列表中没有合用的程序，单击“其他…”另选可以使用的程序。第四步：单击“确定”，依次关闭对话框并启动应用程序。

［方法六］ 第一步：在桌面上单击“开始”→“运行”。第二步：在输入框中键入想要运行的应用程序位置和名称；或者单击对话框中的“浏览”，选定程序所在的磁盘驱动器、文件夹及程序名。第三步：单击“确定”，依次关闭对话框并启动应用程序。

192. 进入“控制面板”窗口有哪些常用方式？

［方法一］ 在桌面上单击“开始”→“设置”→“控制面板”。

［方法二］ 第一步：右键单击“开始”菜单。第二步：选择“资源管理器”并单击。第三步：在左窗格中找到并单击“控制面板”文件夹，右边窗格中即出现“控制面板”内容。

［方法三］ 在桌面上双击“我的电脑”→“控制面板”。

193. 什么是设备管理器？

设备管理器是 Windows 操作系统提供的对计算机硬件进行管理的一个图形化工具。一般我们可通过设备管理器更改计算机硬件的配置，获取相关硬件的驱动程序信息以及进行更新、禁用、停用或启用相关设备等。打开设备管理器常用两种方法。

［方法一］ 第一步：右键单击“我的电脑”。第二步：选择并单击“属性”。第三步：单击“设备管理器”或单击“硬件”→“设备管理器”。

［方法二］ 第一步：在桌面上单击“开始”→“设置”→“控制面板”。第二步：双击“系统”。第三步：单击“设备管理器”或单击“硬件”→“设备管理器”。

194. 什么是“计划任务”？

安装 Windows 之后，就会在任务栏右边的状态栏中出现一个“计划任务”（Windows XP 中称作“任务计划”）按钮。它的功能是任意设置应用程序的运行时间。如需要打开计算机就自动运行 Word，或者每天下班前自动备份资料等。如果在任务栏中没有看到“计划任务”图标，可以在 Windows 桌面上，单击“开始”→“程序”→“附件”→“系统工具”→“计划任务”启动这个程序。也可以在状态栏中“计划任务”图标上单击鼠标右键，选择“打开”命令启动它。

195. 怎样安排自己的计划任务（任务计划）？

首先要保证系统时间准确无误。第一步：在桌面上单击“开始”→“程序”→“附件”→“系统工具”→“计划任务”。第二步：单击“高级”菜单选择“开始使用计划任务”，任务栏中出现图标。第三步：双击“添加已计划的任务”图标（如果是第一次使用，则只会有“添加新的计划任务”图标)，单击“下一步”。第四步：在列表中选择所需要的程序。也可以单击“浏览”查找需要运行的程序，选定后，单击“打开”。第五步：输入计划任务的名称并选择在什么时候执行，然后单击“下一步”。第六步：选择任务开始的时间及日期，完成后单击“下一步”。第七步：选定“当单击‘完成’打开该任务的高级属性”，然后单击“完成”结束操作。第八步：选定“已启用(在指定时间运行已计划的任务)”，单击“设置”可以做进一步的设置完成操作。

196. 怎样调整日期、时间?

［方法一］ 第一步：在桌面上单击“开始”→“设置”→“控制面板”。第二步：双击“日期/时间”图标。第三步：利用下拉列表和滚动按钮，即可调整系统的日期与时间，并可改变国家时区。第四步：设定好后单击“确定”。

［方法二］ 在任务栏上双击时间小图标，弹出“日期和时间属性”对话框，也可以修改日期和时间。在“日期和时间属性”对话框中调整日期、时间的操作步骤如下：第一步：单击选中“年份”文本框，然后用键盘上的数字键修改年份。第二步：单击“月份”下拉列表框的下拉按钮，选择一个月份。第三步：移动鼠标箭头到“日期”列表的一个日期并单击，即选定日期。第四步：依次单击选中“小时”、“分钟”、“秒钟”，然后用键盘上的数字键改定。第五步：单击“应用”可以使修改生效。第六步：单击“确定”使修改生效并关闭“日期和时间属性”对话框。

197. 怎样进行“电源管理”?

电源管理的主要任务是设置电源方案，即指定系统空闲多长时间后关闭监视器或硬盘，从而延长设备的使用寿命。

［方法一］ 第一步：在桌面上单击“开始”→“设置”→“控制面板”。第二步：双击“电源管理”图标，缺省状态下，打开的是“电源使用方案”选项卡。第三步：根据需要设置不同计算机状态的关闭或等待时间，并可选择其他需要的设置，多数情况下可采用系统缺省设置。第四步：单击“应用”可以使修改生效。第五步：单击“确定”使修改生效并关闭“电源管理”对话框。

［方法二］ 第一步：在桌面上右键单击任意空白处，在弹出菜单中单击“属性”。第二步：单击“屏幕保护”→“设置”，即打开“电源管理”对话框，根据需要设置，操作同方法一。

198. 怎样设置控制面板中的“调制解调器”?

“调制解调器”设置是指安装“调制解调器”驱动程序及设置“调制解调器”的一些特性参数，例如，指定拨号位置、区号、拨外线号码等。如果是第一次使用“调制解调器”设置，则系统会引导用户检测并安装“调制解调器”驱动程序。当然，在使用“调制解调器”设置程序之前要先将“调制解调器”安装到计算机中，或连接到某个串口并开启电源。通常，Windows 系统会自动检测调制解调器并安装驱动程序。但是，如果自动安装的驱动程序不合适或未检测到，就要手工安装。第一步：在桌面上单击“开始”菜单→“设置”→“控制面板”。第二步：双击“调制解调器”图标，出现“安装新的调制解调器”对话框。第三步：根据屏幕提示完成安装。

199. 怎样使用控制面板中的“添加/删除程序”?

使用控制面板中的“添加/删除程序”工具，可以安装和删除程序、安装和删除 Windows 组件、创建 Windows 启动盘等。第一步：在桌面上单击“开始”→“设置”→“控制面板”。第二步：双击“添加/删除程序”,缺省状态下打开“安装/删除程序”选项卡。第三步:如果要安装应用程序,单击“安装”,按照提示操作;如果要卸载应用程序,可在程序列表中选定后单击“添加/删除”,然后按照提示操作。第四步:如果要安装或删除 Windows 组件,单击“Windows 安装程序”选项卡,在选项卡的“组件”列表中,双击某一类别或选中后单击“详细资料”按钮,将打开相应类别,列出其中包含的组件。每个组件类别前均有一个复选框,如果复选标记被选中,表示该类别的组件已全部安装。如果复选标记的背景为灰色,表示该类组件只有部分被安装。如果复选标记为空,则表示该类组件未被安装。选中某一组件类或某一组件后,在“说明”选项组中将显示出它的功能。如果选择的是组件类,则“说明”选项组中还将给出安装的组件个数。如果想要安装某个组件,可选中该组件前的复选标记。如果想安装整个组件类,可选中该组件类前的复选标记。如果想删除某个组件或组件类,可清除其相应的复选标记,选定后单击“确定”按照提示操作即可。第五步:如果要创建 Windows 启动盘,准备好空白软盘,单击“启动盘”选项卡,然后按照提示操作即可。

200. 怎样使用控制面板中的“添加新硬件”?

Windows 98 以后的 Windows 操作系统内置了越来越多的各种硬件设备驱动程序,在安装各种硬件设备时大都可以自动引导安装,使用“添加新硬件”安装设备驱动程序的情况越来越少。确需使用时,操作如下:第一步:在桌面上单击“开始”→“设置”→“控制面板”。第二步:双击“添加新硬件”,启动“添加新硬件向导”程序。第三步:连续单击“下一步”,直到出现对话框,选择“是”,即让 Windows 自动搜索新硬件。如果明确知道新增的硬件类型则可选择“否”。第四步:单击“下一步”,即可在随后出现的对话框中确定新硬件,并安装新硬件的驱动程序和设置所需的参数。

201. 怎样在控制面板中设置“键盘”?

第一步:在桌面上单击“开始”→“设置”→“控制面板”。第二步:双击“键盘”,打开“键盘属性”对话框。第三步:在“速度”选项卡中,调整用户二次击键时的最少时间间隙,也就是键盘重复频率,并可设置光标闪烁速度。第四步:在“语言”选项卡中,可以设置个人喜爱的键盘布局、添加新的汉字输入方法、选择不同的语言切换、快捷键等。第五步:设置完成后,单击“应用”可以使设置生效。第六步:单击“确定”使修改生效并关闭“键盘”对话框。

202. 怎样进入控制面板设置“多媒体”?

第一步:在桌面上单击“开始”→“设置”→“控制面板”。第二步:双击“多媒体”图标,缺省状态下打开“音频”选项卡。第三步:在“回放”框中,单击“音量”按钮,设置首选回放乐器的“音量控制”。“首选设备”表示在多个设备可用的情况下优先考虑的设备。单击“高级属性”设置扬声器,配置有关性能。在“录音”框中,单击“音量”按钮可以启动“录音控制”对话框来调整录音时音量的大小。单击“高级属性”按钮,可以选择希望录制的音频文件采用什么音质效果。选中“仅使用首选设备”复选框,则只使用“首选设备”栏中选定的设备,如果该设备不可用,那么即使有其它设备也不能使用。选中“在任务栏上显示音量控制”复选框,则在任务栏右边显示“音量控制”图标,单击它可以打开音量调节标尺,利用此标尺可以调节音量大小或设置静音。第四步:单击“视频”选项卡,在“窗口”下拉列表中可以调整显示窗口的大小。第五步:单击“MIDI”

选项卡，配置MIDI通道方案。第六步：单击“CD音乐”选项卡，可以选择多个可用的CD－ROM驱动器中的一个，并可调节耳机音量的高低。第七步：单击“设备”选项卡，可以查看或修改多媒体设备的设置或者删除某一设备。单击某一多媒体设备左边的“＋”号，扩展该设备列表，选择某一设备，然后单击“属性”按钮即可查看该设备的属性。第八步：对于一般家庭来说，“多媒体”各项大都可以采用缺省设置。设置完成后，单击“确定”使修改生效并关闭“多媒体”对话框。

203. 怎样在控制面板中设置“声音”？

在Windows 98中设置“声音”，第一步：在桌面上单击“开始”→“设置”→“控制面板”。第二步：双击“声音”，选择某一“事件”，然后在“声音”列表框选择一种方案。第三步：单击右侧“预览”窗口上方的播放按钮，可以试听选定的声音。第四步：单击“确定”，完成设置并退出。在Windows Me/2000中“声音和多媒体”设置合在了一起，在Windows XP中称作“声音和音频设备”设置，操作均类似。

204. 怎样在控制面板中设置“鼠标”？

第一步：在桌面上单击“开始”→“设置”→“控制面板”。第二步：双击“鼠标”。第三步：在缺省的“按钮”选项卡中，设置双击鼠标按钮的时间间隔及是否变换鼠标器左右按钮的功能，并可选择是否启用“单击锁定”功能等。第四步：单击“指针”选项卡，可以选择使用其他类型的鼠标指针。第五步：单击“移动”选项卡，设置鼠标指针在显示器上移动的速度、指针的定位方式等。第六步：设置完成后，单击“确定”使修改生效并关闭“鼠标”对话框。

205. 怎样进入“输入法”？

［方法一］ 第一步：在桌面上单击“开始”→“设置”→“控制面板”。第二步：双击“输入法”，打开“输入法属性”对话框。

［方法二］ 第一步：右键单击任务栏上的“En”。第二步：选择并单击“属性”，打开“输入法属性”对话框。接下来可以根据屏幕选项进行设置操作。

206. 怎样在控制面板中设置“显示”？

第一步：在桌面上单击“开始”→“设置”→“控制面板”。第二步：双击“显示”图标后，出现“显示属性”对话框。在“显示属性”对话框中，可以设置“主题”、“桌面”、“屏幕保护程序”、“外观”、“设置”等，与鼠标右键单击桌面，选择并单击“属性”出现“显示属性”对话框的桌面设置是一样的。

207. 怎样在控制面板中设置“用户”？

第一步：在桌面上单击“开始”→“设置”→“控制面板”。第二步：双击“用户”，启动“允许多用户设置”向导，单击“下一步”。第三步：键入用户名称，单击“下一步”。第四步：键入密码，需要输入两次确认。第四步：单击“下一步”，可以配置个性化项目，包括桌面文件夹、“开始”菜单、“收藏夹”文件、下载文件、“我的文档”文件夹等，具体选择可根据自已的需要确定，选定后单击“下一步”。第五步：单击完成，结束多用户设置。

208. 怎样使用控制面板中的“桌面主题”?

Windows 桌面主题功能，就是将系统有关桌面的设置选项(如桌面背景、屏幕保护、鼠标指针、配音、对话框的显示、桌面图标的显示等)全部组合在一起，用户只需更换一下桌面主题，所有这些选项就会同时发生变化，从而极大地简化了用户对桌面的设置。不过该功能并非系统的默认安装选项，通常要在使用时单独安装。第一步：在桌面上单击“开始”→“设置”→“控制面板”。第二步：双击“添加/删除程序”图标，启动“添加/删除程序”设置框。第三步：单击“Windows 安装程序”，选定“桌面主题”。第四步：单击“安装”，按系统提示插入 Windows 安装光盘，系统即会将桌面主题设置程序及丛林、棒球、水底世界、太空等 10 余个桌面主题安装到硬盘上。在使用桌面主题时，打开“控制面板”，双击“桌面主题”，在对话框右边“设置”的项目中选择设定即可。

209. 怎样使用“电话拨号程序”?

Windows 的电话拨号程序，在 Windows 2000/XP 中最为强大，除像以前提供了针对本地电话的拨叫功能外，融入了强大的 Internet 支持。第一步：在桌面上单击“开始”→“程序”→“附件”→“通讯”→“电话拨号程序”。第二步：在左边的列表窗口中选择需要的操作项目，结合按钮条中的相关按钮，可以快速完成需要的操作。对于拨号呼叫，程序默认 Internet 呼叫优先，不过可以在程序的运行环境设置中修改该项设置。对于使用基于网络的功能，需要添加相应的服务器信息以及用户信息。第三步：如果是拨叫本地电话，可单击“拨号”按钮，输入号码，选择拨号方式(电话号码、IP 地址、计算机名等)，最后单击“呼叫”开始拨号。第四步：拨号成功便可以通过耳机(音箱)、麦克与对方通话。面板上还提供了视频窗口、音频调节、呼叫状态、拨号盘、将当前号码添加到电话簿等功能。

210. 什么是“通讯簿”?

通讯簿是 Microsoft 在 Outlook Express 环境中提供的用于保存联系人信息，并能对联系人信息实现检索等操作的一个十分有用的应用程序。联系人信息，包括电话号码、E－mail 地址、家庭和工作地址、邮政编码、传真号码、头衔以及个人主页地址、备注信息等。使用通讯薄可以保存和处理许多联系人的信息，对每位联系人还可以保存多套信息。通过通讯簿添加、管理、调用、检索、打印、删除联系人信息，可以创建、查找和使用联系人的名片，等等。在 Outlook Express 中单击工具栏上的“通讯簿”按钮，或者从“工具”菜单中选择“通讯簿”命令，或者在 E－mail 窗口中单击“收件人”、“抄送”或“密件抄送”前面的图标，均可以打开通讯簿。打开通讯簿后，用户即可以在它的窗口中，通过单击“新建”按钮所打开的对话框输入新联系人的个人信息，通过“属性”按钮所打开的对话框更改联系人的属性信息，或通过其他按钮对联系人信息进行查找、删除、分类、打印等操作，或使用联系人的个人信息生成名片，等等。打开“通讯簿”的基本操作是：在桌面上单击“开始”→“程序”→“附件”→“通讯簿”。

211. 什么是“Windows Media Player”?

Windows Media Player 就是 Windows 的媒体播放机。Windows Media Player 是在计算机和 Internet 上播放和管理多媒体的中心，它可以用来播放音频 CD、视频或动画文件，可以用来收听世界范围内的广播电台、寻找和播放 Internet 上提供的电影，还可以用来创建计算机中所有媒体的自定义列表，并可以控制多媒体硬件设备的设置。Windows Media Player 的使用方法并不复杂，可以通过“文件”菜单中的命令，或通过窗口左部的按钮，或通过窗口右上角部位的“播放列表”来选择想要播放的媒体文件。另外，还可以通过播放窗口下侧的播放/暂停按钮、停止按钮、声音开关按钮、音量按钮、前进与后退按钮、时间条等，灵活地实现播放操作。同时，利用窗口菜单栏中“查看”、“播放”、“工具”等菜单中的命令也可以实现各种播放操作。打开“Windows Media Player”的基本操作方法：一是在桌面上单击“开始”→“程序”→“附件”→“娱乐”→“Windows Media Player”。二是直接在桌面任务栏上单击“Windows Media Player”图标。

212. 什么是 Windows 98 的“CD Player”?

“CD Player”就是 CD 播放器。CD 播放器是用于播放 CD 唱盘的程序。第一步：在桌面上单击“开始”→“程序”→“附件”→“娱乐”→“CD Player”。第二步：播放 CD。将 CD 放入光驱，一般都会自动播放，如不能自动播放，单击“播放”按钮。第三步：设置 CD 播放的显示方式。单击“查看”可以改变窗口显示方式、显示 CD 盘和节目信息、显示或关闭演唱者、标题和曲目信息以及设置时间显示方式等。第四步：控制播放方式。单击“选项”可以设置随机播放、连续播放、简介播放以及有关播放参数等。第五步：编辑播放曲目表。单击“唱片”→“编辑播放曲目”，出现“唱片设置”对话框，可以利用播放曲目列表框改变乐曲的播放顺序等。第六步：单击“关闭”，即可退出“CD Player”程序。

213. 怎样使用“录音机”?

第一步：在桌面上单击“开始”→“程序”→“附件”→“娱乐”→“录音机”。第二步：连接好麦克风，单击红色的“录音”按钮，开始录音。第三步：单击黑色四方形的“停止”按钮，停止录音。第四步：单击“搜索到开头”按钮，指示标志移动到开始位置。第五步：单击“播放”按钮，开始播放录音。播放之前应关闭“Windows Media Player”窗口。否则，会出现错误提示。第六步：移动鼠标到菜单栏，单击“文件”→“保存”，出现“保存为”对话框。第七步：选择适当的文件夹，输入文件名。第八步：单击“保存”按钮，即可把录制的声音作为文件保存起来。第九步：移动鼠标到菜单栏，单击“文件”→“打开”，出现“打开”对话框。第十步：选定保存的声音文件，单击“打开”按钮。第十一步：单击“播放”按钮，即开始播放自己录制的声音文件。

214. 怎样使用“音量控制”?

[方法一]　在桌面上单击“开始”→“程序”→“附件”→“娱乐”→“音量控制”命令，出现“音量控制”窗口。

[方法二]　双击任务栏中的“喇叭”图标，出现“音量控制”窗口。在“音量控制”窗口中可以控制多种设备的音量。常用控制音量的操作步骤如下：第一步：将“平(均)衡”栏中的“游标”拖到右边，右边的音箱发声，左边的音箱无声。第二步：将“音量”栏中的“游标”拖到下方，声音变小，反之声音增大。第三步：单击选中“全部静音”，所有设备便不再发声。第四步：单击“选项”→“退出”，即关闭“音量控制”。

215. 怎样使用“Windows 资源管理器”?

［方法一］ 在桌面上单击“开始”→“程序”→“附件”→“Windows 资源管理器”，打开“资源管理器”窗口。

［方法二］ 第一步：右键单击“开始”菜单图标。第二步：在弹出菜单中选择并单击“资源管理器”。

216. 什么是资源管理器的工具栏与地址栏?

“资源管理器”窗口菜单条的下面是工具栏。工具栏下面为“地址”栏，它是一个下拉式列表，用于显示和选定磁盘驱动器或文件夹。实际上，地址栏也属于工具栏。工具栏上是一些快捷命令按钮，这些命令都可以在菜单中找到，但是考虑到使用比较频繁，所以 Windows 将这些命令做成按钮放在工具栏上，并且当鼠标指向这些按钮时，会给出有关提示信息。

217. 什么是资源管理器的树格与内容格?

“资源管理器”地址栏下面，分别是两个文档窗口区。左边的窗口以树状结构显示所有文件夹，包括硬盘、软盘及桌面上的内容等，称为树格；右边的窗口显示树格中所选文件夹的内容，称为内容格。树格与内容格窗口是可以移动和改变大小的。树格中的“桌面”为最高一级，包含了系统的所有文件，桌面之下有“我的电脑”、“网上邻居”、“回收站”、“我的公文包”等，“我的电脑”之下又有各磁盘驱动器、光盘驱动器、控制面板、打印机及拨号网络等。缺省状态下，打开“资源管理器”即进入“Start Menu（开始）”文件夹。使用者可以在树格中移动鼠标单击选定任一文件夹，然后在内容格中看到该文件夹的全部内容。

218. 怎样操作资源管理器的“树格”?

缺省状态下，树格中显示的是“文件夹”浏览栏状态。此外，还有“历史记录”和“搜索”两种状态。要切换到“历史记录”状态，可以单击工具栏上的“历史”按钮，查阅以前曾经浏览过的内容；要切换到“搜索”状态，可以单击工具栏上的“搜索”按钮，查找需要的文件或文件夹。最常用的是缺省的“文件夹”浏览栏状态。如果是在别的状态，可以单击工具栏上的“文件夹”切换回来。第一步：浏览文件夹。拖动左边或下边的滚动条，可以上下左右移动树格内容，单击文件夹左边方框里的“＋”“－”号，可以打开或收拢文件夹。第二步：查看文件。选择并单击需要的文件夹，右边内容格中就会显示出这个文件夹（当前文件夹）中的具体内容，使用键盘选择当前文件夹时，只需连续按“Tab”键，使光标进入树格，然后再使用箭头键移动亮条，亮条所在的文件夹就是当前文件夹。第三步：移动文件夹。将需要移动的文件夹拖到目的地即可，如将 A 文件夹拖到 B 文件夹上面，A 文件夹就被移动到了 B 文件夹里，成为了 B 文件夹的一个子文件夹。所谓拖，就是对目标保持单击状态移动到目的地后再放开鼠标。第四步：删除文件夹。选定要删除的文件夹单击右键，在弹出菜单上单击“删除”即可。

219. 怎样操作资源管理器的“内容格”?

内容格窗口显示的内容与树格中的操作相对应。如果树格中进行的是搜索操作，则内容格中就会显示出搜索到的文件或文件夹；如果树格中进行的是浏览历史记录的操作，内容格中就会显示与之对应的记录内容；如果树格中进行的是文件夹操作，则当树格窗口中的当前文件夹在键盘或鼠标的操作下不断变化时，内容格窗口中的内容也同步发生变化。内容格窗口中的文件名或子文件夹名始终保持是当前文件夹下的文件名或子文件夹名。如果内容格中显示的是某个文件夹的内容，则此文件夹在树格中的图标是一个打开的夹子形状的图标，否则，就是一个没有打开的夹子形状的图标。结合树格，在内容格中也可以对文件或文件夹名进行移动、复制、删除等操作。第一步：移动文件。从内容格将某个具体文件拖到树格中的目标文件夹上即可。第二步：复制文件或文件夹。在内容格中单击选中文件或文件夹，单击工具栏“复制”按钮，然后在树格中单击选中目标文件夹，再单击工具栏“粘贴”按钮即可。第三步：删除文件或文件夹。单击选中要删除的文件或文件夹后，再单击工具栏“删除”按钮；也可以在要删除的文件或文件夹上右键单击，在弹出菜单中单击“删除”。

220. 怎样操作资源管理器的“分隔条”？

“Windows 资源管理器”窗口中的树格与内容格之间由一竖条分隔，此竖条就是分隔条。它与窗口边界一样也是可以移动的，在“资源管理器”窗口中移动分隔条可以改变树格与内容格的相对大小。移动分隔条的操作方法是：移动鼠标到分隔条处，鼠标指针会变为双箭头形光标，此时按下鼠标左键并拖动鼠标，会有一条虚线随着鼠标移动，到合适位置放开鼠标左键，分隔条即移动到新的位置。如果对新位置不满意，在放开鼠标左键前键入“Esc”键，可以取消操作。

221. 什么是“计算器”？

如同日常计算器一样，可以使用 Windows 提供的标准型计算器进行简单计算，或使用科学型计算器进行高级的科学和统计计算。第一步：在桌面上单击“开始”→“程序”→“附件”→“计算器”。第二步：屏幕上显示的计算器与日常生活实际使用的计算器完全相同。屏幕上计算器每个按钮在键盘上全部有对应的键。使用键盘上的与每个计算器按钮功能等价的数字键和基本算符键（＋、－、*、/、＝）就可以在计算器上进行运算。使用鼠标操作也很方便，与使用实际计算器没有区别。

222. 什么是“记事本”？

记事本是一个纯文本的编辑器，只能输入文字，不能编辑格式，也不能进行文字修饰，文件扩展名一般都是：“.txt”。打开“记事本”程序的操作步骤如下：第一步：在桌面上单击“开始”→“程序”→“附件”→“记事本”。第二步：在“记事本”窗口中可以输入内容，编辑文本，每行结尾都要按“Enter”（回车）键。第三步：编辑完成后，单击“写字板”右上角的“关闭”按钮，或单击“文件”菜单→“退出”，出现信息提示对话框。第四步：如果要保存所编辑的文件，单击“是”，不保存则单击“否”。第五步：当单击信息提示对话框中的“是”按钮，可能出现“另存为”对话框。第六步：在“另存为”对话框中的“文件名”下拉列表框中选择保存位置、输入文件名。第七步：选定后单击“保存”，即把刚刚编辑的文本文件保存在指定位置。

223. 怎样使用“写字板”？

第一步：启动写字板。在桌面上单击“开始”→“程序”→“附件”→“写字板”，即可弹出窗口。“写字板”的用法与 Word 的用法相似。第二步：在“写字板”窗口中可以输入内容，编辑文本，撰写文章。第三步：退出写字板。编辑完成后，单击“写字板”右上角的“关闭”按钮，或单击“文件”菜单→“关闭”，出现信息提示对话框。第四步：由于写字板编辑的文件缺省属性定义为“存档”，所以对于修改过的文本将给出“是否保存修改过的文件”的提示，除非没有对文件进行任何改动，系统才会直接退出。第五步：如果要保存所修改过的文件，单击“是”；不保存则单击“否”。选定后写字板程序即被关闭。

224. 什么是“画图”？

画图是一个图形处理应用程序，它有很强的图形绘制和编辑功能。用户如能较好地使用画图工具，则可以为用户的工作和生活增添许多乐趣。画图工具的使用方法包括启动画图程序、练习作画、选择背景、选择前景、作图工具解释、选择作图工具、使用工具作图、选择样式、存储和打印、图像编辑和退出画图窗口等内容。画图的功能：一是可以和 Micosoft Exchange 连接，使我们能够通过电子邮件或者传真发送图像文件。二是可以建立、编辑和浏览图片，也可以将图片粘贴到另一个已经建立的文档中，或者将其作为桌面的背景，也可以编辑和扫描照片。

第一步：启动画图。在桌面上单击“开始”→“程序”→“附件”→“画图”。“画图’窗口的上部是菜单栏，屏幕左侧为各种画图工具，利用这些工具可以在画图区进行画图、填充、输入文字等操作。要查看这些工具的功能，只须将鼠标移到某一工具上，稍候片刻系统就会在它的旁边显示其功能。在屏幕的右侧空白处为“画布”，是进行创作的地方；窗口下方是“颜料盒”，可以利用它为作品配上绚丽的色彩。

第二步：选择作图工具。系统默认的作图工具是铅笔，我们可以根据需要在作图开始或作图过程中，随时更换作图工具，移动鼠标到要用的工具上，单击即可。

第三步：选择线条粗细。先选择线条，然后把鼠标移动到“选择框”中单击想要的线条即可。

第四步：作图。可以利用工具绘制直线、曲线及各种图形，还可以为所绘制的图形填充颜色等。

第五步：选择前景和背景。在画图前你可以选择前景和背景，系统缺省定义前景为黑色，背景为白色。如果你认为这不是好的选择，可以改变前景和背景。

第六步：改变背景颜色。首先在工具栏中用鼠标选择“颜色填充”按钮，再在屏幕下方的颜料盒中单击鼠标右键选中你所要的颜色。用鼠标右键单击背景区域，此时背景颜色将显示在画布上。

第七步：改变前景颜色。把鼠标移动到颜料盒中适当的颜色上，然后单击鼠标左键。前景颜色就会在填充盒中显示出来。

第八步：退出画图。单击“画图”窗口右上角的“关闭”按钮；或者移动鼠标到菜单栏，单击“文件”→“退出”，出现信息提示对话框。

第九步：按照提示决定是否保存文件，即退出“画图”程序。

225. 什么是“映像”？

通过映像程序，使用者可以对图像文本，如传真文档、扫描图像等进行查看、批注和各种特殊处理。例如，使用者可以扫描图像，指定图像格式，压缩图像，旋转和缩放图像，打印图像以及使用多种方式查看图像等。打开“映像”的方法：在桌面上单击“开始”→“程序”→“附件”→“映像”，即可弹出窗口。

226. 什么是“辅助工具”？

“辅助工具”主要包括“放大程序”和“辅助工具向导”。

1、放大程序。放大程序是一个显示实用程序，可以为那些视力不太好的使用者查看屏幕信息提供方便。单击启动程序后，它将在一个独立的窗口中显示放大了的部分屏幕，通过放大程序的“放大镜”对话框，使用者还可以更改放大窗口的颜色方案和对比度，从而更方便阅读。使用者还可以移动或调整放大程序的显示窗口，或者将显示窗口拖到屏幕边缘显示等等。2、辅助工具向导。为设置和使用 Windows 提供的辅助选项功能，如放大程序、粘滞键、声音显示以及鼠标按键等而提供的向导操作，使用者可以通过“辅助工具向导”一步一步轻松地完成设置工作，使用相应功能。打开“辅助工具”的方法：在桌面上单击“开始”→“程序”→“附件”→“辅助工具”，即可弹出窗口。

227. Windows“备份”工具有什么用？

在操作计算机的过程中，偶尔的错误操作、系统出错，或者其他意外，都可能导致数据的缺损或丢失。如果事先保存了这些数据，遇到意外情况，就可以及时恢复系统，避免工作成果丢失。Windows 提供了实用的、基本的备份程序。该“备份”工具属于选装项，在安装 Windows 操作系统时只要你选取了它，就可以通过在桌面上单击“开始”→“程序”→“附件”→“系统工具”→“备份”打开它。如果当时未安装“备份”工具也不要紧，需要时在桌面上单击“开始”→“设置”→“控制面板”→“添加/删除程序”→“Windows 安装”，可以轻松地完成“备份”工具安装。

228. 快捷方式是什么意思？

快捷方式是 Windows 为方便使用者快速操作应用程序、打开文件夹或文件、文档等项目而提供的一种启动方法。快捷方式又称快捷命令、快捷图标等。通常情况下，快捷方式就是一个左下角有个小箭头的图标，为了方便使用，充分发挥快捷方式快速的作用，把快捷方式创建在桌面上的时候比较多。这样一开机就能通过快捷方式启动程序或打开文件。

229. 怎样创建桌面快捷方式？

[方法一] 第一步：打开“资源管理器”或是“我的电脑”，选中想要创建快捷方式的程序名或文件名、文件夹名。第二步：移动鼠标到程序名或文件名、文件夹名上单击右键。第三步：从出现的快捷菜单中选择“发送到”子菜单，单击“桌面快捷方式”。

[方法二] 第一步：打开“资源管理器”或是“我的电脑”，找到想要创建快捷方式的程序名或文件名、文件夹名。第二步：单击选中想要创建快捷方式的程序名或文件名、文件夹名，在工具栏上单击“复制”；或者在想要创建快捷方式的程序名或文件名、文件夹名上单击右键→“复制”。第三步：在桌面任意空白处单击鼠标右键→“粘贴”。

[方法三] 第一步：打开“资源管理器”或是“我的电脑”，找到想要创建快捷方式的程序名或文件名、文件夹名。第二步：调整窗口大小，使桌面可见。第三步：拖动想要创建快捷方式的程序或文件、文件夹图标到桌面上松开鼠标。

[方法四] 第一步：在桌面上单击“开始”→“程序”，选定想要创建快捷方式的程序名。第二步：移动鼠标到程序名上，按下鼠标左键不放。第三步：将程序名拖出到桌面并放开鼠标。

[方法五] 第一步：在桌面上单击“开始”→“程序”，选定想要创建快捷方式的程序名。第

二步：移动鼠标到程序名上，按下鼠标左键不放，同时左手按下“Ctrl”键不放。第三步：将程序名拖出到桌面并放开鼠标，同时左手放开“Ctrl”键。这样既在桌面上创建快捷方式，又将程序命令保留在程序菜单中。

230. 怎样创建文档的快捷方式？

在使用 Word 97/2000/XP 时，可以对近期经常使用的文档在桌面创建快捷方式。第一步：在退出 Word 97/2000/XP 编辑前，调整窗口使桌面可见。第二步：在文档中按下左键拖动鼠标选择部分文本，也就是使选中的部分文本反显。第三步：在选中的部分文本上，按下鼠标右键，拖到桌面后放开鼠标。第四步：在出现的快捷菜单上选择并单击“在当前位置创建文档快捷方式”。第五步：退出 Word 97/2000/XP 并保存文档。当再使用时，只要在桌面上双击这个快捷方式，就会在自动打开该文档的同时，快速定位到保存时的状态。

231. 怎样向“开始”菜单添加快捷命令？

[方法一] 第一步：打开“资源管理器”或是“我的电脑”，找到想要添加快捷命令的程序名或文件名、文件夹名。第二步：移动鼠标到程序名或文件名、文件夹名上按下鼠标左键不放。第三步：将程序名或文件名、文件夹名拖到桌面“开始”按钮上并放开鼠标。这样，快捷命令便被添加到第一级“开始”菜单中。

[方法二] 第一步：打开“资源管理器”或是“我的电脑”，找到想要添加快捷命令的程序名或文件名、文件夹名。第二步：移动鼠标到程序名或文件名、文件夹名上按下鼠标左键不放。第三步：将程序名或文件名、文件夹名拖到桌面“开始”按钮上稍作停留后，会看到“开始”菜单自动弹出。第四步：继续拖动程序名或文件名、文件夹名移动，这时会随着出现一条一起移动的深颜色线条即分隔线，它表示快捷命令将要插入的位置。第五步：选定合适的位置后放开鼠标。

[方法三] 第一步：在桌面上移动鼠标到想要添加快捷命令的图标上，按下鼠标左键不放。第二步：将程序名或文件名、文件夹名拖到桌面“开始”按钮上稍作停留后，会看到“开始”菜单自动弹出。第三步：继续拖动程序名或文件名、文件夹名移动，这时会随着出现一条一起移动的深颜色线条即分隔线，它表示快捷命令将要插入的位置。第四步：选定合适的位置后放开鼠标。这样，既可以在桌面上使用图标，又可以在“开始”菜单中使用快捷命令。

232. 怎样在“开始”菜单中移动或复制快捷命令？

第一步：在桌面上单击“开始”→“程序”，选定想要移动或复制快捷命令的程序名。第二步：移动鼠标到程序名上，按下鼠标左键不放。第三步：将程序名拖到新位置并放开鼠标。如果要复制快捷命令，只需在拖动时用左手按住“Ctrl”键即可。

233. 怎样删除快捷命令？

第一步：在桌面上单击“开始”→“程序”。第二步：移动鼠标到想要删除的快捷命令程序名上。第三步：单击鼠标右健，在出现的快捷菜单上选择并单击“删除”。第四步：在随后出现的询问是否确实要删除的窗口中单击“是”。

234. 什么是“剪贴板”?

剪贴板是由计算机硬件提供给 Windows 使用的一个存储缓冲区。它只用于临时存储数据,存放“消息”或“事件”,所谓“消息”或“事件”可能是一段文本、一幅图像。突发事件可能会清除或更新剪贴板中的内容,如下一次操作会取代上一次,关机将无条件清除剪贴板内容等。一般家庭在使用电脑时,不一定非要弄清楚剪贴板的原理,重要的是学会使用。通常我们使用剪贴板,主要是用于移动、复制,或者删除文件夹及文本、图片等。

235. 怎样利用剪贴板复制屏幕图像?

[方法一] 第一步:在桌面上打开需要复制的图像。可以是一个应用程序界面等。第二步:按下屏幕打印键(Print Screen SysRq 键),这时屏幕内容的图像就被复制到剪贴板中去了,虽然我们看不出有什么变化。第三步:打开需要这个屏幕图像的文件,如一个文本、一篇文章。第四步:单击要插入图像的地方,可以看到闪烁的光标。第五步:单击“工具栏”上的“粘贴”或者单击菜单栏上“编辑”→“粘贴”,也可以按“Ctrl+V”键。这样,刚刚复制到剪贴板中的屏幕图像内容就又被复制到了光标闪烁的地方。

[方法二] 第一步:在桌面上打开需要复制的应用程序窗口。第二步:按“Alt+Print Screen”键,这时当前窗口及窗口中的图像内容就被复制到剪贴板中。第三步:打开需要这个图像的文件,如一个文本、一篇文章。第四步:单击要插入图像的地方,可以看到闪烁的光标。第五步:单击“工具栏”上的“粘贴”或者单击菜单栏上“编辑”→“粘贴”。也可以使用键盘按“Ctrl+V”键。这样,刚刚复制到剪贴板中的图像内容就被复制到了光标闪烁的地方。

236. 怎样利用剪贴板编辑文字?

[方法一] 第一步:在桌面上打开一个文档。第二步:按下左键拖动鼠标选中要复制到剪贴板的文字,可以是一个字,也可以是一段文字。第三步:单击“工具栏”上的“复制”,或者移动鼠标到菜单栏,单击“编辑”→“复制”。也可以在选中的文字上右键单击,在弹出菜单上单击“复制”。这时选中的文字就被复制到剪贴板中去了。第四步:单击要插入这些文字的地方,可以看到光标闪烁。第五步:单击“工具栏”上的“粘贴”或者移动鼠标到菜单栏,单击“编辑”→“粘贴”,或者在光标闪烁处单击鼠标右键,在弹出菜单上单击“粘贴”;也可以按“Ctrl+V”键。这样,刚刚复制到剪贴板中的内容就又被复制到了光标闪烁的地方。

[方法二] 第一步:在桌面上打开一个文档。第二步:按下左键拖动鼠标选中要复制到剪贴板的文字,可以是一个字,也可以是一段文字。第三步:单击“工具栏”上的“剪切”,或者移动鼠标到菜单栏,单击“编辑”→“剪切”。也可以在选中的文字上单击鼠标右键,在弹出菜单上单击“剪切”。这时选中的文字就像被删除了一样,被复制到剪贴板中去了。第四步:单击要插入这些文字的地方,可以看到光标闪烁。第五步:单击“工具栏”上的“粘贴”或者移动鼠标到菜单栏,单击“编辑”→“粘贴”,或者在光标闪烁处单击鼠标右键,在弹出菜单上单击“粘贴”;也可以按“Ctrl+V”键。这样,刚刚复制到剪贴板中的内容就被移动到了光标闪烁的地方。

[方法三] 第一步:在桌面上打开一个文档。第二步:按下左键拖动鼠标选中要复制到剪贴板的文字,可以是一个字,也可以是一段文字。第三步:单击“工具栏”上的“剪切”,或者移动鼠标到菜单栏,单击“编辑”→“剪切”,也可以在选中的文字上单击鼠标右键,在弹出菜单上单击“剪切”。这时选中的文字就像被删除了一样,被复制到剪贴板中去了。第四步:继续进行“剪

切”或“复制”操作，被复制到剪贴板中的那些文字就真的被删除了。第五步：移动鼠标到菜单栏，单击“编辑”→“撤消”，可以恢复刚刚完成的“剪切”、“粘贴”或“复制”等操作。

237. 怎样使用“右键”功能？

在桌面、窗口、图标、任务栏、文件名、文件夹名、工具栏上等几乎任何地方，单击鼠标右键都会弹出一个快捷菜单，给出了当前最常用的命令。使用这些命令免除了层层寻找相同命令的繁琐步骤，有效地加快了操作速度。快捷菜单中的命令是与操作进程紧密相关的，也就是说，每一个弹出菜单中列出的命令均随操作环境的不同而不同。在桌面任意空白处单击鼠标右键打开的快捷菜单中，含有“排列图标”、“行列对齐”、“粘贴”、“粘贴快捷方式”、“新建”和“属性”等命令；而在“画图”窗口的空白处单击右键，打开的快捷菜单则含有“剪切”、“复制”、“粘贴”、“清除选择”、“全选”、“复制到”、“粘贴自”、“翻转/旋转”、“拉伸/扭曲”与“反色”等不尽相同的命令。打开快捷菜单未进行任何操作需要关闭时，只需单击任意空白处即可。

238. 什么是“软件下载”？

随着互联网的发展，网上有用的东西越来越多。简单地说，“下载”就是把网上有用的东西存到自己的电脑里，而“软件下载”就是把网上有用的软件存到自己的电脑里，以备应用。对于一般家庭来说，使用从网上下载的软件已经日益成为必需。

239. 怎样从互联网上下载软件？

[方法一] 使用浏览器下载软件。浏览器不只一种，以最常用的 Internet Explorer 为例。第一步：在桌面上双击“Internet Explorer 浏览器”图标启动 Internet Explorer 浏览器。第二步：在浏览器地址栏中输入华军软件园的网址“http://www.newhua.com”或者别的网址，回车打开网站。第三步：一般提供软件下载的网站都有软件分类列表，在分类列表中找到想要下载的软件，网页上通常会给出软件简介及下载地址的超链接。第四步：选择并单击所要下载软件的超链接地址，系统会弹出“文件下载”对话框。第五步：对话框提供两种选择：一是“在当前位置运行该程序”，二是“将该程序保存到磁盘”，下载文件应选后者，然后单击“确定”。第六步：系统弹出保存文件对话框，提示选择文件的保存位置，也可以在“文件名”输入框中给要下载的软件重新命名，设置好后单击“保存”。第七步：系统开始下载文件，下载完成后，就可以在保存它的文件夹中找到它，双击安装后就可以使用了。

[方法二] 使用专门的工具下载软件。通过浏览器下载软件简单易用，但有一个致命的缺陷：不支持断点续传。也就是说，如果你下载文件已经完成了 99%，但由于通讯线路故障，被迫中断，则前功尽弃，下次还要从头开始（下次也可能还会发生类似的问题）。因此，只能用浏览器下载小软件，大软件必须用支持断点续传的专门下载工具。常用的下载工具有：NetAnts、Flashget、GetRight 以及 GuteFTP 等等。

240. 怎样使用 NetAnts（网络蚂蚁）下载软件？

[方法一] 第一步：启动 Internet Explorer 浏览器把网络蚂蚁下载到自己电脑中。这是一个免费软件，只须在浏览器地址栏输入 http://www.netants.com/后回车，进入网络蚂蚁主页，即可下载。第二步：双击安装之后启动程序，就可以使用网络蚂蚁下载软件。第三步：打开

浏览器，找到要下载的软件，或在浏览中发现了自己需要的软件。右键单击网页提供的下载地址超链接。第四步：在弹出菜单中单击选中"Download by NetAnts"，弹出网络蚂蚁"添加任务"对话框。第五步：如果要改变下载软件的保存目录，可以单击"保存到"最右边的浏览按钮选择一个文件夹；如果要给下载软件重新起一个名字，可以在"重命名"输入框中输入新的名称。在"蚂蚁数目"中可以设置下载的进程数，一般设为"5"。最后单击"确定"。第六步：网络蚂蚁开始下载软件，下载窗口中显示出下载进度、软件大小、下载速率、已用时间等信息。第七步：下载完成后会自动弹出提示窗口，单击确定即可。

［方法二］ 第一步：启动网络蚂蚁，移动鼠标到菜单栏，单击"选项"→"浏览器整合"。第二步：此后打开浏览器，找到要下载的软件，或在浏览中发现了自己需要的软件。第三步：单击要下载的软件网页提供的下载地址超链接。第四步：浏览器立刻打开网络蚂蚁进行下载，而不用右键单击，选择命令。

［方法三］ 第一步：启动网络蚂蚁，移动鼠标到菜单栏，单击"查看"→"拖放窗口"，可以看到桌面上出现一个小小的拖放窗口。第二步：此后打开浏览器，找到要下载的软件，或在浏览中发现了自己需要的软件。第三步：拖动要下载的软件网页提供的下载地址超链接，到网络蚂蚁拖放窗口后松开鼠标。第四步：网络蚂蚁会立刻进行下载，而不再需要右键单击，选择命令。

三、电脑的通信联络

241. 什么是国际互联网?

国际互联网、国际计算机互联网、互联网、Internet、因特网等等,都是专指全球最大的、开放的、由众多网络相互连接而成的计算机网络,是由美国阿帕网(ARPAnet)发展而成。现在,各国的计算机网络相互连接,已经形成一个覆盖全球范围的国际网络系统。任何单位、任何家庭、任何人都可以把这个网络看作一个大的计算机系统,享用它所提供的一切服务,而无需了解构成网络的那些具体的子系统,甚至不必熟悉自己共享的信息资源存放在哪里,因为这些统统都由网络操作系统,如 Windows 98/Me/2000/XP 等统一协调、控制和管理。一般所说的"上网",也就是指连接到国际互联网。

242. 什么是网址?

网址就是电脑在互联网上的地址。互联网是个虚拟的系统,所有电脑或网络的位置就用网址表示。在互联网上常用来表示网址的是"IP"地址、域名和"URL"。为保证整个网络的正常运行,每个网络和每台主机在互联网上都有一个唯一的地址,称为 IP 地址。每个 IP 地址由地址类型、网络号与主机号三部分组成,通常用数字与小数点隔开表示。例如:122.12.3.14;62.5.48.3 等。由于数字难于记忆,为方便使用,就产生了域名系统。用户使用域名进行相互访问,服务器自动将域名翻译成 IP 地址。域名地址一般由主机名、机构名、网络名和最高层域名组成。例如:中国清华大学的域名地址为:www.tsinghua.edu.cn,它的四部分分别代表 WWW 服务器、校名即机构名、网络名(edu 为教育部门网络)、国名(cn 代表中国)。然而,这还不足以真正确定每台计算机在互联网中的具体位置,要定位所有计算机或网络就必须使用 URL,也就是统一资源定位器,这才是我们通常所说的网址。还举中国清华大学的例子,它的 URL 也就是网址为:http://www.tsinghua.edu.cn。可以很容易地看出,网址和域名是有区别的。

243. 调制解调器上网方式有哪些特点?

调制解调器上网方式就是通常所说的拨号上网,是我们最熟知和应用最广泛的上网方式。用一台电脑连接调制解调器,通过电话线路再与 Internet 服务商的网络服务器上的调制解调器相连,实现用户机与 Internet 网络服务器的连接。这种方式上网的优点是安装简单,可移动性好,特别是现在的 USB 调制解调器可以随身携带,即插即用。但缺点也是有目共睹的。一是传输速率低。普通调制解调器文件下载速度在 4—7KB/s,常常还达不到这个速度。具体速度状况要视线路质量而定。二是传输质量差。由于模拟信号在传输过程中容易受静电和噪音干扰而产生误码,所以经常会出现这样的情况:下载后的文件无法使用。

244. ISDN 上网方式有哪些特点?

ISDN 是综合业务数字网英文的缩写,俗称"一线通"。它是以综合数字电话网为基础发展而成的,能提供端到端的数字连接。因为 ISDN 是数字网,所以优点很多。一是信号传输质量好，线路可靠性高。二是速度比调制解调器方式快很多。使用ISDN下载文件速度可高达15KB/s。三是可以提供综合业务服务，增加了数据通信能力。ISDN可允许用户同时使用多个终端，在一条线路上可同时连接电话、个人电脑、传真机、视频系统等各种数字通信设备，从而提高了网络资源的利用率。四是建立连接非常快，一般只需几秒钟，不像调制解调器那样每次需要较长时间的等待。ISDN也有缺点，主要是移动性能不佳，必须要有专用设备才能接入，这一点不如调制解调器方式方便。

245. DDN上网方式有哪些特点？

DDN是数字数据网英文的缩写，即平常所说的专线上网方式。数字数据网是一种利用光纤、数字微波或卫星等数字传输通道与数字交叉复用设备组成的数字数据传输网。DDN方式的主要优点：一是采用数字电路，传输质量高，延时小，通信速率可达2Mbps。二是电路采用全透明传输，并可自动迂回，可靠性高。三是一线可以多用。可开展传真、Intenet接入、视频会议等多种多媒体服务。四是可方便地组建虚拟专用网，建立自己的网管中心来管理自己的网络。而DDN的主要缺点是需要租用一条专用通信线路，租用费昂贵，决非一般家庭所能承受。

246. 什么是宽带上网？

宽带其实是个很模糊的概念。多快才算宽带？现在并没有统一的说法。一般认为，宽带应具有以下特点：一是传输速率高。每个用户的连接速率都应远远超过56K的调制解调器。这样才能保证图像、声音、数据传送的清晰度和连贯性。二是相对费用低。一方面高速的连接节约了大量网上等待时间，使上网费用大大降低。另一方面，宽带接入技术都不通过传统的电话网络交换机，不存在占用电话线的问题，无须交纳电话费，进一步减少用户的上网费用。三是高速连接使得视频点播、远程教育、网上娱乐等深层次应用成为可能，极大地丰富了互联网的应用。宽带的接入技术多种多样，出于费用等原因，目前面向一般家庭用户的宽带接入方式主要有：网通的光纤以太网、广播电视部的利用有线电视网传输数据，以及电信部门的ADSL等。应该说，光纤以太网是目前上网方式中的最佳选择。但由于需要铺设光纤和网线，覆盖范围有限。而ADSL可以利用现有通信线路，目前用户最多。

247. 怎样选择并确定ISP？

ISP就是为用户提供互联网接入和信息服务的公司或机构。在选择ISP时需要注意的问题有：一是通信质量。包括ISP是否具有对各种通信线路的连接能力，所用的调制解调器(Modem)的速率是否足够高，线路是否优良及对线路的维护能力。二是ISP的位置。尽量选用本地的ISP，至少电话费开销比较小。三是出口带宽、接入线路。带宽值越大，接入线路数量越多，越好。四是接入速率。ISP所用接入调制解调器(Modem)的速率直接影响用户的接入速率，用户不可能超过它的速率。五是电子邮件(E－mail)容量。容量越大越好。六是技术支持。是否提供24小时的技术支持、技术培训，答复用户是否迅速、及时。七是其他服务。如：新闻服务器、代理服务器、账号全国联网漫游等功能，主要看自己是否需要，如果不需要，则不必考虑这些因素。

248. 怎样创建拨号上网的互联网连接?

［方法一］ 第一步:所用电脑中必须已安装有调制解调器,现在的品牌家用电脑一般都有。第二步:向 ISP 申请了上网接入电话号码、账号、密码等,如准备使用北京的 95963 一类的公众上网方式,则要了解清楚统一的电话号码、账号、密码。第三步:启动 Windows 操作系统,在桌面上双击“我的电脑”。第四步:在打开的窗口中双击“拨号网络”。第五步:双击“建立新连接”或单击工具栏中的“创建”。第六步:可以在“请输入对方计算机的名称”框中键入任意一个新名字,缺省状态下为“我的连接”。如果机器上装有多个调制解调器,可以在这里选择一个,选定后单击下一步。第七步:按照要求输入 ISP 提供的拨入电话区号及电话号码,选定当前所在地区。单击“下一步”。第八步:单击“完成”,与 Internet 网络的一个连接就创建成功了。

［方法二］ 第一步、第二步同“方法一”。第三步:启动 Windows 操作系统,在桌面上单击“开始”→“程序”→“附件”→“通讯”→“拨号网络”,或者在桌面上单击“开始”→“设置”→“拨号网络”。第四步:双击“建立新连接”或单击工具栏中的“创建”。第五步:可以在“请输入对方计算机的名称”框中键入任意一个新名字,缺省状态下为“我的连接”。如果机器上装有多个调制解调器,可以在这里选择一个,选定后单击下一步。第六步:按照要求输入 ISP 提供的拨入电话区号及电话号码,选定当前所在地区。单击“下一步”。第八步:单击“完成”即可。

249. 怎样安装“拨号网络”?

如果在“我的电脑”和“开始”菜单中都没有“拨号网络”这一项,那就是机器里没有安装这个 Windows 组件。安装方法:第一步:在桌面上单击“开始”→“设置”→“控制面板”,双击“添加/删除程序”。第二步:单击“Windows 安装程序”选项卡。第三步:在组件选择框里单击“通讯”。第四步:在组件选择框下面单击“详细资料”,再在组件选择框里单击“拨号网络”前的复选框。第五步:在光驱中放入 Windows 安装光盘。第六步:连续单击“确定”,按照屏幕提示操作,复制文件完成后,单击“是”,重启计算机。

250. 怎样安装“TCP/IP”协议?

如果电脑中没有 TCP/IP 协议,是无法建立 Internet 连接的。安装 TCP/IP 协议的步骤如下:第一步:在桌面上单击“开始”→“设置”→“控制面板”,双击“网络”。第二步:如果在列表框中找不到 TCP/IP,单击“配置”→“添加”,开始安装。第三步:在“请选择要安装的网络组件”列表框中单击“协议”,再单击“添加”。第四步:在“厂商”列表框中单击“Microsoft”,在“网络协议”列表框中单击“TCP/IP”。第五步:在光驱中放入 Windows 安装光盘。第六步:连续单击“确定”,按屏幕提示操作,复制文件完成后,单击“是”,重启计算机。

251. 怎样拨号进入 Internet?

［方法一］ 第一步:启动 Windows 操作系统,在桌面上双击“我的电脑”→“拨号网络”→新创建的连接图标。第二步:键入用户名和密码。如果希望下次连接时不愿再次键入密码,要选择“保存密码”。第三步:单击“连接”,系统开始拨号、验证用户名等。第三步:如果一切顺利,即可登录成功。此时,在任务栏右端会显示一个小图标,双击该图标,可查看网络连接速度、连接时间以及断开连接等。登录成功后,在桌面上双击,或在任务栏上单击“Internet Explorer”浏览器图标,即可开始浏览互联网内容。

[方法二] 第一步:启动 Windows 操作系统,在桌面上双击,或在任务栏上单击“Internet Explorer”浏览器图标。如果是第一次启用“Internet Explorer”浏览器,会出现“连接向导”对话框,应选择第一项“注册新的 Internet 账号”,单击“下一步”后,跟随向导操作即可完成初始设置。当向导依次给出“设置 Internet Mail 账号”、“设置 Internet News 账号”和“建立 Internet 目录服务”等信息时,可单击“取消”暂不设置。第二步:在跟随浏览器出现的连接对话框中单击“连接”,系统开始拨号、验证用户名等。第三步:如果一切顺利,即可登录成功。此时,任务栏右端会显示一个小图标,双击该图标,可查看网络连接速度、时间以及断开连接等。同时,浏览器内容框中出现缺省设置 Windows 主页的内容。

252. 怎样设置通过局域网与 Internet 的连接?

[方法一] 如果是第一次使用浏览器。第一步:启动 Windows 操作系统,在桌面上双击,或在任务栏上单击“Internet Explorer”浏览器图标。第二步:在对话框中选择“通过局域网(LAN)连接”,单击“下一步”。第三步:出现设置代理服务器参数的对话框。通过局域网上网,连网的计算机要通过其中的一台接入 Internet。这台计算机具备与 Internet 连接的硬件和软件条件,比如具备调制解调器,电话线和拨号连接等,在功能上这台计算机承担了“代理”网上其他计算机连接 Internet 的工作,所以我们称之为“代理服务器”。要指定配置代理服务器的方式,一般选择“自动搜寻代理服务器”,然后单击“下一步”。第四步:输入代理服务器的 IP 地址和端口,并选中“对所有协议均使用相同的代理服务器”。单击“下一步”。第五步:输入不想使用代理服务器的 Internet 地址。一般只选取“对于本地(Intranet)地址不使用代理服务器”即可。Intranet 是相对 Internet 而言的企业内部网,也就是企业内部的局域网。选定后单击“下一步”。第六步:向导依次给出“设置 Internet Mail 账号”、“设置 Internet News 账号”和“建立 Internet 目录服务”等信息,可以一概单击“取消”暂不设置。最后单击“完成”结束设置。

[方法二] 如果不是第一次使用浏览器。第一步:启动 Windows 操作系统,在桌面上双击,或在任务栏上单击“Internet Explorer”浏览器图标。第二步:移动鼠标到菜单栏,单击“工具”→“Internet 选项”→“连接”→“添加”,在对话框中选择“通过局域网(LAN)连接”,单击“下一步”。以下设置与“方法一”相同。

253. 怎样启动 Internet Explorer?

[方法一] 第一步:在桌面上单击“开始”→“程序”→“Internet Explorer”。第二步:如果使用的是拨号连接,出现“Internet Explorer 浏览器”窗口的同时,出现询问是否连接对话框。第三步:单击“连接”。第四步:连接成功,即可开始浏览网页。

[方法二] 第一步:在桌面上双击“Internet Explorer 浏览器”图标。第二步:如果使用的是拨号连接,出现“Internet Explorer 浏览器”窗口的同时,出现询问是否连接对话框。第三步:单击“连接”。第四步:连接成功,即可开始浏览网页。

[方法三] 第一步:在桌面上移动鼠标到任务栏上,单击“启动 Internet Explorer 浏览器”图标。第二步:如果使用的是拨号连接,出现“Internet Explorer 浏览器”窗口的同时,出现询问是否连接对话框。第三步:单击“连接”。第四步:连接成功,即可开始浏览网页。

254. Internet Explorer 浏览器窗口里有什么？

启动 Internet Explorer，操作窗口最上面一行是标题栏，表明网页和 Internet 浏览器的名称等。第二行是菜单栏，与一般的 Windows 软件的菜单栏相似。第三行是工具栏，排列了使用 Internet Explorer 浏览器时常用的命令按钮。第四行是地址栏，左边部分为 Internet 的“地址”下拉列表框，在此栏中可以输入想要浏览的网站地址。地址栏最右边有“链接”二字，在其右端是“链接”按钮，它实际上是连接到一个工具栏。单击“链接”按钮，可以选择“链接”菜单中所设置的链接。窗口最下面的一行是状态栏，用以指明 Internet 浏览器的当前状况。Internet 浏览器基本操作窗口的中间区域是显示网页的位置。滚动垂直或水平滚动条可以上、下或左、右翻看网页内容。

255. 如何使用 Internet Explorer 浏览网页？

第一步：启动 Internet 浏览器，连网进入基本操作窗口。第二步：在“地址”下拉列表框中输入网址，按“Enter”回车键。第三步：系统查找到所需网站后，首先进入该网站的起始页，或称主页。第四步：在起始页中，移动鼠标会发现在有些地方鼠标变为“手”形，这就是“超级链接”，单击自己感兴趣的“超级链接”，就会打开新的网页或转到新的网站。第五步：单击工具栏上的“后退”按钮，可以返回前一网页。第六步：单击工具栏上的“前进”按钮，可以翻到下一网页。第七步：单击工具栏上的“主页”按钮，直接返回到浏览器启动时缺省设置的网页。第八步：单击工具栏上的“停止”按钮，中止连接当前网页。第九步：单击工具栏上的“刷新”按钮，则立刻更新当前网页。第十步：双击任务栏右端的小图标，可查看网络连接速度、连接时间以及断开连接。第十一步：单击窗口右上角的“关闭(×)”按钮，可以关闭浏览器，退出程序。

256. 怎样更改 Internet Explorer 的“主页”？

[方法一]　第一步：启动 Internet 浏览器，进入基本操作窗口。第二步：移动鼠标到菜单栏单击“工具”→“Internet 选项”→“常规”。第三步：在“主页”区的“地址”栏中输入需要的 Web 页地址。如果要恢复原来的主页，可以单击“使用默认页”。第四步：单击“确定”完成设置。

[方法二]　第一步：启动 Internet 浏览器，进入基本操作窗口。第二步：让希望成为“主页”的网页显示在当前窗口，即成为“当前页”。第三步：移动鼠标到菜单栏单击“工具”→“Internet 选项”→“常规”。第四步：在“主页”区单击“使用当前页”。如果要恢复原来的主页，可以单击“使用默认页”。第五步：单击“确定”完成设置。

257. 怎样使用 Internet Explorer 的“停止”和“刷新”？

如果浏览的网页中包含大量图形、图像，打开时速度会非常慢，这时可以使用 Internet Explorer 的“停止”中断打开网页。方法：移动鼠标到工具栏单击“停止”按钮。如果要重新加载被中断了的网页或者查看同一网页有没有更新，可以使用 Internet Explorer 的“刷新”，移动鼠标到工具栏单击“刷新”按钮。

258. 怎样使用 Internet Explorer 脱机浏览网页？

脱机浏览就是在不连接到互联网的情况下，查看机器中的已有网页。第一步：启动 Internet 浏览器，进入基本操作窗口。第二步：如果弹出是否连接对话框，单击“否”。第三步：移动鼠标到菜单栏，单击“文件”→“脱机工作”。第四步：如果要取消脱机工作，只须重复操作一次。

259. 怎样使用 Internet Explorer 查找最近浏览的网页？

每次上网浏览，Internet Explorer 都会把浏览过的网页自动保存一段时间，缺省设置为21天，在这段时间内，可以随时翻看这些网站或网页。第一步：启动 Internet 浏览器，进入基本操作窗口。第二步：移动鼠标到工具栏单击“历史”。第三步：在左边出现的“历史记录”窗格中单击选择机器中保存的网页，右边窗口就会显示出具体内容。第四步：如果要更新当前网页内容，移动鼠标到工具栏单击“刷新”，然后根据屏幕提示连接到网络刷新内容。第五步：如果要改变网页在历史记录中保存的天数，移动鼠标到菜单栏，单击“工具”→“Internet 选项”→“常规”，然后在“网页保存在历史记录中的天数”框中选择或键入天数，单击“确定”使修改生效并关闭对话框即可。

260. 怎样使用 Internet Explorer 正确显示非简体编码的网页？

在使用 Internet Explorer 浏览时，如果网页全是看不懂的乱码，表明该网页使用的是非中文简体编码，让网页正确显示的方法是：第一步：单击“查看”→“编码”。第二步：在“编码”菜单中单击选中“自动选择”。第三步：如果“自动选择”也无法确定正确的语言编码，而浏览者自己知道，可以手动选择：单击“查看”→“编码”→“其他”，然后单击选中适合的语言编码。

261. 怎样将喜爱的站点加入 Internet Explorer “收藏夹”？

[方法一]　第一步：启动 Internet 浏览器，进入互联网正常浏览。第二步：当看到一个喜爱的网页或站点时，移动鼠标到菜单栏单击“收藏”→“添加到收藏夹”；或者右键单击页面任意处，在弹出菜单上单击选中“添加到收藏夹”。第三步：在出现的对话框中，单击选中“否，只把该页添加到收藏夹”，然后在“名称”框中可以随意键入一个名称。第四步：单击“创建到”，选择一个要存放这一网页或站点链接的文件夹，以方便日后翻看。第五步：单击“确定”结束操作，可以继续浏览。

[方法二]　第一步：启动 Internet 浏览器脱机浏览时，当看到一个喜爱的网页或站点，也同样可以移动鼠标到菜单栏单击“收藏”→“添加到收藏夹”，或者右键单击页面任意处，在弹出菜单上单击选中“添加到收藏夹”。第二步：在出现的对话框中，单击选中“否，只把该页添加到收藏夹”，然后在“名称”框中可以随意键入一个名称。第三步：单击“创建到”，选择一个要存放这一网页或站点链接的文件夹，以方便日后翻看。第四步：单击“确定”结束操作。

262. 怎样使用 Internet Explorer 查看收藏夹？

第一步：启动 Internet 浏览器，进入基本操作窗口。第二步：移动鼠标到工具栏单击“收藏夹”。第三步：在左边“收藏夹”窗格中单击选中网站或网页名，右边窗口就会显示出具体内容。第四步：如果要更新当前网页内容，移动鼠标到工具栏单击“刷新”，就可以链接到该站点。第五步：移动鼠标到工具栏再次单击“收藏夹”，即关闭“收藏夹”窗格。

263. 怎样使用 Internet Explorer 预订网页？

Internet Explorer 浏览器预订网页功能，可以让浏览器按照个人意志安排检查收藏夹中的站点或网页是否有新内容，并可以选择在有新内容时发出通知，或者自动将新内容下载到电脑中，以方便随时浏览。更新预订站点或网页的时间间隔可以按天、按周或按月。第一步：启动 Internet 浏览器，进入互联网正常浏览，或在脱机状态下浏览。第二步：当看到一个喜爱的网页或站点打算预订时，移动鼠标到菜单栏单击“收藏”→“添加到收藏夹”；或者右键单击页面任意处，在弹出菜单上单击选中“添加到收藏夹”。第三步：在出现的对话框中，单击选中“是：仅在该页更新时通知我”选项或“是：更新时通知我并下载该页以便脱机阅读”选项，然后单击“自定义”。第四步：在“预订向导”对话框中，单击“下载此页”，然后单击“下一步”。第五步：在接着出现的对话框中，单击“否”；如果希望网页更新时得到 E－mail 通知可选择“是”。然后单击“下一步”。第六步：如果进入要预订的站点需要密码，在此键入，否则单击“否”。第七步：单击“完成”保存预订。第八步：在浏览器基本操作窗口状态，单击“收藏”菜单→“管理预订内容”，可以查看预订的站点或网页。

264. 怎样整理 Internet Explorer 收藏夹？

第一步：启动 Internet 浏览器，进入基本操作窗口。第二步：移动鼠标到菜单栏单击“收藏”菜单→“整理收藏夹”。第三步：在出现的对话框中，双击打开想要整理的文件夹。第四步：单击选中要移动到另一个文件夹的链接文件。第五步：单击“移动”，然后单击要移到的目的文件夹。也可以直接把要移动的链接文件拖到目的文件夹上。第六步：需要创建新文件夹，可以单击“创建新文件夹”，输入文件夹名称后按回车键。第七步：需要为链接文件改名，可以选定后单击“重命名”，输入新名字后键入回车。第八步：需要删除链接，可以选定后单击“删除”。第九步：单击“关闭”，结束整理。

265. 怎样加快网页显示速度？

［方法一］ 第一步：启动 Internet 浏览器。第二步：移动鼠标到菜单栏，单击“工具”→“Internet 选项”。第三步：在出现的对话框中单击选中“高级”。第四步：在其中的“多媒体”区域，单击清除“显示图片”、“播放动画”、“播放视频”、“播放声音”及“优化图像抖动”复选框。第五步：单击“确定”，结束设定操作，可加快网页的显示速度（只显示文字）。

［方法二］ 第一步：启动 Internet 浏览器。第二步：移动鼠标到菜单栏，单击“工具”→“Internet 选项”。第三步：在出现的对话框中单击选中“常规”，通常“常规”选项卡是打开“Internet 选项”时的缺省设置。第四步：单击“Internet 临时文件”框中的“设置”。第五步：在出现的“设置”对话框中，单击选中“不检查”。第六步：在“使用的磁盘空间”直接键入数字或用鼠标拖动滑尺，根据硬盘容量适当增加空间。第七步：单击“确定”，关闭对话框，可以提高网页的交换速度，从而加快网页显示速度。

266. 怎样用 Internet Explorer 浏览时保存网页上的内容？

［方法一］ 第一步：启动 Internet 浏览器，进入互联网正常浏览或脱机浏览。第二步：看到好的网页要整个保存，单击“文件”菜单→“另存为”。第三步：在出现的对话框中，选择保存位置，并在“保存类型”下拉列表框中选择保存类型。第四步：单击“保存”，即将当前网页以 Web 页格式或文本格式或其他选定的格式保存起来。

［方法二］ 第一步：启动 Internet 浏览器，进入互联网正常浏览或脱机浏览。第二步：看到

好的网页内容，如一篇文章，要整个保存，单击“编辑”菜单→“全选”；或右键单击网页任意处，在弹出菜单上单击“全选”。第三步：单击“编辑”菜单→“复制”；或右键单击网页选中处，在弹出菜单上单击“复制”。第四步：在要保存的硬盘或软盘的目的文件夹中新建 Word、记事本或写字板等文件，双击打开新建文件。第五步：单击“编辑”菜单→“粘贴”；或右键单击窗口任意空白处，在弹出菜单上单击“粘贴”。第六步：单击“文件”菜单→“保存”；或直接单击编辑窗口右上角的“关闭(×)”按钮，在弹出对话框中单击“是”。

[方法三] 第一步：启动 Internet 浏览器，进入互联网正常浏览或脱机浏览。第二步：看到好的网页内容，要部分保存或只保存一段，移动鼠标到起始位置按下左键，不要放开，然后拖动鼠标到结束位置松开。选定后如果要放弃重选只须在网页任意处单击。第三步：单击“编辑”菜单→“复制”；或右键单击网页选中处，在弹出菜单上单击“复制”。第四步：在要保存的硬盘或软盘的目的文件夹中新建 Word、记事本或写字板等文件，双击打开新建文件。第五步：单击“编辑”菜单→“粘贴”；或右键单击窗口任意空白处，在弹出菜单上单击“粘贴”。第六步：单击“文件”菜单→“保存”；或直接单击编辑窗口右上角的“关闭(×)”按钮，在弹出对话框中单击“是”。

[方法四] 第一步：启动 Internet 浏览器，进入互联网正常浏览或脱机浏览。第二步：看到好的图片要保存到自己电脑中，移动鼠标到要保存的图片上单击右键。第三步：在弹出菜单上单击“图片另存为”。第四步：在出现的对话框中，选择保存位置，并在“保存类型”下拉列表框中选择保存图片类型。第五步：单击“保存”，即将图片以选定的格式保存起来。

[方法五] 第一步：启动 Internet 浏览器，进入互联网正常浏览或脱机浏览。第二步：看到好的图片要设置为桌面背景(墙纸)，移动鼠标到图片上单击右键。第三步：在弹出菜单上单击“设置为墙纸”即可。

267. 怎样打印网页内容？

[方法一] 第一步：启动 Internet 浏览器，进入互联网正常浏览或脱机浏览。第二步：移动鼠标到菜单栏，单击“文件”→“打印”。第三步：在出现的“打印”对话框中根据需要设置打印参数。第四步：单击“确定”，打印整个网页。

[方法二] 第一步：启动 Internet 浏览器，进入互联网正常浏览或脱机浏览。第二步：移动鼠标到要打印内容的起始处，按下鼠标左键不要松开。第三步：拖动鼠标至要打印内容的结尾处放开左键，选中打印内容。第四步：移动鼠标到选中内容处右健单击，从出现的菜单中单击选中“打印”。第五步：在出现的“打印”对话框中根据需要设置打印参数。第六步：单击“确定”，打印当前网页所选中的内容。

268. 如何使用两只调制解调器上网？

第一步：准备好两条电话线路和两个调制解调器，并分别与电脑连接、安装。第二步：在桌面上双击打开“我的电脑”，双击“拨号网络”；或者在桌面上单击“开始”→“程序”→“附件”→“拨号网络”。第三步：右键单击要使用的拨号连接图标，在弹出菜单上选定并单击“属性”。第四步：在对话框中选定并单击“多重链接”选项卡。第五步：单击“使用附加设备”，并单击“添加”确认另外的调制解调器和链接。第六步：最后单击“确定”，完成设置。

269. 怎样使用201电话卡上网?

第一步:在桌面上双击打开"我的电脑",双击"拨号网络";或者在桌面上单击"开始"→"程序"→"附件"→"拨号网络",或者"开始"→"设置"→"拨号网络"。第二步:双击"建立新连接",弹出对话框。第三步:在键入对方计算机名称对话框中可键入任意名字,也可取缺省状态;选择可用的调制解调器后,单击"下一步"。第四步:输入对方计算机号码框中,填上所在地区电话区号及拨号上网的电话号码,确认国家代码为中国后单击"下一步"。第五步:建立新连接完成后,双击新建的连接。第六步:按对话框要求,键入上网用户名、密码,单击"拨号属性"。第七步:在出现的对话框中,选择"使用电话卡拨叫长途电话"复选框,单击"电话卡"。第八步:在"电话卡"对话框中,单击"新建",键入电话卡类型"201",单击"确定"。第九步:在个人标识号里填"1",在"使用此电话卡拨打长途电话,必须先拨此访问号码"及在"使用此电话卡拨打国际电话,必须先拨此访问号码"两个对话框里都填上与"电话卡类型"相同的数字,即"201",填写完成后,单击"长途电话"。第十步:设置拨号步骤。第一步的框里填"电话卡号码",等候可以选用"10秒";第二步的框里填"PIN",等候可以选用"2秒";第三步的框里填"指定的数字(填入卡号)",等候可以选用"4秒";第四步的框里填"指定的数字(填入电话卡密码)",等候选用"4秒";第五步的框里填"指定的数字(填入上网电话号码)",等候选用"完成"。第十一步:连续单击"确定",返回拨号网络。第十二步:双击新建的连接图标,输入上网用户名、密码后,单击"连接"一切顺利的话,打开浏览器就可以浏览互联网了。

270. 什么是拨号连接资源共享?

利用调制解调器和一条电话线不仅可以上网,而且还能与另外一台计算机建立联络,两台计算机通过电话线连在一起,可以彼此在自己的计算机里操作对方电脑里的文件,甚至可以操纵对方的打印机打印文件。两台计算机每台都既可以是拨号客机,也可以是拨号主机。谁都可以首先拨号,连通以后利用对方机器里的资源,同时自己机器里的资源也被对方利用。这就是拨号连接资源的共享。

271. 怎样设置拨号连接资源共享需要的环境?

第一步:在拨号方(远程用户)电脑中安装"拨号网络"组件。在桌面上单击"开始"→"设置"→"控制面板",双击"添加/删除程序",单击"Windows 安装程序",在组件框中单击"通讯"→"详细资料"。如果在"拨号网络"前面有对号(√),则说明该组件已安装,单击"取消"或"确定"返回即可;否则,单击选中"拨号网络"→"确定",按屏幕提示安装该组件。第二步:在被叫方(拨号服务器)电脑中安装"拨号网络服务器"组件。在桌面上单击"开始"→"设置"→"控制面板",双击"添加/删除程序",单击"Windows 安装程序",在组件框中单击"通讯"→"详细资料"。如果在"拨号网络服务器"前面有对号(√),则说明该组件已安装,单击"取消"或"确定"返回即可;否则,单击选中"拨号网络服务器"→"确定",按屏幕提示安装该组件。第三步:在双方电脑中安装"NetBEUI"、"TCP/IP"、"IPX/SPX"通讯协议中的一种,双方电脑中使用的协议必须相同,大都使用"TCP/IP"。在桌面上单击"开始"→"设置"→"控制面板",双击"网络",查看协议框,如果"TCP/IP"协议已存在,则说明已安装,单击"取消"或"确定"返回即可;否则,单击"添加"→"协议"→"添加"→"Microsoft"→"TCP/IP"→"确定",按屏幕提示安装该协议。第四步:设置工作组。双方电脑中的工作组设置必须相同:在桌面上单击"开始"→"设置"→"控制面板”，双击“网络”，单击“标识”，在下面“工作组”一项中为两台机器键入相同的名称，单击“确定”返回即可。

272. 怎样设置拨号连接资源共享的“被叫方”？

第一步：启动 Windows 操作系统，在桌面上双击“我的电脑”，双击“拨号网络”；或者在桌面上单击“开始”→“程序”→“附件”→“通讯”→“拨号网络”。第二步：单击“连接”菜单→“拨号网络服务器”。第三步：在弹出的对话框中单击选中“允许拨入”后，单击“服务器类型”。第四步：在对话框服务器类型下拉菜单中单击选中“PPP：Internet，Windows NT Server，Windows ...”和“启用软件压缩”两项。可以选择“需要加密的密码”，设置用户和文件夹的密码。第五步：单击“确定”。这时会在桌面任务栏右端出现一个手托计算机的小图标。双击图标，屏幕上会显示“正在监视”。以后每次开机，只要调制解调器电源打开，系统会随时准备接收来自拨号方的访问。

273. 怎样设置拨号连接资源共享的“拨号方”？

第一步：启动 Windows 操作系统，在桌面上双击“我的电脑”，双击“拨号网络”；或者在桌面上单击“开始”→“程序”→“附件”→“通讯”→“拨号网络”。第二步：双击“建立新连接”单击工具栏中的“创建”。第三步：可以在“请输入对方计算机的名称”框中键入任意一个新名字，缺省状态下为“我的连接”。如果机器上装有多个调制解调器，可以在这里选择一个，选定后单击“下一步”。第四步：输入“被叫方”电话区号及电话号码，选定当前所在地区。单击“下一步”。第五步：单击“完成”结束设置。

274. 怎样使用拨号连接实现共享？

第一步：启动 Windows 操作系统，在桌面上双击“我的电脑”→“拨号网络”；或者在桌面上单击“开始”→“程序”→“附件”→“通讯”→“拨号网络”。第二步：双击创建的新连接，出现对话框。第三步：输入被叫方的计算机名及设置的用户密码，单击“连接”。第四步：拨号连接成功后，双方都可以在桌面上单击“开始”→“查找(搜索)”→“计算机”，在对话框中输入对方的计算机名，单击“开始查找”或“搜索”。第五步：找到对方计算机，双击进入，即可使用已设置共享的资源。拨号连接资源共享的最大问题是速度慢。

275. 怎样安装 ADSL？

第一步：准备好 ADSL Modem(即 ADSL 调制解调器，最好选择外置 USB 接口的 ADSL Modem)及相关软件，办理好各种必需的上网接入手续。通常情况下，第一次安装应由有关电信部门派人来调试。第二步：用购买 ADSL Modem 时附送的电话线连接 ADSL Modem 与语音分离器的“ADSL”接口。语音分离器的“LINE”接口接入家中的电话线，“PHONE”接口接家中的电话机引出线。然后用 USB 连线连接 ADSL Modem 和电脑主机。第三步：启动计算机进入 Windows，系统一般会自动检测到未知的 USB 设备。像安装其他硬件一样，单击“下一步”。依照向导提示安装好驱动程序重启计算机。第四步：在桌面上双击“我的电脑”→“控制面板”；或者在桌面上单击“开始”→“设置”→“控制面板”。第五步：双击“网络”，在“配置”窗口单击选中 ADSL Modem 的“TCP/IP”协议配置，类似于“TCP/IP—> CTGB USB ADSL

LANAdapter”，然后单击“属性”。第六步：单击“DNS 配置”→“启用 DNS”，在主机栏中填入同“标志”栏一样的“计算机名”；在“DNS 服务器搜索顺序”中填入当地电信服务商提供的域名服务器地址。单击“添加”→“确定”，重新启动电脑。第七步：在 Windows Me/2000/XP 中，使用 ISP 服务商提供的用户名及密码创建一个新的 ADSL 拨号连接，即可使用 ADSL 拨号上网。在 Windows 9X 中，则必须安装一个虚拟拨号软件。

276. 怎样设置虚拟拨号软件？

第一步：启动 Internet 浏览器，进入基本操作窗口。第三步：在地址栏输入网址 www.newhua.com 后键入回车。第四步：出现华军网站主页后，找到并下载虚拟拨号软件 EnterNet300。第五步：双击 EnterNet300，一路单击“下一步”完成安装，同时在桌面上建立快捷方式。第六步：双击桌面上 EnterNet300 的快捷方式图标，单击窗口右边的“create new profile”，任意输入一个新连接的名称，单击“下一步”。第七步：输入 ISP 服务商提供的用户名及密码，连续单击“下一步”→“完成”。第八步：双击 EnterNet300 主窗口右边新建立的拨号连接，单击“connect(连接)”即可使用 ADSL 拨号上网。同时桌面任务栏右下角出现连接图标，双击会列出连接状态。

277. 怎样安装网卡和驱动程序？

第一步：关闭计算机电源，打开主机箱，将网卡按正确的方向插入空闲的扩展槽中，并用螺钉将网卡固定在机箱侧壁上，然后关上机箱。第二步：接通电源，重新启动计算机。一般情况下无需干预，Windows 会发现系统中添加了新硬件，并自动寻找和安装驱动程序。第三步：如果系统没有发现新硬件，没有提供驱动程序，在桌面上右键单击“我的电脑”，选择并单击“属性”；或者在桌面上单击“开始”→“设置”→“控制面板”，双击“系统”图标。第四步：在“系统属性”对话框中单击“设备管理器”选项卡，从设备列表中展开“网络适配器”并选取网卡名称。如果这里找不到，可展开设备列表中的“未知设备”并选取未知设备名称。第五步：单击“属性”→“驱动程序”→“更新驱动程序”，打开安装驱动程序向导。第六步：按照向导提示，输入驱动程序所在位置，如“A：驱动器”或光盘驱动器等，单击“确定”即可完成驱动程序安装。

278. 怎样使用 Windows XP 实现 ADSL 共享连接？

第一步：在打算作为主机(代理服务器、网关)的计算机上安装 Windows XP 操作系统。第二步：在桌面上单击“开始”→“程序”→“附件”→“通讯”→“网络连接”，出现连接向导，单击“下一步”。第三步：在“您想怎样连接到 Internet”选项中单击选中“手动设置我的连接”，单击“下一步”。第四步：单击选中“用要求用户名和密码的宽带连接来连接”。在下面的宽带设置中输入 ISP 提供的用户名、密码等。第五步：返回“网络连接”窗口，右键单击宽带“拨号属性”，单击“高级”→“启用 Internet 共享”。第六步：设置 IP 地址：192.168.0.1；子网掩码：255.255.255.0。第七步：客户机设置 IP：192.168.0.2；子网掩码：255.255.255.0，网关：192.168.0.1。第八步：打开代理服务器，再打开客户机，所有的计算机都可以上网了。这种共享连接的最不尽人意处，就是只要有一台电脑要上网，作为代理服务器的计算机就不能关闭。

279. 什么是路由式 ADSL Modem?

路由式 ADSL Modem 是最近才大量推向市场的新产品,价格比没有路由功能的 Modem 贵一些。路由式 ADSL Modem 为外置式以太网卡接口,大都具有自动拨号、网络/端口地址翻译、域名服务转发存储等功能,相当于一台服务器。其中自动拨号功能可以让用户把自己的网络连接用户名和密码存储在 Modem 内,连好线路后,Modem 一接通电源,便自动拨号上网;网络地址转换功能能够转化局域网内部的 IP 地址和公用 IP 地址,使局域网中的计算机共用一条 ADSL 线路接入互联网,并同时兼具防火墙功能;域名服务转发存储功能不需要在局域网内为每一台计算机配置 DNS,省了很多麻烦。此外,这些路由式 Modem 一般还可以提供诸如 IP 地址过滤等。

280. 使用路由 ADSL Modem 组网有哪些好处?

ADSL 普及以后,共享上网的家庭用户越来越多。非路由 ADSL Modem 共享上网模式是把 ADSL 接入计算机作为服务器,其他计算机通过它来上网。具体连接方式是:作为服务器的计算机配置双网卡,一块网卡通过双绞线连接 ADSL Modem,另一块网卡则用双绞线连接交换机(HUB)。其他计算机通过网卡与交换机相连。这种连接共享模式意味着只要任何一台计算机有上网要求,服务器就必须开机,这不仅相当麻烦,而且对服务器寿命也有一定影响。现在使用路由 ADSL Modem 共享上网,比非路由 ADSL Modem 模式简便,可以说是一个理想的选择。

281. 使用路由 ADSL Modem 共享上网怎样连接和设置?

第一步:认识路由 ADSL Modem。路由 ADSL Modem 的接口配置大都差不多。后面板上的 DSL 口为通过分离器后的电话线接入口,ADSL 信号由此输入;LAN 接口为 RJ-45 双绞线接口,连接别的交换机或要共享的计算机;Console 接口为 9 针串口,用于连接维护终端,也就是设置或配置该 ADSL Modem 的计算机;再有就是电源开关和插口了。第二步:连接网络。入户电话线接入分离器的 Line 口,Phone 口连接电话;Modem 口接出的电话线接到 ADSL Modem 的 DSL 口,再把随 Modem 附送的双绞线的一头接入 Modem 的 LAN 口,另一头接入交换机的 Uplink 口。最后将各台计算机通过网卡和双绞线分别与交换机的普通口相连。第三步:设置计算机。如果 ADSL Modem 的 IP 地址默认值是 192.168.10.1,那么其余各台计算机的 IP 地址应设置成为 192.168.10.X(X 为 2-254 的数字,可取任意数,但不能有相同的),同时将 ADSL Modem 所在的机器(网关)设置为 192.168.10.1。第四步:设置 ADSL Modem。大部分带有路由功能的 ADSL Modem 都具有 Web 和远程终端两种管理模式。其中 Web 管理模式是通过与 ADSL Modem 相连的内部局域网计算机,以及 ADSL Modem 内置的 Web 管理模块,使用 Internet Explorer 等浏览器实现管理。启动 Internet Explorer 浏览器,在地址栏输入 ADSL Modem 的 IP 地址 192.168.10.1 进入管理模块,单击"WAN"→"ATM PVC"→"Setup","新增"一个 PPPoE 接口的 PVC,并设置好 ISP 提供给你的 VPI/VCI 值、用户名、密码等,单击选中"Auto Dialup at Startup",单击"Submit"→"Save",设置即告完成。第五步:重启 ADSL Modem,新的配置立即生效,ADSL Modem 会自动拨号接入互联网并且成为一台服务器。此时,打开局域网中的任意一台计算机,都可直接上网,既不需要设置某台计算机为服务器,也不用再进行拨号了。

282. 怎样配置路由 ADSL Modem?

第一步:连接好 ADSL 线路,将计算机“本地连接”的“IP 地址”和“DNS 服务器地址”设为“自动获取”。第二步:启动 Internet Explorer 浏览器,在地址栏输入 ADSL Modem 的 IP 地址,如“192.168.1.1”,在弹出的登录对话框中输入默认管理账号和密码“root”进入主管理 Web 界面。第三步:单击“Quick Setup”或“General Setup”,进入“快速设置”界面。选定有“RFC2516”或“PPPoE”字样的项目,单击“Next(下一步)”。第四步:可以修改 ADSL Modem 的默认 IP 地址和子网掩码,建议保持默认,不作修改。“VPI/VCI”两个项目各个地区不同,需要咨询当地 ISP。接下来如果需要设置封装模式,选择“LLC”,单击“Next”。第五步:在“User name”中键入用户名;在“password”中键入密码。这些都由 ISP 提供。单击“Next”。第六步:确认配置无误,单击“Finish”按钮,完成配置。按照系统提示单击“Save”和“Restart”保存并重新启动 ADSL Modem。第七步:重启后,ADSL Modem 即成为网关并自动拨号连接互联网。而与 ADSL Modem 相连的任意一台计算机都可以通过它直接上网。

283. 怎样连接 Windows 对等网?

对等网一般是指两台计算机之间的互联,通过网卡和网线直接连接两台计算机是目前较为普遍的方式。第一步:在两台计算机中分别安装好网卡。第二步:用一根网线把两台计算机连接起来。在购买网线时要告诉商家具体用途,让商家把网线按需要做好,使用时只需分别将网线两端的水晶头插入两台计算机的网卡“RJ45”插口。第三步:在双方电脑中安装“NetBEUI”、“IPX/SPX”通讯协议。在桌面上单击“开始”→“设置”→“控制面板”,双击“网络”,查看协议框,如果协议已存在,则说明已安装,单击“取消”或“确定”返回即可;否则,单击“添加”→“协议”→“添加”→“Microsoft”→“NetBEUI”→“确定”,按屏幕提示安装该协议。重复操作一次,把两个协议都安装好。第四步:设置工作组和主网络登录。在桌面上单击“开始”→“设置”→“控制面板”,双击“网络”,在“主网络登录”下拉列表中,选择登录方式为“Windows 登录”。然后单击“标识”,在下面“工作组”一项中为两台机器键入相同的名称,单击“确定”返回即可。第五步:重新启动计算机后,就建立了 Windows 对等网,接下来两台计算机就可以互相访问对方的共享资源了。

284. 什么是直接电缆连接?

直接电缆连接,就是只用一根数据线把两台计算机连接起来,实现资源共享。

第一步:在计算机关闭状态,将购得的数据电缆连接到两台计算机的并口或串口上。两台计算机上所使用的端口类型必须相同。另外,串口的 COM2 优于 COM1,应尽可能使用 COM2。第二步:启动计算机。在双方电脑中安装“NetBEUI”、“IPX/SPX”通讯协议。在桌面上单击“开始”→“设置”→“控制面板”,双击“网络”,查看协议框,如果协议已存在,则说明已安装,单击“取消”或“确定”返回即可;否则,单击“添加”→“协议”→“添加”→“Microsoft”→“NetBEUI”→“确定”,按屏幕提示安装该协议。重复操作一次,把两个协议都安装好。第三步:重新启动计算机,根据需要为两台计算机设置共享资源。第四步:在桌面上单击“开始”→“程序”→“附件”→“通讯”→“直接电缆连接”,如果找不到“直接电缆连接”命令,说明该组件尚未安装。可以在桌面上单击“开始”→“设置”→“控制面板”,双击“添加/删除程序”,单击“Windows 安装程序”选项卡,在“组件”列表中选择安装“直接电缆连接”。第五步:启动“直接电缆连接”向导程序后，将两台计算机分别指定为“主机”和“来宾计算机”，单击“下一步”。第六步：在对话框中根据实际连接选择两台计算机使用的通讯端口，一般都是使用并行口“LPT1”。如有必要，可以单击“安装新端口”，让系统自动查找并安装新的可用端口。单击“下一步”。第七步：这时两台计算机分别出现一个对话框，提示已成功设置了主机和来宾计算机，单击“完成”，出现一个显示连接状态和进程的对话框。如果硬件和软件设置无误，稍候即会出现两台计算机连接成功的提示信息。接下来，无论在哪台机器上，都可以同时操作自己的和对方的计算机了。

285. 笔记本电脑与台式机怎样连接？

第一步：在计算机关闭状态，将购得的数据电缆（大都是 25 针对 25 针的并行口电缆）两端分别插入笔记本电脑与台式机电脑的打印机端口。第二步：启动计算机，在双方电脑中安装“NetBEUI”通讯协议。在桌面上单击“开始”→“设置”→“控制面板”，双击“网络”，查看协议框，如果协议已存在，则说明已安装，单击“取消”或“确定”返回即可；否则，单击“添加”→“协议”→“添加”→“Microsoft”→“NetBEUI”→“确定”，按屏幕提示安装该协议。第三步：重新启动计算机，在桌面上单击“开始”→“设置”→“控制面板”，双击“网络”，在缺省状态的“配置”选项卡下面单击“文件及打印共享”，在出现的对话框中将两个选项都单击选中，然后单击“确定”。第四步：在桌面上双击“我的电脑”，在需要共享的驱动器及打印机图标上单击右键，在弹出的快捷菜单中单击选择“共享”→“共享为”，根据需要设定共享模式，最后单击“确定”。第五步：在桌面上单击“开始”→“程序”→“附件”→“通讯”→“直接电缆连接”，如果找不到“直接电缆连接”命令，说明该组件尚未安装。可以在桌面上单击“开始”→“设置”→“控制面板”，双击“添加/删除程序”，单击“Windows 安装程序”选项卡，在“组件”列表中选择安装“直接电缆连接”。第六步：启动“直接电缆连接”向导程序后，将两台计算机分别指定为“主机”和“客户机”，单击“下一步”。第七步：在对话框中根据实际连接选择两台计算机使用的通讯端口，一般都是使用并行口“LPT1”。如有必要，可以单击“安装新端口”，让系统自动查找并安装新的可用端口。单击“下一步”。第八步：这时，两台计算机分别出现一个对话框，提示已成功设置了主机和客户机，单击“完成”。第九步：单击“直接电缆连接”，在主机弹出的工作窗口中选择“侦听”；在客户机的工作窗口中选择“连接”。这时可以看到两台电脑之间正在进行通信，“验证用户名和密码”、“查找主机共享文件夹”等。之后，在客户机中选择“查看主机”，即可在弹出的窗口中看到主机中所有可以共享的设备。接下来，无论在哪台机器上，都可以同时操作自己的和对方的计算机了。

286. 家庭组网有什么用？

如果家中拥有两台以上计算机，就可以组成一个家庭网络，将这些计算机以及打印机等连在一起，实现家庭网络化。这样做的好处是：第一、网络中的所有计算机可以共用一个 Internet 连接，也就是所有计算机可以同时用一个账号上网。第二、网络上任意一台计算机都可以随时操作保存在其他计算机里的文件，包括复制、添加、移动、删除等。第三、网络中的所有计算机可以共用一个打印机。第四、可以玩多人游戏，网络中的每台计算机都可以同时参加娱乐。

287. 组建“家庭网络”需要什么？

一是计算机。至少要有两台计算机，多则十台八台都可以。二是电缆等网络介质。要用这些将计算机连接在一起。三是网络适配器。也就是网卡，用它把计算机与网络在物理上连接起来。四是网络操作系统。Windows 98/Me/2000/XP 都可以提供支持。五是 Internet 连接。也就是要能上网，包括上网所必需的硬件设备和账号等。其实不上网也能组建家庭网，只是现在许多家庭建网，多半是为了共用一个账号上网。六是网络集线器。集线器就是 HUB，也叫交换机，用于将两台或多台计算机连接到网络上。也有一些新技术不需要集线器。上面这些设备看起来一大堆，其实最重要的是计算机，有了计算机其他都好办。

288. 怎样设置家庭网络？

第一步：将网卡、电缆等硬件设备按照有关说明安装、连接好。

第二步：安装网卡驱动程序。当网卡安插好重启计算机时，Windows 会自动检测到硬件变更，提示安装相应驱动程序。只要按照提示把网卡的驱动程序盘放入光驱或者软驱，系统就会自动搜索并完成安装。如果网卡采用的是很普及的芯片，Windows 会自动识别并完成驱动程序安装。

第三步：安装网络通讯协议。Microsoft 的通讯协议共有 TCP/IP、NetBEUI 和 IPX/SPX 三种。TCP/IP 是网络的基本协议，NetBEUI 适用于小型网络，而一些联网游戏则需要 IPX/SPX 兼容协议。在桌面上单击“开始”→“设置”→“控制面板”，双击“网络”，查看协议框，如果协议已存在，则说明已安装，单击“取消”或“确定”返回即可；否则，单击“添加”→“协议”→“添加”→“Microsoft”→“TCP/IP”或“NetBEUI”或“IPX/SPX”→“确定”，按屏幕提示安装每个协议，最后重启计算机。

第四步：配置 TCP/IP 协议。在桌面上单击“开始”→“设置”→“控制面板”，双击“网络”，在“配置”选择框中单击选中“TCP/IP”→“属性”→“IP 地址”→“指定 IP 地址”，然后在用于上网的计算机 IP 地址栏中输入“192.168.0.1”；其他计算机 IP 地址栏中输入“192.168.0.X”(X 是 2、3、4、5... 一直到 255 之间的任意数，但不能输入相同的数)，并在“子网掩码”栏中都输入“255.255.255.0”。最后单击“确定”，重启计算机完成配置。

第五步：设置标识。在桌面上单击“开始”→“设置”→“控制面板”，双击“网络”，单击“标识”选项卡，输入“计算机名”、“工作组”和“计算机说明”。“计算机名”不能相同，“工作组”则要相同。填写完单击“确定”，重启计算机。

第六步：用户和口令的设置。网卡驱动程序安装后第一次启动计算机时，会出现一个登录框，提示你键入 Microsoft 网络的用户和口令。任意键入即可。

第七步：设置资源共享。在桌面上单击“开始”→“设置”→“控制面板”，双击“网络”，在缺省状态的“配置”选项卡下面单击“文件及打印共享”，在出现的对话框中将两个选项都单击选中，然后单击“确定”。在桌面上双击“我的电脑”，在需要共享的驱动器及打印机图标上单击右键，在弹出的快捷菜单中单击选择“共享”→“共享为”，然后输入共享名(或使用缺省名称)，最后在“访问类型”：“只读”、“完全”、“根据密码访问”中选择一种共享形式，单击“确定”完成共享设置。

第八步：设置打印机共享。假设 A 机安装有打印机，B 机用户需要使用 A 机上的打印机。在 A 机上进入“我的电脑”→“打印机”，将打印机按照“第七步”的方法设置成共享；然后，在 B 机上进入“我的电脑”→“打印机”→“添加打印机”，再单击“下一步”，选择“网络打印机”后再单击“下一步”，在“网络路径或队列名”框中输入 A 机打印机的网络路径。如名为“张三”的电脑上，安装了一台共享名为“HP”的打印机，那么就应输入“\\张三\HP”。也可以单击“浏览”查找网络上 A 机的打印机。安装好打印驱动程序就可以使用了。

第九步：浏览网络。网络中的任何一台机器，只要在桌面上双击“网上邻居”，就可以轻松进入网络中别的计算机中操作和使用打印机。

289. 怎样使用 Windows Me 的家庭网络向导？

在家庭网络几台计算机上都安装了必要的硬件并进行了连接之后，在接入 Internet 的主计算机上就可以运行 Windows Me 的家庭网络向导快速配置网络。第一步：在桌面上单击“开始”→“程序”→“附件”→“通讯”→“家庭网络向导”。单击“下一步”。第二步：单击选中上面的“我想在本地计算机上编辑家庭网络”，单击“下一步”。第三步：在出现的“Internet 连接”向导对话框中，如果你的计算机已经安装好了网络设备，并且要连接上 Internet，就可以在“是，本机使用下列连接”的两个项目中选择一个：如果当前计算机并没有直接连接到 Internet，而是要通过家中的另一台计算机上网，则选择第一项“到家庭网络中其它计算机的连接，它提供到我的 Internet 服务供应商的直接访问”；如果当前的计算机是你家中连接到 Internet 的主机，则在“使用下列设备直接连接到我的 ISP”下拉菜单中，选择通过何种方式连接到网络服务供应商。我们这里选择“拨号网络”，单击“下一步”。第四步：在这个对话框中，可以设置家庭网络中的其它计算机共享 Internet 连接，即使其它连接到这台计算机上的计算机都能访问 Internet。选择好连接到家庭网络的设备后，单击“下一步”。第五步：随后的向导将提示你为计算机起一个名字，并设置工作组。工作组要同名，而网络中每台计算机的名字则不能一样。设置好单击“下一步”。第六步：在这个对话框中，设置是否与其它家庭网络中的计算机提供文件夹和打印机的共享服务，单击“密码”还可以为共享设置密码。单击“下一步”。第六步：向导再次提示创建家庭网络安装盘，以使安装了 Windows 95/98 的计算机也能连入家庭网络。如果选择创建家庭网络安装盘并单击“下一步”，则出现对话框，提示插入软盘并创建；如果没有创建安装盘，单击“下一步”，家庭网络连接向导完成。第七步：如果家庭网络中有使用 Windows 95/98 的机器，将创建好的“家庭网络安装盘”插入计算机，双击运行安装盘中的“Setup”文件，就可以启动同上面介绍的一样的家庭网络连接向导，进行网络配置。

290. 计算机的共享资源有哪些？

大致可以分为三类：一是存储资源共享；二是打印机资源共享；三是程序资源共享。存储资源是指计算机系统中软盘、硬盘、光盘等存储介质。存储资源共享不但可以提高存储效率，而且更方便数据的提取和分析。打印机资源主要是指打印机，也包括扫描仪等外部设备。打印机资源共享可以提高打印机的使用效率。程序资源共享简单地说就是提供软件使用。

291. 怎样设置共享资源？

浏览网上计算机中的文件夹时，并不是所有文件夹都可以被浏览，只有那些被设置为“共享”属性的文件夹才可以被授权用户浏览。另一方面，自己计算机中的文件夹，也只有设置了“共享”属性后，才可以被网上其他用户浏览。如何设置“共享”属性呢？第一步：在桌面上单击“开始”→“设置”→“控制面板”，双击“网络”，在缺省状态的“配置”选项卡下面，单击“文件及打印共享”。第二步：在出现的对话框中将两个选项都单击选中，然后单击“确定”。第三步：在桌面上右键单击“开始”菜单，选择并单击“资源管理器”，或者在桌面上双击“我的电脑”。第四步：右键单击想要共享资源的磁盘、文件夹等，从快捷菜单中选择并单击“共享”，打开属性对话框的“共享”选项卡。第五步：单击选中“共享为”，可以输入“共享名”、“备注”信息，指定“访问类型”。如果要“根据密码访问”，则还要设置“只读密码”或“完全访问密码”。“只读”访问类型下，其他用户只可读取文件夹内的文件。而“完全”访问类型下，既可以读，也可以删改文件夹中的内容。第六步：单击“确定”完成共享设置。随后文件夹图标就会变成被一只小手托着，表示已成为共享资源。第七步：再次进入“Windows 资源管理器”或“我的电脑”中，右键单击设置为共享资源的磁盘、文件夹等，从快捷菜单中选择并单击“共享”，在属性对话框的“共享”选项卡上单击“不共享”，即取消了对该磁盘、文件夹的共享。第八步：要在连网的另一台计算机上使用共享资源，双击“网上邻居”，桌面上会显示出连上网的所有计算机名，双击一个计算机名，即可像操作自己的机器一样进入并使用里面的所有共享资源。设置共享资源是一件需要十分慎重的事情，事先要考虑好，以免带来不必要的危害。

292. 怎样设置和取消打印机共享？

设置打印机共享。第一步：打开“控制面板”。第二步：双击“打印机”(Windows XP 中是“打印机和传真”)，出现窗口。第三步：右键单击需要设置为共享的打印机图标，在快捷菜单中选择并单击“共享”，出现“属性”对话框。第四步：单击选中“共享这台打印机”，单击“确定”，完成设置。

取消打印机共享。第一步、第二步同“设置打印机共享”。第三步：右键单击需要取消共享的打印机图标，在快捷菜单中选择并单击“共享”，出现“属性”对话框。第四步：单击选中“不共享这台打印机”，单击“确定”，完成设置。

293. 怎样使用网络中的共享打印机？

第一步：打开“控制面板”。第二步：双击“打印机”(Windows XP 中是“打印机和传真”)，出现窗口。第三步：在窗口任意空白处单击右键，在快捷菜单中选择并单击“添加打印机”，出现“欢迎使用添加打印机向导”对话框。单击“下一步”。第四步：出现“本地或网络打印机”对话框。单击选中对话框中的“网络打印机，或连接到另一台计算机的打印机”。单击“下一步”。第五步：出现“指定打印机”对话框。单击对话框中的“连接到这台打印机”。单击“下一步”。第六步：出现“浏览打印机”对话框。在对话框中的“共享打印机”列表框中选择可以共享的打印机。单击“下一步”。第七步：出现“正在完成添加打印机向导”对话框。单击“完成”结束设置。这样设置的打印机通常为默认打印机。此后所有的打印任务都会被缺省传送到该打印机上打印。

294. 怎样配置 Windows XP 的传真功能？

第一步：将具备收发传真功能的调制解调器安装并连接好。第二步：打开“控制面板”。第三步：双击“打印机和传真”，出现窗口。第四步：在窗口任意空白处单击右键，在快捷菜单中选择并单击“设置传真”，弹出“正在配置组件”对话框。第五步：扫描系统后弹出提示窗口，插入 Windows XP 安装光盘，安装完成可以看到窗口中多了一个“Fax”图标。第六步：双击“Fax”弹出“传真配置向导”对话框，单击“下一步”。第七步：设置发信人信息，如：姓名、传真号码、职务、办公室电话、地址等。发信人姓名和传真号码不可省略，传真号码就是与调制解调器连接的电话号码。设置完成单击“下一步”。第八步：设置发送或接收传真文件的调制解调器，单击选中

“允许发送”、“允许接收”，并根据需要单击选择应答方式。如果选中“自动应答”还要设置应答前响铃次数等。完成设置单击“下一步”。第九步：在“TSID”和“CSID”文本框中键入发送传真时显示的电话号码，以便对方识别。单击“下一步”。第十步：设置接收传真后如何处理文件。如果要把收到的传真文件打印出来，单击选中“打印到”，并在列表中选中打印机名称；如果要在计算机中保存一份收到的传真文件副本，单击选中“将副本保存到文件夹”，并通过“浏览”选择保存位置。单击“下一步”，接着单击“完成”，结束配置。

295. 怎样使用 Windows XP 免费收发传真？

第一步：各项设置完成以后，打开一个 Windows 系统下的文本编辑工具，如 Word 2000，准备好传真内容（撰写或从别处复制等）后单击“文件”菜单→“发送”→“传真收件人”。第二步：在随后弹出的“传真发送向导”对话框中，键入收件人姓名、“位置”、“传真号码”等。如果是往外地传真，还要加上长途区号，设置“拨号规则”；如果要将传真文件发送多人，可以在各项中逐个输入收件人的相关信息后，单击“添加”。设置结束单击“下一步”。第三步：在“准备首页”对话框中选择首页模板，并可以通过右侧的预览窗口预览模板文件；在主题行中键入传真文件主题，并根据需要填写备注信息。此信息将被自动添加到传真文件的首页。完成后，单击“下一步”。第四步：在“计划”对话框中指定何时发送传真，并对该传真文件设置优先值，到此传真发送向导设置完成。如果设置的是立即发送，单击“完成”，传真文件就会被立刻发送出去。第五步：当有传真发来时，电脑如果处于开机状态，根据电话铃声设置，会自动启动传真工具接收传真文件。接收完成后在系统的任务栏中出现一个接收到新传真文件的图标，同时系统会将传真文件以图形文件的格式，保存在设置好的文件夹中。我们可以在“传真控制台”中进行查看，也可以通过一些看图工具直接对传真文件进行浏览。如果电脑未开机，那就没有办法收到传真。

296. 怎样拨打国际免费电话？

第一步：拨打国际免费电话常用的方式是从电脑到电话，也就是“PC to Phone”，对电脑硬件的要求是能上网拨打电话。第二步：具备一款网上通话软件。各网站对此要求不一样，有的网站只须使用 Windows 的 NetMeeting，有的网站则须下载专用的软件，当然也有网站不需要专门的软件。第三步：启动浏览器，在地址栏输入“http://www.hotcaller.com”回车后进入美国“热线电话”网站；也可以在地址栏输入“http://www.china21.com”回车后，进入“中国二十一”网站，根据提供的“电话”链接选择另外的免费电话网站。第四步：通过“热线电话”，可以免费打到 13 个国家或地区：澳大利亚、比利时、加拿大、法国、德国、中国香港、爱尔兰、荷兰、新西兰、瑞士、瑞典、英国和美国。进入主页后单击“Click here to continue”进入下一步。第五步：单击黄底白字的“place call”，出现拨号盘和提示窗口。提示窗口中显示的是当前线路工作状态，不管它，只须单击或者使用键盘在拨号盘上输入想要拨打的电话号码。第六步：如果拨打美国和加拿大，要先拨“1”，接着拨地区区号和电话号码，不需要国家代码；如果拨打除美国和加拿大外的其他地方，要先拨“011”，接着拨国家代码、地区区号和电话号码。输入电话号码后，单击“place call”出现新页面。第七步：单击网页中的小电话机，就可以等候通话了。进入免费电话网站一般都比较困难，通话质量、电话接通率也都比较低，避开打电话高峰时进入要好一些。

近来，许多免费电话网站相继关闭，或是改为低收费。随着电脑和因特网的普及，我们可以另辟蹊径，使用 Netmeeting、雅虎通，或者 QQ 的“二人世界”等即时通讯软件的“语音聊天”功能，实现电脑到电脑也就是"PC to PC"免费通话。如果有足够的带宽和网速，还可以利用这些软件实现"视频通话(聊天)"。这种方式不受国家和地区的限制，无论你在世界任何地方，通话双方只需使用相同的软件，连上因特网即可。

297."E－mail 地址"就是"网址"吗？

E－mail 地址完全不同于网址。E－mail 又叫电子邮件，一个完整的E－mail 地址由三部分组成：@号前的部分、@号和@号后的部分。@号前的部分表示该E－mail 地址的用户名，也就是用户的 E－mail 账户，通常由英文字母和数字及一些规定的符号组成；"@"号表示"at"的意思，即指它前面的 E－mail 账户位于什么地方；@号后的部分表示 E－mail 账户服务器的域名，包括主机名、主机所属机构、机构类别、所属国家或地区四部分内容。由于域名规定的 Internet 主机是惟一的，所以任何一个 E－mail 地址在全球 Internet 中也是惟一的，绝对没有两个不同的E－mail 地址表示同一邮箱的事情。因此，只要 E－mail 地址是正确的，在 Internet 上收发电子邮件时就不会有邮箱错乱的情况发生。

298. 电子邮件的基本原理是什么？

传统的寄信方式是：发信人→发信人所在地邮局→收信人所在地邮局→收信人。电子邮件的发送过程与此类似，邮件首先会发送到发信人邮箱所属的发信服务器，即 SMTP 服务器，该服务器将所有待发的邮件排队，依次发送到收信人邮箱所属的收信服务器，即 POP3 服务器，最后收信人从自己的 POP3 服务器上下载邮件到本地硬盘中，完成邮件的收发过程。

299. 免费 E－mail 邮箱有哪些分类？

免费 E－mail 邮箱一般分为 Web 邮箱，POP3 邮箱和转信邮箱三类。Web 邮箱是最为常见的免费邮箱，优点是可以在邮箱的网页内，也就是在网上就拒收某些出于恶意的超大容量 E－mail、垃圾性质的 E－mail、可能含有网络病毒的 E－mail 等，缺点是每次收发电子邮件时，都需要登录到相应的网站，要耗费比较多的上网时间，增加上网费用。POP3 邮箱可以像使用 Web 邮箱一样登录网站收发信件，也可以使用各种 E－mail 收发软件，不必登录网站直接在自己的电脑上收发信件，实现离线读信、写信，节省上网费用和时间。转信邮箱其实并不是真正的 E－mail 邮箱，它仅仅是一个中转站，只会按设定把发到这个地址的信一股脑转寄到别的 E－mail 邮箱里去。

300. 怎样申请免费电子邮箱？

电子邮箱是"E－mail 地址"的形象叫法，申请免费电子邮箱也就是申请免费 E－mail 地址。第一步：先要在网上选择一个提供免费电子邮箱的网站。现在一些知名度高的网站提供完全免费电子邮箱的越来越少了。如果不知道哪个网站提供免费电子邮箱，可以到一些提供搜索服务的网站输入关键词寻找。第二步：启动浏览器上网，在地址栏中输入"sina.com.cn"，键入回车后进入新浪网首页，在页面广告左下方的"网站登录"框内填入"免费邮箱"，然后单击"搜索"或键入回车。第三步：出现新浪搜索到的所有提供免费电子邮箱的网站链接页面，有的还附有简介。在这里就可以根据个人需要选择一个或多个，以"畅捷网苑"提供的"2911 免费邮件"为例，单击序号排在第 10 的畅捷网苑"2911 免费邮件"链接。第四步：出现"畅捷网"的免费邮箱登录页面，尚未申请到邮箱的用户只能单击登录框下面的“注册新用户”链接。第五步：出现“用户服务协议”页面，拖动协议框右边的滚动条可以仔细阅读协议，要注册免费邮箱，只能选择单击“我同意”按钮。第六步：出现选择“用户名”页面，在框内按照规定键入英文字母或数字作为用户名，如“abc001”，单击“下一步”。如果选择的用户名和已注册的用户有重名，系统会要求你重新键入。第七步：在这个页面上首先是按要求设置密码，如键入“abc321”，当然也可以是别的数字和字母。然后用下拉列表选择“遗忘密码后的提示问题”，如“纪念日”，在下面的“答案”框中键入日期，如“0211”。意思就是一旦忘记了密码，可以用这个提问和回答让系统找回。最后在下面键入相应的个人信息（也可以不填写），单击“提交”按钮。第八步：如果一切顺利，就出现“注册完毕”页面，提示“已经成功注册”并显示电子邮箱地址“abc001@2911.net”。单击“开始使用”按钮就可以返回到免费邮箱登录页面，键入“用户名”和“密码”，单击红色的“GO”按钮第一次使用自己的邮箱了。第九步：如果忘记了密码，可以在登录页面单击“忘记密码了”按钮，然后按照页面提示输入用户名、键入自己设定的记念日日期(0211)，系统立刻就会帮你取回密码。

301. 怎样以Web页面方式使用免费E—mail邮箱？

以Web页面方式使用免费E—mail邮箱就是在线收、发、读、写电子邮件，这种方式的好处是不论身处何地，只要有电脑能上网，就可以通过Internet Explorer等浏览器在线收发读写E—mail。第一步：启动浏览器连接到Internet，在地址栏输入电子邮箱所在网站的网址，如畅捷网苑“2911免费邮件”的网址“http://mail.2911.net”，单击回车打开登录页面。第二步：分别在“用户”、“密码”框内键入“用户名(abc001)”和“密码(abc321)”，单击红色的“GO”按钮或者键入回车，就进入了自己的免费邮箱主窗口页面。第三步：收取信件。在邮箱主窗口左边单击“收新邮件”，即可打开收件箱，浏览收到的新邮件情况。一般这也是主窗口打开时的缺省状态。在没有读过的邮件名上单击，屏幕上就会显示出邮件内容。通常收到的第一封信就是“欢迎使用2911免费电子邮件”，这是畅捷网自动发给每个人的。信读完以后，如果不想再保留，可以单击邮件前面的复选框，然后单击“删除”；或者单击下面“移动选择下拉列表”中的“垃圾箱”，将选中邮件移动到垃圾箱里去。第四步：写信和发信。在邮箱主窗口页面中，单击“写新邮件”，打开写信窗口。在该窗口中，用户可在“收件人”栏中填入收件人的E—mail地址；在“主题”栏中填入新邮件的主题；如有必要，还可以在“抄送”栏中填入其他收件人的E—mail地址，将该邮件同时发给第三者，“暗送”同“抄送”的意思差不多，也是寄出一个邮件副本给需要的收件人。接下来，就可以在下面的内容框中写信了。信写好后如果暂时不想发出，或者信写到一半要关机，可以选择把信存入“草稿夹”，另找时间上网发出或续写；如果要立即发出，单击“立即发送信”按钮，即将写好的当前E—mail发送出去。稍候片刻，系统就会提示发送成功。通常，为了节省网费，可以提前在电脑上把信写好，在上网发信时，可以在写信窗口单击“选取附件”框左边的“浏览”按钮，找到保存在电脑中的事先写好的信，单击“选取附件”，把信作为附件发送出去。第五步：除基本的收发信外，还可以使用“自动转发”、“自动回复”、“邮件过滤”等功能，操作结束后，单击红色的“Exit”按钮，即可退出邮箱。

302. 怎样以POP 3方式使用免费E—mail邮箱？

POP 3方式就是利用专门的E—mail软件，如Windows系统中集成的Outlook Express，就可以直接在自己的计算机上接收和发送 E－mail，而不必使用浏览器。这种方式要比 Web 页面方式灵活和方便。但是，不是所有的免费邮箱都具有 POP3 功能，申请时要注意有关网站的使用说明。第一步：在 Windows 桌面上双击信封状的"Outlook Express"图标，或者移动鼠标到任务栏左端单击"Outlook Express"小图标，或者单击"开始"→"程序"→"Outlook Express"，都可以启动"Outlook Express"邮件收发程序。第二步：如果是第一次启动"Outlook Express"，会出现一个电子邮件设置向导，但是我们经常使用的是日常设置，日常设置启动以后和向导是一样的。移动鼠标到菜单栏单击"工具"→"账户"。第三步：在出现的"Internet 账户"对话框中单击右上角的"添加"→"邮件"，启动"Internet 连接向导"。第四步：这个向导和第一次启动"Outlook Express"的向导是完全一样的。按照向导指引，在"姓名"栏中可键入用户自己的名字或任意名字；在"电子邮件地址"栏中键入申请好的免费 E－mail 地址，如：abc001@sina.com；在"邮件接收(POP 3)服务器"栏中填入在申请免费邮箱时从使用说明中记下的设置，这里是"pop3.sina.com.cn"；在"邮件发送(SMTP)服务器"栏中填入用户本地的邮件服务器地址或申请时记下的设置，这里是"smtp.sina.com.cn"。如果在这一步设置完成后，系统询问"指定的电子邮件地址可能无效，是否继续使用该地址?"，应选择"是"。这主要是因为许多免费地址中的域名说明部分与常规不同，系统误以为是用户搞错了。第五步：现在许多免费 E-mail 服务器都设置了发信身份验证，这里的设置方法是：返回"Outlook Express"主窗口，移动鼠标到菜单栏单击"工具"→"账户"→"邮件"，在列表框中选定 abc001，单击右边的"属性"→"服务器"，然后在下边的"我的服务器要求身份验证"前的复选框中打上"√"，再单击"应用"→"确定"退出即可。第六步：在"Outlook Express"主窗口单击工具栏上的"发送/接收"，只要网络连接设置没有问题，就可以顺利连接 Internet 收发 E－mail。单击左侧窗格的"收件箱"文件夹，可以方便从容地阅读从免费邮箱中接收到自己电脑中的邮件。

303. 怎样启动电子邮件程序 Outlook Express?

第一步：在 Windows 桌面上双击信封状的"Outlook Express"图标，或者移动鼠标到任务栏左端单击"Outlook Express"小图标，或者单击"开始"→"程序"→"Outlook Express"。程序启动之后，在建立了"拨号连接"的情况下，会出现询问是否连网的"连接到"对话框。单击"连接到"对话框中的"连接"按钮，可以立即连接到 Internet 网；单击"脱机工作"按钮，可以在不连网的状态下使用"Outlook Express"。第二步：如果是第一次启动"Outlook Express"，会出现"Internet 连接向导"，在"显示名"文本框中输自己的姓名或任意数字或字母。单击"下一步"。第三步：在"电子邮件地址"文本框中输入电子邮件地址。这个地址可以是从网上申请的免费邮箱，也可以是 ISP 提供的收费邮箱。单击"下一步"。第四步：在"接收邮件服务器"文本框中输入电子邮件服务商提供的"接收邮件服务器"的域名或地址，在"发送邮件服务器"文本框中输入电子邮件服务商所提供的"发送邮件服务器"的域名或地址。如果是通过 ADSL 连接入网，则应在"发送邮件服务器"文本框中输入 ADSL 服务商提供的"发送邮件服务器"的域名或地址。单击"下一步"。第五步：在"账户名"文本框中输入电子邮件的用户名；在"密码"文本框中输入电子邮件的密码。单击"下一步"。第六步：单击"完成"按钮，出现"Outlook Express"窗口。进入"Outlook Express"窗口后即可接收和发送电子邮件。第七步：移动鼠标到菜单栏，单击"工具"→"发送和接收"→"发送和接收全部邮件"，也可以直接单击工具栏上的"发送/接收"，开始接收邮件。第八步：接收的邮件全部存放在"收件箱"中，"收件箱"旁边标有邮件的数字。单击打开“收件箱”，再单击打开表示邮件的一个个小信封，即可阅读收到的邮件。第九步：单击 Outlook Express 窗口右上角的“关闭(×)”按钮，退出程序。

304. 怎样使用 Outlook Express 创建多个 E－mail 账户？

一个 E－mail 账户对应于一个 E－mail 地址，或者说一个 E－mail 信箱。创建多个 E－mail 账户，就可接收来自多个 E－mail 信箱中的信件，可以用于订阅不同类别的电子刊物，也可以用于多个家庭成员等。第一步：启动“Outlook Express”。第二步：单击“脱机工作”。第三步：移动鼠标到菜单栏单击“工具”→“账号”。第四步：在出现的“Internet 账户”对话框中单击右上角的“添加”→“邮件”，启动“Internet 连接向导”。第五步：按照向导指引，一步一步设置账户，直至单击“完成”按钮。第六步：重复“第一步”到“第四步”，将多个账户依次添加完成。第七步：一般情况下，系统会将第一次添加的电子邮件账户设为默认的发信账户，要改变默认账户，可以在“Internet 账户”对话框中单击选中某个账户，再单击对话框中的“设为默认值”按钮即可。第八步：一般情况下，Outlook Express 缺省设置邮件接收服务器的地址为账户名。要修改账户名，先要在“Internet 账户”对话框中单击选中该账户，再单击对话框中的“属性”，在“属性”对话框中键入新的账户名后单击“确定”即可。第九步：Outlook Express 缺省设置自动记住密码接收所有账户的邮件。多人共用一台机器时，如果不希望自己的邮件被别人接收，在“Internet 账户”对话框中单击选中自己的邮件账户，再单击“属性”→“服务器”，单击取消“记住密码”复选框，最后单击“确定”使设置生效。这样，再接收电子邮件时系统会提示输入密码，只有输入正确的密码，才能进入邮箱接收邮件。

305. 怎样使用 Outlook Express 接收和阅读 E－mail？

第一步：启动“Outlook Express”。第二步：单击“连接”。第三步：移动鼠标到菜单栏，单击“工具”→“发送和接收”→“发送和接收全部邮件”，或者只引出菜单中的某个 E－mail 账户名，单独接收该账户中的 E－mail；也可以直接单击工具栏上的“发送/接收”，开始接收邮件。第四步：接收的邮件全部存放在左窗格的“收件箱”中，“收件箱”旁边标有未读邮件的数字。单击打开“收件箱”，右边主窗格上面部分就会出现“收件箱”文件夹中的邮件列表，单击打开表示邮件的一个个小信封，即可在主窗格下面部分阅读邮件内容。第五步：如果表示邮件的“小信封”前面有个“回形针”标记，那是说这封邮件带有附件，右键单击“附件”栏的附件名称，选中并单击“打开”，即可打开附件浏览。第六步：如果计算机长时间连在网上，为了及时获得信息，可以让 Outlook Express 每隔一定时间自动接收 E－mail。移动鼠标到菜单栏，单击“工具”→“选项”→“常规”，在“常规设置”框里单击选中“每隔 X(在框内键入数字指定间隔时间)分钟检查一次新邮件”，再单击“确定”使设置生效。第七步：如果计算机连网常常只是为了收发 E－mail，可以让 Outlook Express 在完成收发 E－mail 后自动断开 Internet 连接。移动鼠标到菜单栏，单击“工具”→“选项”→“连接”，单击选中“完成发送和接收后挂断”，再单击“确定”使设置生效即可。

306. 怎样在使用 Outlook Express 阅读邮件时消除乱码？

在收到 E－mail 后，Outlook Express 通常以信件发送方使用的语言显示邮件，如果作为接收方的用户所使用的语言与发送方使用的不同，那么用户收到的 E－mail 只能显示为一些无法认读的乱码、怪字符。尤其对使用中文的用户来说，当发信人所用字符集与用户使用的字符集不一致时，很容易出现乱码。解决这一问题的方法是更改系统当前用于显示 E－mail 的语言字符集。第一步：单击“收件箱”，单击打开有乱码的信件。第二步：移动鼠标到工具栏单击“编码”图标旁边的下三角标志，会出现一个菜单；或者移动鼠标到菜单栏，单击“查看”→“编码”，也会出现该菜单。第三步：菜单中有三项：“西欧字符(Windows)”“简体中文(GB2312)”和“其他”，移动鼠标指向“其他”后会打开一个更大的子菜单，列有更多的编码字符集名称。可试着单击前面没有黑点的某一项。如果当前 E－mail 内容为汉字乱码，菜单中“简体中文(GB2312)”前面有黑点，可以单击选择“简体中文(HZ)”；如果当前 E－mail 内容为西文，可以单击选择“西欧字符”。通过更改字符集大都可以消除乱码，正常阅读 E－mail 内容。

307. 怎样使用 Outlook Express 在电脑上写信及发送？

第一步：启动“Outlook Express”。第二步：单击“脱机工作”，写完信要发送时再连网。第三步：移动鼠标到工具栏，单击“新邮件”图标旁边的的下三角按钮选择一种邮件样式；也可以直接单击“新邮件”。第四步：在出现的“新邮件”窗口中，光标已经停留在“收件人”下拉列表框中，可以直接键入收件人的电子邮件地址，或者从别处复制过来，也可以从通讯薄中获得。第五步：如果“收件人”的地址已存在于通讯簿中，移动鼠标到“新邮件”窗口中的菜单栏，单击“工具”→“选择收件人”。第六步：在“选择收件人”对话框中按姓名找到收件人文件夹单击选中，再单击“收件人”按钮。单击“确定”，所选择的收件人地址即被自动输入新邮件“收件人”列表框中。如果还需要“抄送”、“密件抄送”人，也可以在“选择收件人”对话框中分别选定，单击“抄送”及“密件抄送”按钮并单击“确定”。第七步：移动鼠标到“新邮件”窗口的主题栏中，键入邮件主题(也可以不要主题)。第八步：移动鼠标到“新邮件”窗口下面的内容框中，单击鼠标出现编辑光标，就可以像日常用笔在纸上写信一样撰写邮件内容、写信了。撰写邮件内容的编辑操作和普通文本的编辑是一样的。第九步：信写到一半如果要关机离开，移动鼠标到菜单栏，单击“文件”→“保存”或“另存为”，将写到一半的邮件保存起来，以便日后继续撰写。第十步：信写好后，单击“新邮件”窗口中的“发送”按钮，即可连网发送邮件或存入“发件箱”中待发。

308. 怎样使用 Outlook Express“回复”E－mail？

第一步：启动“Outlook Express”。第二步：单击左窗格中的“收件箱”，右边窗格上面部分就会出现“收件箱”文件夹中的邮件列表。第三步：单击选中要回复的邮件，移动鼠标到工具栏上，单击“回复”，或者在菜单栏上单击“邮件”→“回复发件人”；也可以右键单击要回复的邮件，在快捷菜单上单击选中“回复发件人”。第四步：出现的回信窗口与写信的“新邮件”窗口一模一样，只是：“收件人”地址已经自动填好；“主题”栏也自动填上了说明；E－mail 内容框内也出现了原信内容。如果不想在复信中包含原信内容，移动鼠标到 Outlook Express 窗口的菜单栏，单击“工具”→“选项”→“发送”，单击取消“回复时包含原邮件”即可。第五步：信写好后，单击“发送”按钮，即可连网发送或存入“发件箱”中待发。

309. 怎样使用 Outlook Express“全部回复”E－mail？

第一步：启动“Outlook Express”。第二步：单击左窗格中的“收件箱”，右边窗格上面部分就会出现“收件箱”文件夹中的邮件列表。第三步：单击选中要全部回复的邮件，移动鼠标到工具栏上，单击“全部回复”，或者在菜单栏上单击“邮件”→“全部回复”；也可以右键单击要全部回复的邮件，在快捷菜单上单击选中“全部回复”。第四步：出现的回信窗口与“回复发件人”的窗口一模一样，“收件人”、“抄送人”等地址已经自动填好；“主题”栏也自动填上了说明；E－mail 内容框内也出现了原信内容。如果不想在复信中包含原信内容，移动鼠标到 Outlook Express 窗口的菜单栏，单击“工具”→“选项”→“发送”，单击取消“回复时包含原邮件”即可。“全部回复”与“回复发件人”的区别是，原信发送时除发送给了“收件人”外，可能还同时“抄送”和“密件抄送”给了其他一些人。“全部回复”功能不仅能将信“回复发件人”，而且还能同时回复原发件人“抄送”和“密件抄送”的那些人。第五步：信写好后，单击“发送”按钮，即可立即发送或存入“发件箱”中待发。

310. 怎样使用 Outlook Express“转发”E－mail？

第一步：启动“Outlook Express”。第二步：单击左窗格中的“收件箱”，右边窗格上面部分就会出现“收件箱”文件夹中的邮件列表。第三步：单击选中要转发的邮件，移动鼠标到工具栏上，单击“转发”，或者在菜单栏上单击“邮件”→“转发”；也可以右键单击要转发的邮件，在快捷菜单上单击选中“转发”。第四步：出现的回信窗口与“回复”窗口一模一样，只是“收件人”、“抄送”和“密件抄送”各栏均为空，单击“收件人”下拉列表框，可以直接键入转发的目的 E－mail 地址，或者从别处复制过来，也可以从通讯薄中获得。第五步：如果“收件人”的地址已存在于通讯簿中，移动鼠标到转发电子邮件窗口中的菜单栏，单击“工具”→“选择收件人”。第六步：在“选择收件人”对话框中按姓名找到收件人文件夹单击选中，再单击“收件人”按钮。单击“确定”，所选择的收件人地址即被自动输入转发邮件“收件人”列表框中。第七步：填好目的 E－mail 地址后，单击“发送”按钮，即可立即发送或存入“发件箱”中待发。

311. 怎样使用 Outlook Express“按附件转发”E－mail？

按附件转发是转发 E－mail 的另一种形式，就是将原 E－mail 作为一封新 E－mail 的附件转发出去，同时可以在新 E－mail 中输入内容。第一步：启动“Outlook Express”。第二步：单击左窗格中的“收件箱”，右边窗格上面部分就会出现“收件箱”文件夹中的邮件列表。第三步：单击选中要按附件转发的邮件，移动鼠标到工具栏上，单击“作为附件转发”，或者在菜单栏上单击“邮件”→“作为附件转发”；也可以右键单击要按附件转发的邮件，在快捷菜单上单击选中“作为附件转发”。第四步：出现的窗口下部是附件栏，显示有作为附件的 E－mail 名称及其大小，窗口的中部是信件内容栏，方便写入自己的内容。“收件人”、“抄送”和“密件抄送”各栏均为空。单击“收件人”下拉列表框，可以直接键入转发的目的 E－mail 地址，或者从别处复制过来，也可以从通讯薄中获得。第五步：如果“收件人”的地址已存在于通讯簿中，移动鼠标到转发电子邮件窗口中的菜单栏，单击“工具”→“选择收件人”。第六步：在“选择收件人”对话框中按姓名找到收件人文件夹单击选中，再单击“收件人”按钮。单击“确定”，所选择的收件人地址即被自动输入按附件转发邮件“收件人”列表框中。第七步：填好目的 E－mail 地址后，单击“发送”，即可立即发送或存入“发件箱”中待发。

312. 使用 Outlook Express 怎样设置信纸？

第一步：启动“Outlook Express”。第二步：移动鼠标到工具栏，单击“新邮件”图标旁边的的下三角按钮选择一种邮件样式;也可以直接单击“新邮件”。第三步:在出现的“新邮件”窗口中,移动鼠标到菜单栏,单击“格式”→“应用信纸”,单击选中想要使用的信纸名称。第四步:正常撰写邮件内容,正常发送即可。信纸一般都包含图片和特殊文字,会使E－mail的容量增大,发送时需时较长并容易出错,建议如非特别情况不要使用信纸。

313. 使用 Outlook Express 在 E－mail 中怎样添加名片或签名?

第一步:启动“Outlook Express”。第二步:移动鼠标到菜单栏,单击“工具”→“选项”→“签名”选项卡。第三步:在出现的对话框中便可根据自己需要,设定签名形式是“文本”还是“文件”以及签名的具体内容,不仅可以“新建”自己的签名,还可以“重命名”已有的签名;用户可以指定是否“在所有待发邮件中添加该签名”,是否“不在回复和转发的邮件中添加签名”等。还可以单击“高级”按钮,从出现的对话框中设定当前签名适用于哪些E－mail账户。第四步:设置完成后,每当撰写E－mail需要时,移动鼠标到菜单栏,单击“插入”→“签名”或“我的名片”,设置好的签名或名片就会自动添加到光标所在位置。

314. 怎样使用 Outlook Express 发送附件?

第一步:启动“Outlook Express”。第二步:移动鼠标到工具栏,单击“新邮件”,打开“新邮件”窗口,撰写好电子邮件。第三步:移动鼠标到“新邮件”窗口中的菜单栏,单击“插入”→“文件附件”,在对话框中的“文件名”文本框中输入或单击“浏览”选择附加文件的位置、名称。第四步:选定后单击对话框中的“附加”按钮,就会在“新邮件”窗口下面增加一个“附件”栏,显示出附加文件的名称和大小等。并在电子邮件前出现一个“回形针”标记。第五步:还可以将事先写好的文本文件插入到正在撰写的电子邮件正文中:单击需要插入文件的位置,移动鼠标到“新邮件”窗口中的菜单栏,单击“插入”→“文件中的文本”,出现“插入文本文件”对话框。在对话框的“文件名”下拉列表框中输入要插入的文本文件名或单击“浏览”选择文本文件的位置、名称。选定后单击对话框中的“打开”按钮即可。第六步:还可以将事先准备好的图片插入到正在撰写的电子邮件正文中:单击需要插入图片的位置,移动鼠标到“新邮件”窗口中的菜单栏,单击“插入”→“图片”,出现“e图片”对话框。单击“浏览”选定准备好的图片文件。单击“打开”→“OK”,选定的图片就插入到了电子邮件的指定位置。第七步:全都完成后,单击“新邮件”窗口中的“发送”按钮,即可连网将邮件发送出去或存入“发件箱”中待发。

315. 使用 Outlook Express 怎样查看及保存附件?

第一步:启动“Outlook Express”。第二步:单击“连接”。第三步:移动鼠标到菜单栏,单击“工具”→“发送和接收”→“发送和接收全部邮件”,完成接收邮件。第四步:单击打开“收件箱”,右边主窗格上面部分就会出现“收件箱”文件夹中的邮件列表,单击打开表示邮件的一个个小信封,如果某封E－mail带有附件,那么它的旁边就会出现一个“回形针”标记,即附件图标。第五步:移动鼠标到“附件”栏,右键单击附件名称,在快捷菜单中单击选中“打开”,随后在出现的对话框中单击选中“在当前位置打开”→“确定”,即可打开附件浏览。第六步:移动鼠标到“附件”栏,右键单击附件名称,在快捷菜单中单击选中“另存为”,随后在出现的对话框中选择保存位置和文件夹,选定后单击“保存”按钮,即可将该附件保存到指定位置和文件夹。第七步:移动鼠标到“附件”栏,右键单击附件名称,在快捷菜单中单击选中“全部保存”,随后在出现的对话框框中选择保存位置和文件夹，选定后单击“保存”按钮，即可将全部附件保存到指定位置和文件夹。

316. 怎样使用 Outlook Express 的“邮件规则”分拣 E－mail？

第一步：启动“Outlook Express”。第二步：移动鼠标到菜单栏，单击“工具”→“邮件规则”→“邮件”，打开“新建邮件规则”对话框。第三步：在“选择规则条件”列表框，单击选中需要的条件。比如，可以单击选定：若“发件人”行中包含用户。第四步：在“选择规则操作”列表框中选择符合“第三步”条件时所希望的操作。比如，可以单击选定：移动到指定的文件夹。第五步：这时，“规则说明”框中出现所选定规则的完整描述，单击带有下划线的词，可以进行编辑，具体指定。这里两个带有下划线的词的意思分别是：“包含用户”是要你填上具体是谁，张三还是李四，也就是打开“收件箱”后邮件列表“发件人”栏的内容；“指定的”是要你填上具体文件夹名，可以是已经存在的文件夹，也可以是新建的文件夹。第六步：单击“包含用户”，在对话框中键入具体哪些邮件的发件人内容，可以是一个，也可以是多个，单击“添加”→“确定”。第七步：单击“指定的”，在对话框中输入具体文件夹名，可以单击“＋”号展开“本地文件夹”选择，也可以单击“新建文件夹”重新创建一个，选定后单击“确定”。返回“新建邮件规则”对话框后，可以看到最下面的“规则名称”框内出现了刚刚创建的新规则及其序号，在这里可以重新为规则命名，然后单击“确定”。第八步：此时屏幕上出现“邮件规则”对话框，新创建的规则已经出现在列表中，选中并单击“马上应用”即可将它应用于 Outlook Express 的所有 E－mail 中。利用对话框中的相应按钮，还可以“新建”、“修改”、“复制”、“删除”所选规则；单击“上移”或“下移”可以调整各规则应用的优先级。第九步：重复“第二步”到“第八步”，以此类推，可以创建多种多样的邮件规则。

317. 怎样使用 Outlook Express 指定 E－mail 保存在邮件服务器上？

Outlook Express 的缺省设置是接收完即把 E－mail 从 ISP 或 E－mail 服务提供商的邮件服务器上删除掉，这样可以避免重复接收。不过，有时需要 E－mail 保存在邮件服务器上不被删除。第一步：启动“Outlook Express”。第二步：移动鼠标到菜单栏单击“工具”→“账户”。第三步：在出现的“Internet 账户”对话框中单击选中想要在邮件服务器上保存 E－mail 的账户，单击“属性”。第四步：单击“高级”选项卡，单击选中“在服务器上保留邮件副本”，以及进一步指定保留天数等。第五步：单击“确定”使设置生效。

318. 怎样使用 Outlook Express 移动或复制 E－mail 到其他文件夹？

第一步：启动“Outlook Express”。第二步：单击打开左窗格中的“收件箱”，右边主窗格上面部分就会出现邮件列表，在确定要移动或复制的邮件上单击右键，从出现的快捷菜单中单击选中“移动到文件夹”或者“复制到文件夹”命令。第三步：在出现的对话框中，可以选择现有的文件夹，也可以单击“新建”创建新的文件夹，总之要选中一个目标文件夹。第四步：单击“确定”，完成选定 E－mail 的移动或复制操作。

319. 怎样使用 Outlook Express 删除与恢复 E－mail？

第一步：启动“Outlook Express”。第二步：单击打开左窗格中的“收件箱”，右边主窗格上面部分就会出现邮件列表，在确定要删除的邮件上单击右键，从出现的快捷菜单中单击“删除”;或者单击选中要删除的邮件,再单击工具栏上的“删除”按钮。第三步:单击打开左窗格中的“已删除邮件”文件夹,右边主窗格上面部分就会出现已删除邮件列表,在确定要恢复的邮件上单击右键,从出现的快捷菜单中单击“移动到文件夹”或者“复制到文件夹”,然后进行“移动”或者“复制”操作,把已删除邮件“移动”或者“复制”到“收件箱”或其他文件夹中,实现恢复。

320. 怎样使用 Outlook Express 彻底删除 E-mail?

[方法一] 移动鼠标到菜单栏,单击“工具”→“选项”→“维护”,单击选中“退出时清空‘已删除邮件’文件夹中的邮件”复选框。以后,“Outlook Express”每次退出时都会把“已删除邮件”文件夹清空,实现彻底删除。

[方法二] 移动鼠标到“已删除邮件”文件夹上右键单击,从出现的快捷菜单中单击选中“清空文件夹”命令,也可实现彻底删除。彻底删除之后,邮件就再也不能恢复使用。

321. 怎样减少 E-mail 占用的硬盘空间?

第一步同彻底删除 E-mail“方法一”。第二步:分别单击选中“收件箱”、“发件箱”、“已发送邮件”等文件夹,移动鼠标到菜单栏,单击“文件”→“压缩”,也可节省空间。第三步:移动鼠标到菜单栏,单击“工具”→“选项”→“发送”,单击清除“在‘已发送邮件’文件夹中保存已发送邮件的副本”复选框。这样,以后发出的 E-mail 均不会再保留副本。个别需要保留副本的,可以在发送 E-mail 时,通过在“抄送”框中键入自己的 E-mail 地址,发一个副本到“收件箱”。

322. 怎样使用 Outlook Express 设置 SMTP 认证?

越来越多的邮件服务商为了不让其它用户利用自己的 SMTP 服务器发信,相继采用了 SMTP 服务器发信认证,在申请免费邮箱时,一定要注意该邮箱是否使用了 SMTP 认证,如果已经使用,就必须进行相应的设置。第一步:启动“Outlook Express”。第二步:移动鼠标到菜单栏,单击“工具”→“账户”→“邮件”。第三步:单击选中要设置 SMTP 认证的邮箱,单击“属性”→“服务器”选项卡。第四步:单击选中“我的服务器需要身份验证”即可。

323. 怎样使用 Outlook Express 邮件标记?

第一步:启动“Outlook Express”。第二步:移动鼠标到菜单栏,单击“工具”→“发送和接收”→“发送和接收全部邮件”,完成接收邮件。第三步:单击打开“收件箱”,右边主窗格上面部分就会出现收到的的邮件列表。有时候在邮件列表中会看到一些邮件前面出现感叹号、回形针等小图标,这就是邮件标记。感叹号表示邮件的优先级;红色表示加急信件,最好先看;蓝色向下箭头表示低优先级,不必急于阅读;回形针表示该邮件含有附件;旗帜用来给邮件添加标记,便于查找、定位邮件;发件人前的信封图标如果是打开的表示该邮件已被阅读,封闭的表示未读。第四步:在撰写新邮件或回复、转发邮件时,移动鼠标到工具栏,单击“优先级”旁边的向下箭头,在弹出菜单中单击选中“高优先级”,就能把要发出的邮件标记为加急信件,提醒收件人注意;当然,也可以在弹出菜单中单击选中“低优先级”,提醒收件人不必急于阅读。第五步:如果“收件箱”中邮件比较多,要给某个邮件做个标记便于以后查找,先在邮件列表中单击选中要做标记的邮件,然后移动鼠标到菜单栏,单击“邮件”→“标记”,就在这个邮件的前面插上了一面小旗。

324. 怎样使用 Outlook Express 邮件排序？

第一步：启动“Outlook Express”。第二步：单击“连接”。第三步：移动鼠标到菜单栏，单击“工具”→“发送和接收”→“发送和接收全部邮件”，完成接收邮件。第四步：单击打开“收件箱”，右边主窗格上面部分就会出现收到的的邮件列表。如果“收件箱”中邮件比较多，可以将邮件按当前标记排序，有选择地浏览邮件。第五步：在右窗格邮件列表上面有一排按钮，从左至右依次是：感叹号(优先级)、回形针(附件)、小旗(标记)、发件人、主题和接收时间。这些按钮就是用作排序的。第六步：单击邮件列表上面的“主题”栏，即可将所有邮件按“邮件主题”排序；单击邮件列表上面的“接收时间”栏，即可将所有邮件按“接收时间”排序；单击邮件列表上面的“发件人”栏，即可将所有邮件按“发件人”排序；单击“小旗”，即可按“标记”排序；单击“回形针”，即可按“附件”排序；单击“感叹号”，即可按“优先级”排序。第一次单击如果是按升序排序，再单击一次就是降序。

325. 两个以上家庭成员怎样共用 Outlook Express？

一般家庭大都只有一台电脑，如果家庭成员每人都申请了好几个免费邮箱，在这种情况下，Outlook Express 可以为每人设置不同的工作界面，并且互不干扰。第一步：启动“Outlook Express”。第二步：移动鼠标到菜单栏，单击“文件”→“标识”→“添加新标识”。第三步：在弹出的新标识窗口中输入另一个用户名称和密码，单击“确定”后系统会询问是否切换到新标识，如果选择“是”，“Outlook Express”会重新打开一个窗口，标题栏会显示新用户名，在这个新窗口下可以自由设置邮箱，和原有标识互不干扰。第四步：移动鼠标到菜单栏，单击“文件”→“切换标识”，可以进行标识切换，单击“文件”→“标识”→“管理标识”可以进行标识维护。为多人共用一个系统提供了极大的方便。

326. 什么是“新闻组”？

新闻组并不是发布新闻的地方，而是一个全交互式的电子论坛。论坛所涉及的讨论内容分类繁多，应有尽有。只要愿意，任何人都可以随时加入自己感兴趣的论坛参与讨论。利用新闻组可以在任何时候和来自全世界的人们直接进行交流。这种交流没有人数上的局限性，可以有成千上万的人一起讨论一个大家共同关心的问题，也可以相互之间交流各处的新闻、信息、学术成果。每一个加入新闻组的人，都可以随意地发表自己的意见，评论别人的观点，甚至可以组织讨论，设立自己的论坛，还可以在这里找寻问题的答案。在这里，有疑问尽管提，一定能得到一个满意的答案。参与新闻组讨论就需要支持新闻组的软件，Outlook Express 在这方面做得最好。用 Outlook Express 参与新闻组讨论的优点很多，支持中文、性能稳定、功能强大，此外 Outlook Express 还支持多新闻组服务器，可以离线阅读、过滤查找、发帖删帖等等。

327. 怎样使用 Outlook Express 设置新闻组账户？

第一步：启动“Outlook Express”。第二步：移动鼠标到菜单栏单击“工具”→“账户”。第三步：在出现的“Internet 账户”对话框中单击右上角的“添加”→“新闻”，启动“Internet 连接向导”。第四步：在“您的姓名”对话框中，通常只是键入一个被称作“昵称”的名字，可以是任意的中文或英文名。单击“下一步”。第五步：键入一个邮件地址后，单击“下一步”。第六步：这里需要键入一个新闻服务器，如可以选择免费的“新帆新闻组”服务器：news. newsfan. net，单击“下一步”。第七步:如果这时系统询问“指定的NNTP服务器可能不是有效的服务器名,是否使用该服务器?”,应选择“是”。这主要是因为许多免费服务器中的域名说明部分与常规不同,系统误以为是用户搞错了。第八步:出现“祝贺您”对话框,单击“完成”。重复“第三步”到“第七步”的操作,可以创建多个新闻组账户。第九步:单击选中“Internet 账户”对话框中的新闻组服务器地址,单击“属性”,在常规选项卡中可以为新闻组服务器改一个自己喜欢的中文名。单击“确定”使设置生效。新闻组账户设置完成。

328. 怎样使用 Outlook Express 订阅新闻组?

第一步:启动“Outlook Express”。第二步:设置完新闻组账户退出时,系统会弹出窗口询问“你想联机并从所添加的新闻账户下载新闻组吗”,单击“是”;也可以在“Outlook Express”窗口状态下,移动鼠标到菜单栏单击“工具”→“新闻”,或者直接单击左窗格下面的某个新闻组文件夹。第三步:稍等片刻连接服务器后,新闻组目录就会显示在预定窗口中。单击选中某分类,移动鼠标单击右上角的“预订”,以后每次启动新闻组时就只显示预定的新闻组。由于新闻组分类繁多,内容冗长,最好先预订一两个分类看看,否则,会不胜其繁的。

329. 怎样使用 Outlook Express 下载新闻组中的邮件?

第一步:启动“Outlook Express”。第二步:新闻组预定结束后,服务器和预定的分类就会显示在“Outlook Express” 左窗格的文件夹列表处,双击某个分类就会下载该组的邮件,通常一次最多下载300个。第三步:移动鼠标到菜单栏,单击“工具”→“获取后300个标题”,可以继续下载后300个邮件标题。第四步:单击某个邮件标题,“Outlook Express”会自动下载该邮件内容并自动显示在下面的窗口中。如果邮件前面有“回形针”图标,表示该邮件有附件,可以像对待一般邮件一样选择打开或保存。

330. 怎样阅读和整理 Outlook Express 新闻组中的邮件?

第一步:启动“Outlook Express”。第二步:新闻组下载后阅读时,如果喜欢某个话题,可以在跟踪列位置单击,邮件前面会出现一个小眼镜标记,表示对此话题进行跟踪。被跟踪的邮件和新闻组会变成红色;如果讨厌某话题,可以在该位置双击,邮件前面就会加上红色的禁止标记,表示忽略此话题。移动鼠标到菜单栏,单击“查看”→“当前视图”→“隐藏已读或忽略的邮件”,可以隐藏所有被打上该标记的话题。第三步:另一个实用的功能是脱机设置列(小箭头形状),用来标记想离线阅读的邮件,我们可以离线为感兴趣的邮件加上该标记,然后上网选择单击“工具”→“同步新闻组”→“获取标记”为下载的邮件,系统就会将所有标有记号的邮件内容完整地下载下来。第四步:浏览新闻组一段时间后,下载的邮件占用的硬盘空间越来越多,可以用邮件删除功能释放硬盘空间。单击“工具”→“选项”→“维护”→“立即清除”进入“清理本地文件”窗口,单击“浏览”选择要删除的新闻组,然后选择删除正文还是同时删除标题。如果要使用自动删除邮件,可以在“维护”中进行设置。

331. 怎样使用 Outlook Express 中的“同步新闻组”?

第一步:启动“Outlook Express”。第二步:单击左侧窗格的新闻服务器文件夹,右侧窗格会切换到同步设置界面,单击“设置”可以对新闻组分类进行同步设置,为了加快下载速度,最好选择“新邮件”。第三步：单击“同步账户”，如果此时未连网，系统会询问是否连网，单击“是”；如果在连网状态下，系统即按照设置更新新闻组，也可以移动鼠标到菜单栏，单击“工具”→“同步账户”更新新闻组。

332. 怎样张贴、回复、删除 Outlook Express 新闻组中的邮件？

第一步：启动“Outlook Express”。第二步：在左边窗格中单击选中要参与讨论的新闻组，移动鼠标到工具栏单击“写邮件(新投递)”就可以发起新帖子。第三步：在连网状态下单击选中邮件列表，移动鼠标到工具栏单击“答复组”，意思是就一个专题给予回复。第四步：在连网状态下单击选中邮件列表，移动鼠标到工具栏单击“答复”，意思是就一个问题给予回复，将把邮件发送到对方的信箱里。第五步：在连网状态下单击选中邮件列表，移动鼠标到工具栏单击“转发”，将把当前话题发给他人。第六步：如果对已张贴的邮件不满，可以选中该邮件，移动鼠标到菜单栏，单击“邮件”→“取消邮件”，即可在服务器上删除。要验证邮件是否真的被删除，可以先删除邮件正文，再试着阅读该邮件，如果标题左侧出现红叉，并且被打上删除线，那就是删除成功了。

333. 怎样使用 Outlook Express“新建联系人”？

第一步：启动“Outlook Express”。第二步：单击左侧下面窗格的“联系人”→“新建联系人”，或者移动鼠标到工具栏单击“通讯薄”→“文件”→“新建联系人”，出现一个对话框。第三步：分别单击“姓名”、“家庭”、“业务”、“个人”等选项卡，键入相应信息。信息内容可多可少，最简单的是填上姓名和一个 E－mail 地址或一个电话号码。单击“确定”。第四步：在“Outlook Express”主窗口，双击收件箱，右键单击邮件列表中某个电子邮件的发件人姓名，在弹出菜单中单击选中“将发件人添加到通讯薄”，也可以建立联系人。

334. 怎样使用 Outlook Express 与联系人通讯？

第一步：启动“Outlook Express”。第二步：移动鼠标到左侧下面窗格的某个联系人上右键单击，在弹出的快捷菜单中单击选中“发送电子邮件”，邮件编辑窗口就会自动打开，并已经填写好了收件人。第三步：移动鼠标到菜单栏，单击“文件”→“打印”，在弹出窗口的“打印样式”中，共有卡片、小册、中册、备忘录和电话目录五种选择，单击“预览”可以看到最终打印出来是什么情况。

335. 怎样下载安装 QQ 实时通讯软件？

第一步：QQ 是一个免费软件，启动浏览器，在地址栏输入腾讯公司网站 http://www.tencent.com 即可下载，也可以从国内各大软件下载站点下载。安装时只要双击下载到硬盘上的软件名，一路单击“NEXT(下一步)”即可。第二步：安装完成时，会弹出一个“安装完成”对话框，询问是否“将 Tencent Explorer 设置为默认浏览器”，一般应选择取消。第三步：在 Windows 桌面上双击启动“腾讯 QQ”，弹出“QQ 注册向导”对话框。由于在网上申请 QQ 号码比较困难，可以使用电话申请，拨打腾讯公司专用电话申请 QQ 号码，目前的专用电话号码是 16896866。第四步：如果已准备好号码，在此选择“使用已有的 QQ 号码”，然后在输入框中输入申请到的 QQ 号码和密码，接着一路单击“下一步”，QQ 将连接网络服务器并启动。

336. 怎样使用QQ实时通讯软件上网查找好朋友？

第一步：启动QQ。主界面上方显示出当前用户QQ号码，旁边还有“QQ面板界面方案”、“最小化”、“关闭”3个功能按钮。界面的空白处是好友列表区，以后添加的好友都将显示在这里面。界面下部有“查找”、“消息”、“聊天室”等功能按钮，可以单击这些功能按钮实现相应的功能。第二步：查找好朋友。单击“查找”，在弹出的对话框中有三种添加朋友的方式。如果要随便找人聊聊，就选择“看谁在线上”，单击“下一步”。第三步：在弹出的“查询结果”对话框中，列出了一大堆在线的QQ用户。选择一个，单击“下一步”。第四步：QQ立刻将选中的人添加到好友名单中。不过，如果对方设置了认证，还需要输入认证信息以求得对方同意。当然，自己也可以设置认证要求。第五步：如果手上有好朋友的号码，可以选择“自定义查找”，然后按照提示操作。第六步：当朋友接受了邀请，QQ会返回消息。这时屏幕右下角和QQ主界面上喇叭状的“消息”图标会不停地闪动，双击可以读取消息。

337. 怎样使用QQ与朋友实时通讯？

第一步：启动QQ。第二步：在主界面中双击好朋友的头像，弹出讯息输入对话框。第三步：使用键盘在此输入聊天内容后，按快捷键“Ctrl+Enter”或单击“发送”按钮。第四步：如果对方头像为灰色不在线，发送的讯息将被保存在腾讯公司的服务器上，等好朋友上线时再自动转给他。如果对方在线，讯息将直接发送过去。第五步：好朋友如果能及时回复，头像会在屏幕右下角主界面上不断闪动，同时还会发声提示收到了讯息。第六步：按热键“Ctrl+Shift+Z”或双击头像读取讯息。如果要回复，可以单击“回复”按钮，或者按快捷键“Alt+R”，讯息输入对话框就会自动弹出。第七步：重复进行“读取”和“回复”操作，就可以实现实时通讯。聊天结束后，单击右上角的“关闭(×)”按钮，退出程序，断开网络连接。

338. 怎样使用QQ与朋友进入“二人世界”？

第一步：启动QQ。第二步：如果感觉有必要和密友单独聊天，单击好友列表中的头像，在弹出菜单中选择“二人世界”。第三步：如果对方接受邀请就会出现“二人世界”对话框。第四步：“二人世界”有个特点就是在输入文字的同时对方就看得见，不用“发送”。第五步：如果双方都有麦克风和音箱，还可以在这里进行语音聊天。但“二人世界”在有些情况下无法进行，如电脑中使用了防火墙等。第六步：聊天结束后，退出程序，断开网络连接。

339. 怎样使用QQ与朋友传送文件？

第一步：启动QQ。第二步：在好友列表中，单击好友头像。第三步：在弹出菜单中选择“传送文件”，弹出“打开”对话框。第四步：选择想要传送的文件，单击“打开”按钮。第五步：在“发送文件”对话框中单击“发送”。当对方接受并选择了保存路径后，文件便开始传输。第六步：同“二人世界”一样，如果某一方或者双方都使用了防火墙，该功能便无法使用。第七步：文件传送结束后，退出程序，断开网络连接。

340. 怎样使用VQQ进行视频聊天？

现在，QQ已经具备视频聊天功能，不仅可以听到对方，还可以看到对方。第一步：硬件准备。必须配置视频头(摄像机)、声卡、耳机及麦克风并将以上配件正确安装。第二步：软件准备。

Windows 95/98/NT/2000/ME/XP 操作系统，下载并安装腾讯最新的 QQ 版本 VQQ 软件，以及最新的 DirectX 8.0。第三步：带宽配置。由于要传送视频，对线路带宽要求较高，普通拨号上网用户使用视频聊天效果不好。第四步：下载并安装启动 QQ 之后，单击好友头像→"视频电话"，弹出子菜单"视频电话"和"设置向导"。第五步：如果是第一次使用 VQQ，或者刚刚更换视频设备，单击选中"设置向导"调整音频、视频参数。跟着向导一步一步设置即可。这里最重要的问题是带宽，也就是所使用上网方式的传输速度。一般来说，越好的语音和画面质量数据流量越大，越要增加带宽。第六步：完成设置后单击子菜单上的"视频电话"，发出邀请信息，如果对方也具备视频聊天条件并接受邀请，打开视频聊天界面，双方就可以开始视频聊天了。第七步：和语音聊天相似，视频聊天双方只要任何一方单击窗口左上角的"关闭(×)"按钮就会退出，只有再次发送请求才可以重新开始。

341. 怎样使用 NetMeeting 进行视频聊天？

第一步：安装好摄像头、麦克风，并进行必要的硬件设置。第二步：在 Windows 桌面上单击"开始"→"程序"→"附件"→"Internet 工具"→"NetMeeting"。第三步：首次运行时会出现向导程序，单击"下一步"，在弹出的对话框中输入个人信息，单击"下一步"。第四步：在出现的对话框中，选择登录网络时的登录服务器名，然后在新出现的画面中选择调制解调器的速率大小或网络接入方式，应根据实际情况选择。第五步：单击"下一步"，选择视频捕获设备，即电脑上安装的摄像头型号。第六步：单击"下一步"，测试音频设备是否正常。第七步：单击"下一步"，通过单击"测试"按钮调节耳机/音箱音量的大小。然后是调节录音音量的大小，可通过话音自动加以调节。第八步：单击"完成"后出现 NetMeeting 的主窗口。第九步：如果知道好友的 IP 地址，可以直接输入地址然后单击"呼叫"，对方响应后会响起一阵电话铃声，确认后即可进行视频聊天。第十步：连通 Internet 后，在 Windows 桌面上单击"开始"→"程序"→"MSDOS 方式"，输入"ipconfig.exe"回车，在出现的信息中可以看到网络配置信息及 IP 地址；此外，也可以在"c:\Windows\"目录下，找到"winipcfg.exe"程序并打开它，当前上网使用的 IP 地址就在其中，可以通过 QQ 等工具告诉对方。第十一步：还可以通过选择服务器的方式，从显示出的所有使用该服务器用户列表中查询聊友。单击"当前会议"，会弹出"本地视频"、"远程视频"两个视频窗口。第十二步：要更改 NetMeeting 设定，在主窗口中单击"工具"→"选项"，即可对"常规"、"安全"、"音频"、"视频"等各项进行修改和调整。第十三步：还可以单击"工具栏"上的"交谈"，通过输入文字与对方聊天；单击白板直接在上边写文字，对方也能立刻看到。

342. 怎样使用 Webmeeting 进行视频聊天？

Webmeeting 是一个中国人开发的视频聊天软件，下载地址为：www.webeye.com.cn，大小为1.62M。如果有摄像头，图像就会显示在主界面的视频窗口中。其视频目录服务器的 IP 地址会在主界面中显示，为"202.103.190.60"。只须单击前面有两个人头像的"连接目录服务器"按钮，就可以登录视频目录服务器。这时可以看到所有登录者的信息，绝大部分为国内各地的朋友，如果想同哪位朋友聊天，双击对方信息，WebMeeting 会立刻进行联系，接通后响起电话铃声并弹出名为"远程视频"的窗口，对方的视频画面就显示在其中。与此同时，还会弹出一个文字聊天对话框，输入文字后单击"发送"，也可以与远方的朋友用文字交谈。

343. HTML 语言及文件与网页、站点的关系是怎样的?

HTML 语言是互联网上描述显示方式的一种语言,用 HTML 语言写的文件的保存格式是文本文件,其扩展名为 htm 或 html。由于用 HTML 编辑网页时需要记忆大量的控制字符,因此用该语言很难设计网页。但随着像 FrontPage 一类网页创作程序的出现,每个人都可以轻松制作出优美的网页。在一个站点中的所有 HTML 文件中,index. htm 是一个特殊文件,它是整个站点的根。当人们访问某个站点时,实际访问的是该网站上的 index. htm 文件。只有用浏览器才能看到用 HTML 语言编辑成的丰富多彩的网页,由于任何网页的主题都是一些由正文和控制字符组成的文本,可以认为浏览器其实是一个翻译器,它将各种控制字符翻译成合适的屏幕显示方式,从而得到人们最后看到的网页。现在常用的浏览器有 Microsoft Internet Explorer 和 Netscape Communicator。由于各个浏览器对同一控制字符的解释方式不完全相同,所以即使是同一个网页,在不同浏览器下的显示也可能有所区别。新建网站与网页,并不是在 Internet 上新建站点或网页,而是在本地计算机,也就是一般每个人使用的电脑上建立供编辑使用的站点或网页。Internet 上的站点或网页,是在本地计算机上编辑好后发布到指定服务器上的结果。新建站点和新建网页区别在于,新建站点是在本地计算机上的指定位置建立一系列的目录和文件。由于网页与 HTML 文件一一对应,新建网页就是新建 HTML 文件。

344. 怎样启动 FrontPage 2000?

Microsoft FrontPage 2000 是一个建立网页和管理站点的程序,利用 FrontPage 2000 可以轻松地组织、编辑网页,并将其发布到指定的站点上,而且还能在发布之后对站点的内容进行更新和管理。在 Windows 桌面上单击“开始”→“程序”→“Microsoft FrontPage”,即可启动 FrontPage 2000;在 Windows 桌面上单击“开始”→“程序”,移动鼠标到“Microsoft FrontPage”程序名上右键单击,在弹出菜单上选择“发送到”,单击“桌面快捷方式”,就会在桌面上建立一个“Microsoft FrontPage 2000”的快捷方式,以后双击这个快捷方式即可启动 FrontPage 2000。FrontPage 2000 窗口的组成主要包括:菜单栏,菜单栏中包括了 FrontPage 所有功能对应的菜单命令。常用工具栏,常用工具栏中是各种常用的工具按钮。格式工具栏,格式工具栏中有各种排版用的格式按钮。视图栏,在视图栏中可以选择不同的视图。编辑区,是编辑网页的主要工作区域。网页查看方式,在编辑区左下方有 3 个选项卡,用于选择网页的显示方式:编辑网页时主要用“普通”方式;“HTML”方式下显示网页对应的 HTML 文件;“预览”方式模拟网页在浏览器中的显示。操作结束后,单击 FrontPage 2000 窗口右上角的“关闭(×)”按钮,选定是否保存修改过的网页,退出程序。缺省状态下,网页保存在“我的文档(My Documents)”中的“My Webs”文件夹。

345. 怎样新建站点?

第一步:启动 FrontPage 2000。第二步:移动鼠标到菜单栏,单击“文件”→“新建”→“站点”,打开“新建”对话框。第三步:该对话框中只有一个“站点”选项卡,在“指定新站点的位置”列表框中,指定要创建站点保存的位置,缺省状态下是保存在“我的文档(My Documents)”中的“My Webs”文件夹。第四步:在列出的站点模板或向导上单击,右下方会出现要选择模板或向导的文字说明;双击,则可根据向导或提示建立新站点,一般家庭应选择“个人站点”。模板与向导不同,用向导创建站点时,FrontPage 会根据需要提出一些问题让创建者回答,然后根据回答创建站点。模板则直接创建一系列默认的网页，由创建者对生成的网页进行修改。双击需要的站点模板或站点向导图标，然后根据提示建立一个新站点。第五步：新站点创建好后，可以根据需要进行必要的修改。

346. 怎样新建网页？

第一步：启动FrontPage 2000。第二步：移动鼠标到菜单栏，单击"文件"→"新建"→"网页"，打开"新建"对话框。第三步：在缺省显示的"常规"选项卡上，列出了许多网页模板和向导，单击某个模板，可在右下方预览窗口看到即将创建的网页样式；双击需要的网页模板或向导图标，即可根据提示建立新网页。

347. 怎样在网页中输入文字？

第一步：启动FrontPage 2000。第二步：移动鼠标到菜单栏，单击"文件"→"打开"，找到并打开需要输入文字的网页；也可以使用网页模板或向导新建一个网页。第三步：移动鼠标到网页需要输入文字的地方单击，再移动鼠标到任务栏右端的"输入法"小图标上单击，即可根据需要用键盘直接输入英文或中文文字到闪动的光标处。第四步：如果需要输入一篇电脑中已经存在的文章或其中一段文字，包括保存在软盘中的，可以先打开这篇文章，选中所需的文字或整个文章，在选中的文字上面右键单击，再在弹出快捷菜单上选中并单击"复制"；然后移动鼠标到网页上需要输入文字的地方右键单击，再在弹出快捷菜单上选中并单击"粘贴"。

348. 怎样在网页中插入图片？

第一步：启动FrontPage 2000。第二步：建立新网页或打开一个已经存在的网页。第三步：移动鼠标到网页上需要插入图片的地方单击，再移动鼠标到菜单栏，单击"插入"→"图片"→"来自文件"。此时如果没有打开站点，将直接打开"图片"对话框中的"选择文件"对话框。如果已经打开站点，将打开"图片"对话框。无论是哪个对话框，找到目标图片后单击，即可将图片插入到指定处。第四步：如果要插入Office剪贴画，移动鼠标到菜单栏，单击"插入"→"图片"→"剪贴画"，即打开Office的剪贴画库，找到目标剪贴画后单击，即可将图片插入到指定处。第五步：如果要用图片作网页的背景，移动鼠标到网页上需要插入图片的地方单击右键，在弹出快捷菜单上单击选中"网页属性"→"背景"；或者直接移动鼠标到菜单栏，单击"格式"→"背景"。第六步：单击选中"背景图片"前的复选框，再单击"浏览"，找到目标图片后单击"确定"即可。

349. 怎样在网页中使用表格？

第一步：启动FrontPage 2000。第二步：建立新网页或打开一个已经存在的网页。第三步：移动鼠标到网页上需要使用表格的地方单击，再移动鼠标到菜单栏，单击"表格"→"插入"→"表格"。第四步：在"插入表格"对话框中，可以根据需要设置表格的大小和布局，也可以选择默认值，选定后单击"确定"。第五步：移动鼠标到表格中单击，再移动鼠标到菜单栏，单击"表格"→"插入"→"标题"，可以在表格上方键入标题名。第六步：移动鼠标到表格中任意框内单击，即可使用键盘或"复制"、"粘贴"输入表格内容。

350. 怎样在网页或站点中使用主题？

第一步：启动 FrontPage 2000。第二步：建立新网页或新站点，或者打开一个已经存在的网页或站点。第三步：移动鼠标到菜单栏，单击“格式”→“主题”，打开“主题”对话框。如果是对网页使用主题，还要先在“网页”视图中打开要使用主题的网页。第四步：在“将主题应用到”选项组中单击选择主题的应用范围。在列表框中单击选择要应用的主题。第五步：选定要应用的主题后，单击“修改”→“颜色”或“图形”或“文本”，可以修改选定主题中相应的对象。修改后，单击“确定”返回，再单击“另存为”可以将修改后的主题保存。第六步：要删除站点使用的主题，可以在“第三步”打开的“主题”对话框中选中“所有网页”单选按钮，在列表框中选中“无主题”；要删除对网页使用的主题，可以在“第三步”打开的“主题”对话框中选中“所选的网页”单选按钮，在列表框中选中“无主题”。

351. 怎样在网页中使用超链接？

第一步：启动 FrontPage 2000。第二步：建立一个新站点或者打开一个已经存在的站点。第三步：分别建立新网页，也可以使用已存在的网页文件。各网页分别命名保存，主页名通常为 index.htm。第四步：在 index.htm 主页中拖动鼠标或单击选中作为超链接的文字或图片，移动鼠标到工具栏，单击“超链接”，打开“创建超链接”对话框。第五步：在“创建超链接”对话框中单击选中与之相关联的网页，单击“确定”返回后，可以看到选中的文字变成带下划线的蓝色文本，超链接创建成功。第六步：如果要创建发送电子邮件的超链接，则选中具有电子邮件地址格式的文本，移动鼠标到工具栏，单击“超链接”，打开“创建超链接”对话框。第七步：单击右下方一个信封状的“电子邮件”按钮，打开“创建电子邮件超链接”对话框，输入要链接到的电子邮件地址，单击“确定”返回即可。第八步：如果要改变超链接的 URL，选中超链接的文本或图片，移动鼠标到工具栏，单击“超链接”，在“编辑超链接”对话框中可以修改 URL；如果选择清空 URL 框中的内容，则该文本或图片的超链接被取消。

352. 怎样在网页中使用水平线？

第一步：启动 FrontPage 2000。第二步：建立新网页或打开一个已经存在的网页。第三步：移动鼠标到网页上需要使用水平线的地方单击，再移动鼠标到菜单栏，单击“插入”→“水平线”。第四步：双击刚刚插入的水平线，打开“水平线属性”对话框，可以修改水平线的属性。但是，如果当前网页使用了主题，则只能更改水平线的对齐方式。

353. 怎样在网页中使用导航栏？

第一步：启动 FrontPage 2000。第二步：建立一个新站点或打开一个已经存在的站点。第三步：分别建立新网页，也可以使用已存在的网页文件。各网页分别命名保存，主页名通常为 index.htm。第四步：创建导航结构。单击左窗格的“导航”，进入“导航”视图。如果未建立网页间的导航结构，在“导航”视图中一般只有一个主页，单击“文件夹列表”框中作为主页的网页，一般命名为 index.htm，然后在“导航”视图中更改作为主页图标的名称，一般改为 Home Page。然后移动鼠标从“文件夹列表”框中拖动网页文件名到右面的“导航”视图中的相应位置。如果没有显示“文件夹列表”框，移动鼠标到工具栏上单击“文件夹列表”。第五步：设置共享边框。单击左窗格的“网页”，进入“网页”视图。移动鼠标到菜单栏，单击“格式”→“共享边框”。如果要向站点中的所有网页添加共享边框，单击选中“所有网页”；如果只向当前网页添加边框，则单击选中“当前网页”。同时单击选择“上”、“下”、“左”、“右”，确定共享区域。第六步：为网页添加导航栏。单击左窗格的“网页”及左下角的“普通”，进入“网页”视图的“普通”方式，在 index. htm 主页中单击共享边框线的左侧，移动鼠标到菜单栏，单击“插入”→“导航栏”，在打开的“导航栏属性”对话框中选中“子层”；然后右键单击任意一个子层网页名，从快捷菜单中单击选中“打开”，单击该网页共享边框，移动鼠标到菜单栏，单击“插入”→“导航栏”，在“导航栏属性”对话框中单击选中“同一层”。一个简单的导航栏创建完成。第七步：删除导航栏。单击选中导航栏，键入“Del”即可。同时，系统也自动删除其他同级网页的导航栏。

354. 怎样在网页中使用横幅？

第一步：启动 FrontPage 2000。第二步：建立一个新站点或打开一个已经存在的站点。第三步：分别建立新网页，也可以使用已存在的网页文件。各网页分别命名保存，主页名通常为 index. htm。第四步：创建导航结构。单击左窗格的“导航”，进入“导航”视图。如果未建立网页间的导航结构，在“导航”视图中一般只有一个主页，单击“文件夹列表”框中作为主页的网页，一般命名为 index. htm，然后在“导航”视图中更改作为主页图标的名称，一般改为 Home Page。然后移动鼠标从“文件夹列表”框中拖动网页文件名到右面的“导航”视图中的相应位置。如果没有显示“文件夹列表”框，移动鼠标到工具栏上单击“文件夹列表”。第五步：单击左窗格的“网页”及左下角的“普通”，进入“网页”视图的“普通”方式，打开任意一个网页。移动鼠标到菜单栏，单击“插入”→“网页横幅”，在打开的“网页横幅属性”对话框中，单击选中“文本”或“图片”，在文本框中输入横幅内容。第六步：单击“确定”，网页上部即添加了横幅。

355. 怎样使用站点计数器？

第一步：启动 FrontPage 2000。第二步：建立新网页或打开一个已经存在的网页。第三步：移动鼠标到网页上需要使用“站点计数器”的地方单击，再移动鼠标到菜单栏，单击“插入”→“组件”→“站点计数器”。第四步：在“站点计数器”对话框中选择合适的站点计数器。如果使用定制的图片，单击选中“自定义图片”，输入扩展名为 GIF 的图片文件的位置和名称。第五步：单击选中“计数器重置为”复选框并输入数值。第六步：单击选中“设置数字位数”复选框，输入数字的位数。第七步：单击“确定”计数器设置完成。站点计数器只有在站点中才能工作。

356. 怎样打开站点？

第一步：启动 FrontPage 2000。第二步：移动鼠标到工具栏，单击“打开”按钮右侧的小箭头，打开下拉菜单，单击选中“打开站点”；或者移动鼠标到菜单栏，单击“文件”→“打开站点”。第三步：从“打开站点”对话框中可以看到，站点是以文件夹形式打开的。打开站点后，如果没有出现文件夹列表框，可以单击窗口左边的黄色文件夹形状按钮。在文件夹列表框中，双击任意网页文件可打开该网页，“网页”视图中同时显示该网页内容。第四步：移动鼠标到菜单栏，单击“文件”→“关闭站点”，即关闭该站点。

357. 怎样打开网页？

第一步：启动 FrontPage 2000。第二步：移动鼠标到工具栏，单击“打开”按钮右侧的小箭头,打开下拉菜单,单击选中“打开”;或者移动鼠标到菜单栏,单击“文件”→“打开”。第三步:从“打开文件”对话框中可以看到,如果打开的网页文件是该站点的主页,将同时打开该站点。第四步:移动鼠标到菜单栏,单击“文件”→“关闭”,即关闭该网页。

358. 怎样设置网页的发布状态?

网页的发布,就是将制作好的网页发布到 WWW 中的某台服务器上的过程。也就是将用户创建在本地计算机上的一个站点复制到服务器上指定 URL 的过程。在发布网页之前,首先要向发布网页的服务器申请 URL,在 WWW 上有许多免费存放个人主页的站点,在得到服务器给出的 URL 和密码后,就可以向服务器发布制作好的站点与网页。第一步:启动 FrontPage 2000。第二步:打开要发布的站点。第三步:单击窗口左边的“报表”按钮,移动鼠标到工具栏,单击“报表”→“发布状态”。第四步:右键单击要改变发布状态的文件,在快捷菜单中单击选中“属性”,在状态对话框“工作组”选项卡中。如果选中“发布站点的其余部分时不包含此文件”,该文件就为“不要发布”,否则为“发布”。

359. 怎样使用 HTTP 方式发布站点?

设置好网页的发布状态后,就可以开始发布了。第一步:启动 FrontPage 2000。第二步:打开要发布的站点。第三步:移动鼠标到菜单栏,单击“文件”→“发布站点”,打开“发布站点”对话框。第四步:单击“选项”按钮,在“指定发布站点的位置”框中,输入服务器的 URL,或本地文件系统一个文件夹的全路径,或单击下拉按钮选择以前发布过网页的站点,或单击“浏览”按钮查找合适的位置。第五步:设置只发布更改过的网页。FrontPage 2000 在此状态下,会比较服务器和用户计算机上的文件,只有比服务器上新的文件才会被发布。当然,如果文件被标注为“不要发布”时,无论新旧都不会被发布。第六步:设置发布所有网页。在此状态下,FrontPage 2000 自动发布除标注为“不要发布”网页之外的所有网页。第七步:设置包含子站点。如果当前网站包含子站点,需要安全的链接,FrontPage 2000 会在发布站点时使用安全链接。第八步:所有设置完成后,单击“发布”按钮开始发布。如果目标服务器不支持 FrontPage 服务器扩展,会给出提示,然后单击“确定”,可以改用 FTP 方式完成发布。

360. 怎样使用 FTP 方式发布站点?

第一步:启动 FrontPage 2000。第二步:打开要发布的站点。第三步:移动鼠标到菜单栏,单击“文件”→“发布站点”,打开“发布站点”对话框。第四步:单击“选项”按钮,在“指定发布站点的位置”框中,输入 FTP 服务器的 URL。第五步:设置只发布更改过的网页。FrontPage 2000 在此状态下,会比较服务器和用户计算机上的文件,只有比服务器上新的文件才会被发布。当然,如果文件被标注为“不要发布”时,无论新旧文件都不会被发布。第六步:设置发布所有网页。在此状态下,FrontPage 2000 自动发布除标注为“不要发布”网页之外的所有网页。第七步:设置包含子站点。如果当前网站包含子站点,需要安全的链接,FrontPage 2000 会在发布站点时使用安全链接。第八步:所有设置完成后,单击“发布”按钮,将链接到目标 FTP 服务器,然后显示“要求提供用户名和密码”对话框。在对话框中输入用户名和密码。第九步:单击“确定”后,开始发布当前站点,同时显示发布状态对话框,一直到发布工作完成。

四、电脑的阅读和写作

361. 怎样在网上搜索需要的信息？

［方法一］ 第一步：启动 Internet 浏览器，进入基本操作窗口。第二步：移动鼠标到工具栏单击“搜索”，出现“搜索”窗格。第三步：在搜索窗格的“查找包含下列内容的网页”输入框中输入要查找的内容，如“北京电视台”。第四步：单击“搜索”，很快就会出现一个包括“北京电视台”在内的搜索结果列表。第五步：单击搜索结果中的“北京电视台”链接，即在右侧内容窗格打开北京电视台网站。

［方法二］ 第一步：启动 Internet 浏览器，进入基本操作窗口。第二步：打开一个专门的分类目录搜索引擎站点，如新浪网。在浏览器地址栏输入“http://sina.com.cn”后键入回车。第三步：在新浪网首页最上面的导航栏中单击“搜索”链接。第四步：在搜索栏目页面，可以看到许多分类目录，根据自己需要单击查找信息类别的链接，按目录一层一层直到把目标找到。第四步：如还是要找“北京电视台”，单击“娱乐休闲”→“电影电视”→“电视台”，就可以看到“北京电视台”了。第五步：单击“北京电视台”链接，即在右侧内容窗格打开北京电视台网站。

［方法三］ 第一步：启动 Internet 浏览器，进入基本操作窗口。第二步：打开一个专门的搜索引擎站点，如 google。在浏览器地址栏输入“www.google.com”后键入回车。第三步：在 Google 搜索引擎的主页面输入框中输入要查找的内容，还以“北京电视台”为例。第四步：单击“Google 搜索”，在弹出的搜索结果页面中，可以看到一些含有“北京电视台”信息的网页条目，很清楚地列出了网页名称、网页内容简介以及网址。第五步：单击含有“北京电视台”信息的网页，立即就会打开北京电视台网站。

362. 怎样使用关键词搜索需要的信息？

在搜索引擎中输入要查找内容的关键词是功能最强大的搜索方式，关键词可以是一个词、一个句子，也可以是几个词，搜索引擎会自动帮你搜索到网上所有包含该关键词的网页或站点。如要查找“北京电视台”网站，在搜索引擎中输入“北京电视台”，这“北京电视台”几个字就是关键词。使用关键词的技巧有：一是使用双引号。给关键词加上双引号可以实现精确查询。如在搜索引擎输入框中输入“鲁迅”，在搜索的结果中就只出现包含“鲁迅”这个关键词的网页，而不会出现诸如“鲁迅故居”之类的网页。二是使用加号。如要想搜索“小城故事”这首歌，只需在输入框中输入“＋小城故事＋歌曲”，就可以找到同时包含“小城故事”和“歌曲”的页面，这就是加号的作用。三是使用减号。如果你想在搜索结果中排除某类信息，就可以在关键词之间使用减号。例如，在输入框中输入关键词“棋类－象棋－围棋”，在搜索的结果中就不会出现象棋和围棋的信息。四是使用通配符。就像我们在 DOS 中使用通配符（＊和?）查找文件一样，在关键词中也可以使用通配符，其中“?”是表示只匹配一个字符，使用“＊”匹配的字符数不受限制。五是使用合适的关键词。这对于快速、高效地搜索到结果是很重要的，因为你选择的关键词如果不合适，就会在结果中出现许多重复无用的东西，所以一定要仔细分析查找信息的特点，然后精选出其中最重要的关键词来，这样才能提高搜索的精确度，免得淹没在信息的海洋中。还举刚才的例子，要查找邓丽君的歌曲《小城故事》，用关键词“邓丽君＋小城故事＋歌曲”进行搜索就比单用“邓丽君”或“小城故事”要精确得多。

363. 怎样浏览新闻？

互联网上的新闻报道是最快捷和全面的，只要把电脑连上网络，就可以浏览全世界的新闻网站。而且，许多网站还提供发表评论的服务，可以让每个人发表感想，一吐为快。以“新浪”网为例。第一步：启动 Internet 浏览器，在地址栏输入“http://www.sina.com.cn”后回车。第二步：进入“新浪”网首页后，移动鼠标到页面上方，单击“新闻中心”。第三步：在“新闻中心”首页，可以看到十分全面的新闻分类，主要有国内、国外、体育、科技、财经、文化、娱乐等等，移动鼠标到某个分类上单击，就可以阅读详细的新闻内容。第四步：在阅读新闻的同时，如果要发表评论、意见和感慨，可以移动鼠标到这条新闻网页的下方，单击“发表评论”链接，立刻打开一个新的网页。第五步：在网页中，常常可以看到一些踊跃发言，可以在网页下方的文本输入框内，使用键盘输入自己的评论。不过，发言的条件是必须成为新浪会员，当然这并不复杂，成为新浪会员是免费的，可以立即注册。第六步：浏览结束后，断开网络连接，单击右上角的“关闭（×）”按钮，退出浏览器程序。

364. 怎样订阅免费电子刊物？

互联网上提供免费邮件型电子刊物的网站有很多，内容也应有尽有，绝不少于正式发行的刊物，常见的有时事新闻、金融财经、股市行情、饮食居家、天文地理、娱乐休闲、时尚风情、男女交友、旅游观光、体育、影视、音乐、文学、幽默、故事等等，无论什么人，只要进入电子刊物网站，一定能找到感兴趣的刊物。订阅免费刊物通常有以下形式：一是先提供个人资料，注册成为会员后方可享受免费待遇，订阅免费刊物。二是网站上直接提供免费邮件列表，进入网站后任意选择所需的刊物，然后提供自己的电子邮件地址即可。三是通过电子邮件订阅。此类刊物通常会给出订阅电子刊物的邮件地址，可以直接向该地址发信订阅。四是专门的订阅电子刊物的邮件服务器。可提供通过电子邮件订阅各种电子刊物，只要向提供此类服务的网站发出电子邮件，就可以索取电子刊物。

365. 怎样订阅邮件列表式免费电子刊物？

以“希网”网站为例。第一步：启动 Internet 浏览器，在地址栏输入“http://www.cn99.com/”后回车。第二步：进入主页后，如果是老用户，在网页左上角输入 E－mail 地址和密码登录后即可订阅；如果是新用户，移动鼠标到网页左上角，单击“新用户注册”。第三步：在“新用户注册”页面，按照要求填写 E－mail 地址等必须的内容后，单击“确定”。第四步：如果一切顺利，出现“注册成功”信息提示。第五步：返回首页，使用注册的“E-mail”和“密码”登录。第六步：登录成功后，即可单击刊物分类，在选中的刊物前的复选框内打上对号（√），单击页面下方的“订阅”。第七步：如果要退订某份刊物，可以登录希网，在要退订的刊物前的复选框内打上对号（√），单击页面下方的“退订”；也可以直接在发给自己的刊物下方输入 E－mail 地址后，单击“退订”，连上网络确认后即可。

366. 怎样上网读报?

全世界几乎所有知名报刊都在网上有自己的网站。在网上读报好处多多。一是省钱,免去订阅或购买之苦。二是可以下载、复制、摘录,便于收集保存。三是可以根据时间顺序搜索、浏览。网上读报,以“人民日报”为例。第一步:启动 Internet 浏览器,在地址栏输入“http://www.people.com.cn/”后回车。第二步:进入“人民网”主页,即可单击分类标题链接,阅读当日报纸内容。第三步:如果要浏览二十四小时滚动新闻,可以单击“新闻中心”。第四步:如果要阅读今日以前的内容,移动鼠标到网页右上角,单击“回顾”。第五步:在出现的页面上单击需要的日期链接,即可阅读当日报纸内容。第六步:如果机器中装有网络蚂蚁等下载软件,就可以很方便地右键单击需要的日期链接,将当日报纸下载到自己的电脑中。第七步:阅读结束后,断开网络连接,单击右上角的“关闭(×)”按钮,退出浏览器程序。在网上阅读其他报刊与此类似。

367. 怎样利用电脑读书?

[方法一] 上网阅读。第一步:启动 Internet 浏览器,进入基本操作窗口。第二步:打开一个专门的图书网站,如“亦凡书库”、“黄金书屋”等。一般大型综合网站都有专门的图书站点链接。第三步:找到想要阅读的图书链接单击即可。

[方法二] 下载阅读。第一步:启动 Internet 浏览器,进入基本操作窗口。第二步:打开一个专门的图书网站,如“亦凡书库”、“黄金书屋”等。一般大型综合网站都有专门的图书站点链接。第三步:如果该站点提供专门的图书下载,即可利用浏览器的下载功能或专门下载软件,如网络蚂蚁等,将图书保存到自己电脑中,随时阅读。

[方法三] 使用专门的读书软件连网或下载阅读。

368. 怎样使用百博阅读软件阅读各类图书?

第一步:启动 Internet 浏览器,在地址栏输入“http://www.Bbook.com.cn”后回车,登录百博书城下载最新版本。这是一个免费软件,大小约 1.52MB。下载成功后双击软件名,出现安装向导,按照提示一路确认即可完成安装。第二步:再次登录百博书城网站,单击首页上的“新用户”注册,按照系统要求输入各项注册信息并确认,一般都能顺利完成。第三步:使用注册成功的用户名称和密码登录书城,单击“百博图书”链接,进入相关页面后可以按照图书的分类查找,也可以通过“E 书查询”,按照作者或者作品名称进行搜索。第四步:找到所需要的书籍之后,可以通过查看图书内容简介下边的“E 书价”得知其价格并通过招商银行一卡通等方式付款购买,也可以专门选择价格为“人民币 0.00”的免费图书,单击“直接下载”让百博阅读软件自动运行将该图书下载到自己的电脑中。第五步:平时想读书时,启动百博阅读软件,可以看到下载成功的图书都会排列在程序左窗格中,双击任意图书文件夹,右侧阅览窗口中即会显示图书内容。第六步:移动鼠标到程序窗口的左上角,会自动弹出目录窗口,可以从中切换想要阅读的书目或段落。第七步:移动鼠标到程序窗口的右下角,会弹出工具栏,其中包括“翻到前一页”、“翻到后一页”、“改变缩放比例”等。第七步:移动鼠标到左窗格书架中右键单击,选择“新建书架”→“子书架”,可以随意创建子书架将图书分门别类放进去,轻松管理电脑中的图书。

369. 怎样使用 Acrobat Reader 阅读电子图书?

第一步:启动 Internet 浏览器,在地址栏输入“Adobe”后键入回车,登录 Adobe 公司网站免费下载安装 Acrobat Reader 的最新版本。

第二步：启动 Acrobat Reader 软件，移动鼠标到工具栏单击"打开"在弹出的"打开"对话框中，选择电脑中的一个或多个 PDF 文档，单击"打开"即可打开事先已存在于电脑中的 PDF 图书。或者双击硬盘内的 PDF 文件图标，也能启动 Acrobat Reader 软件，打开 PDF 图书或文档。

第三步：如果是在连网浏览中想要阅读 PDF 图书或文档，单击该图书或文档的链接，可以自动调出 Acrobat Reader 软件打开图书阅读。图书或文档打开以后，左侧目录区显示图书的目录或者图书的页面标签，右侧文本显示区显示图书的内容。文档主浏览区下方增加的水平滚动条上，镶嵌了基本阅览工具小按钮，并列出了该页面的主要信息。

第四步：移动鼠标到菜单栏，单击"窗口"→"书签"，可以使阅览窗口在"单纯页面"和"页面＋书签目录"显示方式间切换。要用书签跳至相应主题，可单击书签图标或调板中的文字。在书签目录还可查找当前页面对应的书签路径。

第五步：移动鼠标到菜单栏，单击"视图"→"全屏"，进入全屏浏览。按回车键或"↓"或"→"键向后翻动页面。按"Shift＋回车键"或"↑"或"←"键向前翻动页面；如果要退出全屏视图，只要按"Esc"键或按"Ctrl＋L"键即可。

第六步：移动鼠标到菜单栏，单击"视图"→"单页"，或在页面窗口中，当鼠标为手形时右键单击，在弹出菜单中单击选中"单页"，就可进行单页浏览；如果单击选中"连续"，可进行多页连续浏览。

第七步：移动鼠标到菜单栏，单击"窗口"→"显示缩略图"或键入"F4"，打开缩略图调板，或单击缩略图标签，就可进行缩略图浏览。要显示或跳到某一页面，只要双击该页的缩略图即可；要显示当前页面的另一部分，可将鼠标指针，置于该页面缩略图中页面查阅框的边缘，当指针变为一个手形工具时，可拖动方框来移动视图区域。

第八步：单击导览工具栏或状态栏中的"下一页"、"上一页"、"第一页"、"最后一页"按钮，或者通过打开"文档"菜单中的相关命令可进行翻页浏览。如果想用页码进行跳转，只要在状态栏中选择当前页码，键入要跳至的页码，然后按回车键，或者拖动垂直滚动条内的滚动块，直至你要跳至的页码出现。

第九步：移动鼠标到菜单栏，单击"视图"→"适合窗口"或"实际大小"、"适合宽度"、"适合可见"选项，或者单击"视图"工具栏上的相应调整页面按钮，就可以分别使页面大小与窗口一致，使页面恢复其实际大小，使页面与窗口等宽，使页面上的文字和图形适合窗口宽度等。

第十步：单击"状态栏"中的"单页"或"连续"、"连续－对开"按钮可调整页面布局。要最有效地查阅两个连续页面，可使用"连续—对开"，并选择"视图"菜单中的"适合宽度"。

第十一步：单击"视图工具栏"的"顺时针旋转视图"或"逆时针旋转视图"按钮，可以利用旋转工具以 90 度的增量更改页面方向。

第十二步：移动鼠标到菜单栏，单击"编辑"→"全部选定"，或拖动鼠标选定要复制的文档内容；然后移动鼠标到菜单栏，单击"编辑"→"复制"，即可将选定的文档内容复制到剪贴板。

第十三步：移动鼠标到菜单栏，单击"编辑"→"查找"，在弹出的对话框中输入想要查找的字符及相关选项，单击"查找"即可。

第十四步：移动鼠标到菜单栏，单击"文件"→"打印"，在弹出的对话框中指定打印机、页码范围、打印份数等，最后单击"确定"即可将当前文档打印出来。

370. 怎样使用 ReadBook 阅读电子图书?

第一步:启动 Internet 浏览器,在地址栏输入“http://Readbook.126.com”后键入回车,登录 ReadBook 主页,或者到各大网站软件下载区,下载最新版本。

第二步:下载后,ReadBook 只有一个文件 RB__SETUP.EXE,您只要运行它,依提示安装即可,安装窗口中的选项一般不需要更改。

第三步:ReadBook 是使用 WinZip 进行压缩的。下载后也可以使用 WinZip 解压缩后执行安装程序。

第四步:把 RB__SETUP.EXE 文件备份保存。如果系统遭受计算机病毒袭击,清除病毒后,需要使用 RB__SETUP.EXE 文件覆盖安装。

第五步:安装完成后,在 windows 桌面上双击 ReadBook 图标,或者移动鼠标到任务栏,单击“开始”→“程序”→“ReadBook”,即打开程序主窗口。

第六步:单击工具栏的打开按钮,或者移动鼠标到菜单栏,单击“文件”→“打开文件”,即可在出现的对话框中选择打开电脑中需要用 ReadBook 阅读的文件。ReadBook 支持的文件格式包括 Txt、Html、Wps 等多种,支持中文简繁体即时转换。

第七步:缺省状态下,由鼠标控制阅读内容滚屏速度,鼠标在屏幕上向下移动,滚屏速度加快;反之减缓。可根据个人阅读速度放置鼠标在屏幕上的位置。

第八步:遇到好书,或自己经常看的书,移动鼠标到菜单栏,单击“收藏”→“添加到收藏书架”,在打开的对话框中键入书名等,单击“添加”并关闭对话框,即把当前阅读书籍加入藏书架。不过,藏书架只是建立一个快速打开文件的捷径,并不真的备份文件。书籍还在它原来的地方。同样,使用“管理书架”,将“藏书”删除,也不会真的删除书籍文件,只是将指向它的捷径删除了。

第九步:移动鼠标到菜单栏,单击“收藏”→“添加到收藏书架”,在打开的对话框中可以管理书架,移动书架和书签可以使用鼠标拖曳,而拖曳到“回收站”就是删除。当然,也可以按键盘上的“delete”键进行删除,鼠标单击“回收站”可以对删除后的内容进行管理。

第十步:计算机中的文章,特别是从网上下载的文章,不可避免地有很多错别字,ReadBook 提供修改的手段。使用方法是:如只修改一个字,用鼠标在这个字上双击,就可弹出编辑窗口;修改多字,需要先用鼠标在文字上拖动选定,然后双击或选择菜单中的“局部编辑”。局部编辑一次最多编辑 16000 个汉字,如超过需要分次编辑。局部编辑中“删除半个汉字”的功能用于由于文件受损造成的乱码,要慎重使用。否则,可能造成更严重的乱码。

第十一步:移动鼠标到菜单栏,单击“视图”,可以对屏幕显示进行设置;移动鼠标到菜单栏,单击“MIDI”,可以打开 MIDI 音乐文件,实现“音乐伴奏阅读”等等。

第十二步:阅读结束,单击窗口右上角的“关闭(×)”按钮,退出程序。

371. 怎样利用电脑学英语?

[方法一] 上网学习。第一步:启动 Internet 浏览器,进入基本操作窗口。第二步:打开一个专门的英语学习网站,如英语学校“www.EnglishTown.com”,一般大型综合网站里也都能找到英语学习的站点链接,或者利用新浪、google 等搜索引擎输入关键词查找。第三步:找到想要的英语学习网站后,按照网站说明参加学习即可。

[方法二] 利用 QQ 等即时通讯工具。第一步:上网下载并安装 QQ 软件。第二步:利用

电话或在网上申请一个QQ号码。第三步：启动QQ软件，连网寻找英语聊友。找到聊友后既可使用文字聊，又可以开通“二人世界”使用语音聊，学习英语和交友两不误。

［方法三］ 订阅英语学习电子邮件。第一步：启动Internet浏览器，进入基本操作窗口。第二步：打开一个邮件列表网站，如“http://www.cn99.com/”等。一般大型综合网站都有邮件列表站点链接。第三步：打开邮件列表网站后，按照网站说明订阅英语学习电子邮件即可。许多免费的英语学习电子邮件办得相当不错。

［方法四］ 使用专门的英语学习软件。英语学习软件有商业的，也有免费的。商业软件要到商店购买，免费软件通常都是从网上下载。

372. 怎样使用《我爱背单词》记忆英语单词？

第一步：启动Internet浏览器，在地址栏输入“http://www.flyenglish.com”后键入回车，下载安装《我爱背单词》的最新版本。第二步：启动《我爱背单词》。第一次使用时，会要求输入用户名，随便起一个就可以了，该软件会自动将你的学习记录保存在“你的用户名.ile”目录下，这些学习记录包含学习日程、卡片盒、单词的陌生度等，这样做的好处就是可以让多个用户共用一台计算机背单词，而不必担心和别人的进度混淆。第三步：进入主界面后，主界面上按学习的流程分为“学什么”、“怎么学”和“辅助功能”等选项。由于我们第一次运行软件，“学什么”选项中的“学习笔记本”和“学单词卡片”还没有内容，只能选择“选择一本书”。在“新概念英语”、“许国璋英语”、“计算机英语”等多个词库中假定选择“高教自考英语”，共有1515个词，单击“确定”回到主界面。第四步：选择一种学习方法，如“自由初记”。单击“自由初记”菜单，进入“自由初记”窗口。在“记忆功能”中选择“自动浏览”，并选择要练习的总页数，确定后进入背单词窗口，窗口中每隔4秒就会显示一个单词。你可以根据自己的要求设定每个单词的“朗读次数”，还可以设定词义缓出、单词大写等浏览内容。在窗口的下方还有一个“单词拼写框”，可以一边背单词，一边在这个拼写框中拼写单词。“自由初记”后，在“记忆功能”中选择“词义回想”，可以根据单词回想词义；选择“拼写练习”，可以根据词义拼写单词；另外还有跟读对比等多种学习方法，每种学习方法侧重点各不相同，每个人都可以根据自己的情况选择不同的学习方法，以加深记忆。另外在窗口的右方，该软件还提供了8个卡片盒，可以在记忆单词的过程中将一些单词制成卡片，以后就可以进行卡片式单词学习。第五步：单击主窗口的“有选择复习”按钮，在弹出的窗口上列出了曾经学习该书的所有日期，可以将日期添加到右边的列表框中，如果要复习所有已经学过的单词，可以勾选“所有学过的单词都复习”，“确定”进入“单词复习”窗口，它与“自由初记”界面的画面很相似，操作也基本相同。第六步：经过一段时间的学习后，就可以通过主窗口“测验”按钮来测试自已记忆单词的情况。提供的选项有“根据中文选择英文”和“根据英文选择中文”两种选择题，选择好测试范围，单击“开始”即开始测验。测验完成后会自动显示出结果。第七步：单击主界面上的“玩游戏”选项，可以看到所学书本中的单词已经被分组。选择要玩的组号，并选择一种游戏。如选择“词义回想”，并选择“只用鼠标”。单击“开始游戏”，画面下方显示的是游戏的进度和你的“生命值”，画面上方将向下滚动出现一些单词。先用鼠标单击任意单词，在下面会出现该单词的四个释义，用鼠标选择一种释义。如果选择正确，该单词会从画面上消失，否则单词将继续“下落”，当“下落”到画面上的某一位置时，单词变红，你的“生命值”也随着减少，直至游戏结束。

373. 怎样使用“飞跃复读王”提高英语听力？

第一步：启动 Internet 浏览器，在地址栏输入“http://bj.onlinedown.net/fyfdw2001.htm”后键入回车，下载安装“飞跃复读王”的最新版本。第二步：双击桌面图标或在任务栏上单击“开始”→“程序”→“复读王”运行飞跃复读王，会依次出现注册信息、最新消息、使用说明等画面。在飞跃英语的宣传界面移动鼠标到菜单栏，单击“开始”→“打开”，选择要学习的英语音频文件，确定后进入复读王主界面。第三步：在程序主窗口，单击“选项设置”，可以对自动复读时朗读次数、预览时间等参数进行调整。复读王在读入时会将声音转换成 WAV 文件，单击 MP3 管理按钮，可以设置退出时如何处理这些 WAV 文件，如果机器的 CPU 性能较高，建议选择删除。第四步：播放、暂停等按钮下方的字母为该按钮的快捷键。鼠标左键就是磁头，点到哪里代表磁头的那道黑线就移动到哪里，如果当前是静止状态，磁头移动后会自动播放两秒声音供你预览。如果嫌资料太长，可以单击“缩小”按钮将波形缩短，使其尽可能在一屏中显示，反之单击“放大”按钮能对局部进行细微操作。单击“播放速度”按钮可以选择50%、80%、较快和正常四种播放速度。第五步：鼠标右键是手动复读的基本键，右键单击波形图的任意位置，可调节复读起点和终点，右键单击处就是起点，调节终点时需按住“Ctrl”键，再用鼠标右键单击波形图。复读时单击“停止”按钮即可进入正常播放状态。第六步：当磁头静止于某处时，单击单键“复读”按钮或键入“E”，则从 A 开始播放，播到 B 时，按“E”键，则复读 A 到 B 间声音，再按“E”键，停止复读，从 B 开始播放，播到 C 时，再按“E”键，则复读 B 到 C 间声音，如此操作，就可一键复读完全部文章。第七步：断句是该软件很有用的地方，可以进行手工断句和自动断句。自动断句比较方便，双击某个句子就可迅速定位到该句处。单击“自动复读”按钮可以逐句复读，每句复读次数可在选项中调整。单击“自动断句”按钮进入断句界面，设定静音标准后再单击“自动断句”即可。第八步：单击“跟读”按钮，然后对着麦克风朗读，结束时单击“停止”，复读王会反复播放标准音和你的发音，直到再次按下停止键。这样可以听听自己的发音和标准读音的异同。第九步：复读时单击“波形对比”按钮进入波形对比窗口，单击“跟读录音”按钮录制你的发音，可以看看和标准波形图有多大区别。第十步：在搜索引擎中输入“英语音频资料”一类的关键词，可以找到适合复读王使用的英语复读资料，找到后下载到电脑中就可以使用了。

374. 怎样使用“网上翻译”？

［方法一］ 网页翻译。第一步：启动 Internet 浏览器，进入基本操作窗口。第二步：打开一个提供免费翻译服务的网站。例如打开“联通国际多语翻译商务网”，在浏览器地址栏输入“http://www.165net.com”后回车。第三步：进入“联通国际多语翻译商务网”首页后，在源网址处输入一个要翻译的网址，如“纽约时报”：http://www.nytimes.com。第四步：在选择源语种下拉框中选择英文，这里网站原文是什么就选什么。第五步：在选择目标语种下拉框中选择简体中文，即希望翻译成哪国语言。第六步：选定后单击右边的“访问”，IE 会弹出一个新窗口，处理后的页面是上下分帧效果，上面显示英文网页，下面显示翻译后的中文网页。可以单击页面下方的“左右对照”链接，就会变成左右分帧的效果。如果只想看中文，也可以单击“只显示中文”链接，稍候会显示完全中文的页面。“联通国际多语翻译商务网”不仅可以将英文翻译成中文，还可以将中文翻译成英文。

［方法二］ 即时翻译。第一步：启动 Internet 浏览器，进入基本操作窗口。第二步：打开一个提供免费翻译服务的网站。例如打开“联通国际多语翻译商务网”，在浏览器地址栏输入

“http://www.165net.com”后回车。第三步:进入“联通国际多语翻译商务网”首页后,单击“即时翻译”。第四步:输入要翻译的文字内容。可以用键盘键入,但多快好省的办法还是事先输入保存在硬盘或软盘上,用的时候复制进来。第五步:选择源语种和目标语种后,单击“翻译”。这种方法不仅可以中英,而且可以中日、中德以及中俄互译。只是,每次翻译的文章容量大小不能超过5kB。如果超出限制,可以分段翻译。

[方法三] 使用在线词典。第一步:启动Internet浏览器,进入基本操作窗口。第二步:打开一个提供在线词典服务的网站。例如打开“东方翻译工厂网站”,在浏览器地址栏输入“http://www.lingoworld.com/trans/index.php”后回车。第三步:单击进入“在线词典”,输入要查询的英语单词。第四步:单击“查询”,就可以看到要翻译单词的中文释义,并且非常详尽,从本义到引申义、例句,可以说应有尽有。

375. 怎样使用“金山词霸”?

金山词霸是一个知名度很高的词典工具软件,利用它不仅可以查任意字、词的中文释义,还可以中英互译,功能强大。第一步:安装。金山词霸属于商业软件,购买的时候会附有详细的安装说明,按照说明安装即可。第二步:启动。在安装的时候,如果采用默认设置,金山词霸每次会随Windows启动自动驻留在任务栏上。在windows桌面上,移动鼠标到任务栏右端,单击金山词霸小图标,或者单击“开始”→“程序”→“金山词霸”,即打开程序主窗口。第三步:在“输入”框中键入任意生字或生词后回车,下面内容框内立即出现释义。第四步:在词霸的“输入”框中键入生字或生词后,在下面内容框内显示的仅仅是一个简单的解释,如果需要词霸内所有词典对该词的解释全都一一列出,只须再键入一次回车。第五步:在内容框内双击某个英文或中文生字或生词,系统立刻跳转到被单击单词或中文的解释区域,如果要返回,单击右上方的“回退”按钮即可。第六步:在查英文单词时,如果忘记某个字母,可以输入模糊查询的通配符“?”来代替。如果仅记得单词的开头或结尾的几个字母,可以用“*”模糊查询。此时会列出符合条件的所有单词,且单词按字母顺序排序,可以通过左边的向导进行检索,最终找到需要查询的单词。第七步:金山词霸的屏幕取词功能有时很讨厌,不想使用时,可双击出现的取词条即可;若要恢复时,可按下“Ctrl+Alt+F1”组合键。第八步:如果经常使用属性设置窗口,可简化操作,在输入框旁边双击,即可迅速弹出设置对话框。第九步:单击取词条上的加入生词本按钮,可将所取单词加入到生词本中,方便以后学习。在生词本的浏览窗口中双击列表中要查询的单词,即可快速打开词霸解释该单词。第十步:金山词霸的新增工具“迷你背单词”可以灵活跳转于生词本与词霸之间,方法是对准“迷你背单词”浏览框中的单词单击鼠标右键,然后在弹出的菜单中选择将单词加入生词本或用词霸查看此单词的详细解释。第十一步:使用结束后,单击窗口右上角的“关闭(×)”按钮,或者移动鼠标到“主菜单”,单击下拉菜单最下面的“退出”,都可以退出程序。

376. 怎样利用电脑写文章?

第一步:开机进入Windows桌面。第二步:启动一款文本编辑软件。简单的如Windows自带的“记事本”、“写字板”;功能强大的如“Microsoft Word”、“WPS”等。第三步:选择一种输入法使用键盘或其他方式输入文字。第四步:如果是编辑以前发表过的文章或是其他印刷品,可以使用扫描仪和OCR软件将文稿扫进电脑直接编辑。第五步:如果是撰写需要大量资料的研究文章，可以利用搜索引擎在网上搜索，然后将搜索到的资料直接复制到文章中进行编辑。第六步：如果文章中需要图片，可以用扫描仪扫进电脑，可以用数码相机拍摄后输入电脑，可以在网上搜索，还可以在电脑屏幕上抓取，然后直接贴进文章。第七步：如果文章中需要表格，在功能强大的“Microsoft Word”、“WPS”等编辑软件中也可以直接编进文章。第八步：文章写好后，可以使用校对软件在电脑上进行语音或其他方式的快速校对。第九步：将写好的文章排成稿纸模式或其他版式打印出来。第十步：如果是向报刊或出版社投稿，有时也可以不必打印，通过E－mail 发送出去或是提供软盘即可。

377. 怎样在网上读中学？

以北京大学附属中学为例。第一步：购买网校卡。购买网校卡实际上就是付学费，目前半年 720 元，一年 1200 元。购买网校卡的付款方式共有三种：一是北京地区可以到北大附中现款购买。二是通过邮局汇款购买。三是网上付款购买。第二步：如果选择网上付款购买，启动 Internet 浏览器，在地址栏输入“http://www.fm365.com/”后回车。进入“FM365”主页后，单击“教育”频道→“北大附中网校”→“中学生版”→“用户指南”→“网上购卡详细介绍”，进入购卡页面。第三步：拿到网校卡后，还要注册。进入“FM365”主页，单击“教育”频道→“北大附中网校”→“新用户注册”。第四步：按照向导指引注册成功后，就可以在“北大附中网校”页面输入用户名和密码进入网校学习了。网校开设的课程与普通在校生是同步的，课程与考试安排灵活多样。需要注意的是，第一次进入网校选择年级时一定要选对，因为系统只提供一次机会，一旦选错将无法更改。

378. 怎样在网上读大学？

以北京外国语大学网络学院为例。第一步：启动 Internet 浏览器，在地址栏输入“http://www.beiwaionline.com/”后回车，进入北京外国语大学网络学院主页。第二步：北京外国语大学网络学院共招收大专、高中毕业生本科和在职本科三类学生，学成毕业后发给国家承认的学历证书。每年春、秋两季招生。招生程序为“在线报名”→“资格认证”→“入学考试”→“录取查询”→“缴纳学费”→“学藉认证”等。第三步：教学以网络教学为主，面授辅导为辅。网上教学在进入北京外国语大学网络学院主页后，每次都要输入证件号码和密码，才能进入“校园”参加学习。第四步：考试以平时网上测验与期末集中考试相结合。北京外国语大学网络学院很有点像电视大学的办学模式。

379. 怎样利用互联网参加高等教育自学考试？

以北京市为例。第一步：启动 Internet 浏览器，在地址栏输入“http://www.bjzikao.com/”后回车，进入北京市自学考试网站主页。第二步：移动鼠标到导航栏，单击“自考信息”，可以了解到有关自学考试的最新情况。此外，如果要了解有关自学考试的计划、教材、考试时间等等，都可以在导航栏单击相应按钮，打开网页查看。第三步：如果要购买自考用书，可以移动鼠标到网页的右上角，单击“自考书店”。第四步：如果要参加考试辅导，可以移动鼠标到网页的右上角，单击“网上辅导”。在这里，详细列出了辅导科目、辅导时间、主讲老师以及费用等，同时“郑重承诺”：如果考生听了课未通过该门课程考试，可以凭成绩通知单免费重读。第五步：在参加自考中，如果有什么感想、体会、建议要发表，可以移动鼠标到网页的右上角，单击“自考论坛”。在这里,可以畅所欲言,一吐为快。第六步:网站还提供了免费订阅《北京自考报》的服务,只须移动鼠标到网页的左上角,单击“北京自考报(免费订阅)”即可。

380. 怎样利用互联网考研?

有关考研的网站很多,以“考研共济网”为例。第一步:启动 Internet 浏览器,在地址栏输入“http://www.allkaoyan.com/”后回车,进入考研共济网网站主页。第二步:网站内容非常丰富。移动鼠标到导航栏“招生简章”按钮上,可以选择“博士”或“硕士”单击,了解到有关考研招生的最新情况。此外,如果要了解有关考研题库、试题,购买考研资料等等,都可以移动鼠标到导航栏相应按钮,单击打开网页查看。第三步:如果要了解某个具体大学的考研招生情况,可以在网页上直接单击大学校名链接。在网页的右边,可以看到最新的考研信息。第四步:在参加考研中,如果有什么感想、体会、建议要发表,可以移动鼠标到网页的右上角,单击“考研论坛”。在这里,可以看看别人有什么观点和评论,自己也可以随时加入,畅所欲言,一吐为快。第五步:移动鼠标到导航栏“咨询服务”按钮上,在下拉菜单上单击“免费下载”,可以将一些需要的招生简章、试题等资料下载到自己的电脑中。

381. 网上怎样留学?

[方法一] 利用远程教育获得国外大学学位。互联网的飞速发展使远程教育成为可能,并且得到迅速发展。越来越多的名牌大学利用互联网在世界范围内开办了远程学历教育。只要你愿意,就可以不出国门,甚至足不出户到国外留学,并获得需要的学位。

[方法二] 利用出国留学服务网站办理出国留学。网上有很多出国留学服务和咨询网站,充分利用这种资源,可以省时、省力、省心地办妥出国留学手续。

382. 怎样在网上获得国外学历?

以美国图尔罗国际大学为例。第一步:启动 Internet 浏览器,在地址栏输入“http://www.gecmall.com/touro/index.html”后回车,进入图尔罗国际大学网上大学主页。第二步:图尔罗国际大学的网上教育获得美国认证(Accreditation),可授学位的专业包括商业管理、健康科学、教育学、信息技术管理和计算机科学,为 2001 年网上学生数量最多并且获得美国政府承认(accreditted)的 5 所大学之一。单击“按此了解更多大学介绍”进入详细介绍页面。第三步:移动鼠标到网页左边单击“入学过程”,在出现的页面中要求提交申请表、成绩单和学位证书以及 75 美元申请费。第四步:移动鼠标到网页左边下面单击“申请表”,在出现的页面中给出了申请表的格式和填写要求。可以用打印机把它打印下来,填好后按照要求寄到美国。第五步:单击“教师介绍”、“学习过程”、“国际学生”、“教学方法”、“技术要求”、“学费”等可以了解进一步的相关信息。第六步:本科入学托福考试成绩要求达到 525 分;学士课程每学分收费 225 美元,一门课通常为 4 学分,大体上每门课的学费为 900 美元;如果申请获得批准后想要到美国去就读,校方将协助办理 F-1 学生签证。第七步:学完全部课程,图尔罗大学将发给学历证书和学位证书。

383. 怎样利用互联网出国留学?

以北京留学网为例。第一步:启动 Internet 浏览器,在地址栏输入“http://www.bjlx.

gov.cn/”后回车，进入北京留学网主页。第二步：北京留学网是一个官方网站，虽然内容略显简单，但比较权威。移动鼠标到导航栏，单击“出国留学”按钮，新页面给出“公派出国留学”和“自费出国留学”两个选项，分别单击，就可以了解到国家有关政策。第三步：移动鼠标到导航栏，单击“留学信息”按钮，可以了解到最新有关留学的情况。第四步：移动鼠标到导航栏，单击“留学回国”按钮，新页面即给出北京市最新的回国创业优惠政策。包括中关村科技园区留学人员归国创业服务体系方案、留学人员来京创办企业流程等等。第五步：移动鼠标到导航栏，单击“留学问答”按钮，可以从里面找到许多实用的问题答案。如：“先留学后移民哪个国家更容易”、“有关自费留学贷款的一些问题”等等。第六步：移动鼠标到网页右上角，单击相应的链接，可以查询“赴日本留学指南”、“赴新西兰留学指南”、“赴英国留学指南”、“赴加拿大留学指南”以及“赴澳大利亚留学指南”等。第七步：北京留学网还备有留学人才求职信息库、用人单位招聘信息库以及留学人才技术项目信息库等，只须移动鼠标到相应“查询”按钮上单击即可了解有关信息。为学成归国人员提供了方便。

384. 怎样打开/关闭汉字输入法？

［方法一］　第一步：在 Windows 桌面上，移动鼠标到任务栏右端，单击“语言指示器”，屏幕上弹出输入法菜单。第二步：在输入法菜单中单击选中需要的输入法。第三步：按“Ctrl＋Shift”键，可以切换不同的输入法，包括中文输入法和英文输入法。每键入一次，切换一个输入法。第四步：如要关闭中文输入法，移动鼠标到任务栏右端，再次单击“语言指示器”，选中“EN”英文输入法即可。

［方法二］　第一步：在 Windows 桌面上，按“Ctrl＋Space”（空格）键，即可启动中文输入法。第二步：按“Ctrl＋Shift”键，可以切换不同的输入法，包括中文输入法和英文输入法。每按一次，切换一个输入法。第三步：如要关闭中文输入法，再按一次“Ctrl＋Space”键即可。

385. 怎样获取输入法的帮助信息？

第一步：在 Windows 界面下启动汉字输入法，屏幕上出现输入法状态条。第二步：移动鼠标到输入法状态条右健单击，屏幕上会弹出一个菜单。第三步：在菜单中单击选中“帮助”。除智能 ABC 输入法外，所有其他输入法的帮助信息均包括“操作指南”和“输入法入门”两部分。“操作指南”给出了设置输入法功能的操作方法，“输入法入门”针对每一种汉字输入法，描述了它的字符集、码元集和编码规则等。智能 ABC 输入法的帮助信息综合了“操作指南”和“输入法入门”两部分的内容。

386. 怎样使用输入法状态框？

当启动中文输入法后，桌面上会出现输入法状态框。输入法状态框由中英文切换按钮、输入法名称框、半角/全角状态按钮、软键盘按钮、编码输入区、重码选择区等组成。字词提示窗口有两种显示方式：光标跟随和非光标跟随。在“设置”菜单可设置提示窗口的显示方式，光标跟随方式的字词提示窗口。(1)中英文切换按钮。用鼠标单击此按钮，显示“A”表示英文状态，否则为中文状态。鼠标右键单击该按钮，弹出输入法功能菜单。(2)输入法名称框。如果当前输入法内含几种子输入法，单击此框可以切换子输入法，例如当前为“区位”输入法，单击输入法名称框能循环切换区位、GBK 内码、UNICODE 输入法。而按“Ctrl＋Shift”则只能在不同输入法间切换，是无法切换到子输入法的。(3)全/半角切换按钮。在全角方式下输入的所有符号都是纯中文方式，数字、英文字母、标点符号与原来的西文方式(即半角方式)不同，需占用一个汉字的宽度(即半角方式下两个西文字符的宽度)。全角/半角标识用“•”和“,”符号来表示。用鼠标单击“•”或“,”即可完成半角/全角的切换。按“Shift＋Space”组合键也可以完成同样的功能。(4)中英文标点切换按钮。切换到中文标点符号状态“。”时，按相应的键可得到中文标点符号。(5)软键盘按钮。鼠标左键单击此按钮，可以打开和关闭软键盘。鼠标右键单击软键盘按钮，会弹出 13 种软键盘布局，当用户选择一种软键盘后，相应的软键盘会显示在屏幕上。

387. 怎样使用区位码输入法输入汉字？

区位码是根据国家标准信息交换用汉字编码 GB2312—80 中汉字的区位编码。根据其位置分为外区，每个区 94 个字符，区的编码是从 1～94，位的编码也是从 1～94，区位码的第一字节是区码，第二个字节是位码。输入时，只要输入对应的区号和位号 4 位数字即可得到对应的汉字或符号。该方法的优点是：只要有一本区位码表，不需任何训练，即可输入汉字和各种符号。码长统一为 4 键一字。主要缺点是即使进行专门训练也不可能完全记住区位码表，而查表则严重影响输入速度。目前，区位码输入方法主要用来输入标点符号和图形符号。第一步：在 Windows 桌面上，移动鼠标到任务栏右端，单击“语言指示器”，屏幕上弹出输入法菜单。第二步：在输入法菜单中单击选中“区位码”，桌面上出现输入法状态框。第三步：按照区位编码键入要输入的汉字编码，该汉字即出现在“重码汉字”栏中。按“Space”键，即输入所选择的汉字。第四步：移动鼠标到任务栏右端，再次单击“语言指示器”，在输入法菜单中单击选中“EN”英文输入法即可关闭区位码输入法。

388. 怎样使用全拼输入法输入汉字？

第一步：在 Windows 桌面上，移动鼠标到任务栏右端，单击“语言指示器”，屏幕上弹出输入法菜单。第二步：在输入法菜单中单击选中“全拼”，桌面上出现输入法状态框。第三步：用键盘逐个键入要输入汉字的拼音字母。第四步：在“重码汉字”窗口中，查找到要输入的字，并按下与之相对应的数字键。如果要输入汉字的序号为“1”，可直接按“Space”空格键。第五步：输入一个汉字后系统会给出一些联想词组。按下数字键“1”或直接按“Space”空格键即输入第一个联想词组。第六步：系统往往在输入第一个字母之后即会有一些汉字出现在“重码汉字”窗口中，当显示拼音字母的“编码输入”窗口中的拼音字母变化时，“重码汉字”窗口中的汉字也跟着发生变化，有时还会出现一些词组。无论何时按下“Esc”键即可消除“重码汉字”窗口。第七步：如果输入的拼音字母有错，可以按“←”(回退)键删除，这时“重码汉字”窗口中的汉字也会发生变化。第八步：当拼音编码部分或全部输入后，如果在“重码汉字”窗口中未出现所要输入的汉字，则可以按下“＋”(加号)键或“Page Down”键，系统便会显示下 10 个汉字或词组。也可以单击“重码汉字”窗口中右上角的“黑三角”按钮，使系统显示下 10 个汉字或词组。按下“－”(减号)键或“Page Up”键，系统便会把已翻过去的上一屏的汉字或词组再显示出来。也可以单击“重码汉字”窗口中右上角的“黑三角”按钮，使系统显示已翻过去的上一屏的汉字或词组。如果已经翻到第一屏或最后一屏还要在同一方向上继续翻屏，系统会鸣笛以示警告。第九步：在一个汉字的拼音输入结束后，接着输入可以组成词组的第二个汉字的汉语拼音，则在第二个汉字的拼音输入结束后，“重码汉字”窗口中会出现同音的所有词组以供选择。第十步：若“重码汉字”

窗口中只有一个词组,按下"Space"空格键后即输入这个词组。如果在"重码汉字"窗口中有数个重码词组,则需要进行选择,即单击所需要的词组前面的序号或使用键盘键入对应的数字键。

389. 怎样使用"微软拼音 IME3.0"输入法输入繁体汉字?

第一步:在 Windows XP 桌面上,移动鼠标到任务栏右端,单击"语言栏",屏幕上弹出输入法菜单。第二步:在输入法菜单中单击选中"微软拼音 IME 3.0"输入法。第三步:移动鼠标到"微软拼音 IME 3.0"图标,单击"选项"→"简/繁体",在"语言栏"中出现"简"字图标。第四步:单击语言栏中出现的"简"字图标,使之改变为"繁"字图标。第五步:正常键入汉字拼音,即在"微软拼音 IME 3.0"的"重码汉字"栏中出现繁体汉字。第六步:按"Space"键,即输入所选择的繁体汉字。第七步:单击"语言栏"中出现的"繁"字图标,即变为"简"字,回到输入简体汉字状态。第八步:再次单击"语言栏"图标中的"选项"→"简/繁体",即关闭"简/繁体"汉字输入功能。

390. 怎样使用查询输入法输入汉字?

中文 Windows XP 提供了另外一种汉字输入方法,这就是查询汉字输入法。查询汉字输入法仅使用鼠标即可输入汉字。第一步:在 Windows 桌面上,移动鼠标到任务栏右端,单击"语言栏",屏幕上弹出输入法菜单。第二步:在输入法菜单中单击选中"微软拼音 IME 3.0"输入法。第三步:移动鼠标到"微软拼音 IME 3.0"图标,单击"选项"→"输入板"。第四步:移动鼠标到"输入法"状态栏中的"微软拼音 IME 3.0"图标,单击"开启/关闭输入板"按钮,出现"输入板"对话框。第五步:输入扩展国标汉字。单击"输入板"对话框"GBK"选项卡中的总笔画下拉列表框中的下拉按钮,可以选择汉字的总笔画数。在"输入板"对话框"GBK"选项卡中的"汉字列表"框中选择单击选中需要输入的汉字,则该汉字即出现在"中文(简体)—微软拼音 IME3.0"的"重码汉字"栏中。按"Space"键,即输入所选择的汉字。第六步:输入国标汉字。打开"输入板"对话框"GB2312"选项卡。在"输入板"对话框"GB2312"选项卡中的"部首"下拉列表框中,选择汉字的部首笔画数。在"输入板"对话框"GB2312"选项卡中的"部首"框选择汉字的部首。在"输入板"对话框"GB2312"选项卡中的汉字列表框中,选择单击选中需要输入的汉字,则该汉字即出现在"微软拼音 IME3.0"的"重码汉字"栏中。按"Space"键,即输入所选择的汉字。可以在"输入板"对话框"GB2312"选项卡中的"剩余"下拉列表框中选择汉字的剩余笔画数,出现相应的汉字。第七步:输入符号。打开'输入板"对话框的"符号"选项卡。在"输入板"对话框"符号"选项卡中的符号列表框中单击选中需要输入的符号,则该汉字出现在"微软拼音 IME 3.0"的"重码汉字"栏中。按"Space"键,即输入所选择的符号。第八步:移动鼠标到"输入法"状态栏中的"微软拼音 IME 3.0"图标上,单击"选项"→"输入板","输入板"即被关闭。

391. 怎样手工造词?

第一步:在 Windows 桌面上,移动鼠标到任务栏右端,单击"语言指示器",屏幕上弹出输入法菜单。第二步:在输入法菜单中单击选中"全拼",桌面上出现输入法状态框。第三步:移动鼠标到输入法状态框右健单击,从弹出的菜单中选择"手工造词…",进入手工造词对话框。第四步:单击选中"造词",便可以开始手工造词。第五步:在"词语"框中输入自定义词语后,按回车键或单击"添加",光标将自动跳入"外码"框。第六步:这时,"外码"框中出现按照当前输入法编码规则形成的自定义词语的外码。如果不想采用这个外码，可以在“外码”框中输入自定义词语的自定义外码。第七步：按回车键或单击“添加”，新定义的词语及其外码便列入“词语列表”框，同时存入扩展词库。第八步：进入输入法手工造词对话框后，单击“维护”→“修改”，可以修改“词语列表”中已存在的自定义词。第九步：单击“维护”→“删除”，可以删除“词语列表”中选定的自定义词语。

392. 怎样在线造词？

在输入过程中造词就叫在线造词。第一步：在 Windows 桌面上，移动鼠标到任务栏右端，单击“语言指示器”，屏幕上弹出输入法菜单。第二步：在输入法菜单中单击选中“全拼”，桌面上出现输入法状态框，正常输入汉字。第三步：同时按下“Ctrl＋～”键，即启动在线造词功能，进入造词状态。第四步：输入需要的一个词组后，两次按下“Ctrl＋～”键即可从出现的对话框中确认保存，结束在线造词，输入的词组被自动赋予正确的编码并保存到系统中。

393. 在 Windows XP 中怎样增加和删除汉字输入法？

(一)增加汉字输入法。第一步：在 Windows XP 桌面上，移动鼠标到任务栏右端，单击“语言栏”，屏幕上弹出输入法菜单。第二步：单击“语言栏”中的“选项”→“设置”，出现“文字服务和输入语言”对话框。第三步：单击“添加”，出现“添加输入语言”对话框。第四步：单击“键盘布局/输入法”下拉列表框中的下拉按钮，根据需要选择一种汉字输入法。第五步：单击“确定”返回“文字服务和输入语言”对话框，再单击“确定”关闭对话框，添加完成。

(二)删除汉字输入法。第一步、第二步同“增加汉字输入法”。第三步：在“文字服务和输入语言”对话框中选择需要删除的汉字输入法，单击“删除”，即删除了所选择的汉字输入法。第四步：单击“确定”关闭“文字服务和输入语言”对话框，删除完成。第五步：在桌面上单击“语言栏”中的“输入法选择”按钮，可以看到刚才所删除的汉字输入法已经不在了。

394. 怎样使用“OCR”输入汉字？

OCR(光学字符识别)扫描输入在现有的汉字输入技术中，可说是最简单高效的了，但只能扫描、识别那些已经存在于纸上的印刷文本，而且需要扫描仪。第一步：启动 OCR 软件。购买扫描仪时，厂商一般会附送一套 OCR 软件，如常见的《尚书汉字识别系统》。第二步：打开扫描仪上盖，将要扫描的打印或印刷体稿件文字朝下摆放端正，盖好扫描仪上盖。第三步：单击工具栏上的“扫描”按钮，打开“预览设置”对话框。第四步：扫描参数中分辨率应设为 300 dpi，如果原稿字号过小可设为 600 dpi，色彩模式只能使用黑白模式。第五步：单击“预览”，扫描仪启动，稿件样张很快出现在“预览设置”对话框的窗口中。第六步：在“预览设置”对话框的稿件样张上拖动虚线框，使它能包含需要转换的文字。单击“扫描”。第七步：扫描完成后，退出扫描界面。如果图像是上下颠倒的，单击左侧工具栏中的“旋转图像”旋转 180 度让它正过来。第八步：单击左侧工具栏中的“创建识别区域”'，在需要用 OCR 转换的文字图像上，按住鼠标左键拖出一个虚框，框住所有要识别的文字图像，可以按照文章顺序多设几个框。第九步：单击工具栏中的“简体”、“繁体”或“English”，可以把扫描结果调整为简体、繁体或是英文。第十步：单击工具栏上的“识别”，识别完成后，自动进入“文稿校对”窗口。第十一步：校对编辑后，就可以保存了。也可以在识别完成后先保存，再使用 Word 等文字编辑软件编辑排版。第十二步：移动鼠标到菜单栏，单击“文件”→“结束文本校对”，关闭《尚书汉字识别系统》的“文字校对”窗口；然后在《尚书汉字识别系统》的识别界面中，单击“文件”→“退出”，在弹出的对话框中单击“Yes”，保存扫描的图像文件留作备份。然后，程序自动退出。

395. 怎样使用即时语音提示和校对软件校对文章?

第一步：启动 Internet 浏览器，在地址栏输入“http://www.onlinedown.net/instalk.htm”后回车，找到名为 instalk271sp2.exe 的软件下载安装。第二步：双击桌面图标或在任务栏上单击“开始”→“程序”→“即时语音提示 & 校对软件”→“InsTalk”运行程序。第三步：右键单击程序界面任意处，在弹出菜单中单击选中“设置…”，出现设置窗口。第四步：单击选中“启动定位窗口”可以根据当前的活动窗口自动确定位置。第五步：如果希望电脑朗读语速慢一些可以将“提示速度”的滑块向左拖动，反之向右拖动。“提示方式”中可以设置是否让程序读出英文字符，以及使用相关的输入方法在汉字上屏后是否朗读等。选中“无读音字报警”还可以使程序对不能识别的字发出声音。第六步：“朗读速度”和“提示速度”差不多，只不过它是设置机器连续朗读文本的速度。“朗读对象”设定程序识别的不同区域，可以指定剪贴板、文件或编辑窗口。第七步：单击“设置”弹出“语音库设置”对话框。可以选择是否让程序读出标点以及特殊的符号。如果是通常校稿，则建议将所有复选框选中。如果想用它来读电子书，就将复选标志去掉。第八步：打开需要校对的文档，右键单击程序界面，选择“朗读”→“编辑窗口”，使需要校对的文档成为当前窗口，单击软件上带有“停”字的按钮，程序就会自动朗读。第九步：如果需要暂停，只要单击右边的播放按钮即可，再次单击则继续朗读。还可以让程序“念”出剪贴板上的内容，先将需要校对的内容复制到剪贴板中，然后在程序右键菜单中单击选中“朗读”→“剪贴板”，再单击“停”即可。第十步：移动鼠标到菜单栏，单击“文件”→“退出”，即关闭程序。

396. 怎样打印输出?

安装并设置好打印机后，就可以通过各种文档编辑软件，比如 Windows 自带的“写字板”、“画图”，或专业的 Microsoft Word 软件等，打印输出文档。虽说这些软件的操作界面、功能和编辑形式不尽相同，但它们打印文档的方法基本一样。第一步：在 Windows 桌面上，移动鼠标到任务栏，单击“开始”→“程序”→“附件”→“写字板”运行程序，打开编辑好的文档。第二步：移动鼠标到菜单栏，单击“文件”→“打印”命令，打开对话框，其中有两项需要设置。第一，在“打印范围”框选择需要打印的页面，可以是“全部”，也可指定打印页码范围。第二，在“份数”框中可以设定当前图像打印的份数，默认状态下是打印 1 份。第三步：单击对话框中的“确定”按钮，就可把当前窗口中的文档打印出来。第四步：直接单击窗口工具栏上的“打印”按钮，可采用默认设置直接打印当前文档。第五步：操作结束，单击窗口右上角的“关闭(×)”按钮，退出程序。

397. 怎样管理打印作业?

当把一份或多份文档发送到打印机后，打印机将对这些文档进行排队，依序将它们打印处理。这种排队待打的文档通常称为打印机的“作业”。在打印过程中，我们还可以对这些打印作业进行暂停、删除等处理。第一步：在 Windows 桌面上，移动鼠标到任务栏，单击“开始”→“设置”→“打印机”，打开“打印机”窗口。第二步：在“打印机”窗口中双击目前正在进行打印作业的打印机，或者直接在任务栏右端双击打印机图标，都可以打开打印作业管理窗口。第三步：在打印作业管理窗口中，从“文档名”列表中选取想要删除或暂停的文档，然后打开“打印机”菜单，根据需要从中选择“清除打印文档”或“暂停打印”命令，或者在“文档”菜单中选择“取消打印”或“暂停打印”命令即可。第四步：操作结束，单击窗口右上角的“关闭(×)”按钮，退出程序。

398. 中文 Word 2000 具有哪些功能特点？

中文 Word 2000 是中文 Microsoft Office 2000 套装软件中的一个字处理软件，它功能齐全，可以说是一个全能的桌上排版系统。(1)图文混排：Word 2000 可以同时排版图形和文字。可以插入图片，也可以自己绘制图形。(2)所见即所得：Word 2000 中的排版效果在屏幕上即时可见，屏幕所见即为在打印机上打印的结果。(3)直观式操作：将工具栏和标尺显示在窗口内，可轻松地利用鼠标处理排版功能。(4)表格制作：利用 Word 2000 可轻松制作表格，并可对表格进行计算。(5)兼容性强：Word 2000 可以接受多种格式的文本文件，也可以以其他的文件格式存储。(6)样式、模板。样式、模板的使用，可以大大简化字处理的排版工作。(7)Web 工具。使用 Word 2000 提供的 Web 工具，可以充分利用 Internet 上的信息。Web 页向导帮助用户快捷地创建 Web 页，利用 Web 工具栏上的工具可以迅速地打开、查找或浏览 Web 文档。

399. 怎样启动和退出中文 Word 2000？

启动。方法一：在 Windows 桌面上，移动鼠标到任务栏，单击“开始”→“程序”→“Microsoft Word”。方法二：在 Windows 的桌面上，移动鼠标到任务栏，单击“开始”→“文档”，在文档子菜单中单击要打开的文档，即可在打开该文档的同时启动 Word 2000。方法三：第一步：在桌面上右键单击任意空白处。第二步：在弹出快捷菜单中选择“‘新建”→“Microsoft Word 文档”。桌面上多出一个新图标“新建 Microsoft Word 文档”。第三步：双击“新建 Microsoft Word 文档”图标即可启动 Word 2000。以后每次启动，都可以直接双击“新建 Microsoft Word 文档”图标。

退出。方法一：单击 Word 2000 窗口右上角的“关闭(×)”按钮。方法二：单击窗口左上角的控制图标，打开控制菜单，选择其中的“关闭”命令。方法三：移动鼠标到菜单栏，单击“文件”→“退出”。当退出 Word 2000 时，Word 2000 将关闭所有的文档。如果某些打开的文档没有保存，Word 2000 会询问你在退出之前是否保存这些文档。若要保存，单击“是”，不保存单击“否”。

400. Word 2000 的窗口是什么样？

(1)标题栏。标题栏位于窗口最上方，用来指示当前所使用的软件名称及所编辑的文档名称。(2)菜单栏。菜单栏包含了 9 个下拉菜单，每个菜单下列出了所有功能命令清单。(3)常用工具栏。包含常用的快速命令按钮，单击它即可执行命令，快速地完成工作。(4)格式工具栏。与常用工具栏相似，包含可以快速改变文字外观和文档编排格式的命令按钮。(5)标尺。确定文本在屏幕及纸上的位置，同时也可以使用标尺来查看正文、图片、表格和文本框宽度，也可以利用标尺对正文进行排版。有水平标尺和垂直标尺。(6)文本区。这是输入文本内容的区域。在此区域内有一个闪烁的竖杠称为插入光标，标识此位置为插入点，也就是用来输入字符的位置。此区域内另一个横杠是文件结束符，代表文档结束位置。(7)滚动条。用于滚动窗口内的文档。有垂直滚动条和水平滚动条。(8)状态栏。在窗口的最下方，此栏显示插入光标在文档内的当前位置，处于第几节、第几页、第几行、第几列，处于插入方式还是改写方式。(9)视图方式按钮。Word 2000 提供了 4 种视图方式，分别为“普通视图”、“Web 版式视图”、“页面视图”和“大纲视图”。

401. 怎样创建 Word 2000 文档？

［方法一］ 只要启动 Word 2000，Word 2000 就会自动打开一个空文档，标题栏上出现名为“文档 1”的标题，此时我们就可以在此文档中输入文本，这就是一个新文档。

［方法二］ 在 Word 2000 界面上，移动鼠标到菜单栏，单击“文件”→“新建”，弹出对话框，在对话框中单击“常用”→“文档”单选按钮，双击“空文档”图标，Word 2000 就会打开一个空文档。

［方法三］ 移动鼠标到工具栏，单击“新建空白文档”按钮，Word 2000 将按默认设置自动创建一个新文档。

402. 怎样打开 Word 2000 文档？

一、打开旧文档。第一步：在 Word 2000 界面上，移动鼠标到菜单栏，单击“文件”→相应的文件名，就可以打开上次打开过的文档。第二步：如果“文件”菜单下面的文件列表中没有想要打开的文档，移动鼠标到菜单栏，单击“文件”→“打开”或者移动鼠标到“常用”工具栏，单击“打开”按钮。第三步：在对话框的“文件名”框中输入完整路径名以及文件名，或者从列表框中单击选定要打开的文件。单击“打开”，即可打开所选定的文档。二、选择当前文档。第一步：单击任务栏上的文档按钮或按“Alt＋Tab”组合键，可以由一篇文档快速切换到另一篇文档。第二步：也可以移动鼠标到菜单栏，单击“窗口”菜单选择所需显示的文档。第三步：单击“窗口”→“全部重排”，可以同时查看多篇打开的 Word 2000 文档。

403. 怎样关闭 Word 2000 文档？

关闭 Word 2000 文档有三种方法。一是单击文档窗口右上角的“关闭(×)”按钮。二是移动鼠标到菜单栏，单击“文件”→“退出”。三是单击菜单栏上的控制图标，打开下拉菜单，选择“关闭”，或直接双击控制图标。当关闭文档时，如果文档没有保存，Word 2000 会询问你在关闭之前是否保存这些文档。若要保存，单击“是”，不保存单击“否”。

404. 怎样保存 Word 2000 文档？

［方法一］ 使用“保存”命令。第一步：在 Word 2000 界面上，移动鼠标到菜单栏，单击“文件”→“保存”或者移动鼠标到常用工具栏，单击“保存”按钮。第二步：如果该文档以前保存过，那么 Word 2000 将修改后的文档以原来的名字保存在以前存放的文件夹中。如果该文档以前从未保存过，Word 2000 将弹出“另存为”对话框。在“文件名”框中输入要保存的文档的文件名，在“保存位置”框中输入或选择保存该文档的文件夹。然后单击“保存”按钮，该文档就被保存在选定的位置。

［方法二］ 使用“另存为”命令。在 Word 2000 界面上，移动鼠标到菜单栏，单击“文件”→“另存为”，可以把已存过盘的文档换个位置、文件名保存起来。Word 2000 提供的缺省文件类型为“.doc”。如果保存的是新文档，选择“另存为”和“保存”命令的结果是一样的。也可以使用

“另存为”命令将Word 2000的文档以其他格式存盘，只需在“另存为”对话框中选择相应的保存类型即可。

［方法三］ 自动保存：Word 2000为防止因停电、死机或其他意外事故导致文档内容的丢失，可操作设置自动保存功能。第一步：移动鼠标到菜单栏，单击“工具”→“选项”，打开“选项”对话框，单击选定“保存”选项卡。第二步：单击选定“自动保存时间间隔”复选框，在“分钟”框中输入或选择用于自动保存的时间间隔。Word 2000的自动保存功能只是一种暂时的保存，在正常操作中应使用“保存”或“另存为”命令保存文档。

405. 怎样使用Word 2000输入文本？

第一步：双击桌面Microsoft Word图标或在任务栏上单击“开始”→“程序”→“Microsoft Word”，Word 2000会自动打开一个空文档，标题栏上出现名为“文档1”的标题，内容窗口顶部闪烁的“｜”叫做插入光标，插入光标所在的地方叫做插入点。任何时候，无论输入什么内容都只能在插入点输入。确定插入点最简单的方法是移动鼠标到需要的地方单击。第二步：如果是输入英文，直接键入即可将文本内容在插入点逐一输入，每一行末尾不必键入回车，只有要开始新的一段时，才需要回车。如果不小心输错了字，可以按“Backspace”键或者“Del”键删除这个字，然后输入正确的内容。也可以拖动鼠标将要修改的内容选中，直接输入正确的内容。第三步：如果要输入汉字，可以用鼠标单击任务栏右端的输入法图标，单击选中想使用的中文输入法，也可以连续按“Ctrl＋空格”键实现输入法切换。在中文输入法状态，就可以输入汉字了。启动中文输入法后，屏幕左下方会出现“输入法状态框”，显示正在使用的输入法名称，以及用于切换中/英文输入、全/半角状态、中/英标点的图标按钮。第四步：如果要输入逗号、句号、冒号、分号、问号等，在中文输入法状态可以使用键盘直接键入。如果要输入在键盘上找不到的标点符号或其他一些特殊符号，移动鼠标到菜单栏，单击“插入”→“符号”，在出现的对话框中找到需要的符号后单击选中，再单击对话框右下角的“插入”→“关闭”，即可将选中的符号输入到插入点。第五步：如果要插入已保存在电脑中的文档，选好插入点，移动鼠标到菜单栏，单击“插入”→“文件”，在“插入文件”对话框中输入或选择要插入的文件名，然后单击“插入”按钮。该文件的内容就插入到插入点处。

406. 怎样使用Word 2000滚动、选定文本？

第一步：打开要编辑的文本。第二步：移动鼠标到最下面的状态栏，双击“改写”，即可切换为改写状态，此时输入的文本将覆盖光标后的文本。要再切换回插入状态，只需移动鼠标到需要的地方单击。第三步：使用鼠标滚动文本。当输入的文本较长时，要想查看文档的其他部分，就要使用窗口中的水平滚动条和垂直滚动条。单击垂直滚动条顶部的箭头向上滚动一行，单击底部的箭头向下滚动一行。单击滚动框的上部向上滚动一屏，单击滚动框的下部向下滚动一屏，如果想移到文档中某个位置，可以拖动滚动条快速移动。在快速移动时可以显示到达的页码。同样地，可以使用水平滚动条将文本向左或向右移动。垂直滚动条下端的圆点状图标是“选择浏览对象”按钮，单击该按钮，出现“浏览对象”列表框，在此框中可以选择按页、按节、按图片、按表格等浏览。使用滚动条移动文本时，插入点不随着滚动，仍留在原来位置。因此，在滚动后的文本中，应先单击设定插入点，才能输入文本。第四步：使用键盘滚动文本。按下左右箭头键，左、右移动一个字符；按下上下箭头键，可使光标上、下移动一行；按下“Home”或

"End"键,光标移到当前行的开头或结尾;按下"Ctrl+Home"或"Ctrl+End"键,光标移到文档的开头或结尾;按下"Pgup"或"Pgdn"键,光标上移一屏或下移一屏。使用键盘滚动文本时,插入点随着文本滚动一起移动。第五步:选定文本。在文档编辑或排版时要选定文本,被选定的文本以黑底白字的形式显示在屏幕上。按下鼠标左键拖动,然后松开,就可以选定一段文本。此方法可以选择任意长度,可以是一个字或整个文档。如果要选择的文本太长,鼠标拖动不方便,可以使用"Shift"键选择:在要选择的文本开始处或结束处单击,将插入光标放在此处,再将鼠标移到文本结束处或开始处,按住"Shift"键再单击即可。还可以使用键盘选定文本:将插入光标置于要选定的文本处,按住"Shift"键后按上下左右箭头键,就可以选定一个字、一行、一段直至整个文档。第六步:选定任意块。将鼠标指针置于要选择的一角,按住"Alt"键的同时按住鼠标左键拖动到文本块的对角,松开鼠标。

407. 怎样使用 Word 2000 删除文本?

第一步:打开要编辑的文本。第二步:按"Backspace"键可以删除插入光标之前的一个字符,键入"Del"键可以删除插入光标之后的一个字符。第三步:如果要删除一句、一行、一段文本或整个文档,拖动鼠标或使用键盘选定要删除的文本内容后,按"Del"键即可。

408. 怎样使用鼠标在 Word 2000 中移动与复制文本?

第一步:打开要编辑的文本。第二步:拖动鼠标或使用键盘选定要移动或复制的文本内容。第三步:移动鼠标到所选定的内容。第四步:按下鼠标左键,不要放松,拖动到要移动到的位置后松开。如果是复制,在拖动时先按住"Ctrl"键。第五步:如果在进行移动时按下鼠标右键拖动所选内容。释放鼠标键后会出现一个快捷菜单,在快捷菜单中可以选择移动、复制和取消。

409. 怎样使用"Windows 剪贴板"在 Word 2000 中移动与复制文本?

第一步:打开要编辑的文本。第二步:拖动鼠标或使用键盘选定要移动或复制的文本内容。第三步:移动鼠标到菜单栏,单击"编辑"→"剪切"或"复制",也可以直接单击"常用"工具栏上的"剪切"或"复制"按钮。或者在选定文本上右键单击,从弹出菜单上选择"剪切"或"复制"。此时选定文本被剪切或复制到 Windows 剪贴板中。第四步:单击目标位置,设定好插入光标。第五步:移动鼠标到菜单栏,单击"编辑"→"粘贴",也可以直接单击"常用"工具栏上的"粘贴"按钮。或者在插入光标处右键单击,从弹出菜单上选择"粘贴",选定文本就被移动或复制到当前光标所在处。

410. 怎样使用"Office 剪贴板"在 Word 2000 中移动与复制文本?

第一步:打开要编辑的文本。第二步:移动鼠标到菜单栏,单击"视图"→"工具栏"→"剪贴板"。第三步:拖动鼠标或使用键盘选定要移动或复制的文本内容。第四步:如果要进行移动操作,移动鼠标到"常用"工具栏,单击"剪切";如果要进行复制操作,移动鼠标到"常用"工具栏,单击"复制"按钮。第五步:重复"第三步"和"第四步",但不能超过 12 项。一旦超过,系统会给出信息,询问是否要放弃"Office 剪贴板"上的第一项内容并将新内容添加到剪贴板的尾部。第六步:单击目标位置,设定好插入光标。第七步:如果需要在同一位置粘贴所有内容,单击"Office 剪贴板"工具栏上的"全部粘贴"按钮;如果要粘贴特定内容,单击"Office 剪贴板"工具栏中的相应项目。第八步：移动鼠标到“Office 剪贴板”工具栏中某个项目的图标上停留一会儿，可以查看“Office 剪贴板”中该项内容的前 50 个文字字符。如果该项目是图形对象或图片，或不包含文字，会显示标签。虽然“Office 剪贴板”在使用任何具有复制和剪切功能的程序时，都可复制项目，但只能将所复制的项目粘贴到 Word、Excel、Access、Outlook 或 PowerPoint 等 Office 程序中。第九步：移动鼠标到“Office 剪贴板”工具栏上，单击“清空‘剪贴板’”按钮，将清除“Office 剪贴板”中的所有项目。

411. 怎样在编辑 Word 2000 文本时使用“撤消”和“重复”？

在编辑文档时如果不小心进行了误操作，Word 2000 允许把它们撤消回来。第一步：打开要编辑的文本。第二步：移动鼠标到菜单栏，单击“编辑”→“撤消”，或者在“常用”工具栏上单击“撤消”按钮。第三步：如果要撤消以前的多次操作，可单击“常用”工具栏上“撤消”按钮旁边的下箭头，在下拉列表框选中要撤消的操作，就可以恢复到当时的状态。如果撤消错了想要恢复，Word 2000 允许使用“重复”功能恢复前一次或多次所撤消的操作。第一步：移动鼠标到菜单栏，单击“编辑”→“重复”，或者在“常用”工具栏上单击“重复”按钮。即可恢复前一次撤消操作。第二步：如果要恢复以前的多次操作，可单击“常用”工具栏上“重复”按钮旁边的下箭头，在下拉列表框选中要恢复的操作，就可以恢复到当时的状态。

412. 怎样在编辑 Word 2000 文本时使用“查找”与“替换”？

当编辑长文档时，希望迅速找到某个特定位置，可使用“定位”命令。第一步：打开要编辑的文本。第二步：移动鼠标到菜单栏，单击“编辑”→“定位”。第三步：在定位对话框中的“定位目标”列表框中选择定位类型。例如，要定位到文档的第 5 页，可以在“定位目标”列表框中单击“页”，然后在“输入页号”框中输入 5，单击“关闭”就可快速定位到第 5 页。第四步：如果要查找特定内容，移动鼠标到菜单栏，单击“编辑”→“查找”，打开“查找”对话框。第五步：在“查找内容”框中输入所要查找的文本，并设置好相应的控制选项。第六步：单击“查找下一处”，开始查找。当在文档中找到查找内容时会反白显示。结束查找单击“取消”按钮可关闭“查找”对话框。还可以使用“查找”对话框中的“高级”选项查找带格式的文本以及查找特殊字符。

如果要用指定文字替换查找到的内容。第一步：移动鼠标到菜单栏，单击“编辑”→“替换”，打开“替换”对话框。第二步：在“查找内容”框中输入要被替换的内容，单击“替换为”框，将插入点移到“替换为”框中，输入替换内容。第三步：单击“查找下一处”，当找到被替换的内容后，会将其反白显示。第四步：单击“替换”，系统进行替换之后，继续查找并反白显示下一个要被替换的内容。第五步：如果单击“全部替换”，系统将对所有要被替换的内容自动进行替换。第六步：操作完成后，单击“取消”返回。此外，还可以使用“替换”对话框中的“高级”选项进行特殊替换操作。

413. 怎样利用 Word 2000 的模板创建文档？

第一步：进入 Word 2000 编辑窗口。第二步：移动鼠标到菜单栏，单击“文件”→“新建”，打开“新建”对话框。第三步：单击某一模板类型标签，打开该选项对话框。第四步：双击“模板”列表框中要使用的模板文档名。按照模板向导的提示，建立相应的文档即可。

414. 怎样利用 Word 2000 的模板修改创建文档?

第一步:进入 Word 2000 编辑窗口。第二步:移动鼠标到菜单栏,单击“文件”→“打开”,或单击“常用”工具栏上的“打开”按钮。第三步:从“文件类型”下拉列表中选择“文档模板”,在“名称”列表框中选择所要修改的模板文件,然后单击“打开”按钮,打开该模板文档。第四步:按照修改普通文档的方法对模板格式进行所需要的修改后保存该模板文档即可。

415. 怎样使用 Word 2000 创建自己的模板?

第一步:进入 Word 2000 编辑窗口。第二步:移动鼠标到菜单栏,单击“文件”→“打开”,或单击“常用”工具栏上的“打开”按钮。第三步:打开某一文档,或打开一个用于修改的“基准模板”。第四步:对文档或模板进行所需要的修改。第五步:移动鼠标到菜单栏,单击“文件”→“另存为”,打开“另存为”对话框。第六步:在“保存类型”框内选择“文档模板”后单击“保存”即可。

416. 怎样使用 Word 2000 文本的视图方式?

第一步:打开要编辑的文本。第二步:移动鼠标到菜单栏,单击“视图”→“普通”,或者单击窗口下方“水平滚动条”左边的视图方式第一个按钮,即进入“普通”视图方式。“普通”视图方式可以用来输入文本、编辑和格式编排工作。但是“普通”视图看不到页眉和页脚、首字下沉、脚注及分栏的结果,绘图以及图文混排的效果也不能完全显示出来。正因为“普通”视图不花时间在处理图形、页眉和页脚等方面,它的工作速度较快,因此,在绝大多数情况下使用“普通”视图方式。第三步:移动鼠标到菜单栏,单击“视图”→“Web 版式”,或者单击窗口下方“水平滚动条”左边的视图方式第二个按钮,即进入“Web 版式”视图方式。此视图方式显示的文字比实际打印的文字大一些,并且适当折行以适应窗口,使联机阅读更为方便。第四步:移动鼠标到菜单栏,单击“视图”→“页面”,或者单击窗口下方“水平滚动条”左边的视图方式第三个按钮,即进入“页面”视图方式。“页面”视图可以取得所见即所得的效果。在“页面”视图方式下,可以看到页边距、图文框、多栏、页眉和页脚的正确位置,也可以像在“普通”视图方式下那样编辑和排版文档。但是,在“页面”视图方式下运行速度较慢。我们通常先在“普通”视图方式下完成输入和编辑工作,而在“页面”视图方式下进行最后的调整以及查看文档打印的外观等。第五步:移动鼠标到菜单栏,单击“视图”→“大纲”,或者单击窗口下方“水平滚动条”左边的视图方式第四个按钮,即进入“大纲”视图方式。为了更好地组织文档,可使用“大纲”视图方式。在“大纲”视图方式中,可以折叠文档以便只看标题、子标题,或者展开文档,以便查看整个文档。在折叠方式下,当移动标题时,所有的子标题及从属的正文也将自动随着移动。

417. 怎样设定 Word 2000 文本的“页边距”?

所谓“页边距”,是指文档中的文字与纸张边线之间的距离。在有缩进的段落中,该段落与纸张边线的距离是缩进长度加上边界宽度。

[方法一] 第一步:进入 Word 2000 编辑窗口。第二步:移动鼠标到菜单栏,单击“文件”→“页面设置”。第三步:单击“页边距”标签。在上下、左右框中为每个要调整的页边距键入或选择一个合适的数值,在“应用范围”框中指定要应用所选设置的文档。此外,在此对话框中右下角的装订位置框中设置相应选项,还可设置是装订在顶部还是在边上,以及设置对称页边距等。在预览框中,可看到设置的效果。第四步:单击“确定”返回。

［方法二］ 第一步：在 Word 2000 界面上，移动鼠标到菜单栏，单击“文件”→相应的文件名，就可以打开上次打开过的文档。或者直接找到要编辑的 Word 2000 文本，在文件名上双击，就可以启动 Word 2000，打开要编辑的文本。第二步：移动鼠标到菜单栏，单击“视图”→“页面”，或者单击窗口下方“水平滚动条”左边的视图方式第三个按钮，切换到“页面视图”方式。第三步：此时屏幕上有标尺显示，选定要修改页边距的节。第四步：将鼠标指针放到标尺的页边距线上，即标尺上白色和灰色区域的交界处，鼠标指针变成左右键头时，拖动鼠标改变左右边距。

418. 怎样设定 Word 2000 文本的“纸张大小”？

第一步：进入 Word 2000 编辑窗口。第二步：移动鼠标到菜单栏，单击“文件”→“页面设置”→“纸型”。第三步：单击“纸型”框右边的下拉箭头，在下拉列表中选择所需的纸张大小。第四步：如果需要自定义“宽度”和“高度”，在“宽度”和“高度”中键入或选择所需的数值。第五步：如果想修改纸张方向，可在方向框中单击“横向”或“纵向”按钮。第六步：对于我们经常使用的纸张大小和页面方向，可单击“默认”按钮把该纸张大小和页面方向设置成默认值。

419. 怎样给 Word 2000 文本添加“页眉/页脚”？

第一步：打开要编辑的文本。第二步：将光标置于要插入“页眉/页脚”的页面中，若对整个文档，则放于文档的起始位置。第三步：移动鼠标到菜单栏，单击“视图”→“页眉和页脚”，系统自动进入“页面”视图方式，并显示页眉区和工具栏，原文本则呈灰色。第四步：单击“格式”工具栏上的对齐方式按钮，选择一种对齐方式。第五步：单击“页眉和页脚”工具栏上的“在页眉和页脚间切换”按钮，切换到页眉或页脚。第六步：在插入光标处输入页眉或页脚文本。我们可以对输入的页眉或页脚文本进行编辑操作以及字符格式设定，就如同对正文区文本的操作一样。第七步：单击“关闭”按钮。页眉或页脚将插入页眉或页脚区中。在输入“页眉/页脚”后，要进入“页眉/页脚”区，只需双击“页眉/页脚”，要返回文档窗口，则在文本区双击。

420. 怎样设置 Word 2000 奇偶页“页眉/页脚”不同？

第一步：打开要编辑的文本。第二步：移动鼠标到菜单栏，单击“视图”→“页眉和页脚”。第三步：移动鼠标到菜单栏，单击“文件”→“页面设置”或者单击“页眉和页脚”工具栏的“页面设置”图标按钮。第四步：选择“版式”标签，单击选中“奇偶页不同”。第五步：单击‘确定”按钮。在页眉区将显示奇数页页面，输入页眉文本。第六步：单击“页眉/页脚”工具栏的“显示下一项”按钮。在出现的偶数页页眉区中输入页眉文本。第七步：单击“关闭”按钮。同样地，选中“首页不同”复选框，可设置首页与其他页的“页眉/页脚”不同。如果首页不需要“页眉/页脚”，可让其为空。

421. 怎样在 Word 2000 文本中删除“页眉/页脚”？

第一步：打开要编辑的文本。第二步：移动鼠标到菜单栏，单击“视图”→“页面”，或者单击窗口下方“水平滚动条”左边的视图方式第三个按钮，切换到“页面视图”方式。第三步：双击页眉或页脚区。第四步：在“页眉/页脚”区选定要删除的文本。第五步：按“Del”键。第六步：单击“关闭”。

422. 怎样设置 Word 2000 文本的页码？

［方法一］ 第一步：打开要编辑的文本。第二步：将插入光标放置在需要加页码的文档起始位置。第三步：移动鼠标到菜单栏，单击“视图”→“页眉和页脚”，显示页眉或页脚区及工具栏。第四步：单击“页眉和页脚”工具栏的“插入页码”按钮。系统会自动把状态栏的页码插入到页眉或页脚中。第五步：单击“关闭”按钮返回。

［方法二］ 第一步：打开要编辑的文本。第二步：将插入光标放置在需要加页码的文档起始位置。第三步：移动鼠标到菜单栏，单击“插入”→“页码”，打开“页码”对话框。第四步：在“位置”与“对齐方式”中选择所需要的方式。例如页码放在页脚，右边对齐。第五步：单击“确定”按钮。如果单击“格式”按钮，可以进一步设置页码格式，改变起始页码等。

423. 怎样设置 Word 2000 文本的“文字竖排”？

第一步：打开要编辑的文本。第二步：移动鼠标到“常用工具栏”，单击“更改文字方向”按钮。这时可以看到文档变为竖直方向排版，文本内容沿水平方向由右到左排列，并且许多工具图标都发生了改变，如先前的“右对齐”图标变成了“底端对齐”图标。

424. 怎样设置 Word 2000 文本的“首字下沉”？

第一步：打开要编辑的文本。第二步：将插入光标置于要设置“首字下沉”的段落中。第三步：移动鼠标到菜单栏，单击“格式”→“首字下沉”，打开对话框。第四步：在“位置”框中有三个选项：一是“无”。不进行首字下沉，如果想取消已经设置的首字下沉，可选择“无”选项。二是“下沉”。设置首字下沉。三是“悬挂”。设置悬挂下沉。可在“位置”框中选“下沉”；在“字体”框中单击下拉按钮选择所需的字体；在“下沉行数”框中设置首字下沉后下拉的行数，缺省为 3 行；在“距正文”框中设置与文字之间的距离。第五步：单击“确定”完成设置。当然，也可以先选中多个文字或英文单词，将这些选中的文本设置成下沉。

425. 怎样设置 Word 2000 文本的字体？

［方法一］ 第一步：打开要编辑的文本。第二步：拖动鼠标或使用键盘选定要改变字体的文本。第三步：单击“格式”工具栏上“字体”框右边的下拉箭头，打开“字体”下拉列表。第四步：在“字体”下拉列表中单击“黑体”，则所选文本变成黑体。此外，“格式”工具栏上还有“字号”框和“粗体”、“斜体”、“下划线”、“字符边框”、“字符底纹”、“字符缩放”等按钮，通过它们可改变所选文本的“字号”及设置粗体、斜体、下划线、字符边框等效果。

［方法二］ 第一步：打开要编辑的文本。第二步：拖动鼠标或使用键盘选定要改变字体的文本。第三步：移动鼠标到菜单栏，单击“格式”→“字体”，打开“字体”对话框。第四步：在对话框中选择所要的字体、字形、字号、颜色、效果等。第五步：单击“确定”设置完成。

［方法三］ 第一步：打开要编辑的文本。第二步：拖动鼠标或使用键盘选定已设置好格式的字符。第三步：单击“常用”工具栏上的“格式刷”图标按钮，此时鼠标指针变成“小刷子”图案。第四步：用“格式刷”指针选定要改变格式的字符，字符就被格式化。若在“第三步”时，双击“格式刷”图标按钮，可以重复使用“格式刷”，直到再次单击“格式刷”图标按钮将“格式刷”放回。

426. 怎样设置 Word 2000 文本的“字符间距”?

第一步:打开要编辑的文本。第二步:拖动鼠标或使用键盘选定要改变字符间距的文本。第三步:移动鼠标到菜单栏,单击“格式”→“字体”→“字符间距”。第四步:在对话框中选择所需要的字符间距。第五步:单击“确定”按钮。

427. 怎样在 Word 2000 文本中插入“剪贴画”?

所谓剪贴画,就是 Word 重新设计过的图形与图片的集合,存放在“剪辑库”中。

第一步:打开要编辑的文本。第二步:在要放置“剪贴画”的位置单击,选定插入点。第三步:移动鼠标到菜单栏,单击“插入”→“图片”→“剪贴画”,打开“插入剪贴画”对话框。第四步:单击“图片”,出现对话框。第五步:在对话框中单击类别名,查看该类中的剪辑。第六步:单击选中某个剪贴画,出现一个控制窗口。第七步:单击“插入剪辑”按钮或用鼠标直接将剪辑拖到文档中,剪贴画就被放到文档中插入光标所在位置或鼠标拖到的位置。在“剪辑库”对话框中还有“声音”和“动画剪辑”选项,分别用来插入声音和动画剪辑。

428. 怎样在 Word 2000 文本中插入“图片文件”?

所谓图片文件,就是个人电脑中存放的图形与图像。第一步:打开要编辑的文本。第二步:在要放置“图片文件”的位置单击,选定插入点。第三步:移动鼠标到菜单栏,单击“插入”→“图片”→“来自文件”,打开“插入图片”对话框。第四步:在“文件名”框中选择要插入的图片文件名。如果要在插入前预览图片,单击右上角的“预览”按钮,使其保持在按下位置。第五步:单击“插入”按钮,图片就被放到文档中插入光标所在位置。插入的图片是以嵌入式图片插入到文档中,此时,图片作为文本中的一个字符来处理,图片所在的文本行的行距将拉大到和图片一样高。

429. 怎样使用 Word 2000 的“图片工具栏”?

在 Word 2000 文本中插入一幅图片后,单击图片可选定该图片,此时图片周围出现八个控点,同时屏幕上出现图片工具栏,可利用这个工具栏修改图片。图片工具栏上从左到右各个按钮的作用:一是“插入图片”按钮。将打开“插入图片”对话框,在文档中插入一幅新的图片。二是“图像控制”按钮。单击此按钮,出现一个菜单,利用此菜单将彩色图片转换成为黑白、灰度等。三是“增加对比度”按钮。单击此按钮,增加所选图片中颜色的饱和度和明暗度。对比度越高,颜色灰色越少。四是“降低对比度”按钮。单击此按钮,降低所选图片中颜色的饱和度和明暗度。对比度越低,颜色灰度越多。五是“增加亮度”按钮。通过添加白色,将所选图片的颜色变亮。亮度越高,颜色越亮,白色越多。六是“降低亮度”按钮。通过添加黑色,将所选图片的颜色变暗。亮度越低,颜色越暗,黑色越多。七是“裁剪”按钮。裁剪或修补图片。八是“线型”按钮。单击此按钮,可以设置图片的边框。九是“文字环绕”按钮。设置图片的环绕方式和编辑环绕顶点。拖动相应环绕顶点,以便更改所选对象周围的文字环绕周界。十是“设置图片格式”按钮。与“格式”菜单的“图片格式”命令相同。设置选定对象的线条、颜色、图案、大小、位置及其他属性的格式。十一是“设置透明色”按钮。设置选定位图的透明色。该工具只对位图图片适用。十二是“重设图片”按钮。返回初始设置,也就是将图片恢复到没有作任何修改的状态。

430. 怎样在 Word 2000 文本中将嵌入式图片改为浮动图片？

在 Word 2000 文本中，图片插入是以嵌入式图片插入的，Word 2000 将嵌入式图片作为文字字符来处理，只能按处理字符的方式来移动图片。对于嵌入式图片，文字不会环绕在图片周围。图片的控点是在图片内部的黑色实心控点，图片的高度将影响图片所在行的行距。

第一步：在 Word 2000 界面上，移动鼠标到菜单栏，单击"视图"→"工具栏"→"图片"，打开"图片工具栏"。第二步：单击选定要改为浮动图片的图片。第三步：单击"图片工具栏"上的"文字环绕"按钮。第四步：在弹出菜单中单击选中需要的选项。例如选"四周型"环绕或选"浮于文字上方"等，系统就自动将选定的嵌入式图片变为浮动图片。

431. 怎样在 Word 2000 文本中调整图片大小？

［方法一］ 第一步：打开要编辑的文本。第二步：找到要调整大小的图片，移动鼠标到图片上单击选定图片，图片周围会出现八个控点。第三步：移动鼠标到图片某个控点上。第四步：当鼠标指针变成双向箭头时，拖动上下或两边控点改变图片的高度或宽度，拖动角上的控点可以成比例地缩放图片。第五步：操作完成后，移动鼠标到图片上单击取消选定。

［方法二］ 第一步：在 Word 2000 界面上，移动鼠标到菜单栏，单击"视图"→"工具栏"→"图片"，打开"图片工具栏"。第二步：单击选定要调整大小的图片。第三步：单击"图片工具栏"上的"设置图片格式"按钮，或者移动鼠标到菜单栏，单击"格式"→"图片"，打开"设置图片格式"对话框。第四步：单击选中"大小"选项，在"宽度"与"高度"框中键入或选择所需的宽度和高度，在"缩放"框中键入或选择缩放比例的百分数。当改变图片的高度时，宽度自动按比例随之变化，反之当改变图片的宽度时，高度随之改变。第五步：设置完成后，单击"确定"按钮。

432. 怎样在 Word 2000 文本中剪裁图片？

［方法一］ 第一步：打开要编辑的文本。第二步：找到需要剪裁的图片，移动鼠标到图片上单击选定图片，图片周围会出现八个控点。第三步：移动鼠标到"图片"工具栏上，单击"剪裁"按钮，这时鼠标会变成"剪裁"按钮形状。第四步：移动鼠标到图片某个控点上，按下鼠标左键不放，往不同的方向拖动，即可对图片实现剪裁。第五步：鼠标拖动到所需剪裁的大小，放开左键。第六步：剪裁完成后，移动鼠标到图片上，单击取消选定。

［方法二］ 第一步：在 Word 2000 界面上，移动鼠标到菜单栏，单击"视图"→"工具栏"→"图片"，打开"图片工具栏"。第二步：单击选定要剪裁的图片。第三步：单击"图片工具栏"上的"设置图片格式"按钮，或者移动鼠标到菜单栏，单击"格式"→"图片"，打开"设置图片格式"对话框。第四步：单击选中"图片"选项，弹出对话框。在"剪裁"框中键入或选择上、下、左、右框中所需剪裁的数值。若要在图片周围增加空白，可在"剪裁"框中输入或选择负的数值。第五步：设置完成后，单击"确定"按钮。如果对剪裁后的图片效果不满意，单击"重新设置"，或者单击"图片工具栏"上的"重设图片"按钮，可以将图片恢复原样。

433. 怎样在 Word 2000 文本中移动与复制图片？

［方法一］ 第一步：打开要编辑的文本。第二步：找到需要移动或复制的图片，移动鼠标到图片上单击选定图片，图片周围会出现八个控点。第三步：移动鼠标到需要移动的图片上，拖动图片到新的位置松开鼠标左键即实现移动。第四步：如果要复制，拖动图片的同时按下"Ctrl"

键即可。

［方法二］ 第一步：打开要编辑的文本。第二步：找到需要移动或复制的图片，移动鼠标到图片上单击选定图片。第三步：移动鼠标到菜单栏，单击“编辑”→“剪切”或“复制”，也可以直接单击“常用”工具栏上的“剪切”或“复制”按钮。或者在选定图片上右键单击，从弹出菜单上选择“剪切”或“复制”。此时所选定的图片被剪切或复制到Windows剪贴板中。第四步：选定并单击目标位置，设定好插入光标。第五步：移动鼠标到菜单栏，单击“编辑”→“粘贴”，也可以直接单击“常用”工具栏上的“粘贴”按钮。或者在插入光标处右键单击，从弹出菜单上选择“粘贴”，选定图片就被移动或复制到当前光标所在处。

434. 怎样在Word 2000文本中删除图片？

第一步：打开要编辑的文本。第二步：找到需要删除的图片，移动鼠标到图片上单击选定图片。第三步：移动鼠标到选定图片上右键单击，从弹出菜单上单击选中“删除”；也可以使用键盘直接键入“Del”。然后在系统给出的确认对话框上单击“是”。

435. 怎样在Word 2000文本中实现图文混排？

第一步：打开要编辑的文本。第二步：找到并单击确定图形对象，这个图形对象可以是图片、图形、文本框、图文框、艺术字等。第三步：移动鼠标到菜单栏，单击“格式”→“对象”，打开“设置对象格式”对话框。根据所选择图形对象的不同，可以选择“自选图形”、“文本框”、“图文框”、“图片”等命令，打开对话框的名称则根据选择图形对象不同而不同。第四步：在“设置对象格式”对话框，单击“版式”选项，又出现对话框。第五步：在“环绕方式”下，单击选中自己需要的选项；还可以单击“高级”按钮，在“高级版式”中选择。第六步：设置完成，单击“确定”返回“版式”；再单击“确定”设置生效。

436. 什么是Word 2000的文本框？

文本框是用于存放文字和图形的矩形区域，Word 2000以图形对象的方式来使用文本框。利用文本框可将图形和文字组合在一起，一般用于图文混排。我们可以在文本框中加入正文或图片，并可将文本框移动到文档的任何地方。文本框可以放在正文文本之前或之后，也可以覆盖在正文之上，或隐藏在正文下面。文本框是图形对象，因此，可以在文本框中填充颜色、纹理、图案或图片，可以修改文本框的边框的线型和粗细，可以使文档中的文字以不同的方法环绕在文本框周围，还可以创建文本框的链接，使文本像报纸一样能从一页转到另一页上。

437. 怎样创建Word 2000的文本框？

第一步：打开要编辑的文本。第二步：将光标置于要创建文本框的页面中。第三步：移动鼠标到屏幕下方，单击“绘图”工具栏上的“文本框”按钮，或者移动鼠标到菜单栏，单击“插入”→“文本框”→“横排”或“竖排”。文本框中的文字要横向排列，就选择“横排”；竖向排列就选择“竖排”。第四步：此时鼠标指针变成“十”字形，在要插入文本框的位置按下鼠标左键拖向对角，感觉大小合适后放开鼠标。此时插入点在文本框中闪烁，表明可输入文本或插入图形，同时出现“文本框”工具栏。第五步：移动鼠标到文本框之外并单击，文本框创建完成。

438. 怎样操作Word 2000的文本框?

第一步:打开要编辑的文本文件。第二步:单击选中要进行操作的文本框。第三步:设置格式。使用和设置普通文本一样的方法设置文本框中的文本格式。第四步:改变文字方向。移动鼠标到菜单栏,单击“格式”→“文字方向”,在打开的“文字方向-文本框”中选择所需要的文字方向,单击“确定”。

439. 怎样调整Word 2000文本框的大小和位置?

Word 2000的文本框不随输入文本的增加而自动扩展,只能调整大小以查看全部内容。

第一步:打开要编辑的文本文件。第二步:单击选中要调整大小和位置的文本框。第三步:用鼠标拖动文本框的控点,改变文本框的高度和宽度。第四步:移动鼠标到文本框的边界,当鼠标指针变成四箭头形状时,拖动文本框到新位置放开鼠标。第五步:与处理图片相类似,也可以选中文本框后,移动鼠标到菜单栏,单击“格式”→“文本框”,打开“设置文本框格式”对话框,在“大小”选项中进行文本框大小和位置的设置。

440. 怎样创建Word 2000文本框之间的链接?

链接可以使文本内容从上一个文本框转到下一个文本框。Word 2000的文本框不随输入文本的增加而自动扩展,只能调整大小以查看全部内容。

第一步:打开要编辑的文本文件。第二步:在文本文件中插入两个或两个以上要链接的文本框。第三步:移动鼠标,单击第一个文本框。第四步:单击“文本框”工具栏上的“创建文本框链接”按钮,此时光标变成“链接”形状。第五步:移动鼠标到要链接的第二个文本框中单击。如果还要链接其他的文本框,重复“第四步”~“第五步”。第六步:在第一个文本框中输入所需的文字。如果该文本框已满,文字将自动排入已经链接的下一个文本框中。如果要删除两个文本框之间的链接,先选择起始文本框,然后单击“文本框工具栏”上的“断开前向链接”按钮。链接的文本框在排版时,前一个文本框中放不下的文字将从前一文本框排到下一个链接的文本框。链接的文本框可以不在同一页。如果要从一个链接文本框定位到下一个链接文本框,先选择已链接的文本框,单击“文本框工具栏”上的“下一文本框”或“前一文本框”按钮即可。

441. 怎样删除Word 2000的文本框?

第一步:打开要编辑的文本文件。第二步:单击选中要删除的文本框。第三步:移动鼠标到要删除的文本框的边框上单击。第四步:边框变成虚点阴影后,使用键盘按“Del”键即可。

442. 什么是Word 2000的图文框?

Word 2000的图文框与文本框作用类似,也可在其中插入文字与图片,并能在其周围环绕文字。但两者也有不同之处:文本框中不能放置其他文本框,在文本框中不能使文字环绕;图文框随文本内容的增加而自动增大,不能链接。图文框一般用于注释性文本,如批注、脚注、尾注等。

443. 怎样将Word 2000的文本框转换为图文框?

第一步:打开要编辑的文本文件。第二步:单击选中文本框。移动鼠标到菜单栏,单击“格式”→“文本框”，打开“设置文本框格式”对话框。第三步：在对话框中选择“文本框”选项，单击“转换为图文框”按钮。第四步：这时系统会提示转换时可能丢失某些设置，确实要转换单击“确定”。第五步：转换的同时系统会把文本框中的文本移入图文框。在“插入”菜单中，初始没有插入图文框命令，在将文本框转换为图文框之后，系统提示是否将“插入图文框”命令添加到插入菜单中。如果添加，以后就可以利用“插入”菜单“图文框”命令，在文档中插入图文框。

444. 怎样创建 Word 2000 的图文框？

第一步：打开要编辑的文本文件。第二步：将光标置于要创建图文框的页面中。第三步：移动鼠标到菜单栏，单击“插入”→“图文框”→“横排”或“竖排”。图文框中的文字要横向排列，就选择“横排”；竖向排列就选择“竖排”。第四步：此时鼠标指针变成“十”字形，在要插入图文框的位置按下鼠标左键拖向对角，感觉大小合适后放开鼠标。此时插入点在图文框中闪烁，表明可输入文本或插入图形。第五步：移动鼠标到图文框之外并单击，图文框创建完成。

445. 怎样改变 Word 2000 图文框的大小和位置？

第一步：打开要编辑的文本文件。第二步：单击选中要调整大小和位置的图文框。第三步：可以像调整文本框的大小和位置一样，使用鼠标来改变图文框的大小和位置。这里移动鼠标到菜单栏，单击“格式”→“图文框”，弹出对话框。第四步：在“尺寸”框的“宽度”与“高度”框中输入相应的数值。在“水平”框的“位置”框中键入或选择图文框的水平位置，在“垂直”框的“位置”框中键入或选择图文框的垂直位置。第五步：单击“确定”完成设置。

446. 怎样删除 Word 2000 的图文框？

第一步：打开要编辑的文本文件。第二步：单击选中要删除的图文框。第三步：移动鼠标到要删除的文本框的边框上单击。第四步：边框变成虚点阴影后，使用键盘按“Del”键，或者移动鼠标到菜单栏，单击“格式”→“图文框”→“删除图文框”。

447. 怎样在 Word 2000 文本中创建表格？

[方法一] 第一步：打开要编辑的文本文件。第二步：单击文档中想要创建表格的位置设置插入点。第三步：移动鼠标到常用工具栏单击“插入表格”图标，出现一个方框。第四步：在方框上拖动鼠标选取所需的行数和列数，拖到所需的行数和列数时，松开鼠标左键。拖动过程中，选取的行数和列数显示在方框的底部。

[方法二] 第一步：打开要编辑的文本文件。第二步：单击文档中想要创建表格的位置设置插入点。第三步：移动鼠标到菜单栏，单击“表格”→“插入”→“表格”。第四步：在对话框中输入表格的列数和行数后单击“确定”。

[方法三] 第一步：打开要编辑的文本文件。第二步：单击文档中想要创建表格的位置设置插入点。第三步：移动鼠标到常用工具栏单击“表格和边框”图标，或者移动鼠标到菜单栏，单击“表格”→“绘制表格”命令，打开“表格和边框”工具栏。第四步：单击“表格和边框”工具栏上的“绘制表格”图标，鼠标变成笔形。第五步：将变成笔形的光标移动到需绘制表格的起始位置，按下鼠标左键，拖动到表格的结束位置，松开鼠标左键。此时出现的四方形就是表格的外边框。第六步：在表格内，移动鼠标到需要绘制表格线的位置按下左键，横向、纵向或斜向拖动鼠标，

即可绘制出所需的表格。第七步:利用“绘制表格”工具栏上的“擦除”图标可以擦除表格线;利用“线型”框可选择线型;在“线条粗细”框中选择输入线条的宽度,在“边框颜色”框中设置颜色,利用此工具栏还可以设置底纹颜色,以及合并单元格、拆分单元格等。

448. 怎样在Word 2000文本表格中定位插入点?

在Word 2000文本表格中,一次只能在一个单元格中输入文字。输入文字前,需要将插入点移到正确的单元格中,也就是定位插入点。第一步:打开要编辑的文本文件。第二步:找到想要输入文字或者要进行文字编辑的表格。第三步:定位插入点。一是单击单元格。系统会将插入点移动到该单元格的开头或者单元格文字中单击的位置。二是使用键盘上的箭头键。如果单元格为空,按箭头键可以将插入点向上、向下、向左、向右移动一个单元格。如果单元格中包含文本,按箭头键会在单元格内左右移动一个字符,或上下移动一行。当插入点位于边框时,按箭头键,插入点将移动到下一个单元格。三是按“Tab”键向后移动一个单元格,按“Shift+Tab”键向前移动一个单元格。如果插入点位于表格底端最右边的单元格时,按下“Tab”键将添加新行。

449. 怎样在Word 2000文本表格中输入文字?

第一步:打开要编辑的文本文件。第二步:找到想要输入文字或者要进行文字编辑的表格,单击单元格或使用键盘等定位插入点,插入点所在单元格会有一个光标不停地闪烁。第三步:在光标闪烁处输入文字,文本输入超过一个单元格时,单元格自动增大一行。第四步:将插入点移到下一个单元格,才能在下一个单元格中输入文字。第五步:表格中文本的选定、插入、删除、修改等与表格外一样。

450. 怎样使用Word 2000文本表格的选定操作?

[方法一] 第一步:打开要编辑的文本文件。第二步:找到想要进行选定操作的表格。第三步:选定一个单元格。移动鼠标指向单元格左边缘,当鼠标指针变成空心右上箭头时单击。第四步:选定一行。移动鼠标指向某行左边,当鼠标指针变成右箭头时单击。第五步:选定一列。移动鼠标指向某一列顶部的边框,当鼠标指针变成黑色向下实心箭头时单击。第六步:按下鼠标左键拖动,可以选定多个单元格、行或列以及整个表格。

[方法二] 第一步:打开要编辑的文本文件。第二步:找到想要进行选定操作的表格。第三步:单击单元格或使用键盘等定位插入点,插入点所在单元格会有一个光标不停地闪烁。第四步:移动鼠标到菜单栏,单击“表格”→“选定”→“单元格”,即选定插入点所在单元格。第五步:移动鼠标到菜单栏,单击“表格”→“选定”→“行”,即选定插入点所在单元格那一行。第六步:移动鼠标到菜单栏,单击“表格”→“选定”→“列”,即选定插入点所在单元格那一列。第七步:移动鼠标到菜单栏,单击“表格”→“选定”→“表格”,即选定整个表格。

451. 怎样使用Word 2000文本表格的插入操作?

第一步:打开要编辑的文本文件。第二步:找到想要进行插入操作的表格。第三步:在表格前插入文字。当表格处于文件的起始处时,若要在表格之前插入标题或其他文字,可将插入点放在第一行任一单元格中,移动鼠标到菜单栏,单击“表格”→“拆分表格”,系统就会在该行之上插入一个段落。第四步:插入单元格。在表格中想要插入新单元格的位置选定一个或多个单元格,选定的单元格数应与要插入的单元格数一致,单击“常用”工具栏的“插入单元格”按钮或者移动鼠标到菜单栏,单击“表格”→“插入”→“单元格”,出现对话框。在对话框中选择要插入单元格的位置,默认为“活动单元格下移”。单击“确定”按钮,系统即在所选单元格上方插入单元格。第五步:插入行。将插入光标置于要插入行的下一行的任意位置,单击“常用”工具栏上的“插入行”按钮,或者移动鼠标到菜单栏,单击“表格”→“插入”→“行(在上方)”,系统即在插入光标的上方插入新行。若要在表格的末尾插入新行,将插入光标放在表格中的最后一单元格,按“Tab”键,或者移动鼠标到菜单栏,单击“表格”→“插入”→“行(在下方)”,即可在表格末尾插入新行。第六步:插入列。在表格中要插入新列的位置选定一列或多列,选定的列数应与要插入的列数一致;单击“常用”工具栏上的“插入列”按钮,或者移动鼠标到菜单栏,单击“表格”→“插入”→“列(在左侧)”,系统即在选定列的左边插入新列。若要在表格的右侧插入列,首先选中最后一列,然后移动鼠标到菜单栏,单击“表格”→“插入”→“列(在右侧)”,系统即在表格的右侧插入新列。

452. 怎样使用 Word 2000 文本表格的删除操作?

第一步:打开要编辑的文本文件。第二步:找到想要进行删除操作的表格。第三步:删除单元格。选定要删除的单元格,移动鼠标到菜单栏,单击“表格”→“删除”→“单元格”,弹出对话框;在对话框中选择所需的选项。默认为左移单元格,单击“确定”。第四步:删除行。选定所要删除的行,移动鼠标到菜单栏,单击“表格”→“删除”→“行”,系统即删除所选定的行,并将其余的行上移。第五步:删除列。选定所要删除的列,移动鼠标到菜单栏,单击“表格”→“删除”→“列”,系统即删除所选定的列,并将其余的列左移。第六步:删除表格。将插入光标置于表格内任意位置,移动鼠标到菜单栏,单击“表格”→“删除”→“表格”,系统即删除所选整个表格。

453. 怎样使用 Word 2000 文本表格的修改操作?

[方法一] 使用鼠标。第一步:打开要编辑的文本文件。第二步:找到想要进行修改操作的表格。第三步:修改行高。把鼠标指针放置在要改变的行边框上,鼠标指针变成双箭头,用鼠标上下拖动边框即可改变行高。第四步:修改列宽。把鼠标指针放置在要改变的列边框上,当鼠标指针变成左右形状时,进行下面操作:(1)用鼠标拖动左右光标,本列边框跟着移动,此时紧接其后的列跟着改变,右边各列不变,表格总宽度不变。(2)按住“Shift”键并拖动左右光标,本列边框跟着移动,右边各列不变,但表格总宽度改变。(3)按住“Ctrl”键并拖动左右光标,列边框向左或向右移动,表格总宽度不变,右边各列按比例改变。

[方法二] 使用“表格属性”对话框。第一步:打开要编辑的文本文件。第二步:找到想要进行修改操作的表格。第三步:改变行高。单击要改变的行,移动鼠标到菜单栏,单击“表格”→“表格属性”,单击“行”选项;选定的行编号出现在“行”选项的上面,在“指定行高”中输入新的行高,单击“上一行”或“下一行”按钮查看并修改其他行的高度,单击“确定”按钮。第四步:改变列宽。单击要改变的列,移动鼠标到菜单栏,单击“表格”→“表格属性”,单击“列”选项;选定的列编号出现在“列”选项的上面,在“指定列宽”中输入新的列宽,单击“确定”按钮。

454. 怎样使用 Word 2000 文本表格的合并单元格操作?

第一步:打开要编辑的文本文件。第二步:找到想要进行合并单元格操作的表格。第三步:选定要合并的单元格。第四步:移动鼠标到菜单栏,单击“表格”→“合并单元格”,系统即把选定的单元格合并。第五步:也可以用“表格和边框”工具栏上的“橡皮擦”按钮,擦除单元格间的线段来合并单元格。

455. 怎样使用 Word 2000 文本表格的拆分单元格操作?

第一步:打开要编辑的文本文件。第二步:找到想要进行拆分单元格操作的表格。第三步:选定要拆分的单元格。第四步:移动鼠标到菜单栏,单击“表格”→“拆分单元格”,弹出“拆分单元格”对话框。第五步:在“列数”框和“行数”框中输入要拆分的数目,单击“确定”按钮。第六步:也可以用“绘制表格”按钮拆分单元格。这只需单击“绘制表格”按钮,然后绘制一条穿过单元格的线段就可以了。在一个单元格中绘制多条线段可以创建多个单元格。

456. 怎样使用 Word 2000 文本表格的拆分表格操作?

第一步:打开要编辑的文本文件。第二步:找到想要进行拆分表格操作的表格。第三步:把插入光标置于要拆分的位置下的第一行中。第四步:移动鼠标到菜单栏,单击“表格”→“拆分表格”,这将把插入光标所在部分与插入光标以上部分分成两个独立的表格。

457. 怎样使用 Word 2000 文本表格的自动调整操作?

第一步:打开要编辑的文本文件。第二步:找到想要进行自动调整操作的表格。第三步:选定整张表格。第四步:移动鼠标到菜单栏,单击“表格”→“自动调整”,弹出“自动调整”子菜单。第五步:根据需要确定子菜单选项。选择“根据内容调整表格”,将重新设置表格尺寸使各列按内容调整;选择“根据窗口调整表格”,将重新设置各列尺寸以填补文档中可以使用的文字空间;选择“固定列宽”设置表格,使表格不能加宽到超出当前的文字栏宽度;选择“平均分布各行”,将使选中的表格平均分配各行的高度;选择“平均分布各列”,将使选中的表格平均分配各列的宽度。

458. 怎样在 Word 2000 文本中创建艺术字?

第一步:打开要编辑的文本文件。第二步:找到想要创建艺术字的地方单击设置插入点。第三步:移动鼠标到菜单栏,单击“插入”→“图片”→“艺术字”,或者单击 Word 2000 界面下方绘图工具栏上的“插入艺术字”图标,出现对话框。第四步:系统提供了多种不同类型的艺术字体,单击选定一种。第五步:单击“确定”,又出现对话框,在这个对话框中输入需要设置成艺术字的文字,如某个标题等,同时选定合适的字体、字号。第六步:单击“确定”,就会出现所输入的艺术字体,同时启动“艺术字体”工具栏。第七步:在艺术字体以外的地方单击,即可将艺术字体插入文本中,并关闭工具栏。

459. 怎样在 Word 2000 文本中编辑艺术字?

第一步:打开要编辑的文本文件。第二步:找到并单击想要编辑的艺术字,出现艺术字体工具栏。第三步:根据需要选择工具栏上的按钮。“插入艺术字”:生成一幅新的艺术字,与移动鼠标到菜单栏，单击“插入”→“图片”→“艺术字”和界面下方“绘图”工具栏上的“插入艺术字”图标按钮功能一样；“编辑文字”：单击此按钮，出现“编辑艺术字文字”对话框，在这个对话框中，可以修改选定的艺术字内容；“艺术字库”：单击此按钮，出现“艺术字库”对话框，与“插入艺术字体”按钮不同的是，这是修改选定艺术字的类型，而不是生成一幅新的艺术字；“设置艺术字格式”：单击此按钮，出现“设置艺术字格式”对话框，在这个对话框中可以修改艺术字的大小、颜色、边框、位置、旋转角度和环绕方式等；“艺术字形状”：单击此按钮，出现艺术字形状列表，单击其中的一个，可以将现在的艺术字体转换成为相应形状；“自由旋转”：与绘图工具栏的自由旋转功能相同；“文字环绕”：与图片工具栏的文字环绕功能相同；“艺术字字母高度相同”：这个按钮使当前艺术字对象中的所有字符都有相同的高度；“艺术字竖排文字”：竖直放置所选艺术字对象中的文字；“艺术字对齐方式”：可以实现左、右、中间或两边对齐，还可以进行字母调整、单词调整、延伸调整；“艺术字字间距”：可以调整字符之间的间距，拉宽或压缩字符的宽度。艺术字是特殊文字效果，是图形对象，可以使用处理图形对象的方法操作，也可以用“绘图”工具栏中的按钮来改变效果。

460. 怎样在 Word 2000 文本表格中计算与排序？

在 Word 2000 中，确定一单元格的位置有两个参数：行和列。行以数字 1、2、3…表示；列以英文字母 A、B、C…表示。表示范围时，用英文的冒号隔开。例如：A1 表示第一列第一行单元格；C2 表示第三列第二行单元格；B1:C2 表示 B1、C1、B2、C2 四个单元格。

第一步：打开要编辑的文本文件。第二步：找到并单击想要进行计算与排序的表格。第三步：四则运算。假如要计算每个人的总分，并将计算结果放入总分栏中，将插入光标置于要存放计算结果的单元格 E2，移动鼠标到菜单栏，单击“表格”→“公式”，弹出对话框。在公式框中出现“＝SUM(LEFT)”，这意思是将左边各项相加；单击“确定”按钮，在 E2 单元格中计算出了 E2＝B2＋C2＋D2。也可以在“公式”框中直接输入“＝B2＋C2＋D2”，计算结果同上。重复以上步骤，就可以计算出所有人的总分。计算减法、乘法和除法的方法和加法类似。第四步：求平均值：将插入光标置于要存放结果的单元格 F2 中，移动鼠标到菜单栏，单击“表格”→“公式”，打开“公式”对话框，在“公式”框中输入“＝Average(B2:D2)”；单击“确定”。重复以上步骤，计算出所有人的平均分。这里的“Average”是求平均的函数。我们可以单击“公式”对话框下面的“粘贴函数”列表框右边的下拉箭头来查看函数名，单击某函数就可以选取所要的函数。第五步：排序。选定要进行排序的单元格或整个表格。移动鼠标到菜单栏，单击“表格”→“排序”，出现对话框。设定“排序依据”为“数学”，选取“类型”为“数字”，并选取“递减”，单击“确定”按钮，得到结果。在对话框中，除“排序依据”外，还有两个“然后依据”框，用于多重排序。例如，先按数学成绩排序，在数学成绩相同时，用“然后依据”可按语文成绩排序，若语文成绩再相同，再用“然后依据”按英语成绩排序，这就是多重排序。

461. 怎样在 Word 2000 文本打印前预览文档？

第一步：打开编辑好的文本文件。第二步：单击常用工具栏上的“打印预览”按钮，或者移动鼠标到菜单栏，单击“文件”→“打印预览”，进入预览方式，显示“打印预览”工具栏。第三步：工具栏上第一个按钮是“打印”，单击该按钮，文档全文即按缺省设置送打印机输出。第四步：根据需要单击选择各按钮完成预览。“放大镜”：起作用时，在文本中任意处单击，鼠标即变成“放大镜”形状。单击一次以 100%的比例查看预览文档，再次单击又回到原有比例；“单页”：单击一次预览一页的内容。如果采用“对称页边距”，则每次预览两页；“多页”：单击后出现下拉菜单，移动鼠标到该菜单上，按下鼠标左键拖动，就可以选择多页预览；“显示比例”：选择合适的显示比例，范围从 10%到 500%；“查看标尺”：如果显示标尺，按住相应的按钮，拖动鼠标，就可改变页边距的设置，这种方式简单、形象，改变的页边距立即显示出来，但没有在对话框内设置那样精确；“缩至整页”：单击此按钮，可将某一孤行移动到上一页上，而不会对其余页产生较大影响；“全屏显示”：与“视图”菜单下的“全屏显示”类似。只是在屏幕的最上面有一个打印预览工具栏；“关闭”：关闭打印预览方式，返回文档窗口。按“Alt＋C”键也可以关闭打印预览。

462. 怎样使用 Word 2000“文件”菜单的“打印”命令？

第一步：打开编辑好的文本文件。第二步：移动鼠标到菜单栏，单击“文件”→“打印”，打开“打印”对话框。第三步：在“打印机”选择框，选择当前所使用的打印机。如果要双面打印，选择“人工双面打印”复选框。第四步：如果选中“打印到文件”，单击“确定”后，会出现“打印到文件”对话框，在对话框中输入文件名和文件保存的位置，系统将按指定的打印机格式把文档写到文件中。第五步：设定“打印内容”。缺省设置为打印“文档”，若要打印其他内容，可选择相应的选项。第六步：设定打印的范围。“页面范围”缺省设置为“全部”；“当前页”：只打印插入点所在的页；“页码范围”：指定要打印的页码。单独的页码用逗号分隔，连续的页码则用连字符连接起始页码和结束页码。如打印“4—5，10，12 — 14”；“选定的内容”：若文档中未选定文本，“选定范围”选项呈灰色。若先选定了要打印的文本。则从纸的顶部开始打印选定部分，并自动分页。选定的文本可以包括图像、表格。第七步：设定打印的“副本”：就是设定打印的“份数”与是否采用“逐份打印”。如选择“逐份打印”，将从第一页打印到最后一页，再打印第二份。不选中该选项，则先将第一页打印到指定份数，再将第二页打印到指定份数，直至完成。第八步：在“打印”列表框中选择是否采用奇偶页打印。意思是如果需要双面打印，而打印机没有这个功能，可以这样先打印奇数页，再打印偶数页。第九步：在“缩放”框中设置每页的版数和是否按纸型缩放。第十步：单击“选项”，可设置“后台打印”，也就是在文件的打印过程中，仍可继续进行其他工作。还可设置是否打印图形对象、双面打印时奇数页和偶数页的打印顺序等。第十一步：所有设置都完成后，单击“确定”，即开始打印。第十二步：打印进行中想要中止打印，按“Esc”键；如果是正在后台打印，移动鼠标到状态栏双击“打印机”图标，在打印管理器中删除当前打印任务即可。

463. 怎样使用 Word 2000 的屏幕提示帮助？

第一步：打开要编辑的文本文件。第二步：在正常操作中如果遇到问题，如对某个对话框的一些选项不明白。移动鼠标到对话框右上角单击“问号”，或者移动鼠标到菜单栏，单击“帮助”→“这是什么？”，鼠标光标再移动时就会跟随一个问号。第三步：移动鼠标到有疑问的位置单击，出现一个帮助提示窗口，显示相关的帮助信息，说明那是什么。第四步：移动鼠标单击提示窗口外的任意处，即可关闭提示窗口。

464. 怎样在 Word 2000 中利用“Office 助手”获得帮助？

第一步：打开要编辑的文本文件。第二步：在正常操作中如果遇到问题，就可以寻求“Office 助手”获得帮助。第三步：移动鼠标到菜单栏，单击“帮助”→显示“Office 助手”或隐藏“Office 助手”，可暂时显示或者隐藏“Office 助手”。第四步：单击屏幕上动画“大眼夹”即“Office 助手”，在“Office 助手”对话框中单击主题，或者输入关于要了解的内容的关键词后单击“搜索”，再单击相应的主题即可打开“帮助”窗口；“帮助”窗口有两个标签：“目录”标签用来查看帮助目录；“索引”标签用来搜索特定的单词或词组，或从关键词列表中选择。都可以获得帮助。第五步：单击屏幕上动画“大眼夹”即“Office 助手”→“选项”，打开对话框，在“选项”标签中可设置助手的有关参数。在“助手之家”中可选择你所喜爱的助手形象。

465. 怎样在 Word 2000 中利用“帮助”菜单获得帮助？

第一步：打开要编辑的文本文件。第二步：在正常操作中如果遇到问题，在“Office 助手”关闭的情况下，或者不想使用“Office 助手”，可以移动鼠标到菜单栏，单击“帮助”→“Microsoft word 帮助”，或者直接单击“常用”工具栏上的“Microsoft word 帮助”按钮，即可直接打开“帮助”窗口。第三步：在“帮助”窗口中，即可像使用“Office 助手”一样选择显示帮助信息。第四步：移动鼠标到菜单栏，单击“帮助”→“网上 Office”，还可以直接连网到 Microsoft Office Update Web 站点以及其他的 Microsoft Web 站点寻求帮助。

466. 什么是 Excel 2000？

Excel 是 Microsoft 公司开发的 Office 办公系列软件的重要组成之一。Excel 主要是以表格的方式来完成数据的输入、计算、分析、制表、统计，并能生成各种统计图形。Excel 是一个功能强大的电子表格应用软件，用户使用它能方便容易地完成各种表格数据的加工处理。目前 Excel 被广泛地应用在财务、行政、金融、经济、统计和审计等众多领域。Excel 的工作方式是为用户提供一个工作簿，每一个工作薄包含若干张工作表，用户在工作表中完成自己的各种表格数据处理，最后将工作簿以文件的形式保存或打印输出。工作簿：Excel 提供的工作簿就像一个日常工作的文件夹，里面可以夹一张或若干张表格文件。即 Excel 的工作薄是由一张或若干张表格组成，每一张表格称为一个工作表。Excel 系统将每一个工作薄作为一个文件保存起来，其扩展名为“. xls”。工作表：Excel 工作表是由行和列组成的一张表格，可以很大，最多可包含 65536 行和 256 列。行用数字来表示，列用英文字母表示，开始用一个字母 A，B，C 表示，超过 26 列时用两个字母 AA，AB，…，表示。单元格：由行和列交叉的区域称为单元格。单元格的命名是由它所在的列标和行号组成。例如 B 列 5 行交叉处的单元格名为 B5，C6 为第 6 行第 C 列交叉处的单元格。

467. 怎样启动 Excel 2000？

一是在 Windows 桌面上，移动鼠标到任务栏，单击“开始”→“程序”→“Microsoft Excel”。二是通过资源管理器或我的电脑查找工作簿文件，找到后双击该工作薄文件名，即可启动 Excel 并装入该工作簿。三是双击桌面 Excel 快捷方式图标即可启动 Excel。当 Excel 启动后，即可看到 Excel 窗口及工作簿窗口。Excel 窗口的上面是标题栏、菜单栏、工具栏、格式栏和编辑栏，套在中间的部分是工作薄窗口，Excel 默认首次启动的工作簿名为 book1。最下面是 Excel 的状态栏。工作薄窗口中包括以下一些组成部分：标题栏、工作表选项卡、行号、列标、垂直和水平拆分框以及垂直和水平滚动条等。单击工作簿窗口最大化按钮，可看到窗口。由于工作薄窗口最大化，因此将工作簿的标题栏并入 Excel 窗口标题栏之中。

468. 怎样使用 Excel 2000 创建图表？

要创建图表，可用 Excel 提供的图表向导来完成。这里以学生成绩表为例，介绍创建图表的方法步骤。

第一步：在 Windows 桌面上，移动鼠标到任务栏，单击“开始”→“程序”→“Microsoft Excel”，出现 Excel 2000 工作界面。第二步：选择创建图表的数据区域，例如选择姓名、英语、计算机、高等数学和平均分。第三步：移动鼠标到工具栏，单击“图表向导”，或者移动鼠标到菜单栏，单击“插入”→“图表”，弹出“图表向导－4 步骤之 1－图表类型”对话框。第四步：在“图表类型”对话框中选择图表类型和子图表类型。如在图表类型中选择柱形图，在子图表类型中选择第一项“簇状柱形图”。第五步：单击“下一步”，出现“图表向导－4 步骤之 2－图表数据源”对话框。第六步：在“图表数据源”对话框中，选择系列产生在“行”或“列”，此时可用数据区域框重新选择区域，如果要增加或删除系列，可以使用系列选项卡进行操作，最后单击“下一步”，出现“图表向导－4 步骤之 3－图表选项”对话框。第七步：在“图表选项”对话框中，输入图表标题、分类轴名称和数值轴名称等内容。如在图表标题处输入“学生成绩表”，分类轴名称处输入“姓名”，数值轴处输入分数，然后单击“下一步”，出现“图表向导－4 步骤之 4－图表位置”对话框。第八步：在“图表位置”对话框中，选择新工作表或嵌入工作表。新工作表是创建一张独立的图表，嵌入工作表是将图表插入当前工作表之中。在此例选择嵌入工作表，最后单击“完成”，即可看到新创建的图表。

469. 怎样使用 Excel 2000 编辑图表和插入图片？

第一步：双击桌面 Excel 快捷方式图标，也可以通过资源管理器或我的电脑查找工作簿文件，找到后双击该工作薄文件名，打开要进行编辑或插入图形的图表。第二步：选中图表。第三步：移动鼠标到菜单栏，单击“图表”→“图表选项”，出现“图表选项”对话框。第四步：在对话框中根据需要选择设置，最后单击“完成”即可。第五步：图表的移动、复制、缩放和删除与 Word 2000 中的图片操作完全一样，即用鼠标拖动法和剪贴板法都可以完成。第六步：插人图片。同 Word 2000 一样，Excel 的工作表中也可以插入图片、艺术字和绘制图形，其操作也和 Word 2000 完全一样。

470. 怎样使用 PowerPoint 2000 创建幻灯片演示文稿？

［方法一］ 使用内容提示向导创建演示文稿。第一步：第一次启动 PowerPoint 2000，会出现一个对话框，单击选中“内容提示向导”→“确定”，就进入“内容提示向导”对话框。对于 PowerPoint 2000 的新手来说，可能创建新演示文稿的最佳方法就是使用内容提示向导。它通过向您提问，怎样使用演示幻灯片等一系列问题来指导您完成演示幻灯片的创建过程。在回答了每一个对话框的提问之后，例如演示文稿类型、样式和选项等问题，PowerPoint 2000 就会自动把它整理成一个完整的幻灯片演示文稿。接下来的工作是由您自己在幻灯片上逐张输入和编辑有关文本和图表等以替换原有的文字，也可以使用绘图工具栏上的工具在每张幻灯片上绘制或插入图形等。第二步：如果启动 PowerPoint 2000 时没有出现向导，可以这样启动它：移动鼠标到菜单栏，单击“文件”→“新建”，出现对话框；在对话框中单击“常用”选项卡，出现选项；

然后双击“内容提示向导”图标。

［方法二］ 使用模板创建演示文稿。第一步：第一次启动PowerPoint 2000，会出现一个对话框，单击选中“设计模板”→“确定”，就进入“新建演示文稿”对话框。第二步：该对话框提供了许多模板供选用，只需在选中的模板上根据提示，输入文本或图表就变成自己的演示文稿。在选用不同的模板之前要好好计划一下，然后选择一个比较合适的模板。实际上不同的选项卡上提供的模板适用于不同的情况。“演示文稿”选项卡列出了包含以主题或信息类型为基础的幻灯片模板，它提供了制作某个计划所需要的全部幻灯片及其说明。“设计模板”选项卡提供的主要是不同背景设计的幻灯片模板，您可以逐个观看这些模板的背景，选择一个合适的背景模板，然后它会自动套用到当前演示文稿中的幻灯片上。“常用”选项卡有一个空白模板，双击该图标就会进入各种空白幻灯片版面样式。第三步：如果启动PowerPoint 2000时没有出现对话框，可以移动鼠标到菜单栏，单击“文件”→“新建”，打开“新建演示文稿”对话框。

［方法三］ 使用空白演示文稿创建演示文稿。第一步：第一次启动PowerPoint 2000，会出现一个对话框，单击选中“空演示文稿”→“确定”，就进入“新幻灯片”对话框。第二步：该对话框中列出了不同版式的空白幻灯片，选中其中一个并单击“确定”按钮，就可以开始创建第一张幻灯片了。如选中“两栏文本”版式并单击“确定”按钮之后，就出现第一张幻灯片，其上的两个虚线框中提示性说明，以及底部的备注说明告诉您如何制作该张幻灯片。第三步：在制作完第一张幻灯片之后，移动鼠标到菜单栏，单击“插入”→“新幻灯片”，然后在出现的“新幻灯片”对话框中，双击某种版式的空白幻灯片，就开始为该演示文稿制作第二张幻灯片。依此制作其它一些幻灯片。第四步：如果启动PowerPoint 2000时没有出现对话框，可以移动鼠标到菜单栏，单击“文件”→“新建”，双击“常用”选项卡上的“空演示文稿”图标；或者单击“常用”工具栏上的“新建”按钮；也可以单击“常用”工具栏上的“新幻灯片”按钮。前两种方法都是新建一篇演示文稿并开始制作第一张幻灯片，而后者是在当前演示文稿中增加一张空白幻灯片。第五步：全部操作结束后，单击窗口右上角的“关闭(×)”按钮退出程序。这时如果演示文稿没有保存，PowerPoint 2000会询问你在关闭之前是否保存修改过的演示文稿。若要保存，单击“是”，不保存单击“否”。

471. 怎样选择PowerPoint 2000幻灯片演示文稿的视图方式？

［方法一］ 幻灯片视图和普通视图。第一步：启动PowerPoint 2000，系统缺省进入普通视图。视图方式显示幻灯片，每次只能在右窗格中显示演示文稿中的一张幻灯片上的内容。第二步：在该幻灯片上输入文本或图表之后或进行编辑和排版操作之后，使用窗口右侧的垂直滚动条进入下一张幻灯片，也可以直接单击垂直滚动条下方的“前一张幻灯片”和“下一张幻灯片”按钮来前后翻阅同一篇演示文稿中的幻灯片。另外单击左窗格中的幻灯片编号，也可以在右窗格中显示相应的幻灯片内容。第三步：当鼠标指针指向左、右窗格的分隔条时，它就会变成双向箭头，当向右拖动分隔条时，左窗格中的幻灯片编号右侧，就会显示出幻灯片上的内容，即从幻灯片视图自动切换到普通视图。

［方法二］ 大纲视图。第一步：启动PowerPoint 2000。第二步：单击水平滚动条左侧的“大纲视图”按钮就可在大纲视图下显示幻灯片。在大纲视图中，各幻灯片以图标形式出现，图标左侧的数字是幻灯片的排序编号，其右侧和右下方的文本分别是该幻灯片的标题及其内容。第三步：当插入点移到某个幻灯片图标附近时，该幻灯片就显示在右上方的“彩色”小窗口中。

单击幻灯片图标可以把它们拖到其它幻灯片上并且对幻灯片重新排序。双击某个幻灯片图标就可隐藏和显示幻灯片上的内容。

[方法三] 幻灯片浏览视图。第一步:启动PowerPoint 2000。第二步:单击水平滚动条左侧的“幻灯片浏览视图”按钮就会出现幻灯片浏览视图。该视图并排显示出6张幻灯片,可使用垂直滚动条来观看剩余的幻灯片。第三步:在该视图下可对幻灯片进行各种操作,例如,添加动画、声音、切换效果、每张幻灯片的显示时间以及插入当前日期、页眉和页脚、幻灯片编号等。

[方法四] 备注页视图。第一步:启动PowerPoint 2000。第二步:单击“视图”下拉菜单上的“备注页”命令就可用该方式显示幻灯片。该视图是配合演讲者解释幻灯片的内容,每一页的上半部分用于显示幻灯片内容,下半部分的虚线框用于在放映时添加注释,可以在其上书写文字,也可以绘制草图等。但这些内容不会保存在幻灯片上。第三步:当使用常用工具栏上的“显示比例”下拉列表增大幻灯片的显示比例时,窗口右上角就会出现一个“幻灯片缩略”窗口,用于观看幻灯片全貌。

[方法五] 幻灯片放映。第一步:启动PowerPoint 2000。第二步:单击水平滚动条左侧的“幻灯片放映”按钮就开始逐张放映演示文稿中的幻灯片。当要在放映完之前中断放映时,可以按下“Esc”键或“Alt+Esc”组合键。第三步:也可以选择切换每张幻灯片的方式以及选择自动放映幻灯片的时间间隔等。

472. 怎样在PowerPoint 2000幻灯片演示文稿浏览视图下移动幻灯片?

第一步:启动PowerPoint 2000。第二步:单击水平滚动条左侧的“幻灯片浏览视图”按钮。第三步:单击要移动的幻灯片,按下左健拖动鼠标,当代表幻灯片的一条长线到达预计位置时放开鼠标。

473. 怎样在PowerPoint 2000幻灯片演示文稿浏览视图下隐藏幻灯片?

第一步:启动PowerPoint 2000。第二步:单击水平滚动条左侧的“幻灯片浏览视图”按钮。第三步:单击要隐藏的幻灯片,该幻灯片四周出现一个黑框,说明已被选中。第四步:移动鼠标到“常用”工具栏下方,单击“幻灯片浏览”工具栏上的“隐藏幻灯片”按钮,则该幻灯片就被隐藏起来,同时该幻灯片右下角的编号上出现一条斜杠和方框。第五步:如果要取消隐藏某幻灯片,选中该幻灯片,再单击一次“隐藏幻灯片”按钮即可。

474. 怎样在PowerPoint 2000幻灯片演示文稿浏览视图下删除幻灯片?

第一步:启动PowerPoint 2000。第二步:单击水平滚动条左侧的“幻灯片浏览视图”按钮。第三步:单击要删除的幻灯片,该幻灯片四周出现一个黑框,说明已被选中。第四步:使用键盘按“Del”键即可。

475. 怎样实现PowerPoint 2000幻灯片演示文稿全自动播放?

第一步:启动PowerPoint 2000。第二步:移动鼠标到菜单栏,单击“打开”。打开一组已经做好的幻灯片。第三步:移动鼠标到菜单栏,单击“幻灯片放映”→“排练记时”。第四步:此时幻灯片转为播放状态,同时启动的还有一个名为“排练”的记时器。记时器从左到右的按钮分别是“下一项”、“暂停”、“间隔时间”、“重新记时”和“总播放时间”等。它的操作也很方便,当播放幻灯片时"间隔时间"框开始记时,要切换时单击"下一项"按钮,即跳到下一张。此时"间隔时间"框回零,再开始记录第二幅幻灯片停留的时间。第五步:设置完最后一张幻灯片之后,系统会跳出提示窗口,显示播放幻灯片总共需要多长时间,并问你是否保存该时间。单击"是"。第六步:系统自动转到"幻灯片浏览"方式,显示每张幻灯片播放的间隔时间。可以按下"暂停"直接在"间隔时间"框中输入时间。第七步:按下"F5"键,幻灯片按照设定开始自动播放。第八步:如果要取消自动播放,移动鼠标到菜单栏,单击"幻灯片放映"→"设置放映方式",然后在"换片方式"中选中"人工"复选框即可。

476. 怎样在 PowerPoint 2000 幻灯片演示文稿上添加动画和声音?

第一步:启动 PowerPoint 2000。第二步:单击水平滚动条左侧的"幻灯片浏览视图"按钮。第三步:移动鼠标到菜单栏,单击"幻灯片放映"→"幻灯片切换",出现对话框。第四步:在"效果"框下部的下拉列表中,选择不同的切换动作并选择动作速度。第五步:在"声音"框下方的下拉列表中,选择一种合适的声音。第六步:在"换页方式"框中设定显示时间和换页方式。第七步:如果选中的项只用于当前选中的一张幻灯片,单击"应用";如果选中的项用于全部幻灯片,单击"全部应用"。第八步:单击水平滚动条左侧的"放映幻灯片"按钮,观看设置效果,若不满意可按上述操作重新设置。

477. 怎样使 PowerPoint 2000 幻灯片演示文稿上的标题和正文也具有动画效果?

第一步:启动 PowerPoint 2000。第二步:单击水平滚动条左侧的"幻灯片浏览视图"按钮。第三步:选中要添加动画的幻灯片,使用键盘按住"Shift"键或"Ctrl"键可同时选中多张幻灯片。第四步:如果演示文稿中的所有幻灯片都添加相同的动画效果,移动鼠标到菜单栏,单击"编辑"→"全选"。第五步:移动鼠标到菜单栏,单击"视图"→"工具栏"→"动画效果",弹出"动画效果"工具栏。第六步:单击工具栏上的"动态标题"。第七步:单击"使幻灯片文本具有动画效果"并在下方八个按钮中选中一种认为合意的动画效果。第八步:还可以单击"幻灯片放映"下拉菜单中的"设置放映方式",在出现的对话框上选择合意的放映方式等。

478. 怎样在 PowerPoint 2000 幻灯片演示文稿中添加 CD 音乐?

第一步:启动 PowerPoint 2000。第二步:单击水平滚动条左侧的"幻灯片浏览视图"按钮。第三步:选中要添加 CD 音乐的幻灯片,使用键盘按住"Shift"键或"Ctrl"键可同时选中多张幻灯片。第四步:如果演示文稿中的所有幻灯片都添加 CD 音乐,移动鼠标到菜单栏,单击"编辑"→"全选"。第五步:在电脑光驱中放入一张合意的音乐 CD 光盘。第六步:移动鼠标到菜单栏,单击"插入"→"影片和声音"→"播放 CD 乐曲",在弹出对话框的同时,显示碟片信息。第七步:选择插入到演示文稿中的曲子是第几首、哪一片段,设置好后单击"确定"。第八步:在弹出对话框询问是否"在幻灯片放映时就自动播放"时,单击"是"。第九步:如要立即播放,键入"F5"。

479. 怎样在 PowerPoint 2000 幻灯片演示文稿上添加和修改图表?

第一步:启动 PowerPoint 2000。第二步:单击水平滚动条左侧的"幻灯片浏览视图"按钮。第三步:单击"常用"工具栏上的"插入图表"按钮,出现数据表。第四步:在数据表中输入数据,操作方法同 Excel。第五步:使用格式工具栏上的按钮对数据表中的数字和文本进行格式化,可以“加粗”、“倾斜”和添加“下划线”等。第六步:单击数据表窗口中的“关闭”’按钮或单击该窗口外任意处退出数据表,这时根据数据表数据绘制的图形就出现在幻灯片上。第七步:如果要在幻灯片上添加 Word 表格或 Excel 工作表,只需单击“常用”工具栏上的“插入 Microsoft Word 表格”或“插入 Microsoft Excel 工作表”按钮。第八步:双击幻灯片上的图表,进入数据表,即可在数据表中修改有关数据,还可以在这里增加行或列。完成修改后,单击数据表外任意处或标题栏右端的“关闭”按钮即返回幻灯片视图。

480. 怎样在 PowerPoint 2000 幻灯片演示文稿上添加图形?

第一步:启动 PowerPoint 2000。第二步:单击水平滚动条左侧的“幻灯片浏览视图”按钮。第三步:选中要添加图形的幻灯片。第四步:移动鼠标到菜单栏,单击“插入”→“图片”→“剪贴画”,出现对话框。第五步:在对话框中找到合用的剪贴画之后双击即可插入到幻灯片上。第六步:如果要在幻灯片上绘制图形,打开“绘图”工具栏,利用各个按钮即可绘制不同的图形。

481. 怎样在 PowerPoint 2000 幻灯片演示文稿上添加页眉、页脚、页码和日期?

第一步:启动 PowerPoint 2000。第二步:单击水平滚动条左侧的“幻灯片浏览视图”按钮。第三步:单击选中任一张幻灯片。第四步:移动鼠标到菜单栏,单击“视图”→“页眉和页脚”→“幻灯片”选项卡。第五步:在对话框中选中“日期和时间”复选项;再选中下面的“自动更新”单选项,并在下拉列表中选择显示时间和日期的方式,可以只显示日期或时间,也可以同时显示日期和时间。第六步:选中“幻灯片编号”复选项可以为每张幻灯片编号。第七步:选中“页脚”复选项并在下面的文本框内输入页脚的具体名称。第八步:如果要在所有幻灯片上添加页脚、日期、时间和编号,单击“全部应用”,单击“应用”只对选中的幻灯片有效。第九步:如果要在备注和讲义上添加页眉/页脚、页码和日期等,可以单击“备注和讲义”并选择或输入内容。

482. 怎样编辑 PowerPoint 2000 幻灯片演示文稿上的文本?

第一步:启动 PowerPoint 2000。第二步:单击水平滚动条左侧的“幻灯片浏览视图”按钮。第三步:单击要修改的文本,出现文本框。第四步:再单击要修改的字符,此时插入点移到该字符处。第五步:在插入点按常规操作或添加或删除即可。

483. 怎样移动 PowerPoint 2000 幻灯片演示文稿上的文本或图形?

第一步:启动 PowerPoint 2000。第二步:单击水平滚动条左侧的“幻灯片浏览视图”按钮。第三步:选中要移动的文本或图形,此时文本四周出现一个文本框,图形四周出现八个控制点。第四步:如果要移动文本,使用鼠标拖动文本框,到合适位置放开鼠标。第五步:如果要移动图形,单击图形内任意处并拖动,到合适位置放开鼠标。

484. 怎样改变 PowerPoint 2000 幻灯片演示文稿图形或文本框的大小?

第一步:启动 PowerPoint 2000。第二步:单击水平滚动条左侧的“幻灯片浏览视图”按钮。第三步:单击选中要改变大小的图形,四周出现八个控制点。第四步:根据需要移动鼠标到某个控制点,鼠标会变成双向箭头,按下鼠标左键并拖动,即可改变图形大小。第五步:在图形的四个方向上都可以这样拖动改变图形大小。第六步:改变文本框大小的方法与图形一样,只不过是拖动文本框上的控制点。

485. 怎样打印 PowerPoint 2000 幻灯片演示文稿？

第一步：启动 PowerPoint 2000。第二步：移动鼠标到菜单栏，单击“文件”→“打开”，打开要打印的演示文稿。第三步：移动鼠标到菜单栏，单击“文件”→“打印”，出现对话框。第四步：在“打印范围”框内，可以选择打印全部幻灯片、打印当前幻灯片、打印选中的幻灯片或输入要打印的幻灯片编号等。第五步：在“打印内容”下拉列表中，可以选择把演示文稿打印成幻灯片、讲义、备注页或大纲视图等。第六步：选定打印份数，打印隐藏的幻灯片以及给幻灯片加边框等，也可以根据纸张大小来调整幻灯片的大小。第七步：单击“确定”，开始打印。

五、电脑的家庭娱乐

486. 怎样使 Windows 桌面真正“活动”起来？

从 Windows 98 开始，Windows 操作系统的桌面都是“活动桌面”了。只要具备足够优越的上网条件，如包月制、专线上网、宽带等，就可以从某个网站订阅一个天气预报，或者股票行情、新闻等活动组件，只要一直与 Internet 保持连接，并且该网站能随时传送最新的数据，那么你想了解有关情况时，只要看一眼桌面就可以了，不必再亲自上网查询。第一步：在 Windows 桌面上空白处右键单击。第二步：在弹出菜单上单击选中“属性”→“Web”。第三步：选中“按 Web 页方式查看活动桌面”和“Internet Explorer 频道栏”。第四步：单击“新建”，出现对话框。第五步：选择“是”，会连接到微软公司的 Active Desktop 画廊，里面汇集了许多活动桌面的项目。第六步：选定一项，单击“Add Active Channel”按钮，就可以将其变为桌面组件了。第七步：当然还有许多网站提供了活动桌面组件，如果你在浏览网站时发现有“Add Active Desktop”一类的按钮和链接，只要用鼠标单击，就可以把该网站提供的信息变成桌面活动组件了。

487. 怎样将多幅图片添加到桌面上？

第一步：在 Windows 桌面上空白处右键单击。第二步：在弹出菜单上单击选中“属性”→“Web”。第三步：选中“按 Web 页方式查看活动桌面”。第四步：单击“新建”，出现对话框。第五步：对提示“是否现在保存并关闭显示属性连接到画廊？”选“否”。第六步：在出现的对话框中键入准备添加到桌面上的图像文件的路径和文件名，或者单击“浏览”按钮查找所需的图像文件，最后单击“确定”按钮，即可将该图像置于桌面上。第七步：按此方法，可以将多幅图片添加到“桌面”。当鼠标指向某幅图片时，其控制条和“X”即出现，可拖动图片移动位置、缩放大小，或者将图片关闭。

488. 怎样上网求助？

越来越多的人遇到困难、碰到问题想到上网寻求帮助。常用的方法有以下几种：一是利用搜索引擎查找有关网站或网页寻求解答；二是利用各大网站或专门网站的聊天室等征求解决方案；三是利用“新闻组”发贴求助。

489. 怎样利用“新闻组”发贴求助？

第一步：启动“Outlook Express”邮件收发程序。第二步：移动鼠标到菜单栏单击“工具”→“账户”→“添加”→“新闻”，启动“Internet 连接向导”，设置一个新闻组账户。第三步：设置完新闻组账户退出时，系统会弹出询问窗口，单击“是”；也可以稍后在“Outlook Express”窗口状态下，移动鼠标到菜单栏单击“工具”→“新闻”，或者直接单击左窗格下面的某个新闻组文件夹连接服务器，下载新闻组目录，寻找到能够回答自己问题的分类目录，单击“预订”，完成订阅新闻组。第四步：新闻组预定结束后，双击某个分类就会下载该组的邮件，通常一次最多下载 300 个。移动鼠标到菜单栏，单击“工具”→“获取后 300 个标题”，可以继续下载后 300 个邮件标题。

第五步:浏览标题寻找自己需要的线索,单击某个标题,系统就会下载该邮件,并将正文显示在下方窗口中。有些邮件还会有附件贴出照片。这些邮件中或许就有要找的问题和答案。第六步:如果找不到现成的答案,单击选中所需要的分类→"写邮件",将自己的难题写在信中发个贴到能够回答自己问题的新闻组分类中去。第七步:求助信发出后,耐心等一会儿,或者过段时间再上网,单击邮件列表或者键入"F5"手动刷新,就会看到回贴。参加新闻组讨论需要等人家有空上网看到帖子后才有可能回复,所以,等待回信的时间有时候可能要长一些。但一般地,都会很快有回复。

490. 网上怎样交友?

互联网上有很多主要提供交友服务的网站,交友通常都跟婚姻、爱情联系在一起。登录这些网站参加交友的往往鱼龙混杂,其中固然不乏正人君子,但也绝不缺少下流无耻之徒。中国的那句老话就派上用场了,这就是:害人之心不可有,防人之心不可无。登录交友网站,和陌生人聊天,须慎之又慎。双方谈论话题最好是仅限于探讨共同感兴趣的一两个问题。

以"亚洲交友中心"为例。第一步:启动浏览器,在地址栏输入"http://friend.365.com"回车,进入亚洲交友中心首页。第二步:加入交友中心的前提是必须注册。单击"亚洲交友中心详细加入步骤"中的"这里"注册链接,进入后单击"简体中文版",再单击"请点击这里参加"图标。第三步:出现注册页,在这里输入个人基本信息。很简单,只须在选中的项目前面打上对号(√)即可。然后单击"提交资料"按钮进入下页。第四步:这里比较重要的是介绍自己的爱好和特长,不要少于三行,太少影响注册成功;至于内容,原则上不允许在网上抄袭别人的语句,不然,会被认为是重复注册而导致注册不成功。全部填好之后,单击"提交"按纽。第五步:如果一切顺利,就会出现注册成功的提示,在自己的邮箱里收到登录密码和用户名后,就可以登录网站寻找合适的朋友了。

491. 网上怎样谈恋爱?

网上谈恋爱有三种途径:一是利用互联网上的交友网站。互联网上大量的交友网站几乎百分百与婚姻有联系,但成功率究竟怎样不得而知,值得一试。网上与人交往因为属于虚拟世界,许多人都爱胡说八道,对此要有足够的思想准备。二是利用专业或非专业的聊天室。互联网上有许多专业的或非专业的聊天室,如果对某些比较专业的问题感兴趣,很容易在相应的聊天室中找到志同道合的人。这也不失为一种谈恋爱的好方法。三是利用专门婚介网。网上也有不少专门的婚介网站、免费刊物等,需要的话,不妨一试。

492. 网上婚姻介绍怎样提供服务?

第一步:启动浏览器,在地址栏输入"http://lovesky.china.com"回车,进入中华网"缘份的天空"首页。"缘份的天空"内容很丰富,有"会员风采"、"在线觅友"、"魅力排行"、"缘友活动"、"征友信息"、"情文作坊"、"成功故事"、"浓情贺卡"、"情感论坛"等等栏目。但是,如果不是会员,大部分内容是受限的。第二步:如果态度认真,与进入现实中的婚姻介绍所一样,应当交纳一定费用登记注册,成为贵宾会员。移动鼠标到网页左上方,单击"新用户注册"。第三步:出现"服务条款",只能单击"我同意",否则,即退出注册。在接下来的页面中,按照要求输入个人资料,填妥后单击"提交"。第四步:如果用户名(笔名)已被人占用,系统会提示重新输入。如果一切顺利，出现“确认”页面，检查无误后，单击“确认并提交”。第五步：在这里选择一种付费方式，如选择手机付费。输入手机号码后，单击“确认”。第六步：出现付费确认页面，在文本框中输入系统自动发到手机上的确认码后，单击“确认并提交”；如果手机中没有收到确认码，可以单击“再次确认”。第七步：付费确认成功后出现提示信息，按照提示回到首页登录，到个人管理处修改个人资料，就可以正常使用网站所有功能了。

493. 怎样在网上为情人订购鲜花？

第一步：启动浏览器，在地址栏输入“http://www.piao.com”后回车，进入“中国票务网”主页。第二步：移动鼠标到“礼品”按钮上，系统会自动弹出“鲜花”、“玩具”等选项供选择。第三步：移动鼠标到“鲜花”选项上单击，各种漂亮的花束按编号就整齐地排列出来。第四步：选定中意的花束，单击介绍文字下方的“我要”；也可以单击左下方的“自助订花”自己组合一束，展现自我，给她(他)一个惊喜。第五步：出现订单页面，按照提示和要求填写姓名、地址等，单击“预览”。第六步：如果没有问题，单击“确定”完成预订。第七步：目前付款方式共分三种：一种是北京地区(四环以内，包括望京地区及亚运村)可以花到付款。另外两种是使用招商银行一网通网上支付和通过邮局汇款，包括北京地区在内的全国范围内都可以采取这两种方式。

494. 怎样在网上预订生日蛋糕？

第一步：启动浏览器，在地址栏输入“http://www.5eat.com”后回车，进入“中华美食网”主页。第二步：如果是第一次登录，或者尚未注册，应先注册成为会员；如果已经注册，移动鼠标到导航栏，单击“网上商城”。第三步：进入网上商城页面后，选择页面左边的商品分类，单击“食品保健”链接。第四步：在这里，就可以根据网站提供的蛋糕种类、价格，以及数量，选择定购了。选定后单击购物车图标。第五步：出现购物清单，可以单击“继续购物”接着选购商品，也可以单击“收银台”结束购物。第六步：在这里，需要输入用户名(ID)和密码。单击“确认”。如果尚未注册成为会员，单击“非会员走这边”。第七步：在出现的页面输入姓名、联系地址、电话、邮政编码等信息，以便于联系和送货。单击“继续”。第八步：在这里选择付款方式，可以选择货到付款，也可以选择网上支付。一般选择货到付款。北京市四环路以内可以送货上门。第九步：很体贴的是，在这里还可以订购数码蛋糕。只须把需要制作到蛋糕上的数码图片和要求发送到系统提供的电子邮箱“sxx@linefan.com”中即可。

495. 怎样利用电脑制作贺卡？

逢年过节、生日婚庆，寄上一张贺卡，已经成为一种时尚。利用电脑和互联网制作、寄送贺卡也已经风靡全世界。一是上网制作、寄送。目前越来越多的网站开展了这项服务，一些知名的大网站，如新浪、网易、搜狐等，都专门开辟有贺卡制作、发送服务区。只要进入网站，按照向导指引，一步一步几分钟就可以完成。非常方便，当然，制作出来的贺卡也比较简单，只能使用网站提供的模板，缺少自己的创意。二是自己用专门的软件制作，再通过电子邮件发送给对方，或者用喷墨打印机打印出来通过邮局寄出去。这样制作出来的贺卡最大的好处是可以有自己的创意，但需要一定的技巧。目前可以用于制作贺卡的软件也不少，如“我形我速”、“Photoshop”等著名图像处理软件都可以用来制作贺卡，也有一些专门用于制作贺卡的小软件。

496. 怎样在网上发送贺卡?

以新浪网站为例。第一步:启动浏览器,在地址栏输入"http://www.sina.com.cn"回车后进入新浪网站首页;也可以在地址栏直接输入"http://ecards.sina.com.cn"回车后进入新浪网站的电子贺卡专区。第二步:在网页左边选择贺卡的种类,例如单击选中"生日卡"。第三步:出现生日卡页面,直接单击图案就选中了该卡。如果第一页没有合适的,可以单击网页下方的②,选择第二页。这里单击选中第四个"祝你生日快乐"。第四步:出现贺卡页面,并在贺卡下方出现提示:"您必须是新浪会员才能使用这项服务",也就是说,要使用新浪网站的免费发送电子贺卡功能,必须先注册成为新浪会员。第五步:单击"由此去成为新浪会员",出现"新浪会员注册"页面,单击"协议"下方的"我接受"。第六步:在"有效电子邮箱"框中输入自己的 E—mail 地址。单击"下一步"。第七步:选择"特惠服务"等,单击"下一步"。第八步:按照要求输入代号及密码,代号最好用汉字,这样不会重名,容易通过。第九步:按照要求输入个人资料,最后单击"提交"。第十步:如果一切顺利,就会出现"注册成功"字样,如果有项目填写不符合要求,会提示重填。第十一步:注册成功后,系统会通过 E—mail 发给你会员确认号,收到这封信,拿到会员确认号,按照要求上网确认后,再到电子贺卡专区,单击中意的贺卡。第十二步:按照提示,填入祝词、发卡人、发卡人信箱、收卡人及收卡人的信箱;如果需要,还可以选择背景音乐。第十三步:新浪贺卡有同时给多人发送贺卡的功能,在"同时发卡给更多人"框里填好他们的邮件地址,各邮件地址中间用逗号隔开,最多可填 4 人,超过 4 人系统只取前 4 个信箱。第十四步:单击"预览"按扭可预览贺卡效果,如果对贺卡的字体和背景不满意,可以单击"修改背景和字体"按扭进行修改。第十五步:都设置好后,单击"发送"按扭,贺卡将立即发送。第十六步:也可以预约发送,指定贺卡在之后 60 天中的任一天寄出,先在"按指定日期发卡"按扭上面的下拉菜单中把日期选择好,然后单击"按指定日期发卡",这样到预订那天,贺卡就会被自动发送出去。

497. 怎样使用"非常好印"制作贺卡?

"非常好印"是一款商业软件,如果不愿意花钱到软件商店购买,可以到"http://download.pchome.net/design/image/62.html 去下载 30 天试用版,大小是 32MB。下载后双击安装即可。

[方法一] 制作电子贺卡。第一步:启动"非常好印",选择"电子贺卡"。在"电子贺卡"界面,有多种类型的贺卡范例供选择,可以在右上方的下拉选单中选择"贺年卡、生日卡、邀请卡、问候卡、祝贺卡、情人卡、其他、空白"。单击之后,即刻在左边的范例窗口出现相应的图库范例。第二步:选中一个范例双击,该范例贺卡马上就会在编辑窗口打开。也可以打开"空白"卡片,完全由自己手工创造。第三步:打开范例贺卡之后,移动鼠标到菜单栏,单击"编辑"→"加入"→"文字",打开文字输入对话框。第四步:在对话框左上角的文本编辑框中键入所需的祝福语,并选定字体、大小、颜色、风格以及对齐方式,单击"确定",祝福语就输入到贺卡中了。第五步:如果想使不同的文字有不同的样式,可以将祝福语的称谓、正文和署名各用一个文本框输入,调整好位置以及样式之后,移动鼠标到菜单栏,单击"编辑"→"选择"→"文字",然后再选择左边工具栏里的按钮,所有文字框就会合并成一个。第六步:调整好文字与其他插图及背景的相对位置,电子贺卡就制作好了,保存之后可以直接用电子邮件发送出去,也可以打印出来寄出去。

[方法二] 制作普通贺卡。第一步:启动"非常好印",打开"空白"卡片。第二步:单击工具栏中的背景按钮,打开"选择背景"对话框,也可以移动鼠标到菜单栏,单击"加入"→"背景"打

开对话框。第二步:在该对话框左上角的列表框中有不同的背景图种类,单击选定一个,再在下面的浏览窗口中确定一个背景样式,单击“确定”即可将背景图载入编辑窗口。第三步:也可以设置单色背景,打开“空白”卡片之后,选择工具箱中的网底与边线按钮,打开对话框后在“网底”选项卡上,参考范例在“背景色”下拉框中选定一个合适的颜色,单击“确定”即可。第四步:如果机器里有中意的图像文件,也可以用作背景,移动鼠标到菜单栏,单击“加入”→“影像文件”打开对话框,从对话框中可以随意调用电脑中编辑好的图片。“非常好印”支持几乎所有的图形格式。第五步:也可以手绘背景,“非常好印”提供了简单的绘图工具。第六步:设置花边。在编辑窗口选择“加入”→“花边”,从对话框中选择一个图像文件添加到贺卡;也可以单击“其他”按钮,输入自己制作的花边图像。第七步:插入图形。选择“加入”→“插画”,弹出选择插画对话框,可以从中选择一个或者数个图形添加到贺卡。添加后可以用鼠标拖动改变它们的位置编排,也可以打开“其他”按钮,输入自己设计好的图形。第八步:制作标题。打开“加入”→“标题”,即可看见窗口。输入需要的文字,设定标题的字体颜色、大小及形状,还可以为标题设置阴影和渐进色彩。第九步:设置内页。内页当然是以文字为主,输入文字的方法与制作电子贺卡相同。不过为了不使文字显得单调,可以设置一个背景。为了防止喧宾夺主,可以在选择背景的同时,将对话框上的“颜色变淡”复选框选中。第十步:制作封底。封底的作用就是“衬托”,一个吉祥的图案或一句祝福的文字即可,设置方法同封面一样。单击“打印预览”可以查看最后的效果。第十一步:打印输出。移动鼠标到菜单栏,单击“文件”→“打印选项”打开打印选项对话框,如果是双面打印,就要在“贺卡”选项里面选择“双面打印”复选框。最后单击“确定”打印输出。

498. 怎样使用“电话录音精灵”代人应答来电?

使用电脑应答电话,在大大小小的单位已不新鲜,但在一般家庭却使用不多。电脑应答电话软件近几年发展很快,一般在购买调制解调器时都有附赠,网上也很容易找到免费软件。“电话录音精灵”就是一款为人称道的免费应答电话软件。

第一步:启动浏览器,在地址栏输入“http://chsquall.go.163.com”登录作者主页,找到“电话录音精灵”并下载。第二步:下载成功后,得到一个581KB的RAR文件,该软件无须安装,使用WinRAR或WinZip等软件将其解压缩至任意文件夹内即可使用。第三步:在Windows桌面上,移动鼠标到任务栏,单击“开始”→“程序”→“TelRecord.exe”文件,该程序即可运行,在任务栏右端生成一个程序图标。双击该图标即可打开程序主界面。第四步:单击“系统设置”选项卡,对程序进行必要的设置。第五步:选中“自动应答”选项,允许软件自动接听电话;然后在“选择设备”下拉式菜单中指定TAPI(电话应用程序接口)设备;选中“定时挂断”选项,并设置好程序自动挂断电话的时间;在“电话振铃次数”中指定程序在自动应答之前等待的响铃次数。第六步:然后需要在“选择语音提示”文本框中指定语音提示文件,如果对程序缺省提示音不满意,我们可以用鼠标右键单击系统托盘区的图标,在弹出的功能菜单中选择“录制提示”命令,打开“录制提示”选项卡,重新录制提示内容。第七步:如果选中“有来电时通知”选项,当有电话打来时,系统托盘区的程序图标会以动画显示;选中“当有新留言时通知”选项,当电话录音完成后,程序会提醒用户查询新留言。第八步:经过以上设置,程序即可正常使用。出门之前启动电脑,运行“电话录音精灵”,所有打进来的电话录音都会被一一记录。第九步:回家之后右键单击任务栏右端的程序图标,单击功能菜单中的“录音管理”命令,打开“录音管理”选项卡,在“录音文件列表”中选中一个,单击“播放录音”按钮,就可以有条不紊地收听录音文件了;

录音文件的文件名由进行自动应答的日期和时间组成，绝不会重复或混淆，非常有利于我们对录音文件进行管理。

499. 怎样用电脑安排旅游行程？

出门旅游，对要去的地方、行程、花费等做到事先心中有数，对所有家庭来说都是非常必需的。那么，怎样利用电脑或者说互联网做到这些呢？一是如果确定了要去的地方，不妨以目的地地名作为关键词输入搜索引擎中去搜索一下，只要有点知名度，搜索引擎（如 http://www.google.com/）就不会让你失望。二是到景点所在省市官方网站，如信息港等，去看一看，通常能获得进一步的详细情况。三是到各大网站（新浪等）旅游专栏以及专业的旅游网站（携程旅游网“http://www.ctrip.com”等），浏览一下，也会找到有用的信息。四是进入一个聊天室，最好是旅游网站的或是以旅游为话题的，向网友们请教一下，会受益匪浅。五是最有用的也是最后一招，可以使用新闻组发贴求助。

500. 怎样在网上查地图？

第一步：启动浏览器，在地址栏输入“http://map.sohu.com/”后回车，打开“搜狐网站”的地图网页。第二步：打开的网页就是一幅全国地图。单击选中地图上方工具栏的“放大”按钮，就可以随意单击地图上的任意省市，放大查看。第三步：单击选中地图上方工具栏的“测距”按钮，在两点间的 A 点单击，拖动鼠标至 B 点双击，信息返回区就显示出 A—B 间的直线距离。第四步：如果需要 A—B 两点间的实际距离，在 A 点单击后，可以沿线多次单击（单击次数越多，越接近实际距离），直至 B 点处双击。第五步：如果需要 A—B 间每一段的距离，可以每到拐弯处双击后，再单击拖至下一点，直至 B 点。第六步：分别在文本框中输入起点及终点地址，并选择交通方式（公交车/汽车/步行），单击“查询”按钮，即可在地图上显示出两点间的路线。第七步：如果在地图上选择公交线路，单击“查询”按钮，即可在地图上显示该公交线路。第八步：在地图下方的“公交换乘”栏内输入起点和终点，单击选择换乘方案“距离最近”或“时间最短”，可以分别显示出有关信息。第九步：在地图下方的“周边信息查询”栏内输入中心位置名称，选定范围和查找类别。如“100 米”内的“公司企业”后确认。地图上会显示 100 米范围内公司企业的分布情况。第十步：在地图下方的“查找最近”栏内输入中心点位置的名称，选择要查找的类别，如“餐饮娱乐”。确认后，信息返回区将依次显示经排序后离中心点最近的 12 个结果，地图上同时显示相应位置。第十一步：移动鼠标到地图上方的工具栏，单击“地图打印”，即可打印当前地图，但须在对地图操作完毕时立即进行。

501. 怎样用电脑查询列车时刻表？

［方法一］ 使用查询软件。第一步：启动浏览器，在地址栏输入“http://soft.fjii.com/article/5638.shtml”，找到列车时刻表软件“ABOTrain115.zip”下载到自己的电脑中。软件适用于 Windows 9X/NT/2000/XP 操作系统，大小为 5933KB。第二步：下载成功后双击安装，一路单击“Next”即可，安装后在桌面上自动生成图标，双击运行，界面简洁明了。第三步：普通查询。如从沈阳到长春，可在起始站填上沈阳，在终到站填上长春，单击“确定”即可把所有的途经沈阳北站和长春站的列车全都列出来，还有始发、终到时间、里程和票价明细。双击选中的“列车”，不仅显示里程和时间，还显示所有停车站点以及这些停车站的到站时间和总里程，还有票

价的明细列表。第四步：高级查询。填完起始站和终到站后，选中高级查询复选框，可以限定时间和指定中转站，比如要查13：00以后发车的，选中时间复选框填上时间，单击“确定”即可。第五步：还可以使用车次查询，可以使用代码，只要输入各个汉字的首字母就可以，如沈阳北只须输入SYB。

［方法二］ 上网直接查询。启动浏览器，在地址栏输入“http://train.chinamor.cn.net/”后回车，打开“中国铁通在线”网站，按照使用说明就可以查询到详细的列车时刻表。

［方法三］ 也可以利用搜索引擎搜索。启动“google”用“火车”做关键词即可找到不少列车时刻查询网站。

502. 网上能预定火车票吗？

在网上是可以预定火车票的。第一步：启动浏览器，在地址栏输入“http://www.piao.com/jiaotong/huoche/huoche.asp”后回车，打开“中国票务网”的火车票查询预订网页。第二步：系统提供了可按城市、按车站和按车次三种车票查询方法，任选一种，单击“查询”即可。第三步：系统在给出车次、时刻及票价的同时，给出“顾客订票须知”，确实要订票，单击“我要”。第四步：进入订票页面，按提示填写订单。第五步：在出票前有关工作人员会用电子邮件和电话联系，确认订票信息无误，并商定是送票上门还是自行前往取票。第六步：在取票或者送票时当面票款两清。第七步：拿到票后，如因故不能成行，可以在浏览器地址栏输入“http://www.piao.com/jiaotong/huoche/huoche.asp”后回车，再次打开“中国票务网”的火车票查询预订网页，使用下面的“转让”功能，试试看能否转让给他人。这恐怕是“中国票务网”不同于其他网站的让人感觉很是体贴的设计了。

503. 网上能预定飞机票吗？

在网上是可以预定飞机票的。第一步：启动浏览器，在地址栏输入“http://www.piao.com/jiaotong/feiji/dancheng.asp”后回车，打开“中国票务网”的飞机票查询预订网页。第二步：系统不仅提供了国内，还提供了国际机票的查询预订，按照需要选定出发城市、抵达城市等后单击“航班查询及预订”。第三步：系统给出航班班次、时刻及票价等信息，确实要订票，单击“我要”。第四步：进入订票页面，按提示填写订单。第五步：在出票前有关工作人员会用电子邮件和电话联系，确认订票信息无误。第六步：最迟提前一天出票，并免费送票上门，当面票款两清。

504. 网上能预定船票吗？

在网上是可以预定船票的。(一)启动浏览器，在地址栏输入“http://www.e－chinaticket.com/ship.asp”后回车，打开“中国综合交通信息网”的轮船查询网页，可以查询全国范围的客轮航运信息。(二)启动浏览器，在地址栏输入“http://www.leyouren.com/scape/introship.asp”后回车，打开“中国乐游资讯网”的全国轮船查询网页，也可以查询到全国范围的客轮航运信息。(三)启动浏览器，在地址栏输入“http://www.cmn.com.cn/ship”后回车，进入“重庆长江轮船公司网上订票室”，可以查询长江上的轮船客运信息，及预订两天以后的重庆至上海间各港口的船票。(四)启动浏览器，在地址栏输入“http://www.nn－tourism.gov.cn/market/listship.asp”后回车，进入“南宁旅游网车船票页面”，可以预订广西北海市至海南海口市的船票。

505. 网上能预报天气吗?

几乎所有网站都有天气预报服务。第一步:启动浏览器,在地址栏输入“http://other.163.com/tq/today24.html”后回车,进入网易天气预报专区,系统默认的是全国各主要城市24小时天气预报,只须将鼠标移动到某个城市名上,当地的24小时天气情况就会自动显示出来。第二步:移动鼠标到“国内旅游城市天气实况”上单击,可以查看全国各主要旅游城市24小时天气情况。第三步:移动鼠标到“48小时天气预报”上单击,可以查看全国各主要城市48小时的天气情况。第四步:在系统默认的全国各主要城市24小时天气预报页面,移动鼠标到屏幕下方,还可以查询国际天气预报,只须将鼠标移动到某个城市名上,当地的24小时天气情况也会自动显示出来。

506. 网上能预定宾馆客房吗?

[方法一] 第一步:启动浏览器,在地址栏输入“http://www.ctrip.com”后回车,打开携程旅游网。第二步:进入宾馆查询系统,在对话框中输入入住时间和离开时间,以及宾馆所在地、宾馆等级等等。第三步:填好后,符合要求的宾馆就会自动出现在面前,确定预定房间后,大约半天时间就可收到预定成功的通知。

[方法二] 第一步:启动浏览器,在地址栏输入“http://travel.elong.com”后回车,打开e龙网。第二步:该网站在网页中有比较明显的酒店预订专区,但想要预订的前提是首先要注册成为会员,并得到一张网站提供的会员卡。第三步:整个预订的过程与携程旅游网差不多,回复时间也基本相同。

[方法三] 第一步:启动浏览器,在地址栏输入“http://www.wlcc.com.cn”后回车,打开万里长城网。第二步:首次预订要先注册成为会员,客房预定范围覆盖全国及港澳,而且可以打折、积分,有奖励等。

[方法四] 第一步:启动浏览器,在地址栏输入“www.google.com”后回车,打开google搜索引擎。第二步:以“客房”或是“酒店”、“旅馆”、“宾馆”等为关键词搜索一下,都可以找到不少提供预订服务的网站。一般每个网站在网上预订房价都有折扣,但折扣的幅度不一样,因此多看几家网站选择比较一下还是很有必要的,特别是一般家庭自费旅游,原则自然是物美价廉好。

507. 怎样在网上订餐?

第一步:启动浏览器,在地址栏输入“http://www.5eat.com”后回车,进入“中华美食网”主页。第二步:移动鼠标到页面上方,单击“个人会员注册”按钮。第三步:按照要求设置用户名、密码,输入个人资料。这里的“ID”就是用户名;“口令”就是密码。然后单击“提交”。第四步:如果所选的用户名已存在,系统会提醒你重新选择。提交成功后,系统提示,如果要在网上购物需要继续注册。单击“继续注册”。第五步:按照要求在出现的页面中继续输入电话、地址等进一步的个人资料。第六步:如果一切顺利,出现“恭喜,注册成功”信息。关闭注册窗口后返回首页,移动鼠标到导航栏,单击“订餐中心”。第七步:在出现的页面中,就可以根据餐馆名称、餐饮名称、价格等选择订餐了。既可预订中西快餐,又可以预订宴席,也可以家中订厨。预订时间至少要提前两个小时。目前,北京市四环路以内可以送餐上门。

508. 怎样在网上购买音乐会门票?

第一步:启动浏览器,在地址栏输入“http://www.piao.com”后回车,进入“中国票务网”主页。第二步:移动鼠标到“演出”按钮上,系统会自动弹出“音乐会”、“歌舞”、“戏剧”三个选项供选择。第三步:移动鼠标到“音乐会”选项上单击,未来三个月在北京各剧场举办的音乐会内容、时间、地点就整齐地排列出来。当然,也可以选择“歌舞”和“戏剧”。第四步:根据自己的喜好和时间安排选定一场音乐会,单击介绍文字下方的“我要”。第五步:出现订票页面,按照提示选择票价档次等,再次单击“我要”。第六步:出现登录页面,分“会员”和“非会员”两种。如果想成为会员,可以立即注册,如果不想成为会员,可以单击“非会员登录”按钮进入下一步。第七步:单击“我想注册”,在接下来出现的注册页面中,按照要求如实填写个人资料和信息。然后单击“提交”,注册成功成为会员后,单击“返回”立刻可以使用会员身份订票。第八步:如果以非会员身份继续,出现订单,按照提示和要求填写个人资料及需要的音乐会门票信息,单击“预览”。第九步:如果没有问题,单击“确定”完成预订。第十步:音乐会门票的支付方式有三种:一种是拿到音乐票再付款。另外两种是使用招商银行一网通网上支付,或通过邮局汇款。

509. 怎样在网上购买电影票?

第一步:启动浏览器,在地址栏输入“http://www.piao.com”后回车,进入“中国票务网”主页。第二步:移动鼠标到“电影”按钮上,系统会自动弹出“电影”、“卡”、“打折”三个选项供选择。第三步:移动鼠标到“电影”选项上单击,未来一段时间在本地区各影院放映的电影片名就整齐地排列出来。第四步:根据自己的喜好选定要观赏的电影后,单击。第五步:出现订票页面,按照提示选择票价档次等,选定后再次单击“我要”。第六步:出现登录页面,分“会员”和“非会员”两种。如果想成为会员,可以立即注册,如果不想成为会员,可以单击“非会员登录”按钮进入下一步。第七步:如果想成为会员,单击“我想注册”,在接下来出现的注册页面中,按照要求如实填写个人资料和信息。然后单击“提交”,注册成功成为会员后,单击“返回”立刻可以使用会员身份订票。第八步:如果以非会员身份继续,出现订单,按照提示和要求填写个人资料及需要的电影票信息,单击“预览”。第九步:如果没有问题,单击“确定”完成预订。第十步:电影票的支付方式采用招商银行一网通网上支付或通过邮局汇款。第十一步:得到“中国票务网”订票确认单(会员ID和订单号)后,可以手写,也可以打印出“中国票务网电子电影票”,然后在预订的电影放映前到电影院售票窗口换票观赏影片即可。

510. 怎样在网上购买足球赛门票?

第一步:启动浏览器,在地址栏输入“http://www.piao.com”后回车,进入“中国票务网”主页。第二步:移动鼠标到“体育”按钮上,系统会自动弹出“足球”、“篮球”两个选项供选择。第三步:移动鼠标到“足球”选项上单击,全年甲A联赛重要赛事就整齐地排列出来。第四步:根据自己的喜好和时间安排选定一场或数场比赛,单击介绍文字下方的“我要”。第五步:出现订票页面,按照提示选择票价档次等,再次单击“我要”。第六步:出现登录页面,分“会员”和“非会员”两种。如果不想成为会员,可以单击“非会员登录”按钮进入下一步。第七步:如果想成为会员,可以立即注册。单击“我想注册”,在接下来出现的注册页面中,按照要求如实填写个人资料和信息。然后单击“提交”,注册成功成为会员后,单击“返回”立刻可以使用会员身份订票。第八步:如果以非会员身份继续,出现订单,按照提示和要求填写个人资料及需要的球票信息,单击“预览”。第九步：如果没有问题，单击“确定”完成预订。第十步：球票款的支付方式共分三种：一种是拿到门票再付款。另外两种是使用招商银行一网通网上支付，或通过邮局汇款。

511. 怎样在网上购买篮球赛门票？

第一步：启动浏览器，在地址栏输入“http://www.piao.com”后回车，进入“中国票务网”主页。第二步：移动鼠标到“体育”按钮上，系统会自动弹出“足球”、“篮球”两个选项供选择。第三步：移动鼠标到“篮球”选项上单击，全年甲A联赛的重要赛事就整齐地排列出来。第四步：根据自己的喜好和时间安排选定一场或数场比赛，单击介绍文字下方的“我要”。第五步：出现订票页面，按照提示选择票价档次等，再次单击“我要”。第六步：出现登录页面，分“会员”和“非会员”两种。如果不想成为会员，可以单击“非会员登录”按钮进入下一步。第七步：如果想成为会员，可以立即注册，单击“我想注册”，在接下来出现的注册页面中，按照要求如实填写个人资料和信息。然后单击“提交”，注册成功成为会员后，单击“返回”立刻可以使用会员身份订票。第八步：如果以非会员身份继续，出现订单，按照提示和要求填写个人资料及需要的球票信息，单击“预览”。第九步：如果没有问题，单击“确定”完成预订。第十步：球票的支付方式共分三种：可以拿到门票再付款。另外两种是使用招商银行一网通网上支付，或通过邮局汇款。

512. 怎样在网上看病？

第一步：启动浏览器，在地址栏输入“http://www.newhealth.com.cn”后回车，进入“新健康网上医院”主页。第二步：移动鼠标到“网上医院”链接上单击，进入“医院”。第三步：这里和现实的医院类似。科室分类有内科、外科、男科、妇产科、儿科、传染病科、五官科、肿瘤科、皮肤病科、中医科等等，甚至还有艾滋病科和心理卫生科。移动鼠标到需要就诊的科室名称上单击，出现当班医生或专家页面。第四步：每个当班医生或专家都会在网页上有一幅照片，移动鼠标选择并单击某个医生或专家，进入诊室。第五步：在诊室页面，列出就诊者的问题及答复情况，移动鼠标到页面上方的“咨询者提问”按钮上单击，出现“病人情况登记表”。第六步：按照要求填写登记表，并说明自己的病情状况，单击“提交”。第七步：提交成功后，出现“病人情况登记”页面，出现提示信息“您的问题已登记，谢谢”。单击下方的“返回”链接，就可以去等待答复了。第八步：在返回到诊室页面后，可以看到刚刚就诊的问题被排在了第一位，耐心等待或择日再上网，当问题后面红色的“未复”变成了绿色的“已复”后单击提出的问题，就可以看到医生或专家的诊断意见了。当然，也可以浏览一下别人提出的类似问题答复作为参考。网上看病最大的好处是可以无所顾忌地描述自己的病情，特别对于那些难于启齿的疾病和问题，要比到现实中的医院就诊来得方便，当然，还有省钱省事省心。

513. 怎样在网上挂号？

现实生活中到大医院看病，挂号常常是一个令人头疼的问题，使用网上挂号就要方便得多。以北京市为例。第一步：在任何一家上网医院挂号室购买预约挂号一卡通卡。目前有北京回龙观医院、宣武医院、广安门医院、北京妇产医院、口腔医院、胸科医院、朝阳门医院、海淀医院等。第二步：启动浏览器，在地址栏输入“http://www.bjhb.gov.cn”后回车，进入“北京卫生信息网”主页。第三步：移动鼠标到导航栏，单击“医疗服务”→“网上挂号”→“预约挂号”。第四步：在这里，先要填写病人相关信息。标有“*”号的为必填项，其中“卡号”为所购的“预约挂号一卡通”上的编号,“密码”为卡的密码,“联系电话”项最好填写,以便医院在意外情况下方便联系。填写完毕单击“提交”。第五步:如果一切顺利,进入“医院选择”页面,使用下拉列表选定医院后单击“确认选择”。第六步:选择想要预约的号,如普通号、专科号或专家号。选定后单击“提交”。第七步:出现确认页面。在这里,可以输入一段少于45字的留言。如果所预约的号还有的话,单击“确定”之后,系统会提示预约成功并给出号数。如果要预约的号已满,系统会提示预约失败,可以返回预约其他的号。第八步:实际到医院就诊时,还要在挂号处依据网上预约号付款挂号方可就诊。只是,不需要起大早去排队了。第九步:在“北京卫生信息网”主页,移动鼠标到导航栏,单击“医疗服务”→“网上挂号”→“查询挂号”可以取消预约。一般情况下,如果忘了预约挂号一卡通卡密码,也就意味着该卡不可再用。如果愿意,可以携卡和有效证件到北京市卫生局管理中心恢复。

514 怎样利用电脑找工作?

除了精通电脑本身就可以谋取职业外,一般地,还有几种途径可以利用。一是登录专门的职业介绍网站,无论是要谋取第一职业,还是想找一个兼职,都可以去尝试一下。省事、省心、快捷,当然,一定要去那些正规的专业职业介绍网站,谨防上一些网络骗子的当。二是可以到一些网站(如 http://www.cn99.com)订阅一些免费的职业招聘邮件作为参考,这很适合于那些有工作想在业余时间做点事的朋友。三是还可以利用新闻组求职。

515. 怎样利用专业招聘网站求职?

第一步:启动浏览器,在地址栏输入“http://www.51job.com”或别的专业网站的网址后回车,进入前程无忧网主页。第二步:移动鼠标到“新会员注册”单击先进行注册。会员注册非常简单,填上用户名、密码和自己的 E—mail 地址即可。第三步:注册成功登录后单击页面最上方“个人简历”链接进入相应页面填写个人简历。先选择自己的会员组,分为普通、在校学生、IT 从业人员和高级行政管理人员四组,每一组所需填写的简历内容不尽相同。如以前没有填写简历的经验,可以在“填写简历方式”上选择“简历向导”,这样比较容易使简历内容正规化。也可以单击首页右下方的“离线简历”,选择相应的会员组,填入 E—mail 地址,无忧网就会把相应的简历模板投到信箱里。解压缩以后就可以在离线状态下填写简历了。离线简历填写方式和网上一样,全部内容填写完毕以后,先上网再单击“提交简历”。第四步:这一步是填写基本个人资料,带“*”号的项目都要填写,否则不能继续进行。通讯方式上,最好把常用电话写上,方便联系。第五步:接下来填写求职意向,分工作类型、职能、地点、公司性质、工资5大项,可以按自己的愿望选择。第六步:自我介绍。在100字以内,将自己的优势写清楚。可以打好草稿再上网填写。第七步:填写工作经验和教育、培训经历,有什么资格认证证书等。第八步:如果要应聘 IT 行业或高级行政主管,还要填写英文简历。第九步:查询职位。单击无忧网站上的“找工作”链接,可以在“全能职位搜索器”里查找职位。搜索条件里有工作地点、行业、工作经验、学历等等,设定得越细,职位就越接近自己的要求。找到合适的招聘单位,可以选择“投递简历”,单击“发送求职申请”,送一份简历过去,看运气如何。第十步:无忧网站还提供有“地理搜索器”。选择城市的一个中心地址进行搜索,可以得到此范围内的职位。目前支持北京、上海等城市。第十一步:单击进入“订阅工作”页面,设定选项后,填入 E-mail 地址,以后就会不断有职位信息发到邮箱里。第十二步:登录信息中心可以看到面试通知、工作申请记录等相关信息。

第十三步：运气好的话，很快就会谋到理想的职位。

516. 怎样上网炒股？

现在，网上炒股已经非常普及，以国泰君安(http://www.gtja.com/)为例。首先在国泰君安在各地的营业部开户。带上身份证、股东账户卡原件等到开户营业部办理网上交易手续。网上交易开户资料为《网上证券委托开户申请表》、《网上证券委托风险揭示书》和《网上交易委托协议书》，只要从网站下载后填妥表格并打印出来交到营业部即可。开通网上交易后，可以选择两种方式上网交易。一是浏览器方式，单击在线交易，选择自己的开户营业部和股票类别，填入自己的股东代码和交易密码，就可以进入交易界面。选择股票，察看行情，进行交易。二是下载专业软件。为了交易安全，系统在第一次连接主机的时候，要求必须制作密匙盘，今后每次交易都要首先确认密匙，随时可以进入网站查看即时行情，即时行情和一般的股票分析软件的界面是一样的。

517. 网上炒股怎样让电脑自动操盘？

第一步：检查电脑的主板是否支持定时开机。

第二步：检查调制解调器是否支持语音功能，支持 TAPI 语音驱动。可以在桌面上右键单击"我的电脑"，在弹出菜单上单击选中"系统"→"设备管理器"，查看"声音、视频和游戏控制器"设定情况，看看是否安装了"Voice Modem Wave"，若没有则表示语音 Modem 没有正确安装，或者根本不支持 TAPI 语音驱动。

第三步：为了省电，建议关闭显示器电源，但是主机和外置 Modem 的电源则必须打开。

第四步：设置定时开机。例如要求每天 9:15 让电脑自动开机。开机按"Del"键进入 CMOS 设置，选择"Power Management Setup，激活"Power UP Control"中的"Automatic Power Up"，将其设置为"Everyday(每天)"，在下面的"Time (hh:mm:ss)Alarm"中设置每天定时开机的时间(例如 09:15:00)，最后按"Esc"键返回主界面，选择 Save & Exit setup"或键入"F10"保存并退出 CMOS 设置。

第五步：自动运行"分析家"。安装"分析家"软件专业版(可上网到 http://www.fxj.com.cn 网站购买)，如果只想试试，也可到 http://down load.pchome.net/home/stock/3001.html 免费下载专业测试版。安装完成之后在开始菜单中就有了"分析家"程序组。将"分析家"的快捷启动方式添加至"启动"组中，即右键单击"任务栏"，在弹出菜单上单击选中"属性"→"高级"，将 Programs(程序)菜单中的"分析家"快捷方式复制到"启动"文件夹中。这样只要电脑启动进入 Windows 后，就会自动运行"分析家"，然后利用"分析家'的远程预警功能，就能为你守着股市，一旦满足预警条件，就拨打你的电话或手机通知你。

第六步：设置远程预警。在"分析家"界面移动鼠标到菜单栏，单击"工具"→"远程预警"→"设置"，弹出对话框，在"寻呼机"或"电话"按钮中选择拨打你的 BP 机或手机/电话报警；在"设备"栏中选择用于拨号的 Modem。如果 Modem 支持选择接听，可以设定"接听预警密码"，这样接到预警来电后需要输入密码(以#号键结束)才能收听预警的具体内容；如果 Modem 不支持选择接听，请设定"拨号后等待时间间隔"，一般选择 5 秒，系统在拨完电话号码后，等待 5 秒才自动播放预警。

第七步：回到预警窗口，单击"测试"检查能否拨通被叫。远程预警每次只能处理一个预警，即使是同时出现两个预警也要分成两次发出。如果远程预警是发给寻呼机的,其格式为:预警名称 预警股票代码 预警价格(单位:分)。例如股票 0010 发出预警,预警名称 001,预警价格 10.69 元,则报警时你的 BP 机上就会显示"001 0010 1069"。

第八步:自动定时关机。股市结束后,要能自动关机,这就需要第三方软件的支持,这里推荐国产软件"定时器"(免费下载网址:http://ruyi.on Linedown.net/soft/6980.htm)。安装运行"定时器",右键单击主界面,在弹出菜单上单击选中"其它选项"→"允许自启动",这样以后启动 Windows 时"定时器"也会随之启动。

第九步:双击定时器"程序"窗口,打开"定时向导",首先设置提醒日期,程序默认是"Every day(每天)",也可以是具体的日期(yy-mm-dd),选择系统默认,单击"确定"。

第十步:接着设置提醒的具体时间,例如设为 15:00:00,单击"确定"。继续设置"提醒信息",使用默认的"到该…的时间了",单击"确定"之后程序提醒你"是否使用提醒设置",选择"确定"。

第十一步:在随后打开的"设置选项"中,单击选中"系统操作"→"强制关闭计算机"→"锁定定时设置"→"确定",保存设置并退出。这样每天只要到了下午 3 时,"定时器"就会强制关闭计算机。

518. 个体消费者怎样参与电子商务?

目前,对于大多数个体消费者而言,通过网上购物是直接参与和感受电子商务的普遍方式。但怎么购物呢,下面是一些商务网站购物的一般程序。第一步:注册。如果你不是电子商务网站的用户,一般要进行用户注册,在"新用户注册"页面。输入姓名、注册名、密码、联系地址、电话以及电子信箱等等,填好后单击"现在注册"按钮即可,下次就可以用注册名进行购物交易了。第二步:浏览看货。你可以在网上商场的货架前转转,当你看到喜欢的商品时,按下"购买"或"选中"等诸如此类的按钮,这项商品就会被放到购物清单中。第三步:网上填写订单。在选好货后,你可以下单了,订单发出后,自动传送给各商店服务人员,如果你要取消订单,请按该店提供的电话或邮件进行联络。第四步:确认订单。一般电子商店都要通过电子邮件或电话确认该项订购事宜,并协商付款及送货细节,如果通过网上支付,就更方便了。第五步:送货上门。货也订了,款也结了,下面就只等商家送货上门了。这是一般购物的网上购物方式,对于那些网上拍卖、竞价选购的网站,购物过程要稍微复杂一些。

519. 网上怎样购书?

可以购书的网站很多,只要启动"google"用"购书"做关键词随便搜索一下就能找到不少。各网站购书方式虽然各有不同,但总的来说是大同小异。这里以"当当书店"为例说明。第一步:启动浏览器,在地址栏输入"http://www.dangdang.com"后回车,打开"当当书店"首页。第二步:系统提供了多种图书查询方法,还有 CD、VCD、DVD 供选购。选定一种图书,单击"购买"。第三步:系统在给出书名、市场价的同时,还给出"当当价"、"VIP(会员)价"。"当当价"比市场价便宜,"VIP(会员)价"又比"当当价"便宜。要想成为"当当"会员,必须在一定的时间内消费一定金额。确定只购买选中的书,单击"结帐",如果还要购买别的书,单击"还要买"。第四步:单击"结帐"后,出现"用户登录"页面,如果是第一次到"当当"购物,要输入自己有效的电子邮件地址和密码先开户,如果是老顾客,选择"登录"即可。第五步:选择付货和付款方式。付货有送货上门、平邮、特快专递等，付款方式有货到付款、网上支付、邮局汇款等。第六步：如果需要发票，要在填写订单时声明，“当当”会通过邮局寄出。第七步：在收到商品后如发现有质量问题，可以在7天内寄回“当当”，“当当”承担普通包裹邮寄费用并负责退货或是换货。第八步：当当书店号称有20多万种图书，1万多种影音光盘，信用较好，一般来说，在网上购书都是有折扣的。当然，每个网上书店的书价也是有差别的，不妨多看几家。

520. 网上怎样购物？

可以购物的网站也有很多，同样，只要启动“google”用“购物”做关键词随便搜索一下也能找到不少。各网站购物方式虽然各有不同，但总的来说也是大同小异。这里以“新浪商城”为例说明。第一步：启动浏览器，在地址栏输入“http://mall.sina.com.cn”后回车，进入“新浪商城”首页。第二步：系统提供了包括电脑、手机、数码产品、服装、化妆品、图书、软件等十几大类商品供选购。选定一种，单击“放入购物车”。第三步：系统给出货物品名、价格。确定只购买选中的商品，单击“结算”；如果还要继续购买别的商品，单击“继续购物”。第四步：单击“结算”后，有的商品需要注册成为新浪会员，或者说只卖给会员，有些商品则直接进入订单填写页面。如果经常在新浪商城购物，就应该注册成为会员。第五步：按照要求填写订单，选择付货和付款方式。付货有送货上门、平邮、特快专递等；付款方式有货到付款、网上支付、邮局汇款等。第六步：如果需要发票，要在填写订单时声明。一般来说，在网上购物都是有折扣的。当然，每个网上商城的价格也是有差别的，不妨多看几家。

521. 网上怎样转让自己的物品？

网上转让有三种方法：一是到拍卖网站拍卖。二是进入各大网站或一些专业网站的二手货交易区发布转让信息。三是利用新闻组或BBS发布转让信息。

522. 网上怎样拍卖？

国内著名的拍卖网站有：雅宝拍卖、易趣网、酷必得、网猎拍卖站、网易拍卖站、中国拍卖与收藏网、大中华拍卖网等。以“雅宝拍卖网”为例。第一步：启动浏览器，在地址栏输入“http://www.yabuy.com”后回车，进入“雅宝拍卖网”首页。第二步：系统提供了包括房地产、古董、电脑、手机、数码产品、服装、化妆品、图书、软件等十几大类商品供拍卖。第三步：移动鼠标到导航栏，单击“注册”。要想在“雅宝拍卖”参与拍卖和投标，必须先注册。第四步：选择一个昵称后，进入个人资料页面，按要求填写后单击“提交”。第五步：注册成功后，回到首页移动鼠标到导航栏，单击“卖东西”；或者直接在注册成功页面左边单击“卖东西”，登录后进入登记出售物品页面。第六步：仔细填写您的物品信息，选择付货和付款方式。付货有送货上门、上门取货、平邮、特快专递等；付款方式有货到付款、网上支付、邮局汇款等。确认无误后单击“提交”。第七步：出现确认页面，包括要出售物品的ID号及其相关信息。可以修改有关内容。最后单击“确认”。第八步：在指定的竞价期内，应多收E－mail或上网到物品页面查看，如果有人竞价，也应多与竞价者联系，以促进交易成功。第九步：要竞价购买物品，如果未曾注册也要先注册。登录后通过物品列表，搜寻到想要竞价的物品，或者，通过搜索找到更符合要求的物品。第十步：单击物品名称，进入物品页面，查看一下全部竞价过程，做到心中有数。第十一步：想好后输入ID和密码，填入需求数量及投标价，单击页面右边的“我同意投标”按钮，加入竞价。第十二步：投标后，应多与物主联系，以促进交易成功。在“雅宝拍卖”首页，单击上方导航条上的“求购信息”，还可以登记自己想要的东西。

523. 网上怎样选购二手货？

如果要购买大件的二手货，最好到一些专业网站的二手货交易区。因为这里行内人士多，可以得到很多有益的信息和帮助。例如购买照相器材就可以到色影无忌等专业网站。第一步：启动浏览器，在地址栏输入“http://www.cameraunion.net”后回车，进入“色影无忌”网站首页。第二步：移动鼠标到导航栏，单击“二手信息公布栏”。第三步：出现的页面上方是“注意事项”，下方有“交易规则”，认真阅读之后，单击“是”。第四步：在这里可以浏览转让商品的信息。包括品牌、数量、成色、价格、与物主联系方式等，有的物品还附有照片和具体说明。第五步：如果看中了某件二手货，可以按照物主提供的联系方式在网上或网下与物主进一步协商，接下来就是和日常买卖货物一样根据双方意向决定是否达成交易了。实际上，网上只是提供转让商品信息，成交与否多半还要在网下进行。

524. 打假网站有哪些？

一些专业的防伪公司为商品提供防伪认证服务，它们以数码作为防伪标志，为企业的每一件商品提供一组多位、不重复的随机密码数据，使企业的每件产品都有个体身份证明，防伪公司将商品身份证明数据收录在其建立的网站数据库上，用户可以用上网电脑、普通电话、手机作为查询识别终端，上网去鉴别商品的真伪。一是中国防伪网(http://www.efangwei.com)以互联网为媒介，利用互联网技术进行防伪，网站上大型的数据库及方便、快捷的查询系统为各级政府提供迅速的取证工具和手段，突破了时空局限，避开了烦琐的取证过程，从而能有效地开展防伪、打假行动。该网站所开辟的信息快递、打假动态、广而告之等栏目实时地把各项国家政策、法规向社会传达，把各地政府对各种产品的抽检结果和调查报告公之于众，向消费者传递防伪打假的基本常识，实时提供各种产品所采用的新防伪手段及其鉴别方法。二是由摩根凯文公司研究开发的互联网防伪系统(http://www.fangwei.net)。利用国际互联网将生产厂家和消费者直接联系起来，消费者在买到带有摩根凯文防伪标签的产品后，只要刮掉标签表面的一层涂层或揭开标志，就可看到一个防伪号码，这个号码不仅是唯一的，而且没有规律，不能复制。消费者可使用设在销售地点的检验终端检验所购商品的真伪，也可通过任何一台个人电脑进入摩根凯文全球防伪网站，将要检查的商品的防伪标识码输入后，按“鉴别”键，很短的时间内就能得到结果。三是兆信“电码电话防伪系统”由海南国科兆信防伪科技有限公司开发研制，该系统为每一件入网的商品设置一组唯一的编码，并把这一编码存在中心数据库中，通过系统在全国建立的计算机、电话、互联网查询服务提供商品真伪鉴别服务。加入到该系统的所有商品，都贴有一枚带有隐含编码的 P—PASS 标志(或者将防伪认证编码喷印在包装内侧，编码由 21 位或 16 位数字组成，每件商品一个，绝无重复)，在鉴别商品真伪时，消费者不再需要专门的技术和设备，只需进入国际互联网电码防伪查询网址(http://www.p—pass.com)，输入商品的编码，便可以迅速得到结果。

525. 网上怎样识别真假文凭？

第一步：启动浏览器，在地址栏输入“http://www.chinadaxuesheng.com/xuelichaxun”

后回车，进入中国大学生网“高等教育学历证书网上查询系统”。第二步：在页面的左上方，依次排列有“普通高等教育学历查询”、“成人高等教育学历查询”、“网络教育学历查询”、“自学考试与学历文凭考试学历查询”、“来华留学学历查询”、“地方委托军校培养学生学历查询”等选项。移动鼠标到需要的选项上单击。如单击“普通高等教育学历查询”。第三步：在“普通高等教育学历查询”页面上，又依次出现“研究生学历查询”、“本科生学历查询”、“专科生学历查询”、“普通班学历查询”等选项。移动鼠标到需要的选项上单击。如单击“本科生学历查询”。第四步：出现“本科生学历查询”页面，按照要求输入“证书编号”、“姓名”等项，单击“查询”。即可查询2001、2002两年的学历证书。如要查询2000年以前的学历证书，单击下方的“2000年以前的学历查询”按钮。第五步：在查询结果中如果出现“数据库中没有你要验证的信息”，那这张文凭的真实性就很是值得怀疑了。

526. 网上怎样识别真假手机？

第一步：启动浏览器，在地址栏输入“http://www.chinamobile.gov.cn”后回车，进入中国移动通信产业网首页。第二步：移动鼠标到页面左上方，单击“注册”按钮。要使用中国移动通信产业网提供的服务，需要先进行注册。第三步：在出现的“用户基本信息填写”框中按照要求输入信息。单击“提交信息”按钮。第四步：如果一切顺利，出现“你已注册成功”提示，单击“确定”。第五步：出现“手机机身号查询”栏，使用刚刚注册成功的手机号和密码，选择“GSM”还是“CDMA”手机登录。第六步：出现“手机机身号查询”页面，按照提示依次输入所在省份、品牌、型号、购买时间、机身号等，单击“查询”。第七步：出现“手机机身号查询结果”页面，如果是正品，结果框中就会出现“您的手机是正品，可按三包规定享受服务”的红色字样。

527. 网上怎样识别真假白酒？

第一步：启动浏览器，在地址栏输入“http://www.168315.com”后回车，进入中国电信168315企业客户服务中心首页。第二步：移动鼠标到页面左下方的“999酒类防伪查询”栏，单击“999”按钮。第三步：出现“欢迎您使用168315企业客服中心防伪码查询模块”页面，在“产品防伪码”框中输入要查的17位白酒防伪号码，单击“查询”。第四步：出现“鉴别结果”页面，如果出现“对不起！您所鉴别的产品在本防伪系统并不存在，谨防假冒！”这样的结果，这就意味着所鉴别的商品多半是假货。

528. 网上怎样识别真假药品？

第一步：启动浏览器，在地址栏输入“http://www.sda.gov.cn”后回车，进入“国家药品监督管理局”首页。第二步：移动鼠标到页面左边单击“数据查询”按钮。第三步：选择并单击“基础数据查询”按钮。第四步：出现的页面上有五个选项，分别是“药品国产品种”、“药品进口品种”、“药品生产企业”、“药品批发经营企业”和“药品广告”。如果要查的药品属于国产品种，移动鼠标到该项目上单击。第五步：在下拉列表框中选择药品种类，在关键字框中输入品名，单击“搜索”。第六步：出现所查药品及国家批号列表。根据批号单击要识别真假的药品品名。第七步：出现具体生产厂家等详细数据，据此即可识别真假药品。第八步：利用这个数据库还可以查询医疗器械，识别医疗器械的真伪。

529. 网上怎样查询专利?

第一步:启动浏览器,在地址栏输入“http://www.sipo.gov.cn”后回车,进入国家知识产权局网站。第二步:在页面上单击“进入”或单击“ENTER”,分别进入中文和英文首页。第三步:在打开的窗口中单击页面左侧的“专利检索”。第四步:在弹出的检索窗口中会列出一个检索条件表,你只要将检索要求填入表格的相应项目即可。需要注意的是,检索条件填得越详细,检索的结果就越准确。如果不明确专利的类型,则在表头的专利类型中选“全部专利”,完成后单击“确定”。需要注意的是,该网站提供的专利说明书为 TIF 格式文件(系专利文件原件直接扫描而成,为保证权威性,未加任何编辑),要保证在“附件”中有“映像”程序才能浏览该格式的文件,当然也可以在该网站下载说明书浏览器并安装到机器中。第四步:如果检索条件填得不太准确,检索后则会得到很多结果,可以对结果进行筛选或者重新填入条件检索。当找到对自己有用的结果并打开后,首先看到的是专利的总体介绍,如果还想对专利作详细了解,则单击页面左侧说明书全文的“共 X 页”,在该窗口中就可以阅读到详细情况了。

530. 怎样在网上作调查?

第一步:登录调查系统。打开浏览器,在地址栏中键入“http://www.nbzh.net.cn/vote/index.asp”。这时会弹出中国在线调查系统页面。点击页面中“调查表生成发布系统”项。第二步:填写相关信息。在弹出的页面里会列出一份详细的关于调查内容的表格。在这里可以填写调查内容、调查标题、调查选项等等。如果调查问卷允许有多种回答的话,那就选择“复选”项。它下方的“网站名称、网站地址、电子邮件”三个项目应根据实际情况如实填写。填好后,再在选项一栏和选项二栏中分别键入“应该”和“不应该”字样。除了以上这些之外,还可以对调查表的属性进行设置。例如标题文字颜色、标题背景色、内容背景色、边框宽度、界面宽度等等。最后在密码设置框中输入密码,再单击“确定”按钮即可。第三步:页面效果预览和获取代码。填写完相关信息之后,系统会弹出调查表预览页面。在这里可以看到生成后的调查表的页面效果。如果不满意,可以单击“进行编辑”按钮,返回上页重新设置。在这里系统还会提供一个调查编号,在登录“调查结果管理系统”时会用得着。另外,此处还提供了两种网页代码。可以将需要的代码复制下来加入到自己的网页中去。最后单击“操作完毕”按钮。第四步:查看统计数据。调查表做好之后,我们最想知道的当然是调查结果。进入“调查报告统计查询系统”,找到刚刚发布的调查表,单击调查标题进入调查表页面。然后在弹出调查表页面中单击“观看”按钮,即可查看到投票的人数、投票结果、比例统计以及被调查者的看法等数据。在此处选择“看法管理”项,输入调查编号和密码之后,即可进入看法管理页面。可以对被调查人发表的看法进行删除和编辑等操作。第五步:修改调查信息。单击页面上方的“调查结果管理系统”按钮。在弹出页面的相应位置输入调查编号和密码之后,就可以进入修改页面。在这里除了可以对调查信息进行修改之外,还可以清除以前的调查统计结果以及删除该调查表。

531. 怎样利用电脑制定工作计划?

[方法一] 使用 Microsoft Outlook 定制自己的工作计划。第一步:启动 Microsoft Outlook。第二步:单击面板上的任务按钮,切换到任务视图。第三步:移动鼠标到菜单栏,单击“文件”→“新建”→“任务”,进入任务编辑窗口,依次输入主题、起止时间、提醒等信息,也可在细节选项卡中输入工作量,最后单击“保存并关闭”按钮返回任务视图。第四步:每天工作结束后,双

击任务列表，在编辑窗口中调整任务完成率，这样从任务列表中的百分比就能看出每件工作的完成进度。第五步：当工作全部结束时，把百分比调整到 100%，Outlook 会为该任务加上删除线，表示该任务已经完成。也可按“Del”键将其删除。

［方法二］ 使用 Microsoft Outlook 给别人分配任务。第一步：启动 Microsoft Outlook。第二步：单击面板上的任务按钮，切换到任务视图。第三步：新建一个任务，并详细填写各项要求，然后单击工具栏中的“分配任务”按钮，在随后出现的窗口中填写收件人和主题。第四步：在联网状态下单击“发送”，Outlook 会把该任务转移到发件箱中。也可以将该任务立即发送出去。第五步：对方在用 Outlook 收取邮件时，将收到一封主题为“任务要求…”的邮件，单击“接受”后，被接受的任务将自动转移到他的任务文件夹中，并发回一封主题为“已接受的任务…”的邮件。第六步：对方在完成任务期间，可以向你定期汇报完成情况。双击任务列表打开任务编辑窗口，修改任务完成率，然后单击“保存并关闭”，Outlook 会自动生成一封主题为“任务更新…”的邮件，可随时发送出去。这样，就可以每天了解对方的工作进度。第七步：对方完成任务后，将任务完成率调整到 100%，关掉编辑窗，该任务生成一封主题为“已完成任务…”的邮件，并自动转移到发件箱中，将这封邮件发送给你，就可以知道对方已经完成任务。

532. 怎样用电脑安排日程和约会？

使用 Microsoft Outlook 的“日历”功能。第一步：启动 Microsoft Outlook。第二步：单击“日历”按钮，右侧窗口会切换到日历视图。左侧为一天当中的时间段，浅黄色表示工作时间，深黄色表示业余时间。右侧是日历，可以单击左右箭头翻动。第三步：日历显示方式可以通过单击工具栏上的天、周、月等按钮发生变化，例如选择周，会变成七张小卡片，也可在右侧日历上用鼠标连续单击选择，左侧会随之发生变化。第四步：移动鼠标到菜单栏，单击“工具”→“选项”→“日历”，在该窗口中设置工作日、工作时间、备用日历（农历），并导入节假日，此外还能设置时区。第五步：假设有个会议通知，后天下午 3∶30 在总经理办公室开会，这就需要记录到 Outlook。在日历中单击“开会日期”，然后移动鼠标到菜单栏，单击“文件”→“新建”→“约会”，进入约会编辑窗口。第六步：依次输入主题、地点、开始和结束时间，并选中“提醒”复选框，最后单击“保存并关闭”按钮返回日历视图，此时约会就显示在时间段里了。到了后天下午 3∶20，Outlook 会发出清脆的声音并弹出窗口提醒你，当然前提是事先启动了 Outlook。第七步：要想改变约会内容，可双击时间段上的约会标题，进入约会编辑窗口修改。第八步：要改变约会的时间和日期，可将鼠标放在约会的上下边缘，鼠标指针会变成双向箭头，拖动即可改变时间跨度；拖动约会左端，能在时间段上移动约会；拖动约会到右侧日历中，可以改变约会日期，同时按住“Ctrl”还可以复制约会。第九步：如果两个约会时间发生重叠，约会编辑窗口会显示发生冲突的黄色警告条，修改某个约会，警告条会自动消失。第十步：超过 24 小时的活动就成了事件，例如要出差 3 天，可以按建立约会步骤操作，只是要将“全天事件”复选框选中，这样就只能选择日期，时间将不可选，事件将显示在时间段顶部。第十一步：约会和事件都有可能周期发生，例如每周一召开公司例会就是周期约会，每年为员工祝贺生日，就是周期事件，这时可以在约会（事件）编辑窗口中单击“重复周期”按钮，进入“约会（事件）周期”设置界面，在该窗口中设置约会（事件）发生周期，这样，无论是员工的生日还是公司例会，设置一次就能长期使用了。第十二步：移动鼠标到菜单栏，单击“视图”→“当前视图”，会看到有多种查看约会、事件的方式，例如单击“按类别”，所有的节假日、活动都会分类显示。右键单击选择类别即可给事件、约会分类。

第十三步：删除约会(事件)的方法是右键单击标题，选择“删除”，如果是周期约会(事件)，还会询问你是删除此项还是全系列。

此外，还可以使用一些专门的软件，如知名度很高的“友情强档”等。

533. 怎样用电脑记录一天做的事？

第一步：启动 Microsoft Outlook。第二步：单击面板上的“Outlook 今日”，右侧会显示一幅精美的画面，在这里简明扼要地列出了约会、事件的摘要、任务列表，以及电子邮件等情况。今天该做些什么等等。第三步：单击页面上的“自定义 Outlook 今日”按钮，可以调整配置，如：开始时是否直接进入“Outlook 今日”，显示哪些邮件文件夹，日期显示几天，任务怎样排序等。第四步：还可以更换“Outlook 今日”的背景和版面，“样式”中列出了夏季、冬季、标准等多种风格的样式。第五步：为了防止建立起来的信息被破坏，可以为 Outlook 设置密码，移动鼠标到左边“Outlook 今日”的图标上右键单击，在弹出的快捷菜单中单击选中“属性”→“常规”→“高级”→“更改密码”，设置完成后单击“确定”。如果没有密码，将无法进入 Outlook。

534. 怎样用电脑留便条？

使用 Microsoft Outlook 的“便笺”。第一步：启动 Microsoft Outlook。第二步：单击 Outlook 面板上的“便笺”按钮，将右侧窗口切换到便笺视图。第三步：移动鼠标到菜单栏，单击“文件”→“新建”→“便笺”。第四步：在屏幕上出现的卡片上输入内容即可。第五步：可以用鼠标拖动边框控制便笺的大小，单击左上角的按钮会弹出一个控制菜单，选择“颜色”可以改变便笺的色彩。第六步：单击右上角的“关闭(×)”可以将便笺逐一关闭，需要的时候再打开。移动鼠标到菜单栏，单击“视图”→“当前视图”，可以通过多种方式查看便笺。如果把其它文件拖放到便笺中，便笺还能自动将文件完整的路径记录下来。

另外，可以使用一些专门的软件，如知名度很高的“友情强档”等。也可以简单地使用 Windows 中的“记事本”、“写字板”、“画图”等工具。

535. 怎样用电脑制作月历？

使用 Microsoft Outlook 打印月历。第一步：启动 Microsoft Outlook。第二步：移动鼠标到菜单栏，单击“文件”→“打印”，在打印样式中可以选择日历、周历、月历、三栏式和详细日历式 5 种样式，单击预览还可随时观看打印效果。

另外，也可以使用“我形我速”等专门软件制作。

536. 怎样用 Microsoft Outlook 写日记？

在 Microsoft Outlook 打开的情况下，日记能自动跟踪并记录 Outlook 项目或其他 Office 文档的操作，此外还可手工添加其它任何项目。

第一步：启动 Microsoft Outlook。第二步：单击面板中的“自定义快捷方式”，找到“日记”后单击，右侧窗口会切换到日记视图。第三步：如果是第一次使用日记功能，Outlook 会弹出日记选项窗口，让你选择自动记录哪些项目，最好全部选中，这样只要你进行创建 Office 文档。发送邮件等操作，Outlook 会自动帮你记录下来。如果不想记录某个联系人的项目，不选择就可以了。第四步：对于 Outlook 自动记录以外的项目该怎么办呢？例如你准备和一个客户用电话洽谈生意，想把通话这件事记录到日记中，那就只好手动添加了！移动鼠标到菜单栏，单击"文件"→"新建"→"日记条目"，在"条目类型"中为本项目指定"电话呼叫"，然后拨打客户电话进行交谈，同时单击"启动计时器"为通话计时，通话结束后，停止计时，再补充些内容即可。第五步：记日记的目的是供日后查阅。Outlook 默认的是按类型显示，也可移动鼠标到菜单栏，单击"视图"→"当前视图"，选择按联系人、类别等方式查看。第六步：单击工具栏上的天、周、月按钮可以改变日期单位。找到所需项目后，双击即可打开，如果是文档等项目，可以双击窗口中的快捷方式启动其它程序查看具体内容。

537. 主流音频格式有哪些？

一是 WAV。Wave Audio Files（WAV）是微软公司和 IBM 共同开发的 PC 标准声音格式。它依照声音的波形进行储存，因此拥有惊人的存储体积。一般用于播放声音的软件都可以播放，这种声音文件通用性好。二是 WMA。Windows Media Audio（WMA）是微软公司搞出来的一种流式声音格式。采用 WMA 格式压缩的声音文件比起由相同文件转化而来的 MP3 文件要小得多，并且在音质上也毫不逊色。三是 VQF。TwinVQ Files 即 VQF 是由 Nippon Telegraph and Telephone（NTT）开发的一种音频压缩技术。无论在音频压缩率还是音质上，VQF 比起 MP3 都有很大的优势。四是 MP3。MPEG Layer－3（MP3）是大家已经熟知的一种数字音频格式，它是 VCD 的孪生兄弟。相同长度的音乐文件，用"＊.mp3"格式来储存，一般只有"＊.wav"文件的 1/10，而音质大体接近 CD 的水平。由于其文件尺寸小，音质好，而且在它问世之初还没有别种格式可与之匹敌，因此为"＊.mp3"格式的发展提供了良好的条件。直到现在，这种格式还是最为流行的主流音频格式。五是 CD。CD 也是大家非常熟悉的，它的声音质量比 WAV 格式要好。在大多数播放软件的"打开文件类型"中都可以看到"＊.cda"格式，这就是 CD 音轨了，CD 音轨不能直接被拷贝出来。六是 MIDI。由于只是像记乐谱一样地记录下演奏的符号，所以它的体积是所有音频格式中最小的、严格地说 MIDI 与上面提到的那些声音格式不属于同一类，因为它不是真正的数字化声音，而仅是一堆声音或乐器符号的集合。七是 RA。RealAudio（RA）是 Real Network 公司推出的一种流式声音格式。这是一种在网络上很常见的音频文件格式，还有"＊.rm"、"＊.ram"等目前最流行的格式，可以一边下载一边收听。这些格式的特点是可以随网络带宽的不同而改变声音的质量，在保证大多数人听到流畅声音的前提下，令带宽较富裕的听众获得较好的音质。近来随着网络带宽的普遍改善，Real 公司正推出用于网络广播的、达到 CD 音质的格式。

538. 怎样在电脑上播放 CD？

［方法一］ 直接使用光驱播放。第一步：打开电脑，不需要启动任何软件。第二步：将 CD 盘片插入光驱。第三步：将耳机插头插入光驱面板上的耳机插孔中，使用光驱面板上的音量调节旋钮调节音量即可。

［方法二］ 使用各种专门软件播放。如 Windows 系统中的"Windows Media Player"、"CDPlayer"等都是很不错的 CD 播放软件，它们的播放效果要比使用光驱直接播放好得多。

539. 知名音乐播放软件有哪些？

一是 Windows 操作系统集成的"Windows Media Player"和"CD Player"。"CD Player"是

Windows 98 中的 CD 播放机，当然，也可以将“Windows Media Player”安装到 Windows 98 中。“Windows Media Player”是 Windows Me/2000/XP 中的媒体播放机，不仅可以播放 CD、MP3 等音乐文件，而且可以播放 VCD 等视频文件。播放效果很好，微软公司及国内许多网站都可以免费下载最新版本的中文版。二是 Winamp。这是一款知名度非常高的以播放 MP3 为主的音乐播放软件。加上插件还可以播放 VCD 等。播放 MP3 音乐效果非常好。Winamp 是免费软件，在国内许多网站都可以下载到英文版或汉化版。三是国内知度很高的媒体播放软件《超级解霸》中集成的音频解霸。它不仅可以播放 CD、MP3，而且可以录音，功能也很强大。四是音乐无限、Cool Player 等一大批音乐播放软件。这些软件各有特色，播放效果也不错。

540. 怎样使用“Windows Media Player”播放 CD？

第一步：在桌面上双击图标，或者移动鼠标到任务栏，单击“开始”→“程序”→“Windows Media Player”，启动 Windows Media Player。第二步：在“Windows Media Player”窗口的下方有一个“播放”工具栏，其作用是进行播放、停止、向前、向后等操作。单击“播放暂停”按钮，即可开始播放，再按一次为暂停。单击“停止”按钮，即停止播放。第三步：将 CD 光盘放入光驱，一般在将 CD 光盘放入光驱后，“Windows Media Player”窗口会自动打开，并自动播放 CD 音乐。第四步：如果将 CD 光盘放入光驱后毫无动静，移动鼠标到菜单栏，单击“播放”→“CD 音频”→“Audio CD”命令，即可开始播放。第五步：一般情况下，将音乐光盘放置到光盘驱动器中后，系统会自动从第一首乐曲开始播放，而不需要单击“播放”按钮。第六步：在播放过程中，单击“Windows Media Player”窗口中的“下一个”按钮，即开始播放下一首乐曲。第七步：在播放过程中，单击“ Windows Media Player”窗口中的“上一个”按钮，即开始播放上一首乐曲。第八步：在“Windows Media Player 窗口播放界面右边的曲目单中，绿色显示的曲目就是正在播放的曲目。双击曲目单中任意曲目，Windows Media Player 即从所选择的乐曲开始播放。第九步：移动鼠标到菜单栏，单击“播放”→“重复”，Windows Media Player 即会在播完最后一首曲目后再返回到第一首。第十步：移动鼠标到菜单栏，单击“播放”→“无序播放”，Windows Media Player 即会在曲目中随机挑选曲目播放，而不按照曲目本来的顺序播放。第十一步：播放结束后，单击窗口右上角的“关闭（×）”按钮即可退出程序。

541. 怎样使用 Winamp 播放 MP3？

第一步：启动浏览器，在地址栏输入“http://www.winamp.com”后回车，找到“Winamp”下载并安装；也可以在国内各大网站软件下载区下载并安装“Winamp”的汉化版。对于英文水平较差的使用者，应优先考虑下载安装汉化版，以方便操作和使用。第二步：在桌面上双击“Winamp”图标，或者移动鼠标到任务栏，单击“开始”→“程序”→“Winamp”，启动播放程序。第三步：移动鼠标到面板下方“播放清单编辑器”左下角，单击“添加(add)”，选择曲目或目录单击。如果选择“曲目”，将添加一首乐曲到播放列表；如果选择“目录”，将添加一个文件夹的乐曲到播放列表。第四步：在弹出对话框中选择存放 MP3 或其他格式音频文件的磁盘和文件夹，单击选中后，将曲目或目录添加到播放列表中。第五步：移动鼠标到面板上单击就像普通录音机播放按钮一样的播放键，即开始播放。第六步：面板上还有停止、快进、快退等按钮，模样也和普通录音机相同，一看便知，可以轻松地控制播放。第七步：移动鼠标到面板上右键单击，在弹出菜单中可以方便地操作 EQ 均衡器、迷你浏览器等，调整播放形式和音质。

542. 怎样使用 Nero 将 CD 制作成 MP3?

第一步：在光驱中放入 Audio CD，使用普通的光驱就可以。第二步：启动 Nero Burning Rom，当程序给出刻录向导界面时，选择“Cancel”按钮跳过，启动程序。第三步：单击界面按钮条“烧录器”项下拉菜单中的“存储光盘轨道”命令，在关联的界面中选择放入 Audio CD 的光驱。Nero Burning Rom 会自动读取该 CD 音轨，并给出光驱中所有 Audio CD 音轨列表。第四步：在音轨列表窗口中选择需要抓取的 Audio CD 音轨，在“输出的格式”下拉列表中选择需要抓取生成的音频文件类型，在“位置”项中设置保存输出文件的路径。在“档案命名方式”项中设置输出文件的文件名命名方式。此外，界面中的“自动产生存贮音效音轨的 M3U 播放表”表示抓取完成相应的“MP3”音频文件后创建播放文件列表“*.M3U”。界面中的“读取速度”项中提供的是音轨抓取速度，一般选择“手动”即可。第五步：如果需要设置输出文件的格式，可以单击“设置”按钮，在关联的界面中提供了输出文件的采样频率、声道、位率设置，根据自己的需要选择。第六步：返回上一界面，单击界面中的“继续”按钮，执行抓取操作即可。

543. 怎样使用《超级解霸》将 CD 制作成 MP3?

第一步：打开光驱，放入一张自己喜欢的 CD 盘。第二步：移动鼠标到任务栏，单击“开始”→“程序”→“豪杰超级解霸”→“实用工具集”→“音频工具”→“MP3 数字 CD 抓轨”，启动《超级解霸》的“数字 CD 抓轨”工具。第三步：光驱中的 CD 音乐将在“光驱”下拉框中一一列出。单击向下箭头，可以从下拉列表中选择想要压缩的 CD 曲目，然后单击“选择路径”，设置压缩文件的保存位置。第四步：保持“频率”为默认的“48KHz”，选中“直接压缩成 MP3”。最后单击“开始读取”即可。第五步：如果要压缩整张 CD 盘，选中“连续压缩”即可。

544. 怎样用录音带制作 MP3?

第一步：准备好带有全双工硬声卡的电脑，全双工也就是说既能放音又能录音；一台能以较好音质播放磁带的单放机或录音机、复读机；一根连接放音设备与声卡 Line in 接口的双头音频线等。第二步：启动浏览器，在地址栏输入“http://www.onlinedown.net/poweraudiotools.htm”后回车，下载并安装 Power Audio tools3.8。第三步：把双头音频连接线的一头插入磁带放音设备的耳机(或 Line out)接口，另一头插入电脑声卡的 Line in 接口，放入磁带。第四步：打开电脑，运行 Audio tools，在 General 菜单中展开 Mixer 选项，选择 line in。第五步：在 Source(声音来源)对话框中单击小三角选择 Soundcard，进一步单击小三角右边带有三点的图标可以对声卡的录放设备进行调整，一般无须设置。第六步：在 Destination(保存性质)对话框中系统缺省选择 file，无须调整，单击带有三点的图标设置保存 MP3 的文件夹并给待保存文件命名，一般磁带的 A 面命名为“a”，B 面命名为“b”，如果是自动翻带的机器，你只要命名一次就可以了。Audio tools 在转录时会自动为每首歌命名为 a00、a01、b02 等。第七步：单击 Method(录音方式)对话框中小黑三角，选择 Auto track(自动分曲)。第八步：先播放磁带，紧接着点击“Audio tools”红色录音键，打开电脑音箱监听播放效果，音量可小点儿。随着磁带的播放，里面的歌曲就一首首地变成了 MP3。如果你的播放机器可以自动翻带，Audio tools 会忠实地把一整盒磁带都转录成“MP3”；如果机器不能自动翻带，在 A 面放完时，要自己翻带，并给文件命名。注意是：文件名不能跟前面一样，否则后面的文件会把前面的文件覆盖，前功尽弃。第九步：每次转录完成(按停止键)，Audio tools 会友好地跳出一个录制文件管理工具

Recording Report，所转录的歌曲全部显示在里面。通过这个工具，我们可以播放试听转录效果、删除文件（Audio tools 偶尔会错误命名个别文件，但对歌曲没有影响）、了解文件所在文件夹、对文件重命名等。到此为止，转录磁带的工作全部完成。

545. 怎样把自己喜欢的曲目制作在一张 CD 上？

第一步：将 CD 光盘放到 CD－ROM 中，启动 Windows Media Player，单击“播放”按钮即可开始播放 CD。第二步：单击“从 CD 复制”按钮，打开复制音乐界面窗口。如果你以前没有从该 CD 复制过曲目，那么默认状态下将选中所有曲目。去掉不需要复制的曲目前面复选框里的钩，只保留自己喜欢的曲目。第三步：移动鼠标到菜单栏，单击“工具”→“选项”→“复制音乐”，在下面的“复制设置”中，清除“保护内容”复选框。第四步：为了避免制作出来的 CD 在播放时出现爆音现象，还需要切换到“设备”选项卡，在“设备”中单击 CD－ROM 驱动器，然后单击“属性”按钮，在“复制”中选中“数字”和“使用错误修正”选项，然后保存退出。第五步：单击“复制音乐”按钮，我们会在窗口中看到复制的进度，完成后会显示“已复制到库中”的信息。Media Player 在录制 CD 音乐时，会将音频信息压缩成 WMA 音频格式。第六步：如果要节省磁盘空间，可以改变音频压缩质量，移动鼠标到菜单栏，单击“工具”→“选项”→“复制音乐”，调整压缩比率。音频质量越高，要求的磁盘空间越大，而压缩比率过大，则会降低音频质量。复制结束以后，所选曲目在默认情况下将复制到 My Music 文件夹，并列在“媒体库”中。第七步：重复以上操作，可以将自己喜欢的歌曲全部复制到电脑硬盘中。第八步：移动鼠标到菜单栏，单击“工具”→“选项”→“媒体库”，在这里设定“其它应用程序访问权限”为“完全访问”。第九步：右键单击曲目“标题”，在弹出的快捷菜单中，选择“编辑”命令，即可对标题、艺术家、唱片集等资料进行修改。第十步：在 Windows Media Player 主窗口，单击“复制到”按钮，打开复制界面。这里列出准备复制的音频文件的文件名、长度、大小等信息，下方还显示了所选曲目的数目及刻录成 CD 后所占用的时间长度。右侧窗口则提示显示了刻录盘支持的时间长度。然后单击“复制音乐”按钮即可开始刻录。在开始刻录前，程序会先将选中的音频文件进行检查并转换，最后才会刻录到光盘中。第十一步：如果机器上的系统不是 Windows XP，也可以用 Windows Media Player 先将自己喜欢的音乐收集起来并保存在硬盘上，选择合适的刻录软件如 Nero，将收集的曲目刻录成 CD 光盘即可。

546. 怎样使用 Winamp 收听网上广播？

第一步：启动 2.21 版本以后的 Winamp，单击面板左上角，在弹出菜单中单击选中“迷你浏览器”(Mini Browser)，在播放面板的右侧就出现了 Winamp 浏览器。在浏览器窗口中有几个链接，第一个就是 Shoutcast.com 网站，在这个网站上有许多好听的 MP3 节目。第二步：单击“Shoutcast”链接，系统自动调用 IE 打开链接，在这里按收听次数从高到低列出了可供收听的节目。选择一个并单击“Click to Listen”之后，IE 会像软件下载那样提示是在当前位置打开还是保存到磁盘。如果你的网络环境足够流畅，可以选择在当前位置打开，也可以选择保存到磁盘。很快就会将一个“.pls”文件下载下来。第三步：在 Winamp 中双击打开刚刚得到的“.pls”文件，也可以直接将“.pls”文件拖到 Winamp 的面板上，马上就会出现“Connecting…”、“Buffer”等字样，表示 Winamp 正在和网站联系，并且将要收听的节目缓冲到本地硬盘，待“Buffer”后面显示为 100％时就会开始播放。

547. 怎样观看“网上电视”?

第一步:启动浏览器,在地址栏输入“www.cctv.com”后回车,进入央视国际网站。当然,也可以输入别的电视台网址,进入你喜欢的电视台。第二步:单击“视听在线”,来到中央电视台的在线点播栏目。默认进入的是 Windows Meadia Player 播放页面,单击下面的 RealPlayer 图标,则可以进入 RealPlayer 播放页面。两者都是内嵌式播放。两页面在内容、操作方法及播放质量上没有多大区别,只是网页内部调用的程序不同,目的是方便用户。第三步:在类似电视的窗口下有“新闻视听”、“文艺娱乐”、“生活服务”等栏目。单击“文艺娱乐”,页面上方缓缓出现了“文艺娱乐”的子栏目;单击“经典片段”,弹出一个窗口,这里才是可以点播的具体节目。第四步:单击蓝色图标即可看到画面。网页最下方有一排影音标准按钮,可以控制前进、暂停、改变音量等等。

548. 怎样观看“网上电影”?

第一步:启动浏览器,在地址栏输入“http://www.ruyi.com/yingshi.htm”后回车,进入如意影院。当然,也可以输入别的电影网址,进入你喜欢的网上影院。第二步:在影视列表中单击选择片名。第三步:选择网速,一般有低质量 56K 和高质量 DDN 之分,选定后单击就会弹出 RealPlayer 程序界面。缓冲大约 30 秒后,电影开始播放。第四步:由于是直接在 Real Player 的程序里放,所以可控制的部分多一些。网上电影涉及版权,一般网站都不免费提供整部影片的欣赏,只是片段。

549. 怎样用电脑看电视?

[方法一] 使用电视盒。目前流行的是 USB 电视盒。USB 电视盒几乎无需安装,插上 USB 接口,安装一些必要的软件即可使用。用电视盒看电视最大的好处是通常都不用打开电脑主机,只开显示器就可以,而且不影响使用电脑做其他工作。

[方法二] 使用电视卡。目前流行的多是 PCI 电视卡。电视卡的好处是功能强大,缺点是安装要复杂一些,占用资源也较多。第一步:打开主机箱,将电视卡插入空闲的 PCI 插槽。第二步:开机启动系统,Windows 会提示找到多媒体硬件设备。第三步:由于大多数电视卡驱动程序都采用了更加方便的 Setup 安装形式,而不是 INF 驱动检索,因此可以强行取消 Windows 的安装向导,进入桌面。第四步:打开光驱放入驱动光盘,执行安装程序,这一步几乎无需人工干预,使用默认值一路单击“Next”即可,经过一次重新启动,应该就可以将电视卡的驱动和应用软件安装完成。第五步:PCI 电视卡的背面挡板一般都有 RF 接口、AV 输入接口、“S—Video”输入接口、音频输出接口和遥控器接口等。第六步:对于电视接收,我们要把有线电视的同轴电缆接入电视卡的“RF”接口,如果家中唯一的接头已被电视机占用的话,可以使用分频器。第七步:由于同轴电缆已经包含了音频信息,而电视卡的声音输出功率太小,因此必须通过一个 3.5mm 双接头连线将电视卡上的 AudioOut 与声卡的 Line in 相连,需要注意的是,此线不要错插在声卡的麦克风接口。第八步:对于部分高档的电视卡,我们可能还要接上遥控器感应头,并用延长线将接收头固定在易于接受遥控器信号的地方。第九步:如果使用的是不具备电视接收功能的 PCI 视频卡,那么就需要与录像机等设备配合才能在电脑上收看电视。利用录像机的高频头接收 CATV,然后通过视频输出与视频卡的 Video in 相连,将音频输出与声卡的“Line”口相连,这样我们同样可以方便地收看电视,惟一的缺点就是看电视时录像机必须

打开。事实上，由于大多数录像机都采用了高档高频头并具有反交错能力，因此这种方案的接收效果往往更好，而且利用录像机的遥控器我们也可以远程操作。

550. 怎样用电脑录制电视节目？

[方法一] 使用电视卡自带录制软件。一般PCI电视卡都具有录像功能，有的还具有定时录像等多种功能，只要按照有关说明操作就可以了。只是在选择“录像格式”时，一般应选择“MPEG—1最佳画质”，如果机器配置CPU主频在500MHz以下，应选择“MPEG－1一般画质模式”，这样至少可以保证录制的流畅度。至于MPEG—2以及DVD格式，一般不要使用，因为普通电视画面输出质量大约只有250线，还不到MPEG—1的水准，选择MPEG—2没有任何意义，只会加重机器负担。

[方法二] 使用专门的录制软件。并非所有的电视卡都拥有出色的录制软件，许多产品需要依靠别的软件才能更好地录制电视节目。这里介绍使用Real公司推出的RealProducer Plus将电视节目录制成网上流行的RM格式。第一步：启动浏览器，在地址栏输入“http://www.onlinedown.net/realproducer.htm”后回车，下载安装最新版的RealProducer Plus。第二步：启动RealProducer，自动出现视频捕捉向导，选择“从多媒体设备录制”。第三步：一路单击“Next”之后，向导最后要求你确认画面质量和音质。一般选择256K画质加“语音和背景音乐”的音频就足够了。第四步：完成设置之后，就可以看到电视画面。单击“开始”，即可捕捉电视节目，RealProducer会实时地将捕捉效果显示在右边的窗口。

551. 主流视频格式有哪些？

(1)MPEG。MPEG包括了MPEG－1、MPEG—2和MPEG—4在内的多种视频格式。MPEG－1目前被广泛地应用在VCD的制作和一些视频片段下载的网络应用上，可以说99%的VCD都是用MPEG—1格式压缩的；MPEG－2则是主要应用于DVD的制作，同时也应用于一些高清晰度电视和一些要求标准高的视频编辑上；MPEG—4是一种新的压缩算法，使用这种算法可以把一部120分钟长的电影压缩成300MB左右的视频流，供在网上观看。MPEG的平均压缩比为50:1，最高可达200:1，压缩效率非常高。

(2)AVI。AVI有一个专业的名字，叫做音频视频交错格式，它是由Microsoft公司开发的一种数字音频与视频文件格式，它允许视频和音频交错在一起同步播放，但AVI文件没有限定压缩标准，由此也造成了AVI文件格式不具有兼容性，用不同压缩标准生成的AVI文件必须使用相应的解压缩算法才能将它解压播放出来。它具有调用方便、图像质量好等优点，但是它的单个文件体积过于庞大。

(3)MOV。MOV是苹果公司创立的一种视频格式，它是图像及视频处理软件QuickTime所支持的格式，在很长的一段时间里，它都只是在苹果公司的MAC机上存在，随着个人多媒体电脑近几年的飞速普及，苹果公司不失时机地推出了QuickTime的Windows版本。QuickTime能够通过Internet提供实时的数字化信息流、工作流与文件回放功能，它还为多种流行的浏览器软件提供了相应的QuickTime Viewer插件，能够在浏览器中实现多媒体数据的实时回放。该插件的“快速启动”功能，可以令用户几乎在发出请求的同时，便收看到第一帧视频画面，而且该插件可以在视频数据下载的同时播放视频图像。

(4)ASF。ASF是微软公司推出的高级流媒体格式，也是一个在Internet上实时传播多媒体的技术标准。它的主要优点包括:本地或网络回放、可扩充的媒体类型、部件下载、以及扩展性等。由于它使用了 MPEG—4 的压缩算法,所以压缩率和图像的质量都很不错。它应用的主要部件是 NetShow 服务器和 NetShow 播放器。有独立的编码器将媒体信息编译成 ASF 流,然后发送到 NetShow 服务器,再由 NetShow 服务器将 ASF 流发送给网络上的所有 NetShow 播放器,从而实现单路广播或多路广播。

(5)RM。RM 格式是 Real Networks 公司开发的一种新型流式视频文件格式,又称 Real Media,是目前 Internet 上最流行的跨平台的客户/服务器结构多媒体应用标准,其采用音频/视频流和同步回放技术实现了网上全带宽的多媒体回放。在 Real Media 规范中主要包括三类文件:Real Audio、Real Video 和 Real Flash。Real Audio 用来传输接近 CD 音质的音频数据,Real Video 用来传输连续视频数据,而 Real Flash 则是 Real Networks 公司与 Macromedia 公司合作推出的一种高压缩比的动画格式。而 Real Player 就是在网上收听收看这些实时音频、视频和动画的最佳工具。只要用户的线路允许,使用 Real Player 可以不必下载完音频/视频内容就能实现网络在线播放,使用它更容易上网查找和收听、收看各种广播、电视。

(6)WMV。Microsoft 公司独立编码方式的在 Internet 上实时传播多媒体的技术标准,希望用其取代 QuickTime 以及 WAV、AVI 之类的技术标准。WMV 的主要优点包括:本地或网络回放、可扩充的媒体类型、部件下载、可伸缩的媒体类型、流的优先级化、多语言支持、环境独立性、丰富的流间关系以及扩展性等。

(7)DIVX。DIVX 视频编码技术是由 Microsoft MPEG—4v3 修改而来,使用 MPEG—4 压缩算法。同时它也可以说是为了打破 ASF 的种种协定而发展出来的。

(8)nAVI。nAVI 是 new AVI 的缩写,是一个名为 Shadow Realm 的地下组织发展起来的一种新视频格式。它是由 Microsoft ASF 压缩算法修改而来的,改善了原始 ASF 格式的一些不足,让 nAVI 可以拥有更高的帧率。

552. 怎样使用电脑播放 VCD?

VCD 不像 CD,仅仅使用光驱就可以播放。在电脑上播放 VCD 必须使用相应的播放软件。一是使用 Windows 集成的媒体播放机。最早的能够播放 VCD 的媒体播放机集成在 Windows 98 中,界面简单,功能一般,效果不好。最新的媒体播放机是集成在 Windows XP 中的"Windows Media Player 8.0",这是 Windows 媒体播放机的最新版本,界面豪华,功能强大,效果很好。二是使用《超级解霸》、《东方影都》等专业播放软件。特别是《超级解霸》,是一款符合中国大陆实际情况的很好的 VCD 播放软件,其中最值得称道的是超强的读盘能力,一般读不了的"烂盘"它都能读。三是使用网上下载的免费软件。这些软件大都是业余爱好者做出来的,功能比较单一或在某一方面有特色,免费使用是它们吸引人的地方。无论使用什么软件播放,通常都有自动播放功能,即将光盘放入光驱,关上光驱仓门后,播放软件就会自动运行,开始播放 VCD。然后使用播放软件面板上大体都类似的"前进"、"后退"、"停止"等按钮操作即可。但是,如果机器中安装了两个以上播放软件,只允许其中的一个使用自动播放功能,其余的都要把自动播放功能关闭,否则,放入光盘后它们会"打架",造成冲突甚至死机,无法正常播放 VCD。

553. 怎样使用电脑播放 DVD?

DVD 为我们带来了更清晰的画面和更动听的声音,越来越多的家庭在配置电脑的时候都选择了DVD光驱。在电脑上看DVD和专用的DVD机有些差别，要想获得和DVD机一样流畅的视听效果，除了具备必要的硬、软件外，还需要了解一些DVD的知识和播放技巧。

第一步：新买的DVD光驱在播放DVD前一般要选择一个合适的区码，在桌面上右键单击“我的电脑”，在弹出菜单中单击选中“属性”→“设备管理器”；在设备管理器中右键单击“DVD—ROM”，在弹出菜单中单击选中“属性”，在“Region”选项卡里可以看到DVD光驱的区码设置情况，国内用户一般应选择China，单击确定后，在“Current Region”中可以看到区码被设置在了第6区。如果找不到“Region”选项卡也不要紧，DVD光驱通常会自动设置在第6区。

第二步：由于不同显卡的画质还原能力不同，不同显卡显示的实际效果也不同，我们可以借助软件达到更好的播放效果。在豪杰超级DVD中，可以在视频菜单中选择“消除毛刺处理”选项，使DVD的画面边缘更加平滑，使整个画面显得更柔和。在“设置”菜单中还有一项视频质量调整功能，如果你的硬件配置较高，可以设置成最高质量。而在控制菜单的“其它设置”选项里，可以打开DirectCDROM中的“允许DirectCDROM直接读取”和“允许轨道预读取”这两个选项，这样可以大大提高DVD的播放速度，如果你用的是P4处理器或者是具有SSE指令加速的处理器，那么还可以打开“使用P4SSE技术加速”。

第三步：其它DVD播放软件比如WinDVD，在属性设置显示面板里，可以开启“高质量”画质和“硬件运动补偿”提高画面效果和播放速度。

第四步：常见的DVD影片有普通的4:3模式和16:9的宽银幕模式，在播放时我们必须正确选择才能看到正确的画面效果。如16:9模式的影片，如果播放软件没有识别出画面比例，我们看到的画面就像被挤扁了一样。遇到这种情况就要手动调节画面比例，在豪杰超级DVD中，可以在播放窗口右键单击，选择菜单中“画面比例”为16:9，并把下面的锁定画面比例选上即可。

第五步：DVD影片最多可以录制32种不同的电影对白和卡拉OK字幕及8种不同音频流，实现8种不同的语言配音。这样就算是不懂英文，也不用担心看不懂。以豪杰超级DVD为例，要调整不同的影片配音，可以在播放窗口右键单击，选择配音选项，在配音列表里选择一种配音方式。

第六步：切换配音虽然可以让我们理解影片的意思，但是就不能欣赏到原汁原味的原版效果了，而字幕恰恰弥补了这个不足。在欣赏原版影片的时候打上中文字幕，不仅不影响原版效果而且还可以学习外语。以豪杰超级DVD为例，打开视频菜单，选择“主字幕”选项，在字幕列表里选择“中文”，这样就添加了中文字幕，我们在选项里可以看到这部DVD有多种字幕，所以我们还可以通过添加字幕选项，加载多字幕。单击“添加字幕”选项选择“英语”，这样在DVD播放时，将同时显示英语和中文双字幕，当然我们还可以再增加其它语言字幕，不过屏幕上就有点儿乱了，我们可以将鼠标移动到字幕上，此时鼠标会呈手状，拖动字幕可以重新排列字幕的位置以达到最佳的效果。另外有时候字幕的颜色和影片本身的颜色相近时，字幕就会看不清楚。此时可以在字幕上单击鼠标右键，选择“选项”，弹出选择色彩对话框，即可改变字幕的颜色。

第七步：DVD影片逼真的音效是它的一大特点，要想在播放影片的同时聆听到身临其境的效果，硬件上除了要有多声道声卡和音箱外，根据自己的配置选择和设置DVD播放时的声音输出模式也很重要。

第八步:观察一部 DVD 影片采用何种音频编码一般可以查看它包装上的说明,另一种方法是观察 DVD 开始播放前的内部设置菜单,大部分 DVD 影片在开始播放前都会出现一个内部控制菜单,可以简单设置 DVD 的字幕、配音、选择声道等功能,从这个菜单中我们可以看出 DVD 支持哪些音频系统,然后选择其中一种就可以用对应的模式输出 DVD 音频了。

第九步:虽然杜比 AC3 和 DTS 需要 5.1 声道声卡音箱的支持,但是普通的 2.1 音箱用户也可以通过模拟方式体验杜比环绕效果。有的 DVD 影片提供了 2 声道的模拟杜比环绕模式,不过就算 DVD 影片不支持这种模式,我们还是可以通过播放软件来实现的。

第十步:以豪杰超级 DVD 为例,单击设置菜单中的"环绕声控制"选项,在环绕声控制面板中,对于有单独的低音炮的朋友,我们可以单击打开"允许独立的(1)低音通道模式",然后在声道列表里选择一种模式,比如 2 个喇叭的可以选择 2.1 声道。在音箱软接线控面板里,程序根据你前面选择的音箱系统列出了音箱的接线模式,我们可以通过移动下边的 2 个空插座图标来更改接线模式,比如让左右音箱的音频输出互换、可以将左边的音箱接线拖到右音箱上放开,这样两个音箱输出的内容就颠倒过来了,用这个功能我们可以在配置多声道音箱时不用来回拔插音箱接线,而直接用这个软接线来控制音箱的输出内容了。

第十一步:对于拥有数字输出声卡和 5.1 声道的家庭,可以通过开启 SPDIF 输出获得更加出色的音频效果,在豪杰超级 DVD 中可以单击音频菜单中的"启用 SP/DIF 数码音频输出",WinDVD 和 PowerDVD 中也有相关的选项。注意启用 SPDIF 模式后,声卡将以数字输出方式输出 DVD 音频,以 SBLive! 5.1 声卡为例,除了要接好音箱连线外,在 SBLive! 5.1 声卡 AudioHQ 的 Speaker 设置窗口里我们还要打开"Digital Output Only"这个选项,并单击"Test"按钮测试声音是否正常。

554. 在用《豪杰超级 DVDIII》播放 DVD 时怎样修改字幕?

第一步:在 DVD—ROM 中放入 DVD 光盘,一般系统会自动启动《豪杰超级 DVDIII》播放 DVD;否则,移动鼠标到任务栏,单击"开始"→"程序"→"豪杰超级解霸"→"豪杰超级 DVDIII",打开播放窗口,单击播放按钮,开始播放。第二步:在播放 DVD 的窗口中,双击字幕就会出现"修改 DVD 独立字幕色彩"的提示。第三步:单击上面的小方框,会出现各种颜色供选择,也可以为字体加上边框。第四步:选定之后,单击"确定"。这样,DVD 字幕就变成了自己喜欢的颜色。但是,盗版的 DVD 光盘不具有这项功能。

555. 怎样使用《超级解霸》剪切 VCD、DVD 片断?

可能人人都遇到过这种情况:在观看电影时,对一些情节、画面,乃至音乐印象深刻,念念不忘。现在好了,只要你的电脑中有《超级解霸》,就可以将喜欢的 VCD、DVD 片断,乃至整部影片剪切下来,保存在电脑硬盘中,随时观看。

第一步:打开电脑,在光驱或 DVD—ROM 中放入 VCD 或 DVD 光盘,一般系统会自动播放;或者移动鼠标到任务栏,单击"开始"→"程序"→"豪杰超级解霸"→"超级解霸",打开播放窗口,单击播放按钮,开始播放。第二步:播放到自己喜欢或想要保存的片断,记住片断的开始时间和结束时间。第三步:单击播放按钮旁边的"停止"按钮停止播放。第四步:移动鼠标到工具栏,单击"循环/选择录取区域"按钮。第五步:拖动时间进度标尺上的游标向后到片断的开始时间放开,然后移动鼠标到工具栏,单击"选择开始点"按钮。第六步:拖动时间进度标尺上的游标向前到片断的结束时间放开，然后移动鼠标到工具栏，单击“选择结束点”按钮。第七步：移动鼠标到工具栏，单击小摄像机状的“录像”按钮。第八步：在打开的对话框中选择片断文件的保存位置，并将保存文件类型设定为 MPG，如设为 MPV 则无声音。第九步：选定后单击“保存”。如果要将整张 VCD 或 DVD 保存到硬盘中，可在“第四步”和“第五步”中选择光盘开头和结尾为开始点和结束点。DVD 的个头大得吓人，要留意硬盘空间有没有足够的容量。

556．怎样使用《超级解霸》合并 VCD、DVD 片断？

把从不同电影中剪切下来的片断合并到一起，也是一件很有意思的事情。第一步：打开电脑，移动鼠标到任务栏，单击“开始”→“程序”→“豪杰超级解霸”→“实用工具集”→“常用工具”→“MPEG 文件合并”。第二步：在打开的程序界面上，移动鼠标到菜单栏，单击“文件”→“添加文件”，或者直接在工具栏上单击“添加文件”按钮。第三步：在打开的对话框中找到片断文件的保存位置，确定好顺序后，逐一单击添加进来。第四步：单击输出文件右端的“另存为”按钮，在出现的对话框中为合并后的文件选择一个保存位置。如果省略这一步，合并后的文件将保存在默认的《超级解霸》根目录下一个叫作“Output. mpg”的文件夹中。第五步：移动鼠标到工具栏，单击“开始合成”按钮，右侧出现进度条，合并文件的速度要看机器的配置。第六步：在工具栏上还有“停止合成”、“删除被选”、“全部删除”等按钮，可以根据需要使用。第七步：合并结束后，退出程序，找到合并后的文件双击；或启动《超级解霸》播放程序，移动鼠标到菜单栏，单击“文件”→“打开单个文件”，找到并打开合并后的文件，就可以播放欣赏自己的作品了。

557．怎样使用《超级解霸》演唱卡拉 OK？

第一步：准备必要的硬件，如话筒、声卡、音箱等，最好在电脑与音箱间接上一个功放，以提高音质和效果。第二步：连接好硬件设备，在光驱中插入卡拉 OK 光盘，关上光驱仓门后，《超级解霸》通常会自动运行，开始播放。第三步：如果未能自动播放，移动鼠标到任务栏，单击“开始”→“程序”→“豪杰超级解霸”→“超级解霸”，打开播放窗口，单击播放按钮，开始播放。第四步：移动鼠标到菜单栏，单击“音频”→“话筒声音输入”，使“话筒声音输入”选项前面打上对号(√)。第五步：接着在“音频”菜单中，移动鼠标到上边，在“卡拉 OK 音乐在左声道”和“卡拉 OK 在右声道”中根据实际情况选择一个，打上对号(√)。第六步：仍然在“音频”菜单中，单击“设置频率均衡器”，拖动游标，小心设置，直到满意为止。第七步：移动鼠标到面板上，拖动游标调整好“音量”和“混音”，设置好画面显示效果，就可以看着字幕。对着话筒演唱了。第八步：演唱结束，单击面板左上角的“关闭(×)”，退出播放程序。

558．主流图像压缩格式有哪些？

(一)BMP 格式。BMP 格式是 Windows 的标准位图图形格式。文件几乎不压缩，占用磁盘空间较大，它的颜色存储格式有 1 位、4 位、8 位及 24 位。开发 Windows 环境下的软件时，BMP 格式是最不容易出问题的格式，并且 DOS 与 Windows 环境下的图像处理软件都支持该格式，因此，该格式是当今应用比较广泛的一种格式。但缺点是该格式文件比较大，所以只能应用在单机上，不受网络欢迎。

(二)JPEG 格式。JPEG 格式可以用不同的压缩比例对图像文件压缩，压缩技术十分先进，对图像质量影响不大，因此可以用最少的磁盘空间得到较好的图像质量。由于它优异的性能，所以应用非常广泛，而在 Internet 上，它更是主流图形格式。它能把一幅 1MB 的 BMP 图像压缩到 120KB 大小，并且基本看不出差别。它提供 2:1—40:1 的压缩比，是最受欢迎的图像格式。

（三）GIF 格式。GIF 格式近两年随网络的兴起成了无人不晓的网络图形标准之一。这种格式由于 8 位存储格式的限制，使其不能存储超过 256 色的图像。虽然如此，该图形格式却在 Internet 上被广泛地应用，原因主要有两个：一是 256 种颜色已经能满足 Internet 上的主页图形需要。二是该格式生成的文件比较小，适合像 Internet 这样的网络环境传输和使用。

（四）TIFF 格式。TIFF 格式具有图形格式复杂、存储信息多的特点。该格式现在的版本支持高分辨率颜色，它把一幅图像的不同部分分成块状，或者说是分成不同的数据块。对于每个块状部分，都保存一个标志，该标志中保存了图像的预览信息。块状的优点是支持 TIFF 格式软件包，只需要保存当前显示在屏幕上的那部分图像。没有在屏幕上显示的图像部分还保存在硬盘上，等到需要时才装入内存。当编辑一幅非常大的高分辨率图像时，这一特性就显得很重要。

（五）PNG 格式。PNG 是一种新兴的网络图形格式，结合了 GIF 和 JPEG 的优点，具有存储形式丰富的特点。PNG 最大色深为 48bit，采用无损压缩方案存储。

（六）PCX 格式。PCX 存储格式从 1 位到 24 位，它是经过压缩的格式，占用磁盘空间较少。由于该格式出现的时间较长，并且具有压缩及全彩色的能力，所以 PCX 格式现在仍是十分流行的格式。

（七）PSD 格式（Photoshop 格式）。Adobe 公司开发的图像处理软件 Photoshop 中自建的标准文件格式就是 PSD 格式，在该软件所支持的各种格式中，其存取速度比其它格式快很多，功能也很强大。由于 Photoshop 软件越来越广泛的应用，所以这个格式也逐步流行起来。PSD 格式是 Photoshop 的专用格式，里面可以存放图层、通道、遮罩等多种设计草稿，以便于下次打开文件可以修改上一次的设计。

（八）SVG 格式。它是一种开放标准的矢量图形语言，可让你设计激动人心的、高分辨率的 Web 图形页面，它为软件提供了制作复杂元素的工具，如渐变、嵌入字体、透明效果、动画和滤镜效果，并且可使用平常的字体命令插入到 HTML 编码中。SVG 被开发的目的是为 Web 提供非栅格的图像标准。SVG 是一个开放的标准，SVG 不属于任何公司，它是工业界同心合作的产物。SVG 标准对任何想使用它的公司或个人都是开放的，已经有很多公司的软件支持 SVG 的创建、编辑和浏览。

559. 什么是图像分辨率？

图像分辨率是指单位图像线性尺寸中所包含的像素数目，通常以像素/英寸（ppi）为计量单位。对于打印尺寸相同的两幅图像而言，高分辨率的图像比低分辨率的图像所包含的像素多。例如：打印尺寸为 1 平方英寸的图像，如果分辨率为 72ppi，包含的像素数目为 5184（72×72＝5184）。要确定使用怎样的图像分辨率，应考虑图像最终发布的媒介。简单地说就是用途，如果用于计算机屏幕显示，分辨率只需满足显示器分辨率（72ppi 或 96ppi）即可。如果图像要用于打印输出，那么必须使用高分辨率（150ppi 或 300ppi），低分辨率的图像在打印输出时会出现明显的颗粒和锯齿边缘。需要的时候，我们可以通过 Photoshop 或者专门的小工具修改分辨率，但如果原始图像的分辨率较低，由于原始像素的数目是不能改变的，简单地提高图像分辨率是不会提高图像品质的。

560. 怎样安装数码相机?

一般都可以在 Windows 的“硬件安装向导”指引下完成安装。在 Windows XP 中:第一步:按照相机说明书连接相机和电脑。第二步:开机启动电脑,在桌面上移动鼠标到任务栏,单击“开始”→“设置”→“控制面板”,双击“扫描仪和照相机”图标。第三步:在“扫描仪和照相机属性”窗口,单击“添加”,进入“扫描仪和照相机安装向导”对话框,单击“下一步”。第四步:在列表框中,从“制造商”和“型号”列表中选中要安装的数字相机的生产厂商和型号,单击“下一步”。第五步:接下来系统提示输入设备和系统的连接端口,例如可以选择“COM1”,单击“下一步”。第六步:在输入设备名称对话框中,可以采用默认名称,单击“下一步”。第七步:系统提示安装完成,单击“完成”按钮,系统开始自动装载安装设备所使用的文件。第八步:回到“扫描仪和照相机属性”窗口,应该看到设备已经安装成功,可以单击“属性”按钮对相机作进一步设置。

561. 数码照片怎样进入电脑?

第一步:连接数码相机和电脑。有 USB 接口的数码相机与计算机连接非常简单,只须用数码相机附带的 USB 线将相机与计算机连好,再装上驱动程序即可。对于没有 USB 接口的数码相机,则需另外购买带有 USB 接口的存储卡读卡器。一些早期的数码相机没有配备 USB 接口,机身上只有串行接口。这时,就必须借助 USB 接口的读卡器。否则,速度会非常慢。第二步:下载数码照片。将数码相机或读卡器通过 USB 接口连接到计算机并将驱动程序装到电脑中,这些操作完成以后,会发现电脑已经能够自动识别出数码相机,并且在“我的电脑”中多出一个可移动磁盘(无论是数码相机还是读卡器在电脑里都表现为可移动磁盘)。第三步:如果要把存储卡上面的照片完全移入电脑而存储卡上面不保存的话,就可以移动鼠标到相机或存储卡上选中全部照片,右键单击选择“剪切”,然后在硬盘中选择目录进行“粘贴”即可。第四步:如果还想将照片继续保留在相机或存储卡上的话,则可以在选中全部照片后使用“复制”→“粘贴”命令。在整个操作过程中,一定要保持数码相机始终处于开机状态。

562. 如何使用 Windows 抓图?

[方法一] 抓取全屏幕图像的方法很简单,按下键盘上的 PrintScreen 键即可。可是抓取的图形在哪里呢?在 Windows 98 中,在桌面上移动鼠标到任务栏,单击“开始”→“程序”→“附件”→“系统工具”→“剪贴板查看程序”。启动之后便会看见所抓取的图形内容,你可以单击“文件”菜单下的“另存为”命令将它保存为“剪贴板文件 .clp”,不过这种格式的文件并不方便其它程序调用。

[方法二] 要在其他程序(如 Word、画图等)中调用所抓取的图像,可以在调用程序窗口中直接执行“粘贴”命令。如果要写篇介绍某个软件的文章,可能会用到该软件的界面图,如果不借助于专门的抓图工具,那么就必须首先将该软件窗口调至最前面使之成为活动窗口(活动窗口的标题栏应该是蓝色的,而且某一时刻只有一个窗口是活动窗口),然后按下组合键“Alt+PrintScreen”,再通过“剪贴板查看程序”去查看、调用截图。

563. 怎样从网上抓图?

［方法一］ 右键单击保存图片。第一步:浏览时看到中意的图片右键单击。第二步:从弹出菜单中单击选中“图片另存为”。第三步:选择保存位置,单击“保存”,将图片保存到自己的电脑中。

［方法二］ 保存整个网页。第一步:浏览时看到网页上有中意的图片,移动鼠标到菜单栏,单击“文件”→“另存为”。第二步:在弹出对话框中,选择保存的类型为“Web 页,全部”。第三步:单击“保存”,这样会自动在硬盘的指定位置建立一个和保存网页用的文件名相同,扩展名为“files”的文件夹。第四步:找到保存网页的文件夹,就会看到扩展名为 GIF 或 JPG 的文件,这些就是网页上的图片。

［方法三］ 使用下载工具。如“网络蚂蚁”。第一步:浏览时看到中意的图片右键单击。第二步:从弹出菜单中单击选中“Download All By Netants”。第三步:在对话框中勾选扩展名为 JPG/GIF 的文件。第四步:单击“确定”,“蚂蚁”就会忠实地把它们下载下来。

［方法四］ 使用专门的网页抓图工具“Snagit”。第一步:启动 Snagit,单击主界面上的“Web Capture”,然后单击“Output”菜单下的“Properties”设置保存图像的路径。第二步:单击“Filters”菜单下的“Properties”,在对话框的“Web Page Link Search”中设置搜索深度等参数,可以将全部参数都选中,同时,可以在“File Size”下的“Minimun”和“Maximum”后输入要下载的文件尺寸范围,这样在这个范围之外的图片就不被下载。如广告图片等。第三步:通过代理服务器上网的用户还要用“Options”菜单下的“Web Preferences”设置“Use Http Proxy”。第四步:在“Enter Snagit Web Capture Address”对话框中输入图片所在网站地址,连接互联网,单击“OK”后便开始搜索图片下载。

［方法五］ 使用专门的网页抓图工具“超级屏捕”。第一步:浏览时看到中意的图片右键单击。第二步:从快捷菜单中单击选中“Capture all Images By Super Capture”(将网页内的所有的图片捕捉下来)。第三步:可以不事先启动“超级屏捕”,只须这样单击选中一次,该网页内的图片很快就会被抓下来。第四步:也可以选择“Capture image by Super Capture”(抓取当前图像)命令;或者在要捕捉的网页图片上按下左键不松手,拖动鼠标指针到“超级屏捕”的窗口后放开左键。

564. 怎样从网上寻找图片?

［方法一］ 使用专业的图片站点搜索,如“http://cn.gograph.com”。第一步:启动浏览器,在地址栏输入“http://cn.gograph.com”后回车,进入图像词典网站。第二步:在查询框中用简体中文输入关键词。可以输入多个关键词,每个关键词之间用空格隔开。第三步:选择“和”或“或者”。如果选择“和”,查询结果将显示只含有输入的所有关键词的图像;如果选择“或者”,查询结果将显示含有输入的关键词的所有图像。第四步:选择一个类别。如果选空,查询将在所有类别中进行。第五步:单击“开始”按钮即开始在站点的数据库中查询。第五步:找到所需要的图片后,右键单击,即可直接保存该图片。

［方法二］ 使用google 的图像搜索功能。第一步:启动浏览器,在地址栏输入“http://images.google.com/intl/zh-CN”后回车,进入 google 网站。第二步:打开 google 的图像搜索页面,单击进入“高级图像搜索”,在这里可以进行分类筛选搜索图片。第三步:定义查询网页,这样可以尽量缩小查询的范围,增加精确度。比如要搜索一张关于雪景的图片,即可键入:雪。第

四步：指定大小，其中是这样分类的：任何尺寸、缩小图示、小型、中型、大型、特大型、桌面型。第五步：指定图像类型：网页浏览器支持的一般是 JPG 和 GIF 两种格式。你可以按照你的需要分类寻找，比如你想找个背景透明的图片，那么可以选择 GIF 格式。第六步：指定下列色调：黑白影像，灰阶影像，全彩影像。第七步：指定网域，就是指定一个站点。比如，你可以只搜索在 http://www.sina.com 内的关于雪的图片。第八步：输入完成后单击"google 搜索"按钮。第九步：在新打开的网页中就可以看到大量关于雪的图片资源。选中一幅单击进入，在弹出的页面中可以看到该图的详细信息，例如该图所在的网站。图片的下部有个"查看原始图像"项，单击该项后，会弹出一个单独的页面显示原始大小的图片。第十步：如果需要保存，右键单击图片，在弹出的快捷菜单中选中"图片另存为"，再选择一个合适的保存目录，单击"保存"即可。

565. 怎样使用扫描仪扫描照片？

第一步：安装、测试扫描仪。第二步：把要扫描的图片正面向下放在扫描仪中，盖好扫描仪上盖。第三步：启动 Photoshop 或者别的图像处理软件，一般在购买扫描仪时都会附送。第四步：移动鼠标到菜单栏，单击"文件"→"输入"→"Microtek Scanwizard（扫描仪）"，启动扫描仪向导。第四步：在"预览设置"窗口，单击"显示"→"显示扫描设置窗口"命令，打开"未命名任务1"对话框。第五步：在对话框中设置扫描属性，诸如分辨率、扫描比例等。第六步：扫描属性设置好后，单击"预览设置"窗口中的"预览"按钮，开始快速预扫描，根据预扫描还可以对扫描参数重新设置。第七步：单击"扫描"即可，扫描完成后系统会自动把图片传送到 Photoshop 中，方便处理。

566. 怎样浏览电脑中的图片？

［方法一］ 使用 Windows XP。第一步：启动 Windows XP，打开存有图片的文件夹。第二步：在缩略图方式下，含有图片的文件夹会自动显示前几张图片，图形文件在缩略图模式下会显示自身内容。第三步：双击图片会启动"图片和传真查看器"浏览图片，"＋"、"－"为放缩图片，翻页键为前后切换，按下"F11"键还能实现幻灯播放。

［方法二］ 使用 ACDSee。第一步：双击桌面图标启动 ACDSee，在左边窗口中选择 Folders（文件夹），然后选择需要显示的图像文件所在文件夹，程序会在右边的文件列表窗口中以不同的颜色显示不同的图像文件列表。第二步：用鼠标双击需要显示的图像文件，可以切换到图像显示窗口。第三步：在图像显示窗口中，使用按钮栏中的箭头状按钮可显示当前文件的前一个或后一个图像，使用 Slide Show 功能可实现图像的自动连续显示。使用"－"、"＋"按钮可缩放图像。如果需要在全屏幕状态下显示图像，可在显示窗口中单击鼠标右键，选择"Full Screen"命令即可。如果你选择的文件是音频文件或视频文件，预览窗口中会给出一个简单的播放控制按钮条，单击播放按钮，程序会自动播放该文件。

［方法三］ 使用 IrfanView。第一步：双击桌面图标启动 IrfanView。第二步：使用键盘按"T"键，双击缩略图即可切换到查看窗口。IrfanView 就是由这两部分组成的，用"Tab"键可以在二者间切换，预览窗口的缩略图可以在 Options 菜单中调节大小。第三步：使用键盘"Backspace"和空格键可以实现前后翻页，"＋"、"－"可以放缩图片，按回车键可以在全屏和窗口两种状态间切换。第四步：在 View 菜单中有许多调节窗口和图片关系的选项，可以根据个人喜好设置。Options 菜单中还可对图片进行多种方式排序。第五步：如果要实现幻灯片式自

动播放，使用键盘“W”键或相应按钮即可调出设置窗口，选择好图片单击“Play”按钮就可以了。

567. 怎样把图片制成幻灯片？

［方法一］ 使用 PICturesToExe。第一步：先要把图片通过扫描或者别的途径存入计算机。第二步：启动 PhotoShop 或别的图像处理软件对图片进行统一处理，如统一显示大小等。在 PhotoShop 中，打开要处理的图片。第三步：单击“图像”→“图像大小”，在弹出的对话框中设置图片大小。如统一调整到 800×600dpi。第四步：如果一些图片颜色不好，还要进行色彩调整，这些处理都做好后，将图片保存到同一个文件目录中。第五步：可以用于制作幻灯片的软件很多，这里使用一个小软件 PICturesToExe。启动浏览器，在地址栏输入“http://202.106.185.70/software/download.php? id=4576”后回车，下载安装最新版的 PICturesToExe。第六步：启动 PICturesToExe，在左边的文件目录中找到存放图片文件的目录，全选文件目录中的图片。单击“添加”。第七步：选中一张图片，在下面的注释栏中可作一些文字说明。比如图片的来源、用途等。也可以在声音选项中加入某个声音文件，作为幻灯片的背景音乐。第八步：单击“自定义幻灯片”按钮。在弹出的对话框中勾选“使用个性设置”选项。在选项下面有“主要、注释、指定效果、音乐”四个选项控制面板，在第一个主要的控制面板中有图片间隔时间及背景颜色等设置。这里可根据自己的喜好进行设置，以此类推对后面的注释、指定效果等进行设置。第九步：设置完成后，单击最左边的“创建”按钮。在弹出的对话框中输入一个文件名，文件类型就选“.exe”文件类型，然后单击“确定”保存。第十步：单击制作好的图片文件名，图片就会像幻灯片那样自动播放。

［方法二］ 使用 ACDSee。第一步：双击桌面图标启动 ACDSee。第二步：先选中多个图像文件，单击“Tools”菜单里的“Slide Show”。第三步：在弹出的“Slide Show”对话框里选择“Slide Show with Transition”（用过渡效果进行幻灯演示），并单击“Configure”进行效果配置（共有29 种效果）。另外右边还有一个小预览窗口，我们选中一种效果时，能清楚地看到它的演示。选好后单击“OK”返回。第四步：选择“Play Audio clip”就可以给幻灯片配上音乐（需要 DirecX8.0 支持）。选择“Show text caption”并单击“Configure”可以为幻灯片设置文字说明：其中 Header”设置上部文字效果，“Footer”设置下部文字效果，“Color”设置文字颜色，“InsertFormatTag”设置格式标签，“Font”设置字体。第五步：所有设置都完成后，返回“Slide Show”对话框，单击“Start”开始播放，使用键盘按“Esc”键可终止播放。

568. 怎样利用电脑修饰照片？

一是使用 Photoshop 等专业的图像处理软件。这些软件通常都是商业软件，功能强大，但使用起来也比较复杂，一般需要专门学习。二是使用 Windows 自带的“映像”等图像处理小工具，但功能又太少，一般不能满足需要。三是使用互联网上的免费软件，只要登录任何一个较大的软件下载网站，都可以找到免费的图像处理软件。这些软件大都简单易用，有的功能强大，有的功能单一。知名度较高的有 IrfanView 等。只须取长补短、“知人善用”，一样可以利用这些软件做出一流的图片。

569. 怎样使用 Photoshop 处理图像?

第一步:在桌面上双击图标,或者移动鼠标到任务栏,单击"开始"→"程序"→"Photoshop",启动 Photoshop 图像处理软件。第二步:移动鼠标到菜单栏,单击"文件"→"打开",调出需要处理的图像。第三步:移动鼠标到菜单栏,单击"滤镜"→"杂色"→"去斑"。第四步:移动鼠标到菜单栏,单击"滤镜"→"锐化"→"USM 锐化",仔细调节窗口中的各项参数,注意不要将半径(Radius)值调得过大,这样图像将更为清晰。第五步:操作结束后保存修改,单击窗口右上角的"关闭"(×)按钮,退出程序。

570. 怎样使用 Photoshop 裁切图像?

第一步:启动 Photoshop 图像处理软件。第二步:移动鼠标到菜单栏,单击"文件"→"打开",调出需要处理的图像。第三步:单击选中 Photoshop 工具箱中的裁切工具。第四步:在工作区中移动鼠标从左上角至右下角划下,选择需要保留的区域。第五步:调整设置完毕双击裁切区域即可。第六步:操作结束后保存修改,退出程序。

571. 怎样使用 Photoshop 旋转图像?

第一步:启动 Photoshop 图像处理软件。第二步:调出需要处理的图像。第三步:单击选中"图像"→"画布旋转"命令,在它的下级选项中有多种角度可供选择,如选择 180°,图像即旋转 180 度。第四步:单击选中需要旋转的区域,使用键盘按下编辑\变换(Ctrl+T)下的自由旋转命令即可局部旋转,选取的调节方法与"第三步"相同。第五步:操作结束后保存修改,退出程序。

572. 怎样使用 Photoshop 调整画布大小?

第一步:启动 Photoshop 图像处理软件。第二步:调出需要处理的图像。第三步:如果要对图像区域进行扩展,单击选中"图像"→"画布大小"命令。第四步:在弹出对话框中,可以对画布的宽度和高度进行任意的放大缩小,扩展出的区域颜色以 Photoshop 背景颜色为底色。第五步:最下面有个定位项,那就是设置图像扩展的中心点,例如我们将中心点选择在左下角,那么扩展出来的图像即以左下角为基点向右上方扩展,换言之就是图像扩展出右上方。但在缩小画布时它会自动将图像四边尺寸以外的图像区域裁切掉。一般要缩小画布时还是使用裁切工具比较好,除非对图像尺寸拿得很准。第六步:操作结束后保存修改,退出程序。

573. 怎样使用 Photoshop 调整图像大小?

第一步:启动 Photoshop 图像处理软件。第二步:调出需要处理的图像。第三步:如果要对图像区域进行扩展,单击选中"图像"→"图像大小"命令。第四步:在弹出对话框中,可以对图像的宽度和高度进行任意的放大缩小。第五步:操作结束后保存修改,退出程序。

574. 怎样使用 Photoshop 曲线调整工具?

第一步:启动 Photoshop 图像处理软件。第二步:调出需要处理的图像。第三步:移动鼠标到菜单栏,单击"图像"→"调整"→"曲线"。第四步:这里有通道项、输入色阶、输出色阶、自动按钮等,在曲线命令对话框中,可以看到在未做任何操作的情况下,曲线左下角和右上角各有一个调节点，按住那个点自由地拖动。左下角的调节点向右平移可以增加图像暗部的对比度，图像将会变暗，右上角的调节点向左平移将增加图像亮度的对比度。如果将两个点作上下运动，效果相反。第五步：仅仅调整图像亮部和暗部的情况是不多的，大多时候我们都需要增加调节点，将鼠标移动到曲线上，点一下，便多了一个调节点，按住它别放，鼠标会呈“十”字移动状态，向左上拖，图像变亮了。如果觉得一个调节点不能达到预期的效果，可以再增加。第六步：要删除调节点只须按住它拖到曲线图框以外的地方就可以了，或者用鼠标单击，再使用键盘按“Delete”键。第七步：绘制曲线工具就是那个铅笔，主要用途是在黑白的图版转换成 RGB 或者 CMYK 图像模式以后上色用的，不过需要用到通道选项。可以随意在曲线图中用手绘画，很夸张的，不过效果不错。该工具同色阶基本是一样的，主要是调整明亮及对比度，同时对偏色亦有较强的处理功能。第八步：操作结束后保存修改，退出程序。

575. 怎样使用 Photoshop 路径工具？

第一步：启动 Photoshop 图像处理软件。第二步：调出需要处理的图像。第三步：用鼠标选择工具箱中的路径工具。路径是指点与点之间的连接（这样的点称之为锚点），最终通过路径封闭锚点将路径转化为选择区，用于精确地选择物体。第四步：锚点之间的连接可以是直线，称为直线路径。通过对锚点进行调节可以使连接根据需要使它们弯曲变化。例如新建一个文件，用路径工具在工作中的某个区域用鼠标点一下，至另一区域点下第二个锚点，同时按住“Shift”键可以进行垂直或者水平绘制。第五步：曲线路径。曲线路径绘制方法与直线的不同在于当用鼠标点下第二个锚点后按住鼠标左键不放，移动鼠标，路径变成了曲线，同时该锚点出现了弧度调节线，它们都随着鼠标的移动而变化。第六步：曲线路径的弧度调整。如果打算绘制直线路径，只须根据物体轮廓直接点鼠标就行了。但通常要求处理的大多是曲线。例如现在绘制曲线路径，当点下第二点至第三点间的路径弧度是弯曲的，这是因为曲线弧度是由第二个锚点的弧度决定的，跟上一段路径弧度相反，按住“Ctrl”键再用鼠标左键单击它可以调整该曲线弧度。正确步骤应是点下第二个锚点后再按住“Alt”键，鼠标点下该锚点，划出一端弧度调节线，下一个锚点的弧度将不会受到影响。除第一个锚点外，其它锚点依此类推。除此之外，还有一个方法就是按住“Ctrl”键再用鼠标点下该锚点，可以将锚点移动。这样就可以勾勒出精确、完美的路径了。第七步：将路径转化为选择区。路径转化为选择区必须是闭合的，因为使用路径工具多为选取某部分物体，在最终路径点选取后还应点向第一路径点。路径闭合后移动鼠标到菜单栏，单击“窗口”→“显示路径”，勾勒完成的路径会显示在该控制面板上，按下“Ctrl”键，再单击显示在该面板上的工作路径，选择区就转化完成了。

576. 怎样使用 Photoshop 自由变换工具？

第一步：启动 Photoshop 图像处理软件。第二步：调出需要处理的图像。第三步：使用“矩形选取”工具选中其中需要“自由变换”部分。第四步：移动鼠标到菜单栏，单击“编辑”→“自由变换”，或者使用键盘按下“Ctrl＋T”键，在出现的调节框上就可以进行任意操作。第五步：当鼠标移至四角调节点上，鼠标指示针会变成缩放的样子，按下“Shift”键便可按比例拉动。当鼠标不在调节点上时会变成旋转指示针，可用鼠标进行旋转。按住“Ctrl”键后再单击四角调节点可以改变物体的透视；按住“Ctrl”键用鼠标单击调节框四边中间的调节点可以使物体倾斜。第六步：操作结束后保存修改，退出程序。

577. 怎样使用 Photoshop 模拟镜头效果?

第一步:启动 Photoshop 图像处理软件。第二步:调出需要处理的图像。第三步:用路径工具将我们要表现的主体部分勾勒出来,并将它们转化为选择区。第四步:移动鼠标到菜单栏,单击"选择"→"反选",将照片主体部分以外的部分选中。第五步:移动鼠标到菜单栏,单击"滤镜"→"高斯模糊",立即弹出"高斯模糊"对话框,在"半径"中输入的数值大小就是模糊的程度,这里设为 1,模拟相机光圈比正常设定偏小所拍摄出来的特写效果。第六步:如果移动鼠标到菜单栏,单击"滤镜"→"动感模糊",即弹出"动感模糊"对话框。其中"角度"是指选取物体产生动感模糊的方向,"距离"就是模糊的大小了,可以将角度设为 0,保持水平动感模糊,将距离设为 40。第七步:操作结束后保存修改,退出程序。

578. 怎样使用 Photoshop 色彩平衡工具?

第一步:启动 Photoshop 图像处理软件。第二步:调出需要处理的图像。第三步:移动鼠标到菜单栏,单击"图像"→"调整"→"色彩平衡"。第四步:色阶栏上有 3 排 6 种颜色,只须分别拖动中间的滑块即可调节色阶值。第五步:在下面的色调平衡中,分别有暗调、中间调、高光。这个工具通常用来处理偏色。如色阶和色调改变后,色阶值增加为+100、+1000,色调平衡选高光,瞬间就是阳光灿烂。第六步:操作结束后保存修改,退出程序。

579. 怎样使用 Photoshop 亮度/对比度工具?

第一步:启动 Photoshop 图像处理软件。第二步:调出需要处理的图像。第三步:移动鼠标到菜单栏,单击"图像"→"调整"→"亮度/对比度"命令。第四步:拖动中间的滑块即可调节。第五步:操作结束后保存修改,退出程序。

580. 怎样使用 Photoshop 色相/饱和度工具?

第一步:启动 Photoshop 图像处理软件。第二步:调出需要处理的图像。第三步:移动鼠标到菜单栏,单击"图像"→"调整"→"色相/饱合度"命令,调出对话框。第四步:这个工具比较适合照片拍摄后色彩还原度不够的情况。通俗地说色相就是色彩种类,色彩饱和度可以理解为"让绿叶儿更绿"。滑块向右移动是增加,向左移动是减小。对话框的底端显示有两个颜色条,它们代表颜色在色轮上的位置。上面的颜色条显示调整前的颜色,下面的颜色条显示调整如何以全饱和的状态影响所有的色相。第五步:操作结束后保存修改,退出程序。

581. 怎样使用 Photoshop"克隆"?

第一步:启动 Photoshop 图像处理软件。第二步:调出需要处理的图像。第三步:移动鼠标到菜单栏,单击"窗口"→"显示选项",打开工具箱。第四步:移动鼠标到出现在工作区上部的工具箱,单击选取工具箱中的"图章"工具。第五步:克隆的原理是以图片中某区域为参照物进行复制。选中"图章"工具后还要根据复制对象在工具选项中找到合适的画笔大小。第六步:使用键盘按住"Alt"键,"图章"工具在工作区中开始有变化,如果此时按下鼠标即以此处为参照物,放开"Alt"键再在其它地方按下鼠标左键,参照物就被复制出来了。第七步:在参照物选定后复制时,按住鼠标左键移动可以快速复制大量的该参照物,但容易失真,因为整块都是多个同样的物体。所以还是在每复制一次后,重新选择参照物,虽然有点麻烦,但效果好得多。第八步:

操作结束后保存修改，退出程序。

582. 怎样使用 Photoshop“图像锐化”工具？

第一步：启动 Photoshop 图像处理软件。第二步：调出需要处理的图像。第三步：将需要锐化的部分用路径工具选取出来并转为选择区。第四步：移动鼠标到菜单栏，单击“滤镜”→“锐化”→“进一步锐化”。第五步：如果觉得效果还是不够明显，使用键盘按下“Ctrl＋R”键，可以再一次执行锐化命令。第六步：操作结束后保存修改，退出程序。

583. 怎样去除照片中人物的“红眼”？

在弱光下，由于人的瞳孔放大，光线进入视网膜后再反射回相机的镜头，这样就造成了“红眼”。目前几乎所有的数码相机都提供了防“红眼”功能。不过偶尔遇到了这样的相片，也不用懊悔，因为软件可以消除这种现象。采用 Photoshop 去除“红眼”相对麻烦，可以使用 Acdsee 4.0 或以上版本。第一步：在桌面上双击图标，或者移动鼠标到任务栏，单击“开始”→“程序”→“Acdsee”，打开 Acdsee。第二步：运行 Acdsee 中的 Foto Canvas 程序，它具有简单的图像处理功能，像裁剪、改变大小、调节对比度等。第三步：移动鼠标到菜单栏，单击“文件”→“打开”，调出需要处理的“红眼’照片。第四步：单击“Zoom In”将眼部放大。第五步：单击“RedEye”按钮，然后用鼠标圈选眼睛红色的部分，再选择颜色、调节“Amount”(颜色强度)，单击“APP LY”即可。第六步：操作结束后保存修改，退出程序。

584. 怎样使用 Photoshop 为人像“换背景”？

第一步：启动 Photoshop 图像处理软件。第二步：移动鼠标到菜单栏，单击“文件”→“打开”，调出需要处理的原始图和目标图图像。第三步：将原始图像中的人物仔细用“路径”工具勾勒并转化为选择区。第四步：使用键盘按下“Ctrl＋X”键将选择区中的人物剪切下来，再转至目标图图像中，按下“Ctrl＋V”键粘贴。第五步：仔细调整人物图像大小及颜色，颜色色相应接近背景图片，不要看上去与背景颜色有明显差异。第六步：操作结束后保存修改，退出程序。

585. 怎样使用 Photoshop 为人像“换头”？

第一步：启动 Photoshop 图像处理软件。第二步：调出需要处理的原始图和目标图图像，两图人物头像的比例、色调及形态表情要大致相同。一般都是从人物颈部以上换头，这样相对简单省事。第三步：将目标图的人物用“路径”工具选中并转化为选择区，再用“克隆”，以头像周围区域为复制对象，填充至选择区，完成“去头”工作。第四步：在原始图中同样需要使用“路径”工具将人物头像选中并转化为选择区。原始图要求仔细勾勒路径，不能留有原图底色。第五步：使用键盘按下“Ctrl＋X”将头像剪切，再转至目标图，按下“Ctrl＋V”，粘贴下来，按下“F7”键，快速调出图层控制面板，粘贴过来的人物头像已在自动建立的一个新图层中。第六步：如果粘贴过来的头像方向跟目标图身体相反。可以移动鼠标到菜单栏，单击“编辑”→“变换”→“水平翻转”即可。第七步：移动鼠标到菜单栏，单击“编辑”→“变换”→“缩放”，出现调节框，将鼠标移至角点，鼠标指针将变为缩放样式，拖动即可放大或缩小，或者按住“Shift”键按比例缩放。将鼠标移至调节框某边，鼠标会出现旋转样式，可以旋转物体。第八步：人物头像换过来以后其色彩情况肯定跟目标图有所不同，调节的方法必须根据具体情况而定，一般需要移动鼠标到菜单栏，单击“图像”→“调整”→“曲线”命令(Ctrl+M)，把对比度及亮度调高一些。第九步：使用键盘按下“Ctrl+Shift+E”合并“克隆”，选中“克隆”工具，在工具选项条中选一个小一点的笔头，细心修补颈部皮肤。第十步：使用“模糊”工具将头部及颈部衔接处模糊一下，跟周围区域融合得更密切一些，使得更逼真。第十一步：移动鼠标到菜单栏，单击“图像”→“调整”→“曲线”命令(Ctrl+M)，再将图像进行一下整体调整，即可天衣无缝。第十二步：操作结束后保存修改，退出程序。

586. 怎样使用 Photoshop 为人像“换脸”？

第一步：运行 Photoshop 图像处理软件。第二步：调出需要处理的原始图和目标图图像，两图脸部表情、角度相差不要太大，脸型最好一致。第三步：如果原图(图 A)人物的面部有头发垂下来，我们要更换的人物面部一旦粘贴上去会挡住头发，就应先将头发放到另一个图层：用“路径”工具将头发勾勒出来并转化为选择区；再使用键盘按下“Ctrl+X”键剪切，再按“Ctrl+V”粘贴下来，按下“F7”键，调出图层控制面板，图层中多了一个新层，即我们刚才粘贴下来的头发，单击该图层左边的“眼睛”图标，它隐藏表示该图层内容不可视。第四步：打开要更换面部的那张图片(图 B)，用“路径”工具将面部勾画出来并转化为选择区。使用键盘按下“Ctrl+C”，将选择的面部部分拷贝一下。第五步：转到“图 A”，先用“路径”工具将“图 A”中额头下部的人物面部勾勒并转化为选择区(注意额头高度应跟图 B 相似)。再按“Ctrl+Shift+V”，这表示将粘贴出来的物体放到选择区中，选择区以外的部分将不可见，在图层控制面板中会自动添加一个图层。第六步：仔细调整粘贴过来的人物面部大小、角度，将图层 1(第二步操作中剪切出的头发)拖放到图板控制面层的最上部，单击该层“眼睛”图标处，使其成为可视状态。第七步：如果粘贴过来的脸部显得太亮，可以用鼠标选中脸部所在图层，调暗一些。第八步：如果还是感觉有些生硬，使用键盘按住“Ctrl”键，再按下鼠标左键，单击粘贴过来的脸部所在图层，快速选中。第九步：移动鼠标到菜单栏，单击“选择”→“羽化”，输入数值 15 后，再移动鼠标到菜单栏，单击“选择”→“反选”，使用键盘连续按“Delete”键，直到粘贴过来的脸部边缘与原图产生较好的过渡效果。第十步：如果感觉脸部位置大小有误，额头部分跟脸部接合得不是很好等等，先使用键盘按下“Ctrl+Shift+E”，合并全部图层。再用“克隆”工具将额头部分的皮肤在接合边缘处修饰一下，然后用“椭圆选框”工具将额头部分选中，移动鼠标到菜单栏，单击“选择”→“羽化”，输入数值 15，这样调暗后边缘与四周就会更加融合。第十一步：操作结束后保存修改，退出程序。

587. 怎样使用 Photoshop 在相片上加入文字说明？

第一步：启动 Photoshop 图像处理软件。第二步：调出需要处理的图像。第三步：单击工具箱中的“文字”工具，单击图片选中文字输入起始处。第四步：输入文字，然后单击菜单命令下方工具选项中的“勾”符号，确认输入操作。第五步：如果需要输入的文字较多，可以在选中“文字”工具后，用鼠标左键在图片工作区中拖出一个文字框。第六步：文字输入状态中的输入，包括排版，与 Word 相同，例如分行、文字剪切、文字属性调整等。第七步：使用“文字”工具选中要调整的几个字，在工作区上方的工具选项条中可以调整文字大小。第八步：单击工具选项条最右边的“调板”，会弹出文字属性调整面板，诸如文字行间距、字间距等。第九步：输入文字颜色是以工具箱中的前景色为初始颜色的，在文字输入完成后直接用前景色填充文字即可调整颜色。第十步：如果需要艺术字效果，确认文字输入完成后，右键单击，在弹出菜单中单击选中“文字变形”命令。第十一步:在弹出的控制面板中选择一个满意的,设置好参数即可。第十二步:操作结束后保存修改,退出程序。

588. 怎样使用 Photoshop 在相片上“用印”?

第一步:启动 Photoshop 图像处理软件。第二步:新建一个宽为 5 厘米,高为 5 厘米,分辨率为 300 像素,颜色模式为 RGB 的文件。第三步:使用键盘按下“F7”键调出“图层控制面板”,新建一个图层。第四步:选中“椭圆”选取工具,在图像工作区中使用键盘按住“Shift”,画一个正圆的选择区。第五步:移动鼠标到菜单栏,单击“编辑”→“描边”,在弹出的对话框中,设置描边宽度为“2”,颜色为默认色,位置设为“居外”,其它可不变。单击“确定”。第六步:使用“文字”工具输入自己的名字或其他文字并确认。右键单击,在弹出菜单中单击选中“文字变形”→“扇形”,并调整合适的参数。第七步:重复“第四步”、“第五步”操作,画一个圆中圆。第八步:放一个自己喜欢的图形到内圆中,充分体现个性。第九步:外圆和内圆都可以任意填充颜色,可以用“魔棒”工具单击要填充的区域,然后选一种前景色,按下“Alt+Delete”键填充。还可以在外圆与内圆间用椭圆工具画小圆再填充。将鼠标移至该选择区上,使用键盘按住“Ctrl+Alt”键移动鼠标可快速复制小圆。也可以在下方打上图片制作日期等等。第十步:使用键盘按下“F7”键调出“图层控制面板”,将除背景层外的几个图层链接,链接后按下“Ctrl+E”键,合并链接的几个层。第十一步:图层合并后,使用键盘按住“Ctrl”键,单击合并后的图层,将该图层上的物体快速选中。按下“Ctrl+C”拷贝。第十二步:打开需要用印的图片,按下“Ctrl+V”将刚才制作好的印章图片粘贴过去,调整大小至合适即可。

589. 怎样将破旧照片做“新”?

第一步:将破旧照片扫描到计算机中,扫描时分辨率可以设置得高一些。如果照片皱折过多或折痕明显,最好用熨斗熨一下,压得平一点再扫描。第二步:如果照片有破损,可以利用相关软件修复。比如使用 Photoshop:启动软件打开照片,先用工具箱中的放大镜将图像有污损部分适当放大,再用橡皮工具对相应部分进行“克隆”。即先按住“Alt”键,单击要复制部分,然后松开“Alt”键,在有污损部分单击或拖动就可以了。另外还可以采用喷涂、挪移等办法修补。第三步:对于背景或构图不好、有些地方难以修复的照片,还可以抠像处理,也就是把人像抠出来,再另选一幅背景图片合成上去,就成了一幅很好的照片了。仍用 Photoshop 来做:启动软件,单击选择工具箱中方形选取工具,将人像选中,移动鼠标到菜单栏,单击“编辑”→“拷贝”;再移动鼠标到菜单栏,单击“文件”→“新建”,新建一空文件,使用键盘按“Ctrl+V”将原选中内容粘贴进来。再利用魔棒、橡皮擦等工具将多余部分清除,就可以将人像较好地抠出来。第四步:对于人物照片面部的美容处理,主要是去斑、去皱、描眉、描口红等。依然以 Photoshop 做说明:启动软件后打开照片,单击选中工具箱中的放大镜将人物面部放大,再单击选中工具箱中的吸管工具单击人物面部斑点附近的皮肤颜色,用橡皮擦小心地擦除斑点即可,吸管选取的颜色应为背景色。去除脸部皱纹、黑痣等的方法与此相同。描口红先要用套索工具选中唇形,然后选择合适的颜色喷涂并通过色阶调整直到合适为止。第五步:感觉满意后打印输出即可,但打印尺寸不要设置得太大,最好与原照片尺寸相同。

590. 怎样制作艺术照？

第一步：使用数码相机拍摄出照片输入计算机，数码相机的分辨率越高越好。第二步：也可以使用扫描仪把照片扫进计算机。分辨率应选择得高一些，不要低于 400dpi。第三步：使用软件对照片进行艺术化处理，如果是老照片，可以做“新”；如果背景或构图不好，可以抠像处理等等。第四步：选一个背景，比如风景名胜、特定的夜景、晨景等等，抠出人像粘贴过来。当然，也可以将一个人从童年到老年不同时期照片中的人像都抠出来组合到一张照片中，再加上一些有意义的文字。还可以将几个不同照片中的人像抠出来，做一张风马牛不相及的合影。第五步：打开一张底图，移动鼠标到菜单栏，单击“滤镜”→“模糊”→“径向模糊”，在弹出对话框中选择设置：数量为 92；模糊方法为缩放；品质为最好。完成后单击“确定”可以做成“爆炸”效果。第六步：打开一张照片，选择椭圆套索工具，将选框选项下的羽化值设为 40，选定照片上的人像部分，按“Ctrl＋C”拷贝。新建一稍大一些的文件，并根据个人喜好选取一种颜色作为背景，按“Ctrl＋V”粘贴，拖拉到合适位置，再重复粘贴、拖拉，可以获得叠印效果。第七步：打开一张合成好的照片，选择工具箱中的文字工具，在画面中单击选定文字输入位置，在弹出的对话框中输入汉字并进行设置，确认后关闭对话框，再右键单击已输入的汉字，在弹出的快捷菜单中单击选中“效果”并对文字进行艺术处理及设置，单击“确定”关闭对话框。再依次类推输入另外的文字并进行设置，直到获得满意的文字效果。第八步：合并图层取名存盘为 JPG 格式文件即可。第九步：也可以打印输出。最好使用照片级打印机和专门的相片打印纸。

591. 怎样从电脑里输出数码照片？

［方法一］ 使用数码相机拍摄照片以后，可以直接带上相机拿到数码冲印店去冲洗，也可将电脑中制作完成的数码照片刻成光盘或存储在其他移动存储设备中，拿到数码冲印店去冲洗。

［方法二］ 使用打印机打印照片。第一步：将数码相机拍摄的照片输入计算机或将普通照片扫描进计算机，使用图像处理软件进行必要的艺术处理。第二步：连接安装好打印机和装好打印纸，最好使用照片级打印机和专门的相片打印纸。第三步：使用 PhotoShop 或别的软件，移动鼠标到菜单栏，单击“文件”→“打印选项”，出现“打印选项”对话框。第四步：在“缩放后的打印尺寸”框中，选中“缩放以适合介质”，然后单击“页面设置”按钮。第五步：在“页面设置”对话框中，“纸张”一栏可以根据实际选择纸张的横、纵向，并选择打印介质等，再单击“属性”。第六步：在“文档属性”对话框中，单击“纸张/质量”标签，在“送纸器”项中选择照片纸，在“质量”项中选择最好，单击“确定”。第七步：返回“打印选项”控制面板后，单击“打印”。

592. 怎样快速制作 VCD 相册？

［方法一］ 使用 Video pack 4.0 以上版本制作 VCD 相册。第一步：启动 Video Pack，单击“New Play list node”按钮建立一个播放表。第二步：右键单击新建的播放表，在打开的下拉菜单中单击选中“Play item”命令，打开“Select Play item”对话框。第三步：选中“MPEG still picture with optional MPEG audio”选项，然后单击“Properties”按钮打开“Still MPEG With optional MPEG audio”对话框。第四步：在对话框中单击“Add”按钮，将准备好的照片依次按照顺序加入到“Still MPEG”列表框中。第五步：选中第一个照片，在“MPEG audio”栏中加入背景音乐文件，并选中“Time butween two Images”选项中的“ad juest time to MPEG audio ”选

项，这样可以将背景音乐的播放时间平均分配给每张照片。第六步：完成后，单击“Close”命令按钮返回到 Video Pack 的主界面。第七步：移动鼠标到菜单栏，单击“Record”→“Make CD”命令即开始刻录 VCD 相册。

［方法二］ 使用 WinOn CD 3.7 以上版本制作 VCD 相册。第一步：启动 WinOn CD，进入“新建计划”对话框。第二步：在对话框中单击选中“视频”→“相薄”，并在“"计划名称”中输入相册的名称。第三步：单击“确定”进入相薄编辑器。第四步：单击“设置”打开“一般设置”对话框，可以根据个人喜好设置图像尺寸和单张照片播放时间，以及主菜单背景颜色和视频制式等，完成设置后单击“确定”返回主界面。第五步：单击“新建专辑”→“属性”按钮，设置当前影集组的名称，在一张光盘中可以建立 9 个影集组，可以根据自己需要建立不同名称的组。第六步：在文件浏览器中找到照片文件的存放位置，将文件拖到相应的专辑中，同时可以整理照片的播放顺序。第七步：如果要为照片添加边框，可以单击“边界”按钮，在打开的对话框中选择下拉列表中的边框效果。第八步：完成相册的基本编辑后，单击左侧的“光盘”→“录制”按钮即开始刻录相册。

593. 怎样用“DVD 拍拍烧”把照片制作成 VCD、DVD?

第一步：启动浏览器，在地址栏输入“http://www.ulead.com.cn/dps/trial.htm”后回车，进入友立资讯中文网站。第二步：找到“DVD 拍拍烧”下载并安装 30 天试用版。第三步：启动程序，弹出“开始”控制面板，控制面板中有 VCD 2.0 和 DVD 两个选项；下面的“输出格式信息”栏中可以看到相关选项的输出格式和性能。第四步：单击选中 DVD 或 VCD，单击“下一步”。第五步：在弹出的对话框中单击“创建相册”，在左边“文件夹窗格”中找到存放在电脑中的照片并单击选中，单击“添加图像”按钮后，选中的照片就出现在图像卷轴栏中，可以对图片做编辑处理，如旋转、删除等。第六步：在图像来源列表中有三个选项，一般选择“来自文件图像”，用电脑中的图像创建相册。“Ulead Photo Explorer 文件”是导入已有的 Photo Explorer 幻灯演示文件，“已有的项目文件”是指打开先前保存的“DVD 拍拍烧”项目文件。第七步：单击“相册标题”按钮可以输入相册名称，如“家庭影集”；“背景音乐”，可选择自己喜欢的音乐；“延时”对话框中可设置每幅照片之间的时间间隔。设置结束后单击“完成”。第八步：单击“下一步”，出现“选项菜单模板”，在“项目选项”中提供了多种不同布局的模板，可以拖动滑杆选择。在选定的模板缩略图上双击就可以应用。第九步：单击“下一步”，出现“模拟回放”，用旁边的遥控器，可以模拟所创建的 DVD 或 VCD 相册的行为方式。第十步：单击“下一步”，出现“输出选项设置”窗口，单击“浏览”可以选择保存创建文件的位置；如果要刻录成光盘，可以在 CD/DVD 刻录机选项中指定刻录 DVD 或 VCD 相册的驱动器，以及刻录速度。第十一步：单击“下一步”，出现“完成”窗口。在“输出选项”下面有三个选项，分别是：创建 DVD 文件夹，是指在硬盘上创建 DVD 文件，可以使用电脑上的 DVD 播放软件播放；创建光盘镜像文件，是指在硬盘上创建光盘镜像文件，这是刻录到光盘时所使用的文件；刻录到 CD/DVD，是指将 DVD 或 VCD 相册立刻刻录成光盘。第十二步：这里单击选中“创建 DVD”，可以看到很快就创建结束，做好的 DVD 相册就保存到硬盘中了。单击“保存”按钮，可以将当前相册文件保存为“DVD 拍拍烧”项目文件，方便以后重新打开和编辑。

594. 什么是非线性编辑？

非线性编辑是指能够随机访问任意素材，不受素材存放时间的限制。一个具体的例子：各种记录录音、视频的磁带都是线性的，而同样记录录音、视频的光盘(CD、LD、VCD、DVD)、磁盘(主要指硬盘)都是非线性存储的。今天我们所说的非线性编辑，主要指以各种类型计算机为中心构成的视频、音频工作站上的信息编辑工作。第一步：首先把来自录像机或其他信号源的视、音频信号，分别经视频采集卡、声卡转换成数字信号，并利用硬件实时压缩，然后将压缩后的数据存储到高速硬盘中。第二步：根据剧本的需要，使用多种编辑软件对硬件中的素材进行特技加工，最后形成一个完整影片片段。第三步：高速硬盘将数据流送至相应的视频回放卡、声卡等进行数字压缩及转换，还原成模拟的视频、音频信号并送入录像机录制。从非线性编辑系统的作用上看，它集传统电视工业的录像机、切换台、数字特技和图文创作系统，二维及三维动画创作系统，多轨录音机、调音台，MIDI 创作系统、编辑控制器等于一身，几乎包括了所有的后期制作设备。但是随着科学技术的发展，上述复杂的硬件系统正逐渐被一些软件所替代，现在几乎任何人都可以在个人电脑上创建影片。

595. 怎样在电脑上编辑摄像机拍摄的家庭录像？

第一步：处理视频，也就是一般说的数码影像，包括家庭录像，电脑的配置好坏直接影响到效果。通常 CPU、内存、显卡都要尽量配置高一些。

第二步：如果只有数码摄像机和电脑而没有采集卡，就无法将摄像机和电脑连接起来，也就不能用电脑采集、编辑、转录。现在的数码摄像机都带有 I. Link 接口，但因为现在的计算机大都没有 IEEE1394 接口，需要购买带 IEEE1394 口的接口卡，随卡附带 1394 的连线和非线性编辑软件，可进行视频采集、编辑、配音、压缩，家庭制作 DVD、VCD、视频 E－Mail 等。

第三步：视频采集卡有许多种，最好购买专为数码摄像设计的影像剪辑设备，通过 IEEE1394 端子的连接，可以准确地控制数码摄像机。

第四步：视频采集卡的安装一般都不复杂，打开主机箱，把接口卡插在插槽中，装好驱动程序就可以了。

第五步：把 IEEE1394 连接线一头接在采集卡上，一头接在摄像机的 IEEE1394 输出口上，就做好了随时采集视频的准备。

第六步：打开《会声会影》或者其他的影像处理软件，进入编辑界面。单击左上角“选项面板”上的“新建项目”按钮，打开“新建”对话框，在对话框内填入项目的名称、主题等信息，并且指定一个保存项目的文件夹。

第七步：在“可用的项目模板”中选择一种模板。选什么样的模板跟最后想做成什么格式的文件有关。如果要将所有截取的视频片段做成一张精彩集锦 VCD，可以选择 NTSC 或 PAL 的 VCD 模板，选好后单击“确定”，建立项目。如果以前编辑过，打开软件后就会有一个项目列表，只须双击需要的项目名称即可。

第八步：文件建好后，打开摄像机放像开关，会看到预览窗口上同步出现摄像机的录制内容。这时只要单击带红点的录像机图标就开始捕捉(采集)了，《会声会影》会及时提醒你：要停止时再按一下开始捕捉图标或按“Esc”键即可。

第九步：如果愿意，可以把一段长录像分成几段捕捉，《会声会影》会自动把它们存成不同的视频文件。

第十步：如果选择"捕捉至图库"选项，就会在图库中看到多了几个文件的图标，否则可以看到新捕捉的文件出现在时间轴窗口的视频轨中。

第十一步：视频捕捉结束后，就可以进行视频修整。可以选取视频的局部，将视频的一部分放入最后的视频序列，而删除另一部分等等。

第十二步：选中某个视频文件，单击播放按钮就可以在预览窗口中观看，此时面板中的选项依次为视频持续的时间、开始点、结束点、音量、输出选项等。如果要把某段视频的开头一段截去，可以在"标记开始时间"栏中手工输入开始时间，也可以在修剪列中拖动控制点进行修剪。还可以用"故事板"修整。如果要进行精确修整，可以将素材拖到时间轴，然后将预览栏移到该素材的起始处，按"F3"键，标记起点；然后再将预览栏移到该素材的终止处，按"F4"键，修整栏将自动调整，单击"确定"按钮，更新修改。

第十三步：添加效果。单击特效菜单，再到预览窗口右边的下拉菜单中单击选择，立刻就可以看到几种特效的预览效果。如选择下拉菜单中的"滑动"，单击"对开"，然后把它拖到脚本栏中两个文件之间。在选项面板中修改特效的参数，可以改变特效的出现效果，如百叶窗效果，则可以选择从上到下扫描抑或是从左到右，还可以决定特效持续的时间。

第十四步：制作标题。单击标题菜单，在右边的标题中选择一种方式，如单击"T"字状的按钮，即可在预览窗口中输入文字。可以更改字体、大小、颜色、对齐方式等，这些操作跟 Word 中差不多。在"动作样式"项中可以设置文字的动画效果，如淡入、淡出、移动等。加入了标题后，在时间轴窗口中可以看到标题轨加入了一段内容，拖动该内容两边黄色的控制点可改变标题持续的时间，移动它可以改变标题出现的时间。

第十五步：添加录音。单击"声音"菜单，出现录音画面，然后单击"录制新声音"按钮开始录音，只须对着麦克风说话就可以了，停止录音可以再次单击小圆点按钮或使用键盘按"Esc"键。录音完成后可以看到在语音轨中多了一个以 wav 为扩展名的文件，这就是刚才录制的声音文件，它存放在当前文件的目录下。如果想听一听录制的效果，选中该文件单击播放按钮就可以了。当然也可以用其它录音软件，如 Windows 的录音机先录好音，然后把它插入到语音轨中，方法是选中语音轨，然后单击边上的插入媒体档案按钮，插入需要的音频文件即可。

第十六步：添加音乐。将 CD 插入光驱，《会声会影》将检测该驱动器中是否是音频 CD，并将在"选项面板"中显示该 CD 的音轨，然后从"选项面板"的音轨列表中，选取要使用的曲目，然后单击"录制"按钮即可。要停止录制，再次单击"录制"按钮，或按"Esc"键。该曲目将被自动放到时间轴上。如果要调整录制曲目的音量，可以使用"选项面板"中的音量控制，还可以单击"淡入"和"淡出"按钮，使背景音乐在视频中精细地淡入或淡出。

第十七步：输出视频。完成以上操作，就可以按照需求输出了。单击"完成"菜单，再单击"制作影片"按钮，会出现一个对话框。选定目录，再取个名字；设定一种文件类型，如 AVI、MPG、RM 等。全都完成后单击"预览"可以再看一下效果。最后单击"保存"，系统将把编辑好的视频按所选择的文件格式整理保存在指定位置。

596. 怎样使用 STUDIO 在电脑上编导自己的电影？

第一步：启动浏览器，在地址栏输入"http://www.pinnaclesys.com.cn/homevideo/StudioVersion7Trial.exe"后回车，直接下载安装品尼高官方网站 STUDIO 的最新试用版，另外在购买 IEEE 1394 卡时，一些商家也会附送该软件。

第二步：安装完成后，会发现这款中文版的影视编辑软件非常简单好用，制作一部专业电影分为简单的三步："捕捉你的影片"、"叙述你的故事"和"分享你的作品"。

第三步：开始"捕捉你的影片"。用一根 IEEE1394/DV 连接线将数码摄像机与电脑正确连接，准备工作做完后，就可以进行视频采集了。

第四步：打开 STUDIO 软件，单击节目菜单中的采集按钮"1 捕捉"，出现采集窗口，它由影集、预览监控和磁盘表三部分组成。单击浏览文件夹可以设置存储位置。

第五步：采集方式选择为"预览质量采集"。单击"设置"，在"捕捉"中找到场景检测选项，选择第二项"基于视频内容的自动操作"。

第六步：也可以根据需要选择"基于摄影时间的自动操作"、"每 X 秒创建新场景"和"手动：按空格键创建一个新的场景"。

第七步：单击"开始采集"按钮，打开数码摄像机的放像开关，即开始捕捉影片。

第八步：开始"叙述你的故事"。捕捉影片结束后，单击节目菜单中的按钮"2 编辑"，就会发现凡是在场景发生变换时，影片都被自动分割成许多片段，按顺序存放在影集中，并且每个片段均可在右侧的播放窗口浏览。

第九步：从影集中把每一个场景片段按自己设计的顺序，依次拖放到视频轨道上，然后，就可以随心所欲地编排电影情节了。

第十步：在轨道中的第一个视频片段上双击，启动 TitleDeko，单击第三个按钮"T"，会提示选择字幕迭加或全屏字幕。如果选择迭加字幕，则在当前场景上加入字幕；如果选择全屏字幕，则可以自己任意设置背景。

第十一步：选择"全屏字幕"后单击"确定"，就会出现一个文本"I"形图标等待输入文本，如输入"初试身手"，然后选定文本，改变字体、大小、颜色，应用一个新的风格。

第十二步："风格"的显示在文本输入窗口右边的窗口中，如不可见，移动鼠标到菜单栏，单击"视图"→"预设风格"。

第十三步：这里向下滚动到 5 号风格并单击，风格特征就应用到文本中，使用左侧排列的对齐按钮调整上下及水平居中，也可以旋转。

第十四步：如果要设置背景为黑色，可以单击窗口左侧最下部替换背景按钮，在新打开的窗口中选择第二项"背景是单色"，单击右边的按钮就会出现颜色表，选取黑色并单击"确定"。也可以将背景设为透明、单色、渐变色或图片。

第十五步：设置完成后，使用键盘按"F12"接受字幕并返回到 STUDIO 窗口，可以在轨道中将该全屏字幕拖至最前面作为片头。以类似方式还可以加人其他片头、片尾的字幕。

第十六步：单击窗口左侧第三个"显示切换效果"按钮，在影集中就出现 132 种转场效果。将第一个"淡入淡出"效果按钮，拖至轨道中最前面的片段，就完成了"淡入"的转场效果，可以在浏览窗口播放试看。

第十七步：根据自己的设计可依次拖入"淡入淡出"、"溶解"、"中心向外"、"中心向内"、"心型"等转场效果，对每一个效果可随时播放试看，如不满意，按"Del"键删除，再重新添加。

第十八步：在窗口中单击左侧"显示音效"按钮，在影集中单击文件夹，选定自己想要的音乐；然后选取"时间线显示模式"，将影集中的音乐拖至音轨中，这样就完成了背景音乐的迭加。

第十九步：如果要加入音乐渐入的效果，在音轨波形图中间有一红线，单击红线的 10 秒处可增加一节点，将最左侧红线端点拖至最下，使之形成一条逐渐升高的红线便可。

第二十步:如果要去掉数码摄像机录入的原始声音,只留下背景音乐的话,则双击视频轨道中的一个场景片段,启动 TitleDeko,单击最下面的小喇叭“改变三个音频轨道的音量”按钮,就会出现右边的 1、2、3 声音调整按钮,将第 1 个按钮调至最小,即关闭原始声音。

第二十一步:进入“分享你的作品”。在节目菜单中单击“3 制作电影”。

第二十二步:单击选中“设置”选项,会出现窗口,选取第四项“制作 MPEG 文件”,按照需要设置好各参数,单击“确定”返回。

第二十三步:单击生成 MPEG 文件按钮“创建 MPEG 文件”,选择保存路径,可以命名为“身手 .mpg”,单击 OK。

第二十四步:当单击生成 MPEG 对话框中的 OK 时,STUDIO 开始生成 MPEG 文件,可以在右侧播放窗口中观看进度。完成电影输出后,就可以使用 Windows 的媒体播放器或《超级解霸》欣赏自己编导的电影了。

597. 怎样使用 Windows Movie Maker 导入影音文件?

第一步:在 Windows XP 桌面上,移动鼠标到任务栏,单击“开始”→“所有程序”→“附件”→“Windows Movie Maker”,启动程序。第二步:移动鼠标到菜单栏,单击“文件”→“导入”命令,出现“选择要导入的文件”对话框。第三步:在对话框中选定要导入的文件后,单击“打开”按钮,即将所选择的影像文件导入到当前影像中。导入文件是指从确定的文件夹中读入一个或多个文件,可以导入“视频文件”、“电影文件”、“音频文件”、“Windows Media 文件”以及“静止图像文件”等。第四步:操作结束后保存文件,退出程序。

598. 怎样使用 Windows Movie Maker 的录制设置?

第一步:启动 Windows Movie Maker。第二步:通过“录制”对话框中的“录制”下拉列表框可以选择录制设备,如果只有一个设备,它将被自动选中。第三步:通过“录制”对话框中的“录制时限”复选框可以设置最大录制时间,例如,限制为 3 小时。当超过录制时限时,录制自动停止。默认时限为 2 小时。如果硬盘上没有足够的空间,该时间由质量设置与在计算机上所检测到的硬盘空间决定。如果不选择最大录制时间,则应该监视录制过程,以便在需要时停止录制。第四步:通过“录制”对话框中的“设置”下拉列表框可以选择录制的质量。质量设置应使用捕获设备所能达到的最高质量设置进行录制,因为电影的质量将取决于素材的品质,质量设置越高,录制出的文件在计算机上需要占用的空间就越大。该设置还决定了在预览剪辑时将看到的视频的质量。一般每秒 5 帧稍有动画感,每秒 25 帧就是比较好的影像了,因为电影才每秒 25 帧。第五步:单击“录制”对话框中的“录制”按钮,即可按设置参数进行录制工作。录制视频时,应选中“录制”对话框中的“创建剪辑”复选框。创建剪辑将把正在录制的视频分割成大小易于管理的片段。选中此功能,每当在视频中检测到完全不同的帧时,就会创建一个剪辑。例如,打开摄像机或从“暂停”切换到开始“录制”时将创建剪辑。如果不选中“创建剪辑”复选框,整段视频将成为一个剪辑。第六步:操作结束后保存文件,退出程序。

599. 怎样使用 Windows Movie Maker 管理影像资料?

第一步:启动 Windows Movie Maker。第二步:移动鼠标到菜单栏,单击“文件”→“我的视频”命令,可以看到所录制或导入的全部影像。第三步:右键单击要删除的剪辑,在弹出菜单中单击选中“删除”→“是”，即删除所选择的剪辑。第四步：右键单击要删除的影像（文件夹），在弹出菜单中单击选中“删除”→“是”，即删除所选择的影像文件夹。第五步：移动鼠标到菜单栏，单击“文件”→“退出”命令，在对话框中单击“是”，并在“保存项目”对话框中的“文件名”下拉列表框中输入项目的文件名，单击“保存”。确定之后在“收藏备份”对话框中的“文件名”下拉列表框中输入项目备份的文件名，单击“保存”，即保存项目并退出程序。第六步：移动鼠标到菜单栏，单击“文件”→“打开项目”，在对话框中选定后单击“打开”按钮，即可打开该项目。第七步：操作结束后保存文件，退出程序。

600. 怎样使用 Windows Movie Maker 录制电影？

第一步：启动 Windows Movie Maker。第二步：移动鼠标到菜单栏，单击“文件”→“录制”命令。在对话框中单击“录制”，即开始录制影像和声音；单击“停止”，在对话框中的“文件名”下拉列表框中输入影像文件名，再单击“保存”按钮，即保存影像文件并制作剪辑。第三步：在“Windows Movie Maker”窗口中的“剪辑”窗格中单击选择一个剪辑。第四步：单击“监视器按钮”栏中的“播放”按钮，开始播放影像；单击“停止”即停止播放。第五步：单击“工作区”左上角的“情节/时间提要”切换按钮，由“情节提要”视图可以切换到“时间线”视图。第六步：再次单击“工作区”中的“情节/时间提要”切换按钮，即可由“时间线”视图切换到“情节提要”视图。第七步：在“Windows Movie Maker”窗口中的“剪辑”窗格中选择一个剪辑。第八步：移动鼠标到菜单栏，单击“剪辑”→“添加到情节提要/时间线”命令，即可将所选择的“剪辑”添加到工作区中的“添加到情节提要/时间线”视图中。第九步：重复“第七步”、“第八步”的操作，可以将多个“剪辑”添加到工作区中的“添加到情节提要/时间线”视图中。第十步：在“添加到情节提要/时间线”视图中选择开始播放的剪辑。第十一步：移动鼠标到菜单栏，单击“播放”→“播放整个情节提要/时间线”命令，即开始播放整个“情节提要/时间线”中的影像。第十二步：移动鼠标到菜单栏，单击“文件”→“保存电影”命令，出现“保存电影”对话框。第十三步：在对话框中的“标题”文本框中输入电影标题名，单击“确定”，出现“另存为”对话框。第十四步：在对话框中的“文件名”下拉列表框中输入电影文件名，单击“保存”按钮，即将整个“情节提要/时间线”中的影像保存为电影。第十五步：保存结束后系统会提示是否观看，单击“是”即开始播放电影。第十六步：操作结束后保存文件，退出程序。

601. 怎样刻录 DVD？

第一步：了解 DVD 基本知识。DVD 是 Digital Video Disk（数字视频光盘）的简称，视频编码方式为 MPEG2，画面像素为 720×480 或 720×576 两种。DVD 最突出的特点是画面质量高，存储容量大，一张 4.7GB 的 DVD－R 碟片可存放近 2 个小时的标准 MPEG2 文件，音响效果好。

第二步：选择 DVD 刻录软件。到目前为止，DVD 刻录软件不是很多，主要有 DVDit、SPRUCEUP 等。相对而言，DVDit 简单、直观、易学，比较适用于初学者，对 MPG 视频文件的兼容性也较好。

第三步：选择 MPEG2 视频编辑软件。可选用 M2－EDIT 软件，该软件可方便、灵活地对 MPG 视频文件进行裁剪和编辑，生成 1 小时的 MPG 文件，用时约 5 分钟，速度较快。

第四步：选择叠加字幕或添加特技效果的软件。可选用“Ulead VideoStudio5.0”（绘声绘影)或"Ulead MediaStudio Pro 6.0"。

第五步:选择 DVD 视频播放软件。这类软件很多,可选用 WinDVD 或 PowerDVD 等。

第六步:将视频素材采集压缩成 MPEG2 数字视频。采集压缩前要选定好视频制式和码流,标准 DVD 码流默认为 4Mbps。如果要制作出更好效果的 DVD,可采用更高的码流,但存储空间也相应增大,这需要权衡利弊,自己做出选择。不同码流与生成的视频文件的大小成正比。

第七步:对生成的"*.mpg"视频文件,用 M2－EDIT 或其它软件进行裁剪和编辑后,重新生成"*.mpg"文件。

第八步:对编辑好的"*.mpg"视频文件,用 Ulead Video Studio5.0 或 Ulead Media Studio Pro 6.0 叠加字幕和添加特技效果。由于是纯软件叠加字幕和添加特技,生成时间较长,一般是原视频文件的 5－6 倍,但节省了购买非线性编辑卡的费用,并且做出的效果也不差。

第九步:刻录 DVD。如果你不想编辑、也不想叠加字幕和添加特技,可以省去"第七步"、"第八步",直接刻录成 DVD。

第十步:启动刻录软件 DVDit。创建一个新项目,选择好电视制式和视频格式,中国大陆应选择 PAL 制式,其它都可以采用默认,选定后单击"完成"。

第十一步:建立菜单背景。将"风格模板"中自己喜欢的图片拖至左侧的"菜单 1"框中。

第十二步:建立菜单按钮。单击"风格模板"下面的"按钮",将"风格模板"中自己喜欢的按钮拖至左边的大框中即可,并调整好按钮大小。

第十三步:建立文本标题。单击"风格模板"下面的"文本"按钮,将选择好的字体拖至左侧大框中,并将原来的"文本"两字改为自己想要输入的标题。

第十四步:添加视频文件到风格模板中。先单击"风格模板"下面的"媒体"按钮,然后在"风格模板"中右键单击,将视频文件添加到"风格模板"中。最后,将视频文件与左侧大框中的按钮建立链接,即将"风格模板"的视频文件拖至左侧大框中的相应按钮上。

第十五步:模拟播放。先单击"风格模板"下面的"播放"按钮,右侧出现 Remote Control 遥控面板。点击左侧大框中菜单按钮,就可以模拟播放视频文件了。在播放过程中,点击遥控面板中的 TITLE 或 MENU 都可返回播放菜单。如确认播放没有问题,退出模拟播放状态。

第十六步:项目设置。移动鼠标到菜单栏,单击"文件"→"项目设置"命令,将"设置输出大小"改为"DVD－R(4.7GB)";将"光盘名称"改为不超过 8 位的任意英文字母。单击"更新"按钮,便可估算出现有项目的大小,最后单击"确认"。

第十七步:移动鼠标到菜单栏,单击"创建"→"制作 DVD 光盘"命令,选定刻录机、需要复制的 DVD 数量,以及是否试验等。

第十八步:建议首次刻录最好先选择"试验",确认没有问题,再正式"创建光盘"。单击"高级"选项,根据 C 盘剩余空间确定是否改变"临时存储"路径,必须保证目录所在硬盘剩余空间大于要刻录项目。

第十九步:全部设置完成后,单击"确认",开始刻录 DVD。

602. 怎样刻录 SVCD?

第一步:先要将制作一般 VCD 使用的 AVI 或 MPEG1 文件格式转换成 SVCD 使用的 MPEG 2 文件格式。一些刻录软件,如 Nero 就带有直接将 AVI 或 MPEG1 文件转换成

MPEG2 的功能，但它使用的是需付费的插件，一般家庭偶尔做一次似乎没有必要为此花钱。这里使用 TMPGEnc，从网上下载的三十天免费试用版。第二步：启动浏览器，在地址栏输入“http://www.megagames.com/console/cd/TMPGEnc2.53.35.130.zip”后回车，下载安装最新版的 TMPGEnc。第三步：启动 TMPGEnc，虽然是英文版，但使用很简单。软件启动后自动弹出 Project Wizard”窗口。第四步：在“Select format”(选择格式)项下，选择“SuperVideoCD”项，即“超级 VCD”，制式选择“PAL”，单击“NEXT”(下一步)。第五步：在“select source file”(选择源文件)中，找到要转换的源文件所在目录，包括“Video File”(影像文件)和“Audio File”(声音文件)。在“Export Settings for Source”(源文件高级设置)选项中，采用默认值即可，单击“NEXT”。第六步：在“Filter setting”(滤件设置)中，单击选中使用滤件对源文件进行修改。第七步：在“Bitrate settins”(设置位速率)中，设置视频和音频的位速率。一般不作修改。第八步：在“Speci fying out put file name”(为输出文件命名)中，单击 Browse”(浏览)，选择保存转换后的文件位置和名字，这个文件名与源文件名不能相同。单击“OK”。第九步：启动最新版的刻录软件 Nero，单击“退出精灵”，在光盘种类选项选择“Super VCD”，同时勾选“建立符合标准的光盘”，否则，制作出来的光碟可能在有些 SVCD 或 DVD 播放机上无法播放。第十步：在“编码位速率”下选择“尝试配合光盘容量”，在“编码的分辨率”下选择“PAL”，刻录速度选四速以下，全部设置完成后将光盘刻出来即可。

603. 怎样刻录正规的 VCD？

[方法一]　使用 Myflix。尽管目前很多刻录软件都声称支持 VCD 光盘刻录，但事实上还是有很多人刻录的 VCD 只能在电脑上正常播放，一到 VCD 机上就会有画面超出边界、画面无故缩小、甚至完全不能播放等问题出现。这主要是因为一些软件压缩成的 MPEG 文件不符合 VCD2.0 白皮书的标准，这样在转换为 DAT 文件时就会出错。因此，在刻录前，使用 Myflix 先进行检测修补，是刻录正规 VCD 的致胜法宝。第一步：启动浏览器，在地址栏输入“http://www.mediaware.com.au/”后回车，下载安装最新版的 Myflix。第二步：Myflix 的使用很简单，通过“File”下的 Load 命令打开需要处理的 MPEG 文件。第三步：在出现的菜单中单击“Edit”按钮，接着在弹出的下拉菜单中单击 New edit list。第四步：如果程序有部分界面超出桌面看不见的话，可以在 View 菜单下选择 Detach 模式。第五步：单击“Insert Clip”按钮后，最下方的处理列表中就会多出一个文件名。由于 Myflix 支持批处理操作，因此我们可以添加多个 MPEG 文件，然后用“Generate output”产生完全符合 VCD2.0 白皮书标准的 MPEG 文件。

[方法二]　使用 Nero。第一步：启动 Nero，出现刻录向导。如果是新手，最好使用 Nero 的向导模式，可以免去很多不必要的麻烦。第二步：选择“编辑新的光盘”后，Nero 向导会询问光盘的格式，由于 VCD 刻录并不常用，因此被归并到“其它光盘格式”，选择“Video CD”。第三步：Nero 会自动建立 VCD 的档案格式。注意在添加 MPG 格式视频文件时，不要把 MPG 文件拖放到 MPEGAV 目录下，而是应该直接拖放到下面的轨道窗口。第四步：接下来 Nero 会对 MPG 文件进行分析，如果一切正确无误的话，就可以开刻了。对于那些非标准的 MPG 文件，Nero 会报错，并要求重新编码。

[方法三]　使用 WinOn CD。WinOn CD 是一个操作简便但功能强大的光盘刻录软件，对各种品牌刻录机的兼容性特别好。自从 Video Pack 从它这里分离出去以后，WinOn CD 就只剩下功能单一的 VCD 制作模块了，仅能制作简单顺序型 VCD，不过在这里使用正合适。第一

步：启动 WinOn CD 后，选择 Video 标签，使用“Video CD 2.0”模式。第二步：WinOn CD 会要求确认临时文件存放目录，一定要保证该目录所在的分区有 650MB 以上的可用空间。第三步：只须将待刻录的 MPEG 文件拖放到下方的窗口中，单击“刻录”即可。

604. 怎样制作家庭 VCD 相册？

第一步：先将照片进行挑选整理，按内容或时间为序进行分类。例如记录一个人的成长过程就可分为童年、少年、青年等。扫描分辨率设置为 300dpi 即可。扫描前一定要分好类、排好扫描顺序，每组照片也要有相应的命名，便于处理时查找。

第二步：扫描后的照片一般要进行处理才能用于制作。否则制成 VCD，显示到电视机上时，你就会发现许多照片模糊不清，产生变形或黑边等。可以用 Photoshop 或其他图像处理软件对照片进行合理的剪裁、等比例缩放等操作，最后使每张照片大小都为 352×288 像素即可。

第三步：光有图像还是不够的。如果边欣赏照片边听美妙的音乐或解说词，那才够专业。我们可根据每组照片的数量多少，计划播放时间的长短以及照片的内容选择合适的音乐，比如少年这一组照片可以配上《让我们荡起双桨》，有的也可以适当配上解说词。

第四步：可以使用 Adobe Premiere 6.0 或者别的软件进行音频视频合成处理。启动 Adobe Premiere 6.0，移动鼠标到菜单栏，单击“File”→“Import”→“File”命令，选择一组处理过的照片和相应的音乐文件，将其引入。

第五步：按先后顺序从 Project 窗口将图片文件拖入 Timeline 窗口。需要过渡效果处理的放入 Video1A 或 Video1B 轨道，然后从 Transitions 中选择合适的过渡效果，将其图标拖入 Timeline 窗口的 Transition 轨道。如需进行叠加处理的则放入 Video2 轨道。每幅照片的持续时间为 5 秒钟左右比较合适。

第六步：可以为照片设置多种多样的运动效果。移动鼠标到菜单栏，单击“CliP”→“Video”→“Motion”命令，出现设置对话框，设置的同时即可看到效果，非常直观。

第七步：还可以使用滤镜获得多种视频效果。移动鼠标到菜单栏，单击“CliP”→“Filters”，进入滤镜选择对话框，有几十种视频滤镜效果供你选择。

第八步：将选中的音乐文件拖入 Timeline 窗口的 Audio1 或 Audio2 轨道，最多可同时使用三个音频文件。长短应与视频文件保持一致。一组照片做好后，还可在前面加上片头，比如：家有宝宝等。简单一点可选择一幅底图加上文字即成，利用 Premiere 加上点运动效果更好。还可利用 Cool 3D 或 3DMAX 等做成漂亮的动画片头，那将更加专业。做好后，取名存盘。

第九步：移动鼠标到菜单栏，单击“File”→“Export”→“Movie”，在弹出的对话框中单击 Settings 按钮，设置参数。

第十步：在 General Settings 设置中：File Type 选 Microsoft AVI；Range 选 Entire Project；选中 Export Video，ExportAudio。单击“Next”按钮。

第十一步：在 Video Settings 设置中：Compressor 项是选择所使用的视频压缩卡。如果没有安装视频压缩卡，选择 None，所需的时间要长许多。Frame Size 选择 352 (h)28(v)，FrameRate 选择 25，Quality 选 High。单击“Next”按钮。

第十二步：在 Audio Settings 设置中，根据所用音乐文件的实际情况设置。

第十三步：AVI 文件还不能直接做成 VCD，要用压缩卡进行压缩转换。如果使用的是“百老汇”压缩卡，启动该程序，移动鼠标到菜单栏，单击“File”→“Open”，打开制作好的 AVI 文件。

第十四步：单击“Capture”→“Capture Options”设置参数。单击“Capture Start”出现对话框，在 File Type 中选择 Video CD。

第十五步：启动 Video Pack，选择相册文件所在的路径，则所制作的文件将列表于 File Name 栏目中。将文件按先后顺序逐一拖入下面的构造窗，再将其依次首尾相连。如要制成 2.0 版本，从下面的工具栏中拖入一个菜单图框加在其最前面，拖入一张底图，再将其与每一个 MPEG 文件相连即可。一切准备好后，单击“Make CD”，在弹出的 Make CD 对话框中，Settings/Finalization 中选 Finalize CD(Make Read Only)，单击“确定”后即开始刻录。

605. 怎样用 Windows XP 刻写和擦除光盘？

第一步：将一张 CD－RW 刻写光盘插入到刻写光驱中，出现“CD 驱动器”对话框。第二步：单击“CD 驱动器”对话框中的“确定”按钮。第三步：移动鼠标到工具栏，单击“文件夹”按钮，出现“资源管理器”窗口。第四步：在“资源管理器”窗口中将需要复制的文件夹或文件拖动到刻写光盘中，使其成为“准备写入到 CD 上的文件”。第五步：选择准备写入到 CD 上的文件夹或文件。第六步：移动鼠标到菜单栏，单击“文件”→“将这些文件写入 CD”命令，出现“欢迎使用 CD 写入向导”对话框。第七步：在对话框中单击“下一步”按钮，系统即开始将数据写入到 CD 中。写入完成后，单击“完成”确认写入操作。第八步：打开“资源管理器”窗口，选择需要擦除的 CD－RW 光盘所在的光盘驱动器。第九步：移动鼠标到菜单栏，单击“文件”→“擦除此 CD－RW”命令，出现“欢迎使用 CD 写入向导”对话框。第十步：在对话框中单击“下一步”按钮，系统即开始擦除 CD－RW 光盘上的全部数据。数据擦除完成后，出现“CD 驱动器”对话框。第十一步：在对话框中单击“确定”按钮，出现“正在完成 CD 写入向导”对话框。第十二步：在对话框中单击“完成”按钮，即完成 CD－RW 光盘的擦除操作。此时光盘成为一张空白光盘。只有在同一天时间里，才可以使用拖动方法或其他方法往 CD－RW 光盘中添加文件，否则，需要先擦除，再复制文件。此外，Windows XP 只能刻写 CD－RW 光盘。如果需要刻写 CD－R 光盘，则还需要使用其它的软件。

606. 怎样制作光盘封套？

第一步：选择一种封套制作软件，这里用 Easy CD Creator 提供的工具 CD Label Creator。

第二步：在 Easy CD Creator 的主界面中单击“光盘封套制作工具”按钮，进入 CD Label Creator 的主窗口。窗口下方左侧是 CD 封面制作的项目按钮，包括正面封套、内部封套、背面封套和光盘标签，单击相应按钮即可进入相应封面的制作界面。

第三步：移动鼠标到菜单栏，单击“格式”→“改变主题”命令，即可打开“改变主题”对话框。

第四步：从主题列表中选择需要使用的主题名称，当选择一个主题时，主题的预览就出现在对话框的右侧。这里选择“Book(数据)”类型，完成后单击确定按钮。

第五步：将要制作标签的 CD 光盘放入 CD—ROM 驱动器，移动鼠标到菜单栏，单击“添加”→“CD 内容”命令，CD Label Creator 会从 CD 碟片中自动把信息添加到当前主题的适当文本框中，比如对于数据 CD 来说，它会自动添加 CD 目录内容、标题、卷标号和日期，并分别显示和分配到正面封套、内部封套、背面封套和光盘标签选项界面中。

第六步：可以通过双击实现封面与标签文本的修改。比如要修改“正面封套”中的标题，可以双击“标题”文本框来编辑内容，此时只要输入 CD 标题的名字后，按回车键即可完成。文字修改好以后，还可以单击工具栏上相应按钮分别设置字体、字号以及文字的颜色。如果要在当前文字行插入空行，可以在按下“Shift”键的同时，按下“Enter”键实现。

第七步：单击“CD标签”打开CD标签制作界面时，会发现这是一个用于在CD上粘贴标签的弧形文本。移动鼠标到菜单栏，单击“添加”→“弧形文本”命令，出现弧形新建文本编辑框，双击“新建文本”即可编辑其文字内容。

第八步：如果打算将一个直线文本更改为弧形文本，可以选择想更改的直线文本框，移动鼠标到菜单栏，单击“格式”→“改变文本属性”命令，打开文本属性对话框，选择曲线文本类型即可。当然也可以将一个弧形文本更改为直线文本，完成后单击“确定”。

第九步：移动鼠标到菜单栏，单击“添加”→“图片”命令，然后在打开的对话框中选择一幅图片并单击“打开”按钮即可修改封套画面。此外，还可以添加方形、圆形等图形，分别从“添加”菜单中选取相应的命令即可。

第十步：移动鼠标到菜单栏，单击“格式”→“改变背景”命令，可以改变正面封套、内部封套、背面封套和光盘标签的背景图案。

第十一步：在改变背景对话框中，首先在选择应用位置选择应用的界面对象，然后单击“选择图片”命令。在打开对话框中，选择一幅图片作为背景图案。如果要修改颜色，可以单击“选择一种颜色”按钮，在打开的调色板中选用一种颜色或自定义颜色，然后单击“确定”按钮。

第十二步：移动鼠标到菜单栏，单击“文件”→“打印”命令，进入打印设置对话框。单击“确定”按钮即可开始打印。最好使用标准封面和标签纸张来打印封页和标签。

第十三步：如果发现在打印到页面时出现页面文字与页面偏移不符现象，可以单击“调整打印机”按钮，打开调整对话框，在“设定打印机偏移量”文本框中输入调整的数值。比如打算从左侧移动页面，可以在“左”中输入一个适当数值，如果打算从顶部移动打印页面，可以在“顶部”中输入一个数值，设定完成后，单击“确定”。

第十四步：在粘贴光盘标签时，要将标签均匀地粘贴到CD的中央。如果偏离中央粘贴的标签可能会影响平衡，会使有的CD－ROM驱动器读盘时产生振动噪音。另外，不要将光盘标签撕掉，否则会导致CD盘片上数据损坏，致使无法读盘。

607. 怎样下载安装“Nero”？

第一步：启动浏览器，在地址栏输入“http://www.nero.com/”后回车，找到“Nero Burning ROM”下载到自己的电脑中。在国内各大网站软件下载区，也可以很容易找到“Nero”。软件为共享软件，适用于Windows 9X/NT/2000/XP操作系统，大小为11.4MB。第二步：双击安装英文版软件。第三步：双击中文包解压缩到Nero英文版的安装目录下后，即完成安装。Nero(Nero Burning ROM)是一款非常优秀的刻录软件，操作简单，功能强大，应该是一般家庭光盘刻录的首选刻录软件。

608. 怎样使用Nero刻录普通数据光盘？

第一步：将需要刻录的文件拷贝到一个新文件夹中，如命名为“刻录文件夹”，将刻录盘(CD—R或CD—RW)插入刻录机。第二步：启动Nero，首先出现的是“Nero向导”。选择“编辑新的光盘”。第三步：按照提示依次选择“数据光盘”→“编辑新的数据光盘”，单击“完成”进入主界面。第四步：Nero的主界面除了标题栏、菜单栏、工具栏之外，左边的窗口是刻录窗口，右边的窗口是文件浏览器，只要在该窗口中找到要刻录的文件，然后拖放到左边的刻录窗口，便完成了刻录光盘的编辑工作。第五步：以刻录 D 盘“临时刻录文件夹”中的数据为例：在文件浏览器中展开 D 盘，选中“刻录文件夹”，此时文件浏览器右边的窗口栏中出现该文件中所有的文件。然后在文件浏览器中选中需要刻录的文件，按住鼠标左键不放，拖到左边的那个刻录窗口中即可。第六步：也可以在文件浏览器中右键单击要刻录的文件或文件夹，在弹出菜单中选择“复制”，然后移动鼠标到刻录窗口，右键单击空白区域，在弹出菜单中选择“粘贴”。第七步：在向刻录窗口添加文件时，主界面下面的信息栏有一条变化的蓝色线条，显示出当前刻录窗口中所有文件的总容量。由于目前大部分刻录盘的容量都是 650MB，所以信息栏的“650MB”处有一条黄色的标示线；不过市场上也有部分刻录盘的容量为 700MB（普通刻录盘的极限容量），所以信息栏的“700MB”处有一条红色的警告线。第八步：确定刻录盘的容量，可通过刻录盘的性能标示来确定，一般刻录盘都标有“650MB”或“700MB”字样；也可以通过 Nero 来检测：移动鼠标到菜单栏，单击“刻录机”→“光盘信息”命令，或者使用快捷键“Ctrl＋I”，立刻就会出现信息窗口。第九步：编辑好刻录文件之后，单击工具栏上的“刻录”按钮，或者移动鼠标到菜单栏，单击“文件”→“写入光盘”命令，进入刻录界面。第十步：这里可以选择：测试，由 Nero 对刻录进行模拟操作，以便检查待刻文件是否有数据错误；测试并刻录，先进行模拟刻录，正常则正式刻录；刻录：不进行模拟直接刻录。一般应选择“测试并刻录”。第十一步：刻录完成后，Nero 会弹出一个“刻录完毕”的信息窗口，在此之前最好不要对计算机进行任何操作。第十二步：取出刻好的光盘，单击窗口右上角的“关闭(×)”按钮，退出程序。

609. 怎样使用 Nero 刻录 CD 光盘？

第一步：将需要刻录的音乐文件拷贝到一个新文件夹中，如命名为“刻录文件夹”，将一张空白 CD—R 刻录盘插入刻录机。第二步：启动 Nero，首先出现的是“Nero 向导”。选择“编辑新的光盘”。第三步：按照提示依次选择“音频光盘”→“编辑新的音频光盘”，单击“完成”进入主界面。第四步：窗口的右边是文件浏览器，左边的刻录窗口变成了“轨道”模式。通过文件浏览器找到需要刻录的音乐文件（WAV、MP3、DAT 等格式的音频文件），用鼠标拖放到左边的刻录窗口中。第五步：如果将 MP3 拖放到刻录窗口中，Nero 会立刻对 MP3 进行检测与转换。第六步：在拖放文件的同时，状态栏会显示要刻录的音轨所占用的盘片容量及文件信息。第七步：在刻录窗口选中一个曲目，单击刻录窗口上的“编辑”按钮，可以启动 Nero 的音频编辑软件对选中曲目进行编辑。第八步：编辑好刻录文件之后，单击工具栏上的“刻录”按钮，或者移动鼠标到菜单栏，单击“文件”→“写入光盘”命令，进入刻录界面。第九步：这里一般应选择“测试并刻录”。第十步：刻录完成后，取出刻好的光盘，退出程序。

610. 怎样使用 Nero 复制光盘？

第一步：将要复制的源盘插入光驱中，然后再插入一张空白 CD—R 刻录盘到刻录机中。第二步：启动 Nero，首先出现的是“Nero 向导”。选择“复制光盘”。第三步：确定源盘所在的光驱后，单击工具栏上的“刻录”按钮，或者移动鼠标到菜单栏，单击“文件”→“写入光盘”命令，进入刻录界面。第四步：在界面的左下角有一个“快速复制”选项，由于“快速复制”容易出现问题，最好不使用。第五步：这里一般应选择“测试并刻录”。第六步：刻录完成后，取出刻好的光盘，退出程序。

611. 怎样使用 Nero 刻录 VCD 光盘?

第一步:启动 Nero 后,单击进入“专家模式”,然后在新建专辑窗口左侧的功能列表框中单击“VCD”按钮。第二步:在“VCD”选项卡中,将“编码分辨率”选为“PAL”;选中“创建符合标准的光碟”后,Nero 将检测引入的 MPG 或 DAT 视频文件是否符合 VCD 标准。只有符合标准的才能在任何 VCD 机上播放。如果引入的视频文件不符合 VCD 标准,Nero 会有提示,虽然你也可以强制用该文件制作 VCD,但这张 VCD 在家用影碟机上是无法播放的。第三步:在“菜单”选项卡中可以设置为 VCD 制作启动菜单等。第四步:在“ISO”选项卡中一定要选择 ISO1 级和 ISO—9660 字符集,“放宽 ISO”限制中的两个选项全部不选。这样刻出的 VCD 光盘才能在家用 VCD 机上读取。在“格式”选项中,正常情况应当是自动被设置为“模式 2/XA”。第五步:从“文件浏览器”中将需要刻录的 MPG 和 DAT 视频文件拖放到界面左下角的“轨道”窗口中。在拖放文件时,Nero 会自动检测文件的合法性,对于不符合 VCD 标准的文件它会报警。如果刻录的是多段 VCD,要注意文件的拖放排列顺序。第六步:单击工具栏上的“刻录”按钮,或者移动鼠标到菜单栏,单击“文件”→“写入光盘”命令,进入刻录界面。第七步:这里一般应选择“测试并刻录”。第八步:刻录完成后,取出刻好的光盘,退出程序。

612. 怎样进入联众世界玩网络游戏?

第一步:启动浏览器,在地址栏输入“http://www.ourgame.com”后回车,进入联众世界的主页。第二步:移动鼠标到联众主页的左上角,单击“免费注册”,出现北京联众电脑技术有限责任公司用户服务条款,选择“我同意”,进入注册信息窗口。第三步:在注册窗口中,按照提示填写好资料,单击“提交”,如果一切顺利就会注册成功。第四步:在联众主页上单击“自动下载进入游戏”按钮。第五步:进入“游戏大厅”页面后单击“自动下载”,在弹出窗口中选择“是”,选定下载地点,单击“开始下载”。第六步:下载成功后,系统会自动进行安装,安装完成后,会出现登录信息窗口。第七步:在这个窗口中填入刚刚申请的用户名和密码,单击“登录”键进入联众游戏大厅。第八步:游戏大厅页面分为四个部分。左下角部分是游戏列表,在这里你可以看到很多项游戏,每一项游戏前面都有一个“+”号或者“-”号。其使用办法和计算机操作系统中的资源管理器一样,单击任何一个游戏前的“+”号,都可以看到这个游戏的所有服务器及每个服务器上分别有多少人。第九步:双击想玩的游戏名称,会出现窗口,提示还没有安装这个游戏,这时只要选“喂”,就可以下载并安装这个游戏了。第十步:安装完成后,再次双击这个游戏的名称,然后选择一个服务器,就可以进入该游戏了。第十一步:如双击“斗地主”游戏,进入游戏后,在屏幕的左上角会看到许多人坐在桌子旁。选一个空位,单击椅子,就会坐下来并出现“开始”按钮。第十二步:单击“开始”,等人到齐后,进入“斗地主”游戏。第十三步:单击“开始”,游戏开始发牌,然后按照“斗地主”的规则游戏。联众世界的游戏很多,有围棋、四国军棋、中国象棋、国际象棋、五子棋、桥牌、麻将、“斗地主”等,在这些游戏中,有一些最基本的操作方法。一是牌类游戏:左键单击要出的牌,右键出牌。如果玩“升级”、“拖拉机”等,“亮主”时必须用鼠标左键单击想亮的牌;二是围棋、五子棋:只须用左键单击要落子的位置即可;三是其他棋类:先用左键单击要移动的子,再用左键单击要移动到的位置。四是当一局结束后,如要继续玩单击“开始”,如要离开就关闭窗口。如果游戏没结束或者没有玩到事先规定的盘数就强行退出,一般认为是不够礼貌的。

六、电脑的故障排除

613. 排除故障的一般原则是什么?

排除故障首先是查明原因。一般情况下,用户可以通过简单的操作确定故障的部位和设备。对简单故障自己试着排除,对复杂故障需要专业维护技术人员来处理。检查故障的原则是先外后内,即先检查机器外部,若没有问题,再检查机器内部;先软后硬,先尝试软件故障的修复,无效时才进行硬件故障处理。

614. 怎样分析系统故障?

第一步:看计算机加电后能否出现自检画面。如果未能出现自检画面,则说明可能是显卡、内存、电源方面的故障,即属于硬件故障。第二步:分析自检时出现的错误信息。如果在自检过程中出现各种错误信息,例如"HDD Controller Failure",它的意思是硬盘控制器错误,一般是硬盘电源线与硬盘连接不正确、硬盘数据线与主板连接不正确等原因引起的。此类故障仍然属于硬件故障。第三步:看能不能正常引导操作系统。如果能正常引导操作系统,基本上可以确定是软件方面的故障。即使未能正常引导,一般也是系统文件丢失、病毒破坏等原因造成的,属于软件故障。第四步:注意在系统运行过程中出现的问题。因为99%的故障都是在系统运行过程中出现的,例如死机、程序非法操作关闭、系统资源急剧减少、文件丢失等,这类故障一般都属于软件故障。

615. 怎样分析主板故障?

一是根据故障对电脑系统的影响,可分为非毁灭性故障和毁灭性故障。非毁灭性故障发生在系统上电自检期间,一般给出错误信息;毁灭性故障也是发生在系统上电自检期间,一般导致系统死机。二是根据故障的影响范围,可分为部分故障和整体故障。部分故障指系统某一个或几个功能运行不正常,如主板上IO控制芯片损坏,仅造成IO部分工作不正常,不影响其它功能;整体故障往往会影响整个系统的正常运行,使其丧失全部功能,例如主板芯片组损坏将使整个系统瘫痪。三是根据故障现象是否固定,可分为稳定性故障和不稳定性故障,稳定性故障是由于元器件功能失效,其故障现象稳定重复出现;而不稳定性故障往往是由于接触不良、元器件性能降低,使系统时而正常、时而不正常。如由于I/O插槽变形,造成显示卡与该插槽接触不良,使显示呈变化不定的错误状态。

616. 怎样分析显示故障?

一是开机无显示。由于显卡原因出现此类故障一般是因为显卡与主板接触不良或主板插槽有问题造成,对其进行清洁即可。对于一些集成显卡的主板,只有将主板上的显卡选项关闭以后方可使用。由于显卡原因造成的开机无显示故障,主机在开机后一般会发出一长两短的蜂鸣声。二是显示颜色不正常。这种故障一般因为显卡与显示器信号线接触不良或显示器故障引起的。三是出现异常的竖线或不规则的小图案。这一般是由于显卡的显存出现问题或显卡与主板接触不良造成。

617. 硬件故障的一般解决方法有哪些？

一是环境观察法。对于一些突如其来的硬件故障，如开机无显示等，首先应该先看看容易检查的部位。如电源是否接通完好，是不是所有的连接线都连接无差错等。二是还原 CMOS 法。有些用户因为种种原因而改动主板 CMOS 里的一些设置，这往往是导致故障发生的一个主要原因，可以通过还原 CMOS 的设置来解决问题。三是 Logged 跟踪法。如果计算机已无法进入到 Windows 中或进入后不正常，可以采用 Logged(\bootlog. txt)的方式启动计算机，这样所生成的 bootlog. txt 文件能够记录下故障出现的位置。使用 Logged 方式启动的方法是：在系统启动时按下键盘上的“F8”键，会出现启动菜单，选择“Logged”方式启动，故障出现后，用 Windows 启动盘重新启动计算机，然后将 C 盘根目录下的 bootlog. txt 文件复制到软盘上，在其他计算机上打开该文件，上面记录了 Windows 启动的整个过程，从中可以找到问题的根源。四是设备替换法。所谓设备替换，就是当你怀疑哪个设备有问题时，用同样功能、同一型号的设备替换它，如果替换后问题消失了，那么多半就是这个设备出现了问题。五是最小系统排除法。最小系统法就是去掉系统中的其他硬件设备，只保留主板、内存、显卡三个最基本的部件，然后开机观察是否还有故障。如果有，则可排除其他硬件的问题，故障应来自于现有的三个硬件中。如果没有，则将其他硬件依次添加，查看在添加哪个硬件后出现故障，发现故障所在后，再针对这个硬件进行处理。六是驱动升级法。有时使用升级驱动程序也是解决硬件故障的一项有效方法。七是资源更改法。很多计算机故障都是由硬件间的资源冲突引起的，对此我们可以采用更改资源的方法来解决。第一步：使用鼠标右键单击“我的电脑”，选中“属性”，单击“设备管理器”→“按类型查看设备”。第二步：如果在列表中发现有设备被黄色的惊叹号标出，那么很可能是硬件间有了资源冲突。第三步：更改资源的方法是，用鼠标左键双击标有惊叹号的硬件，单击“资源”，去除“使用自动的设置”前的选钩，选择“更改设置”，将冲突的资源更改即可。

618. 常见系统故障有哪些？

一是非法操作。经常会有这样的现象，在运行某个软件或编辑文档时，屏幕上出现错误提示“该程序执行了非法操作、程序即将关闭，如果仍有问题，请与程序供应商联系”，单击“详细资料”按钮后还可以看到更详细的信息，此时即使你重新运行该软件或打开文档都是无效的。但奇怪的是，当我们重新启动系统后却又一切正常，这种错误一般发生在 Windows 9X/Me 操作系统中，而 Windows 2000/NT/XP 中很少出现。二是无法正常启动。Windows 启动时需要从 system. ini、win. ini、注册表读取初始化信息，Windows Me 和 Windows XP 还将读取 config. sys、autoexec. bat 两个文件，如果这些初始化文件出现错误，都会导致无法启动。当然，系统无法正常启动的原因还有很多，但不外乎系统文件受损、病毒破坏、注册表损坏等原因。三是系统资源急剧减少。有时，当正常启动系统后，即使未开启任何应用程序或打开文档，系统可用资源也会急剧减少．这一般是由于病毒的破坏或木马程序造成的。四是软件无法运行。可能某个软件昨天还好好的，可今天竟然无法运行了，真是搞不懂。究其原因，在卸载另一个软件时，你可能将一些 DLL 动态链接库文件也直接删除了，而这些 DLL 文件却被某个软件所共享，这就是问题的症结所在。五是注册表损坏。Windows 的注册表实际上是一个庞大的数据库，其中包含了硬件设置、软件设置、当前配置、动态状态、用户特定设置等五项内容，主要存储在 C:\windows 下的 system.dat 和 user.dat 两个文件中。如果注册表文件受损，可能会出现各种错误或无法启动系统的症状。

619. 软件故障的一般解决方法有哪些？

第一步：不管出现什么故障，首先要采取的措施就是立即重新启动系统，假如系统能够正常启动或者从安全模式能够正常启动，说明故障并不严重，待进系统后再慢慢查找具体原因。第二步：当怀疑系统中有病毒存在时，应使用正版杀毒软件在 DOS 下对系统进行检查，查杀系统中的病毒。第三步：有时某个软件无法正常使用或某一类型的文件无法打开。主要原因就是丢失了某个文件，可以通过重装该软件的方法加以解决。当然，最好是仍旧将软件覆盖安装在原来的路径下，这样可以省去不少麻烦。

620. 安装 Windows 98 时出现磁盘空间不够的错误信息怎么办？

在安装过程中，磁盘空间本来是足够用的，但却出现了没有足够磁盘空间的信息，遇到这种情况，在确认你的磁盘空间足够的前提下，可以通过在执行 setup.exe 命令时使用/id 选项使安装程序忽略可用磁盘空间，即在 DOS 命令行或"运行"命令下安装 Windows 98 时不仅仅只键入"setup"，而是要键入"setup/id"。

621. 安装 Windows 2000 无法继续怎么办？

在 Windows 98 下安装 Windows 2000 时安装程序会自动检测目前运行的 Windows 版本，如果出现"Windows 2000 安装程序无法检测到你目前运行的 Windows 版本，安装程序无法继续"的现象，一般来说是在非正式版的 Windows 98 中安装时才出现，原因就是 Windows 2000 安装程序不能识别 Windows 的版本号。不知道为什么，微软公司并不把 Windows 98 SE（第二版）认为是正式版本，所以 Windows 2000 安装程序在大多数情况下也无法正确识别出 Windows 98 SE 的版本。你可以用 Windows 98 启动盘启动系统到 DOS 下安装 Windows 2000，不过 Windows NT 系统和 Windows 9X 系统在 DOS 下的安装步骤不一样，它在 DOS 下的安装不像安装 Windows 98 那样键入 setup.exe 就可以了，而是要先加载 smartdrv.exe，然后运行/i386 目录下的 winnt.exe。

622. 安装 Windows 为何老死机？

这是因为在主板的 BIOS 设置中将防病毒功能打开的缘故。Windows 各操作系统在安装时都会向硬盘的主引导区写入数据，如果主板 BIOS 的防病毒功能被打开，就会导致硬盘主引导区无法写入任何数据，使得安装程序无法继续运行而导致死机。只须在安装 Windows 前，将主板的防病毒功能关闭即可。

623. 安装程序在检测硬盘时停止运行怎么办？

第一步：关闭计算机，等 10 秒钟，重新开机。第二步：当计算机启动后，重新运行安装程序，这时安装向导会要求你作选择。第三步：选择"使用安全恢复"选项，这样在硬件检测时将跳过错误的部分。第四步：如果系统再次停止，就再次执行"第一步"到"第三步"的操作，直到硬件检测执行结束。

624. Windows 蓝屏死机是怎么回事?

一是同时运行了多个比较大型的程序,而系统内存又比较少,系统可能会出现提示"Windows is busy"(系统忙)错误的蓝屏信息,这是因为内存不足引起的。第一步:在不额外增加物理内存的条件下,可以适当增加虚拟内存的大小或者更改虚拟内存的有关设置。第二步:还应该经常删除无用的文件以便释放硬盘空间,或者自己重新配置虚拟内存,把虚拟内存文件转移到其它盘中并指定一个合适的值,这个值一般是物理内存的 1.5 倍。第三步:配置虚拟内存。在 windows 桌面上,右键单击"我的电脑",单击"属性"→"性能"→"虚拟内存"。在"硬盘"中选择合适的分区;在"最大值"、"最小值"中键入合适的数值,两个数值可以相同。二是运行了一些有缺陷的程序,可能会出现致命的蓝屏死机,并且还会指出某某文件在某个地址发生错误。如果受到病毒或黑客攻击,也可能遇到这种情况。对于前者,可能是因为它与 Windows 系统文件发生了严重的冲突,这时只好将该程序删除掉或者安装该软件的补丁程序;而对于后者,则应该安装"病毒防火墙"一类的软件,可以在一定程度上减少发生错误的机会。三是硬件不兼容或损坏引起运算错误也会导致蓝屏。特别是内存条不兼容所引起的错误,往往让人费尽心思也未必能顺利找到原因。不过这种现象通常发生在系统刚刚进入 Windows 时就给你来个蓝屏死机,在尝试了多次启动仍未成功甚至连安全模式也不能进入时,应该考虑到可能是内存条的原因。要解决这个问题就只有更换其它内存条再试试。四是超频引起蓝屏死机。有些人不仅对 CPU 超频,也对显卡超频。超频虽然能在原有的基础上得到更高的性能,但这是以牺牲硬件的寿命为代价的。由于超负荷运转使 CPU、显卡过热,产生电子迁移现象极有可能导致系统出现运算上的错误,即使那些标称超频性能特别好的硬件,有时也会出现这种错误。如果经常发生蓝屏死机,为了系统的安全性着想,最好将频率降下来。如果实在要超,也要提供一个好的散热条件,比如装个功率大的风扇,或者加上硅脂等散热材料。五是系统过热。在超频或者有时并没有超频的情况下,系统会因为温度过高而出现蓝屏,实际上过热状态下不仅是 Windows 98 会出现蓝屏,连比较稳定的 Windows NT/2000/XP 也可能因为系统特别是 CPU 温度过高出现蓝屏死机。设备一旦达到了较高的温度就导致系统进入保护状态,出现蓝屏死机。因此在炎热的季节控制系统温度就显得尤为重要。六是另外一种错误也会使 Windows 出现蓝屏,那就是在系统从软盘、光盘读取数据的过程中将软盘取走或将光驱的门打开。解决这种错误是最简单的,再插入软盘或将光驱的门关上后按回车键即可。

625. Windows 98 出现问题后重启进入安全模式怎样查找原因?

如果 Windows 98 在启动时检测到问题,或检测到前一次启动不是完全成功的启动过程,它将会启动一种特殊的模式"安全模式"。该模式将忽略所有的系统文件,不加载网络、打印机或光驱,只加载标准的 VGA 驱动。所以在安全模式中,屏幕色彩会发生改变,而且可能出现一些硬件设施找不到的情况,其实这正是"安全模式"的安全所在。第一步:为了查找系统出现问题的原因,先要弄清楚在计算机出现问题前做了什么事。第二步:如果添加了一个新的驱动程序,删除该驱动程序。第三步:如果安装了某个硬件,删除这个硬件的设置。第四步:如果出现问题前用户在某个应用程序中工作,在 Windows 桌面上移动鼠标到任务栏,单击"开始"→"程序"→"附件"→"系统工具"→"磁盘扫描程序",扫描完成后会报告有关硬盘的信息,可以根据这些信息修复系统。第五步:全部操作结束后,重启计算机。

626. 接通电源后系统发出蜂鸣并显示数字编码是怎么回事?

这时,应记下屏幕上显示的数字编码。如果编码以 01 开头,表示系统的主板出现了问题,02 表示存储器,03 表示键盘,06 表示磁盘驱动器,09 到 12 表示串行口和并行口,其他的值,如 04、05、24、25 等,则是针对显示适配器的。

627. 开机报警不能正常启动如何处理?

如果是 Award BIOS,开机报警声:1 短:系统正常启动。2 短:常规错误。1 长 1 短:RAM 或主板出错。1 长 2 短:显示器或显示卡错误。1 长 3 短:键盘控制器错误。1 长 9 短:主板 Flash RAM 或 EPROM 错误,BIOS 损坏。重复长响:内存条未插紧或损坏。重复短响:电源有问题。第一步:检查硬件安装,特别是显卡和内存条是否接触不良。第二步:检查电源,是否工作不稳定或者容量不够。第三步:检查硬件之间的兼容性。可以以最小系统配置,重新组装机器硬件。所谓最小配置,就是仅安装主板、CPU、内存条、显卡、软驱、键盘。看看机器能否正常启动,如果最小系统工作正常,再逐个安装其它部件,找出硬件故障。

628. 开机提示 CMOS 出错怎么办?

一是打开主机箱,按照主板说明书找到主板 CMOS 电池,更换一块新电池。二是如果换电池后问题依旧,多半是主板质量有问题。比如电容漏电等,应找厂商更换或送修。

629. 系统启动时出现“Starting Windows 98…”后死机怎么办?

系统启动时在出现“Starting Windows 98…”信息后即死机。这种故障多是由于 Windows 98 的 DOS 启动部分受到损坏。第一步:如果有 Windows 98 启动盘,将启动盘插入软驱重新启动机器。第二步:启动后进入 DOS 模式,使用键盘键入“SYS C:”回车向 C 盘传送系统文件修复 DOS 启动部分即可。第三步:如果安装“Windows 98”时没有建立启动盘,可到版本一致的“Windows 98”机器上创建一个。

630. Windows 98 启动时间为何很长?

Windows 98 在启动的时候,要执行一系列命令及注册表中的启动选项,如果在这个过程中启动项太多,就会影响系统的启动速度。第一步:启动电脑进入 Windows 98,移动鼠标到任务栏左端单击“开始”→“程序”→“附件”→“系统工具”→“系统信息”。第二步:在出现的对话框中,移动鼠标到菜单栏,单击“工具”→“系统配置实用程序”→“启动”。第三步:将框内的自启动项除必要的外,逐一关闭。第四步:使用 Windows 的磁盘工具对系统硬盘进行全面扫描,检查是否存在坏道。第五步:运行磁盘碎片整理程序,消除磁盘碎片。第六步:运行磁盘清理程序,清除计算机中的垃圾文件以腾出必要的硬盘空间。第七步:对网卡、光驱、显卡等硬件,特别是网卡进行优化或检测,确定没有问题。第八步:使用杀毒软件查杀病毒。

631. Windows 98 启动显示"Disk boot failure. Insert system disk and press enter"该如何解决?

这是电脑无法检测到硬盘上的操作系统引导信息的提示。第一步:检查软驱中是否有非引导盘的软盘,如果有,取出软盘重新启动。第二步:检查硬盘数据线是否接触不良。

632. Windows 98 启动后立即自动关机是什么原因?

启动后,屏幕就显示"现在可以安全地关闭计算机了",并立即自动关机。产生该故障的原因一般是由于 Windows 98 启动时,设置驱动程序装载出错,导致系统认为硬件无法正常工作。第一步:在系统启动出现"Starting Windows 98…"时按下"F8"键。第二步:运行启动模式中的"Step-by-step confirmation"选项。第三步:如果系统运行至"Load all Windows drivers [Enter=Y,Esc=N]"时,按回车键后出现安全关机信息,则肯定是这个原因。第四步:重新启动机器,按下"F8"键选择 Windows 安全模式(Safe mode)。第五步:打开 Windows 文件夹下的 System. ini 文件。第六步:检查其中的[boot]项,将每一条装载的驱动程序都与 c:\Windows\System 下对应的 drv 文件对比,即检查[boot]项后面扩展名为 drv 的语句的等号右边的驱动程序名是否与 Windows/System 下对应的 drv 文件的文件名相一致,若不一致则加以更正。第七步:若 System. ini 所指定的驱动程序丢失或受到破坏,可以从其它机器的 Windows 98 系统中拷贝过来。第八步:也可以临时在该行前加注解符"$",让系统启动时跳过该行。

633. 为什么 Windows 98 第一次启动就死机?

系统第一次启动就死机,应怀疑硬件安装或设置有问题。

[方法一]　第一步:在系统引导出现"Starting Windows 98…"时按下"F8"键,在启动模式菜单中选"Safe mode"(安全模式)启动系统。第二步:单击"开始"→"运行",键入"Msconfig"单击"确定",打开"系统配置实用程序"。第三步:选择"常规"单击"高级",单击选中"强制兼容方式磁盘访问"复选框,单击"确定"。第四步:重新启动计算机后,如果一切正常,说明硬盘太旧不支持 32 位存取方式。

[方法二]　第一步:如果系统无法使用"Safe mode"进入安全模式,可以键入"F8"通过"Command prompt only"项进入 DOS。第二步:当出现 DOS 提示符后,键入"WIN/D:F"启动 Windows 98。如果成功,同样说明系统拒绝采用 32 位磁盘存取模式运行 Windows 98。

[方法三]　第一步:如果采用上述方法不成功,在打开"系统配置实用程序"后,选择"常规"单击"高级"。第二步:选中"禁用虚拟 HD IRQ"复选框,单击"确定"。第三步:重新启动系统即可。第四步:如果系统无法使用"Safe mode"进入安全模式,键入"F8"键通过"Command prompt only"项进入 DOS。当出现 DOS 提示符时,键入"WIN/D:V"。第五步:如果启动成功,在 SYSTEM. INI 文件中的 386Enh 项目后面加入:Virtua1HDirq=0。第六步:退出后重启计算机。

[方法四]　第一步:在打开"系统配置实用程序"后,选择"常规"单击"高级"。第二步:选中"禁用系统 ROM 断点"复选框,单击"确定"。第三步:重新启动计算机。如启动成功,说明系统不能使用 ROM 断点。第四步:如果系统无法使用"Safe mode"进入安全模式,键入"F8"键通过"Command prompt only"项进入 DOS。当出现 DOS 提示符时,键入"WIN/D:S"。第五步:如果启动成功,在 SYSTEM. INI 文件中的 386Enh 项目后面加入 System ROM Break Point=0。

第六步:退出后重启计算机。

［方法五］ 第一步:在打开“系统配置实用程序”后,选择“常规”单击“高级”。第二步:选中“EMM 不包含 A000－FFFF”复选框,单击“确定”。第三步:重新启动计算机,如启动成功,说明系统无法使用视频卡内存。第四步:如果系统无法使用“Safe mode”进入安全模式,键入“F8”键通过“Command prompt only”项进入 DOS,当出现 DOS 提示符时,键入“WIN/D:X”。第五步:如果启动成功,在 SYSTEM. INI 文件中的 386Enh 项目后面加入 EMMExclude＝A000－FFFF。第六步:退出后重启计算机。

634. 怎么解决 Windows 98 启动失败?

［方法一］ 第一步:在系统引导出现“Starting Windows 98…”时按下“F8”键,在启动模式菜单中选“Safe mode”(安全模式)启动系统。第二步:单击“开始”→“运行”,键入“Regedit”后回车。第二步:打开注册表编辑程序后,移动鼠标到菜单栏,单击“注册表”→“导入注册表文件”,导入备份的注册表。第三步:关闭注册表编辑程序,重启计算机。

［方法二］ 第一步:在系统引导出现“Starting Windows 98…”时按下“F8”键,在启动模式菜单中选“Safe mode”(安全模式)启动系统。第二步:单击“开始”→“运行”,键入“msconfig”后回车,打开系统配置实用程序。第三步:在“常规”选项卡中选中“选择性启动”,在”启动”选项卡中,把里边启动时所加载的程序前面的钩全都去掉。可以只留下“internet. exe”与“System-Tray”。第四步:退出后重启计算机。

［方法三］ 第一步:如果在开机时提示某个文件找不到,在系统引导出现“Starting Windows 98…”时按下“F8”键,在启动模式菜单中选“Safe mode”(安全模式)。第二步:在安全模式下键入“SFC”,选择“从安装软盘提取一个文件”,系统会提示输入丢失文件的名字。第三步:回车后,出现“还原自”与“将文件保存到”的提示。“还原自”就是让你输入系统安装文件目录,如“d:\win 98”。“将文件保存到”是指恢复的文件的保存路径,比如输入“C:\windows\system”。第四步:如果不能进入安全模式,使用 Windows 98 启动盘启动系统。第五步:在 DOS 下键入 ext 命令,回车后屏幕上会出现“Please enter the path to the Windows CAB files(a:):”这是要求输入 Windows 98 的备份路径,按照提示键入丢失的文件以及 Windows 98 的备份路径,例如,输入“d:\win 98”;回车后会出现“please enter the name(s) of the file(s)you want to extract:”,这是提示你输入丢失文件的名字,输入文件名;然后会出现“please enter the path to extract to(“Enter”for current directory):”这是要求输入文件恢复到什么目录,如“c:\windows\system”。最后系统会显示出你刚才输入的信息,输入“Y”回车。第六步:退出后重启计算机。

［方法四］ 第一步:在系统引导出现“Starting Windows 98…”时按下“F4”键进入 DOS。第二步:键入“scanreg”,会出现 Create Backups(创建备份)和 View Backups(查看备份)。第三步:选择 View Backups,会看到五个系统自动备份的文件,选择一个系统正常时的备份文件,重新启动或者直接键入“scanreg/restore”都可以。

635. 计算机安装系统时或显示 Windows 2000 桌面时死机怎么办?

Windows 2000 稳定性很高,一般很少死机,这种情况毛病多半在 ACPI 电源管理上。第一步:在安装 Windows 2000 的过程中,当出现“安装程序正在检测你的计算机”时,按住“F5”键,选择"标准 PC"作为系统类型。第二步:安装完成后右键单击"我的电脑"。第三步:在弹出菜单中,单击"属性"→"硬件"→"设备管理器"→"按类型查看设备"。如果在"计算机"项目下看到的是"标准 PC",那你使用的就是 APM 电源管理;ACPI 系统也会有相应的显示。

636. Windows 2000 开机时总提示页面文件太小是怎么回事?

页面文件就是虚拟内存。一是电脑启动时按下"F8"键进入 Windows 2000 的高级启动菜单。然后选择"最后一次正确的配置"修复系统。二是在控制面板中双击"系统",单击"高级"→"性能"→"虚拟内存"→"更改"。然后在"驱动器"列表中,单击包含要更改的页面文件的驱动器。在"所选驱动器的页面文件大小"下的"初始大小(MB)"或"最大值(MB)"框中键入新的页面文件大小数值。应尽量将页面文件单独设置在一个分区中,大小一般是物理内存的 1.5 倍。最后单击"设置"退出。

637. 如何恢复 Windows 98/2000 双启动菜单?

重新安装 Windows 2000,当检测、复制完文件重新启动的时候,将 Windows 2000 安装盘从光驱中取出,这时就可以看到 Windows 2000 启动光标了。然后选择并进入操作系统,删掉 C:盘根目录下所有带"$"符号的文件即可。

638. Windows 98/XP 双启动菜单不能选择和进入 Windows 98 怎么办?

可以通过下面的操作恢复显示双启动菜单。第一步:启动电脑进入 Windows XP,移动鼠标到任务栏左端单击"开始"→"控制面板"→"性能和维护"→"系统"。第二步:在打开的"系统属性"中单击选中"高级"标签。第三步:接着在"启动和故障恢复"项中单击"设置",在弹出的"启动和故障恢复"窗口中选中"显示操作系统列表的时间"选项,根据自己的情况制定启动菜单的显示时间。第四步:重新启动电脑就会有双启动菜单了。这时就可以选择进入 Windows 98 了,当然,Windows 98 的系统文件不能有损坏。

639. Windows 98/2000/XP 三重启动菜单消失如何恢复?

一是进入 Windows 98 后在光驱中放入 Windows XP 安装光盘全新安装,当安装向导拷贝完文件后,第一次出现安装选项时,键入"R"选择"修复"。接下来按照系统提示操作,使用"紧急修复磁盘"即可恢复三重启动菜单。二是如果没有"紧急修复磁盘",可以找一台同样安装了 Windows 98(C 盘)、Windows 2000、Windows XP 的电脑,开机进入 C 盘根目录,将"Boot.ini"、"Bootfont.bin"、"Bootsect.dos"、"Io.sys"、"Msdos.sys"、"Ntdetect.com"、"Ntldr"这七个文件复制到一张软盘中。然后打开三重启动菜单消失的电脑,将软盘上的七个文件再复制到 C 盘根目录下覆盖原文件;重新启动电脑即可。

640. 忘记 Windows 2000 管理员登录密码怎么办?

第一步:启动电脑在出现登录画面时,键入"Ctrl+Shift",调出一个输入法。第二步:右键单击输入法状态栏。第三步:在弹出的菜单中单击"帮助"。第四步:出现帮助对话框后再单击"打印"→"确定"。第五步:双击"添加打印机",单击选中安装"网络打印机"→"下一步"。第六步:键入任意打印机名,单击"下一步"。第七步:这时会弹出一个提示条,Windows 告诉你输入名不在或是错误，上面有“确定’和“帮助”两个按钮可选，单击“帮助”，再一次出现“帮助”窗口。第八步：移动鼠标到工具栏，单击“Web 帮助”，出现浏览器。第九步：在浏览器地址栏里输入“e”：或“d”：。第十步：这时浏览器变成“资源管理器”，单击地址栏→控制面板，双击“管理工具”。第十一步：在用户里新添加“Administrator”，或是修改“Administrator”的口令。第十二步：单击“确定”退出。重新启动电脑，就可以用新设定的口令进入 Windows 2000 了。

641. Windows 98 关机为何又重新启动？

一是检查电源是否接触不良，使得上电之后又掉电，然后再次自动上电造成系统的自动重启。应把电源插头、插座、开关直到机箱内的电源盒都检查一遍。二是使用杀毒软件检查有无病毒。三是检查硬件是否存在某种临时缺陷。这种缺陷不是物理故障，但可能造成临时停机。停机之后消除缺陷，又使系统自动重启。如 CPU 温度过热等。四是如果是因为 Windows 98 中的快速关机模式和主板 BIOS 不兼容造成的，关闭快速关机即可解决。第一步：单击“开始”→“运行”，键入“msconfig”后回车，或者移动鼠标到任务栏，单击“开始”→“程序”→“附件”→“系统工具”→“系统信息”→“工具”→“系统配置实用程序”。第二步：在“常规”选项卡中单击选中“高级”。第三步：选中“禁用快速关机”。然后单击“确定”退出，重启计算机。

642. 为什么重装 Windows 98 后不能软关机？

一是移动鼠标到任务栏，单击“开始”→“设置”→“控制面板”，双击“系统”。第二步：在“设备管理器”选项上，双击“系统设备”，双击设备列表中的“高级电源管理”，单击“设置”选项卡，然后清除“强制使用 APM 方式”前的对勾并单击“确定”，重新启动计算机。二是移动鼠标到任务栏，单击“开始”→“程序”→“附件”→“系统工具”→“系统信息”→“工具”→“系统配置实用程序”。在“常规”选项卡中单击选中“高级”。然后选中“禁用快速关机”，单击“确定”退出，重启计算机。三是重装系统之后如果对某个硬件驱动程序进行了升级，换回原来的驱动程序。四是检查关机前是否先关闭了所有正在运行的程序，包括网络连接。

643. 怎样解决 Windows 98 关闭系统时没有响应？

［方法一］　第一步：移动鼠标到任务栏，单击“开始”→“设置”→“控制面板”，双击“声音”图标。第二步：在“事件”框中将“退出 Windows”事件的声音设置为“无”。第三步：单击“确定”后，如果 Windows 98 能够正常关闭，则说明该问题是由退出声音文件引起的，需要重新安装提供声音文件的程序。

［方法二］　第一步：移动鼠标到任务栏，单击“开始”→“设置”→“控制面板”，双击打开“系统”设置。第二步：选择“设备管理器”选项卡，在“系统设备”中双击列表中的“高级电源管理”，选择“设置”页，然后取消“启用电源管理”选项。第三步：单击“确定”退出。如果电脑正常关机，则问题的原因可能在于高级电源管理（APM）。

［方法三］　第一步：使用记事本打开 Bootlog. txt 文件。第二步：在文件的结尾，找到其中的“Terminate＝”条目。如果 Bootlog. txt 文件的最后一行为 EndTerminate＝KERNEL，Windows 98 可成功关闭。如果 Bootlog. txt 文件的最后一行为下列某项条目，就要检查所列出的可能原因：Terminate＝QueryDrivers：表明内存管理程序有问题。Terminate＝Unload：表明 Network 与 Config. sys 中的实模式网络驱动程序冲突。Terminate＝RIT：表明声卡或旧的鼠

标驱动程序存在与计时器有关的问题。Terminate＝WIN32：表明 32 位程序锁定了线程。

［方法四］ 第一步：移动鼠标到任务栏，单击“开始”→“运行”。第二步：键入“Msconfig”后回车，启动“系统配置实用程序”。第三步：在“常规”页中单击选中“诊断启动”，单击“确定”后系统会提示重新启动计算机。第四步：如果关闭不正确，需要确定问题是由 Config. sys 或 Autoexec. bat 文件的哪一行引起的。逐个取消 Config. sys 和 Autoexec. bat 选项页中不含 Windows 图标的行的复选标记，然后尝试关闭电脑。

［方法五］ 第一步：移动鼠标到任务栏，单击“开始”→“运行”，键入“Msconfig”打开“系统配置实用程序”。第二步：在“常规”页中，单击取消“启动选项”中的所有选项。只选中“处理 System. ini 文件”选项和“处理 Win. ini 文件”选项。第三步：如果电脑仍然无法正常关闭，则说明 System. ini 或 Win. ini 中的条目存在问题。可以按此方法仔细检查每一个条目，以便确定导致问题的原因。确定引发问题的条目之后，可以取消它们前面的对号，禁用此条目便不再引起问题。

［方法六］ 第一步：打开电脑，重新启动计算机。第二步：在出现“Starting Windows 98…”时按下“Shift”键，这样就不会载入“启动”中的程序，直到引导过程结束。第三步：在“开始”菜单单击“关闭系统”，选择“关闭计算机”单选框，看看 Windows 98 是否正常关机。

［方法七］ 第一步：移动鼠标到任务栏，单击“开始”→“运行”。第二步：键入“sysedit”，单击“确定”。第三步：单击“Config. sys”窗口，文件中如果没有下面的两行内容，试着加入：device＝c：\windows\himem. sys；device＝c：\windows\emm386. exe noems x＝ a000. f7ff。第四步：保存文件退出，重启计算机。第五步：关闭计算机，看是否正常关机。

［方法八］ 第一步：移动鼠标到任务栏，单击“开始”→“设置”→“控制面板”。第二步：双击“系统”图标，单击“性能”标签项，单击“文件系统”按钮，会出现对话框。第三步：单击“疑难解答”页，选择所有的复选框，单击“确定”→“关闭”，返回控制面板。第四步：重新启动 Windows 98 后，关闭计算机。

644. Windows Me 没有安全关闭引起系统无法启动该怎么解决？

第一步：找出启动盘或者在别的机器上制作一张启动盘。第二步：使用启动盘开机进入 DOS。第三步：输入“scanreg/restore”回车，选择一个系统自动备份的注册表恢复并重新启动。

如果所有注册表备份都不能解决问题，只有重新安装 Windows Me 操作系统。

645. 为什么 Windows 2000 每次关机时电脑就重新启动？

第一步：重新安装 Windows 2000。第二步：安装过程中第一次启动时，进入 MS－DOS。第三步：打开 TXTSETUP. SIF 文件，在文件最后找到“ACPI Enable”一句，将 ACPI Enable 的数值设置成“1”，存盘退出。第四步：重新启动计算机继续安装。第五步：安装结束后进入“控制面板”双击“电源选项”图标。第六步：在“高级”选项卡中选中“启用高级电源管理支持”，在“休眠”选项卡中选中“启用休眠支持”选项。第七步：退出后重启就可以软关机了。

646. Windows XP 关机提示是什么原因？

Windows XP 关机时总是提示“To return to windows and check the status of the program click cancel lf you choose to end the program immediately you will lose any unsaved data. To end the program now click end”,是因为关闭 Windows XP 时电脑里还有程序在运行。第一步:每次关机前记着要保存并关闭一切应用程序。第二步:如果直接点击“结束”按钮,未保存的任务会丢失,这时,可以键入“Ctrl+Alt+Del”打开任务管理器,关闭应用程序。第三步:如果在任务管理器列表中为空,那么就在“系统进程”中将它关闭。第四步:如果不进行任何操作,系统将在进度条到头时自动关闭未关闭的程序并关闭系统。第五步:当确定没有任何需要保存的任务时,可以不必理会此对话框。

647. Windows XP 不能正常关机怎么办?

一是按照说明书上网到主板厂商主页,下载所用主板型号的最新 BIOS 文件,再用下载的文件刷新主板 BIOS。二是开机按“Del”键进入 BIOS 设置,找到“ACPI Function”项,使用键盘上的“+”或者“-”选择设为“Disable”。然后开机进入 Windows XP,移动鼠标到任务栏,单击“开始”→“设置”→“控制面板”→“电源选项”→“高级电源管理”,无论原来是打开还是关闭,单击选中“启动高级电源管理支持”即可。

648. 什么是系统资源冲突?

Windows 会为每个硬件设备自动分配可使用的系统资源,让这些硬件能在 Windows 中正常工作,系统资源包括 IRQ、内存地址、I/O 地址,或是直接内存访问等。如果 Windows 在分配系统资源时,将同一个系统资源分给了两个以上的硬件同时使用,就会产生系统资源冲突。发生这种问题时,轻则某个硬件不能正常工作,重则就会死机。如果硬件设备是属于即插即用型,那么系统资源冲突发生的可能性可以降低很多;如果计算机中还保留有非即插即用型的硬件,那么它们往往会成为产生资源冲突的元凶。通常可以做的预防工作,在安装非即插即用的硬件设备设置跳线时,要在设置好之后将所设置的值记录下来,这些设置值一定要与在 Windows 中的设置完全相同,该硬件才能正常工作。有些硬件用软件来调整设置值,同样也要牢记这些设置。如果该硬件支持即插即用,应尽量启动该功能,让 Windows 来统筹分配系统资源。

649. Windows 98 系统资源冲突的解决方法有哪些?

[方法一] 第一步:移动鼠标到任务栏,单击“开始”→“设置”→“控制面板”。第二步:双击“系统”图标,打开“系统属性”对话框。第三步:单击“设备管理器”,选中发生问题的硬件设备。第四步:单击“属性”按钮,在出现的对话框中单击“资源”页。第五步:取消选中“使用自动的设置”选项,再挑选冲突的资源类型,然后单击“更改设置”按钮,出现对话框。第六步:注意冲突信息中其他硬件设备的设置值,然后挑选一个完全没有其他硬件设备使用的设置值,添入“值”输入框中,单击“确定”即可。第七步:如果单击“更改设置”按钮后,出现警告信息。表示该设备的设置值是由硬件本身来设置的,不能修改,必须先修改硬件的设置,如改变跳线等。

[方法二] 第一步:移动鼠标到任务栏,单击“开始”→“设置”→“控制面板”。第二步:双击“系统”图标,打开“系统属性”对话框。第三步:单击“设备管理器”,选中发生问题的硬件设备。第四步:单击“删除”,重新启动计算机,让 Windows 98 重新分配系统资源。

650. Windows XP 设备管理器中有问号是怎么回事?

出现这种情况是因为 Windows XP 系统没有正确识别硬件的驱动程序。第一步:移动鼠标到任务栏,单击“开始”。第二步:右键单击“我的电脑”,单击“管理”→“计算机管理”→“设备管理器”。第三步:在“其它设备”项下,右键单击“PCI 简易通讯控制器”,单击“卸载”或者“更新驱动程序”。第四步:单击“扫描检测硬件改动”图标。第五步:在出现的窗口中,在“您期望向导做什么?”的下面的选项中,选择“从列表或指定位置安装(高级)”。第六步:在“请选择您的搜索和安装选项”下的选项中选择“不要搜索。我自己选择要安装的驱动程序”,单击“下一步”。第七步:选择“从磁盘安装”,选中驱动程序所在的目录,以后的操作按屏幕的提示进行就能正确识别和安装硬件的驱动程序了。如果出现“没有通过 Windows 徽标测试,无法验证它同 Windows XP 的相容性”的提示,只管选择“继续安装”。

651. 为什么总是提示没有足够的可用内存?

Windows 系统在运行过程中,如果物理内存不够时,会从硬盘中移出一部分自由空间来作为虚拟内存,当用来转化虚拟内存的磁盘剩余空间不足,就会出现内存不足的提示。解决的办法,一是:在 Windows 桌面上,右键单击“我的电脑”,在弹出菜单上单击“属性”→“性能”→“虚拟内存”。然后在打开的对话框中,选择“用户自己指定虚拟内存设置”选项,键入大约是实际物理内存 1.5 倍的数值,在“硬盘”框中选择磁盘空间最多的磁盘分区。最后单击“确定”退出,重启计算机。二是采用替换法检查硬件,如内存、主板或电源等,确定问题所在。

652. 怎样解决内存不足?

在使用电脑时,如果因“内存不足”导致无法完成需要的操作时,可采用如下的简单方法来应急。(1)释放剪贴板所占用的内存空间。第一步:移动鼠标到任务栏,单击“开始”→“程序”→“附件”→“系统工具”→“剪贴板查看程序”,打开剪贴板查看程序。第二步:如果找不到“剪贴板查看程序”,可以通过控制面板,双击“添加/删除程序”,单击“Windows 安装程序”→“系统工具”→“详细资料”→“剪贴板查看程序”进行安装。第三步:单击“编辑”→“删除”,当系统提示确认清除时,单击“是”,即可释放“剪贴板”所占用的内存空间。(2)退出正在运行的其他程序。如果同时打开许多文档或者同时运行了多个程序,可能造成没有足够的可用内存来完成当前你正在使用的程序中所进行的操作。这时,请关闭当前未处理的所有文档,并退出当前没有使用的所有程序。(3)减少自动运行程序数量。如果在启动 Windows 时自动运行的程序太多,也可能会没有足够的内存用于运行其他程序,可以通过开始菜单的“程序”→“附件”→“系统工具”→“系统信息”→“工具”,在“实用配置程序”中减少不必要的自动运行程序。(4)修复已损坏或有缺陷的程序。如果某个程序文件被破坏,可能会出现内存不足的问题。请删除该程序,然后重新安装。如果内存不足是某一程序特有的问题,则该程序可能存在缺陷。一般程序制造商会提供针对该问题的修补程序或更新程序。(5)增加硬盘的可用空间。Windows 使用硬盘上存储的一个虚拟内存文件来模拟 RAM,即“虚拟内存”。如果硬盘没有足够的可用空间,“虚拟内存”将无法使用。此时,应清除磁盘上不必要的文件,如临时文件,以便有足够的可用空间供“虚拟内存”使用。第一步:右键单击桌面上“我的电脑”图标,单击“属性”→“性能”→“虚拟内存”按钮,选中“让 Windows 管理虚拟内存设置”。第二步:单击“确定”退出,重启计算机。(6)使用最新的杀毒软件查杀病毒。

653. 开机 BIOS 找到硬盘显示错误信息无法启动怎么办?

常见的硬盘错误信息有:一是"No partition bootable":硬盘安装完成后,如果没有分区就会出现上述错误信息;如果没有设置活动分区,也会出现上述错误信息。二是"No operation system":硬盘分区后,还要格式化硬盘,如果硬盘没有格式化,就会出现上述错误信息,可以用 DOS 启动盘重新启动,出现 A:\>后,输入下列命令:format c:/s 就可以解决问题了。三是"Non system disk or disk error":这个错误信息表示硬盘没有 DOS 启动的 3 个文件,它们分别是:msdos. sys;Io. sys;Command. com。请按照下列步骤维修。第一步:将 DOS 启动盘放入驱动器 A 中,重新启动计算机。第二步:出现 A:\>提示符后,输入下列命令:sys c:按回车键就可以将 DOS 启动的 3 个文件复制到硬盘中。四是"Bad ormissing command inter preter":上述错误信息表示根目录中的 Command. com 不见了或者坏掉了,请重新用 A 盘启动,并复制 Command. com 到硬盘中即可。

654. 开机后 BIOS 为何找不到硬盘?

现在的 BIOS 都有一种自动检测硬盘的功能,只要硬盘一安装好,就能够自动找到硬盘的参数。如果 BIOS 找不到硬盘,通常有下列几种原因:一是硬盘没有装好:请检查硬盘的数据线及电源线是否安装正确,如果没有装好,BIOS 当然找不到硬盘。二是硬盘跳线没有设置好:如果计算机安装两块硬盘,其中一块要设置成主盘(Master),另一块应设置成从盘(Slave),如果没有设置好,BIOS 也就找不到硬盘了。三是硬盘和 CD-ROM 装在同一组 IDE 接口上。一般主板都有两组 IDE 接口,建议将硬盘装在 Primary 接口,CD-ROM 装在 Secondary 接口,当然,如果只有一组 IDE 接口,只好将硬盘和 CD-ROM 装在同一组 IDE 接口上。在正常情况下,二者可以相安无事,但是在某些特殊情况下,CD-ROM 会和硬盘发生冲突,如此一来,BIOS 就无法找到硬盘了。

655. 开机显示"No 80 cable install!"是怎么回事?

这个提示是说,主 IDE 接口上使用的不是 80 针的硬盘数据线,尽管这并不影响电脑的正常使用,但会让硬盘无法工作在 DMA66/100 模式下。由于传输速率的提高,为加强抗干扰能力,ATA 66/100 硬盘必须配合专用的数据线使用,才能达到较高的传输速率。与普通的硬盘线不同,Ultra ATA66/100 专用数据线由 80 条信号线组成,其中有 40 条是用于抗干扰的地线。这种 80 针信号线是向下兼容的,较老的硬盘和主板尽管不支持 Ultra ATA66/100,也可以使用 80 针排线,这能在一定程度上提高系统的稳定性,尤其是在超频环境下。

656. 双硬盘无法启动如何解决?

第一步:正确设置跳线。一般来说,如果将两个硬盘连接在同一个 IDE 接口上,则需要将一个硬盘设置为"主盘"(Master),另一个硬盘设置为"从盘"(Slave),该设置是通过硬盘上的跳线来完成的,可以参照硬盘背面的跳线说明正确设置跳线。第二步:正确设置盘符。在使用双硬盘时,如果在 BIOS 中设置了两个硬盘的参数,则第二硬盘的第一个分区将排在 D 盘,第一硬盘中的 D、E、F 等盘的盘符会向后推一个。这样如果在 C 盘和 D 盘上安装双系统就会由于第二硬盘的 C 盘成了新的 D 盘,导致安装在 D 盘上的系统无法启动。解决的方法是,在 BIOS 中将第二硬盘的参数设置为 None,这样,BIOS 就不再检测第二个硬盘,不会导致盘符的错乱。而 Windows 系统都是即插即用操作系统，启动后会自动检测到第二硬盘并将其盘符排在第一硬盘的最后一个盘符后面，问题就会得到解决。

657. 为什么 Windows Me 系统下硬盘空间不断减少？

导致这种问题发生的一个重要原因是 Windows Me 包含了一个“还原系统”的功能，这个功能的作用是随时备份系统的重要文件，以便在系统发生故障时恢复。但这个功能占用了较大的系统资源，影响到系统的效率和稳定性，需要时可以将它关闭。第一步：右键单击“我的电脑”，单击“属性”→“性能”→“系统文件”→“疑难解答”。第二步：单击选中“禁用系统还原”。第三步：重新启动计算机进入 DOS 状态，键入“deltree resotre”命令后回车。即可将这个占用很大硬盘空间的文件夹删除。第四步：退出 DOS 状态，重启计算机。

658. Windows 2000 一旦有程序出错硬盘会响很久怎样解决？

第一步：在 Windows 桌面上，移动鼠标到任务栏，单击“开始”→“运行”。第二步：在“运行”框中输入“drwtsn32”回车，启动 Dr. watson 程序。第三步：在“选项”中的项目中去掉除“视觉通知”外所有项的“√”。第四步：单击“确定”保存设置，以后程序再出错的时候就不会有剧烈的读盘现象了。

659. 为什么无法使用磁盘碎片整理程序？

运行磁盘碎片整理程序时，第一步：关掉所有正在运行的软件。第二步：关掉屏幕保护程序和休眠功能。第三步：如果硬盘有锁定或加密，也要关闭。总之，要为磁盘碎片整理程序创造一个不受干扰的运行环境。

660. 为什么硬盘无法格式化？

主板 BIOS 中，有一项 Boot Virus Detection，该项打开时 BIOS 会自行保护硬盘的启动扇区，在格式化硬盘过程中通常会修改硬盘的启动扇区，因此 BIOS 会终止应用程序。第一步：重新启动计算机，按“Del”键进入 CMOS 设置。第二步：找到“Boot Virus Detection”项，使用键盘上的“＋”或“－”键将其设置改为“Disable”，保存设置，退出即可。

661. 硬盘引导故障如何处理？

第一步：把故障硬盘作为第二硬盘装到其它计算机上面，看看能否正常读写。第二步：如果能够正常读写说明分区表本身还是好的，可以用带以下参数的 FDISK 命令修复。FDISK 命令有三个不常使用的参数，分别为/MBR、/PRI、/EXT，其功能是重写主引导记录、重写 DOS 基本分区引导记录和重写 DOS 扩展分区引导记录。第三步：如果分区表损坏，可以用 NORTON 磁盘修复软件进行恢复。第四步：也可以用 FDISK 命令重新分区处理，但是这样做之前要对盘中的原有数据作备份，否则盘中所有的数据就会被彻底破坏。

662. Windows 98 中怎样排除硬盘启动故障？

使用 Windows 98 启动盘或者别的 DOS 系统盘引导机器，在 DOS 提示符下键入“FDISK/MBR”后回车，然后按照屏幕提示操作即可。

663. 怎样修复安装 Windows XP 后丢失的分区?

安装 Windows XP 后分区丢失很可能是在安装时转换了硬盘分区格式。第一步:如果有硬盘分区表的备份,可以试着用备份恢复。第二步:如果没有备份,可以试试使用硬盘分区魔术师(Power Quest 公司出品的 Partition Magic)转换分区格式或者对分区进行检查,同时选择自动修复错误。第三步:如果以上方法都不行,那只好使用 Partition Magic 或者其他工具对硬盘重新格式化了。

664. 安装 Windows 98 后光驱不能正常工作怎么办?

这种情况多半是系统 C:根目录下的 Config. sys 文件中,使用了 DOS 下的实模式驱动程序。第一步:用记事本打开 Config. sys。第二步:删除与 CD—ROM 相关的语句,保存修改。第三步:一般情况下,重新启动计算机 Windows 98 就会自动加载光驱驱动程序。第四步:也可以在"控制面板"中双击"添加新硬件"向导,在向导引导下一步步完成光驱驱动程序的安装。

665. 播放 CD 没有声音怎么办?

第一步:播放硬盘上的声音文件试试,如果没有声音,检查声卡、音箱及其连接是否正确,接触是否良好;如果能够播放硬盘上的声音文件,说明声卡、音箱及其连接都没有问题。问题可能就出在光驱能否输出音频信号,声卡能否接收和处理光驱送来的音频信号,以及 CD 播放程序能否正常运行。第二步:将音量开大后如仍然听不到声音,检查光驱能否正确读 CD 唱盘。第三步:在光驱中放置一张 CD 唱盘,按下光驱面板上的播放键,查看光驱前面板上的 LED 发光指示灯是否处于正常读取 CD 唱盘的闪烁状态,长时间地只亮不闪或不亮,均属光驱读盘错误。换一片 CD 唱盘试试,有可能是光驱不兼容该 CD 唱盘格式,或者 CD 唱盘质量不佳造成的读盘错误。如果光驱上无播放键,可运行 CD 播放软件实施上述检查,也可以把耳机插入光驱前面板的耳机插孔听听有无声音。如果不能正确读盘,请检修光驱。第四步:如果光驱可以正确读盘,请检查光驱和声卡的音源连线。光驱和声卡可能是不同厂家所生产的,因而对音频线信号的定义可能不相同。连接不当,会造成信号对地短路,导致无声音输出或只有一个声道有输出。第五步:在音源线安装正确的情况下,如果还是听不到 CD 音乐,可利用一只双声道立体声耳机继续检测。剪去耳机的插头,将耳机的左声道、地线、右声道连线分别连接光驱尾部音源线输出插孔的左声道、地线和右声道线,如从耳机中仍听不到声音可确定是光驱无音频信号输出,能听到声音可确定是声卡信号输入电路故障。第六步:更换硬件,如光驱、声卡等。

666. 光驱(CD—ROM)不读盘怎么办?

光驱的故障排除,可以由硬件的安装和软件的设置两方面来着手。第一步:不管是几倍速的光驱,硬件的安装都是一样的。确定光驱的数据线、电源线以及音源线全都安装正确,如果安装错误,光驱就会出现故障。第二步:如果确定光驱硬件安装正确,接着就是检查光驱的软件。光驱的软件又分为两种:一种是驱动程序,另一种是启动程序。光驱驱动程序都是随光驱附赠的,要按照说明步骤正确安装,光驱才会正常工作。光驱启动程序是微软的 MSCDEX. EXE 程序,通常在 C:\DOS 或者 C:\WINDOWS\COMMAND 子目录中。光驱启动程序要设置正确,光驱才能启动。第三步:检查 CONFIG. SYS 中是否有光驱的驱动程序:DEVICE=C:\CDROM\AOATAPI. SYS/D:IDECD0002。第四步:检查 AUTOEXEC. BAT 中是否有光驱的启动程序:C:\DOS\MSCDEX.EXE/D:IDECD000。第五步:如果经过硬件和软件检查都无问题,应确认光驱是否损坏。

667. 光驱盘符不见了怎么办?

第一步:将光驱数据线重新插一次或者换一条数据线试试。第二步:检查主板 BIOS,确认光驱所在"IDE"通道没有设置为禁用或者关闭。第三步:在 Windows 桌面上,右键单击"我的电脑",单击"属性"→"设备管理器"→"刷新",看看能否找到光驱。第四步:打开"我的电脑",找到 C:\盘根目录下的 Autoexec.bat 和 Config.sys 文件,用"记事本"打开。第五步:如果找不到 Autoexec.bat 和 Config.sys 文件,可以在 C:\盘根目录下分别创建一个新文件。第六步:在 Autoexec.bat 文件中输入:c:\windows\command\mscdex/d:mscd001;在 Config.sys 文件中输入:Device=c:\windows\command\ebd\oakcdrom.sys。保存文件后,重新启动电脑。第七步:如果安装了主板的驱动程序,卸载这个程序看看能否找到光驱;如果没有安装主板驱动程序,则安装后看看能否找到光驱。第八步:确认光驱是否损坏。

668. 光盘对拷为何失败?

光盘刻录是一件比较精细的工作,要注意的问题很多。比如刻录时,我们要注意关闭其他运行程序,包括暂时关闭系统节能设置等。由于现在光盘质量和光驱读盘能力的参差不齐,光驱在读取光盘上难以识别的数据时,CPU 占用率会非常大,这就很容易导致刻录失败。因此使用刻录机复制光盘时,最忌讳刻录时直接从光驱对拷,往往导致出现刻录失败的问题,这与机器的电源和 CPU 性能关系并不大。基于这些原因,建议在刻录光盘时,最好将光盘上的内容先拷到硬盘上再刻录。有些刻录软件在拷贝光盘时,可以选择先自动在硬盘上生成中间文件,然后再刻录。现在拥有光盘刻录机的家庭越来越多,电脑中的硬盘也越来越大,为确保刻录成功,可以在硬盘上划出一个 700MB 大小的专用分区,每次要刻录时先将文件拷贝到此分区,再进行刻录。刻录完毕后,可方便地将此分区格式化,为下一次刻录作准备。

669. 使用虚拟光驱软件后光驱读盘性能突然下降怎么办?

第一步:开启光驱预读技术并增加光驱高速缓存。移动鼠标到任务栏,单击"开始"→"设置"→"控制面板"。第二步:双击"系统"图标,单击"性能"→"文件系统"→"CD—ROM"。第三步:将"追加的高速缓存大小"设定为"大",将"最佳的访问方式"设定为"四倍速或更高"。第四步:换用其他虚拟光驱程序,即选择那些不需要修改参数的虚拟光驱软件。如 Daemon Tools 虚拟光驱程序,该程序不需要修改光驱参数,不需要重新启动系统。不过该程序不支持虚拟光盘的制作,一般要配合 CloneCD 程序来使用。即先用 CloneCD 程序制作出映像文件,而后通过 Daemon Tools 程序安装映像文件。

670. 卸载虚拟光驱后光驱"丢失"了怎么办?

第一步:在 Windows 桌面上,右键单击"我的电脑",单击"属性"→"设备管理器"。第二步:选择这台物理光驱后,单击"属性",看看系统是否已经为光驱指定了驱动器编号,如果没有就自行设置一个。再将下面的"开始驱动器号"和"最后驱动器号"设置成相同的驱动器号。第三步:单击"确定"退出,重新启动计算机试试。第四步:让 Windows 重新查找一次硬件,以发现物理光驱。第五步:更改一下物理光驱的状态,如把主盘改成从盘,从 IDE1 接口上转接到 IDE2 接口上等,让 Windows 发现硬件的变化,自动识别出物理光驱。第六步:为物理光驱加载 DOS 驱动程序,但这样会使 Windows 用 MS—DOS 兼容方式访问光驱,降低系统效率。第七步:最后一招,格式化硬盘重装 Windows。

671. CD—RW 盘片刻录 VCD 格式影碟无法播放怎么办?

许多初学刻录的家庭用户怕刻坏碟片,一般都先使用 CD—RW 盘片试刻,但 CD—RW 盘片的兼容性较差。虽然 CD—RW 采用先进的相变技术,可以实现多次刻录和擦写。但是受 CD—RW 盘片介质材料的限制,它对激光头的反射率只有 20%,所以只有具有 Mulit read 功能的光驱才能读出 CD—RW 刻录盘的数据。现在的光驱全部都支持 Mulit read 功能,可以正常读取这些碟片;而较老的光驱,24 速以下,几乎都不支持 Mulit read 功能,无法识别和读取 CD—RW 盘片。至于 VCD 播放机,从来就不支持 CD—RW,不能播放是正常的。相比较来说,CD—R 碟片的兼容性要好得多。刻入数据时,利用高功率的激光束反射到 CD—R 盘片,使盘片上的介质层发生化学变化,其反射率可达 60%—70%,甚至可以被一些老光驱读取,VCD 机也没问题。因此,要想刻录 VCD 机可以读取的影碟,一定要选用 CD—R 盘片,而且要选用质量较好的 CD—R 盘片。

672. 刻录的 CD 盘无法播放怎么办?

第一步:检查刻录软件。有些软件刻录的 CD 碟片,可能无法在 CD 机中播放,如果刻录完后没有将盘片作封道操作,也不能在普通 CD 机中播放,可以换另外的刻录软件试试,使用软件刻录时一定要弄清软件功能和注意操作步骤。第二步:检查刻录机。刻录机质量不好,同样可能造成刻录的 CD 碟无法在 CD 机中正常播放,因此,购买刻录机一定不能只顾贪便宜。第三步:检查播放用的 CD 机。有些 CD 机,尤其是生产时间较早的 CD 机可能不支持 CD—R。第四步:检查刻录盘。质量不好的 CD—R 盘片,兼容性也会存在问题,在 CD 机上无法播放。

673. 使用 DVD 驱动器时 Windows 2000 区码无法改变怎么办?

一般的 DVD 驱动器都是有区码限制的,如果使用的操作系统又是 Windows 2000,那么就只有一次更改 DVD 区码的机会,如果想在电脑上观看其他地区 DVD 影碟,就只有修改 Windows 2000 的注册表解决问题。第一步:移动鼠标到任务栏,单击“开始”→“运行”。第二步:输入“REGEDIT”,打开注册表编辑器。第三步:在 HKEY __LOCAL __MACHINE/SYSTEM/CurrentControlSet/ControlClass 主键下找到“DvdRCnt”,将键值改为 3。第四步:保存后,重新启动计算机,就又可以有一次机会修改 DVD 区码设定了。

674. DVD 驱动器不能播放 DVD 影片怎么办?

第一步:先要排除软件问题。如播放软件安装了没有,播放软件在设置、使用上有没有差错等等。第二步:看看要播放的 DVD 影片分区是否和 DVD 驱动器锁定的分区相符。为保护知识产权,目前大多数 DVD 驱动器生产厂商都对生产的 DVD 驱动器作了锁区限制,当然,也有不锁区的全区 DVD 驱动器。大家都知道 DVD 光盘在全球被划分成了六个区,中国是第六区,一般情况下,每个区的 DVD 光盘只能在与它区域代码相匹配的 DVD 驱动器上才能正常播放,而大部分正规厂家的DVD驱动器产品在默认状态下都将初始区码锁在它销售地的代码上，也就是说在中国大陆，通常只能播放和观看第六区的DVD影片，其他区的则无法播放。第三步：看看DVD驱动器与DVD影片光盘是否兼容。DVD光盘的数据储存方式有单面、双面、单面高密度和双面高密度四种。DVD驱动器必须兼容相应的格式才能正常播放该格式的光盘，如果不兼容则无法播放。

675. 为什么DVD驱动器读CD盘速度较慢？

应该说，这种情况是正常的，与DVD光驱的结构特点有关。目前的DVD光驱，有单激光头和双激光头之分。单激光头也就是用同一个光头读取DVD和CD信号，其中又可分为切换双镜头和变焦单镜头，双激光头是分别用两个光头读取DVD和CD信号。如果使用双激光头的产品，在读取CD盘片时会有一个识别及切换的过程，因此对CD光盘识别速度较慢，也是正常的。至于DVD光驱倍速的概念与CD光驱也是不同的，在读取盘片时，1倍速的DVD光驱相当于9倍速的CD光驱，当然在用DVD读取普通CD盘片时，速度达不到那么高，很多DVD光驱为提高对CD盘片的兼容性，在遇到质量不太好的盘片时，将自动降速读取。DVD光驱与CD光驱的接口是完全相同的，因此那些优化设置CD光驱的方法和软件，对提高DVD光驱的读写效率也同样有效。

676. 如何排除Windows 98的自动搜索软驱故障？

在Windows桌面上，移动鼠标到任务栏，单击“开始”→“设置”→“控制面板”。然后在“控制面板”中双击“系统”图标，单击“性能”→“文件系统”→“软盘”。再单击取消“每次启动计算机时都搜索新的软盘驱动器”选项。最后单击“确定”退出。

677. 软驱不读盘怎么办？

先检查磁头。如果磁头太脏，用吹气球清洁磁头。再检查数据线，如果数据线接触不良，重新连接或者更换一条新数据线。然后检查软盘，如果软盘质量有问题或者已经损坏，更换新磁盘。

678. 软驱不写盘怎么办？

检查软盘是否未经格式化。目前市场上出售的散装软盘，一般都未经格式化。因此，要使用一张新软盘，首先要做的，就是先对软盘进行格式化。二是检查软盘是否处于写保护状态。如果是，解除软盘的写保护。三是检查数据线是否接触不良。重新连接或者更换一条新数据线。四是检查软驱。软驱出现故障也是可能的，市面上有不少假冒伪劣软驱，它们的质量得不到保障。

679. 为什么屏幕上出现“Floppy disk(s) fail(40)”提示？

屏幕上出现“Floppy disk(S)fail(40)”提示，表示系统检测不到软盘驱动器A的存在，也就是驱动器A有问题。要检查软盘驱动器A的数据线是否接触不良或者接反，应重新连接或者更换一条新数据线。二是检查电源线是否连接妥当，防止软盘驱动器A的电源线接错。三是软盘驱动器A本身也可能因质量问题出现故障。

680. 刷新主板 BIOS 后软驱无法写入怎么办?

确认刷新 BIOS 无误。启动计算机后,按"Del"键进入 CMOS 设置。找到"Floppy Disk"一项看看默认值是否为"只读"。如果是,选中它,使用键盘上的"+"、"-"将其设置为"读写"就可以了。

681. 开机后不显示图像或出现亮线颜色不正常是怎么回事?

检查显示器的电源线与视频线是否接触良好。需要时,应重新连接或者更换一条新数据线。检查显示卡是否出现故障。最简单的办法是采用替代法,可以从别的机器上拆下一块正常的显示卡装上试试,如果确系显示卡的问题,那就只有更换一块新的了。

682. 为什么显示器过一会儿就出现黑屏?

如果显示器总是过一会儿就黑屏,移动鼠标或敲任意键才能恢复,问题出在电源管理设置上。可在启动计算机后,按"Del"键进入 CMOS 设置,找到"Power Manager"选项,将关于显示器的省电时间设置得长一些,或者干脆选择"Disable"把省电模式关闭。然后在 Windows 桌面上,右键单击桌面空白处,在弹出菜单上单击选中"属性"→"屏幕保护程序"→"设置"→"电源使用方案"。在"关闭监视器"下拉对话框中选择希望的关闭显示器节能时间间隔,或是直接选择"从不"。最后,单击"确定",保存设置退出。

683. 显示器不定时黑屏怎么办?

一是检查显示器。显示器故障最容易引发此类问题,可以将显示器拿到其它电脑上试一试,如果同样出现黑屏,就可以确定是显示器问题,应该送销售商处更换或维修。二是检查显示卡。显卡故障也是最容易引发此类问题的。检测的方法正好与显示器相反,可以将其它显示器连接到自己的主机上试一试。如果确认显卡本身有故障,也应该送销售商处更换或维修。三是检查显卡是否接触不良。由于机箱质量低劣、不平整等原因,导致一些显卡在插入 AGP 插槽时不能与机箱完全吻合,强行拧上螺丝就会导致显卡的一端轻微翘起,这样在使用过程中就很容易出现各种不稳定现象,具体表现通常就是不定时黑屏或花屏。轻微的黑屏可能会一闪而过,严重的则可能需要关闭计算机再重新启动。可以打开主机箱,检查显卡远离机箱的一端是否完全插入 AGP 槽中,调节显卡固定螺丝的松紧,保证显卡完全插入;也可以将显卡拔出用橡皮擦除金手指上的污物,重新插入,这样可以有效地避免因显卡接触不良导致的不定时黑屏现象。

684. 显示器出现水波纹是什么原因?

显示器出现水波纹主要是由于供电不足造成的,最简单的办法就是把显示器的电源插头单独接在一个插线板上,与机箱电源或其他电器设备的插头分开。如果还不能解决问题,就必须为电脑更换一款功率大一点的好电源。

685. 显示器上显示的文字不完整怎么办?

[方法一] 降低显卡(显示适配器)的硬件加速。第一步:在 Windows 桌面上,移动鼠标到任务栏,单击"开始"→"设置"→"控制面板",双击"显示"图标;或者在桌面上右键单击,都会弹

出“显示属性”对话框。第二步：单击“设置”→“高级”→“性能”。移动其中的滑块，将硬件加速设置为“无”。第三步：单击“确定”保存设置退出。

［方法二］　确定视频驱动程序是否支持 DirectDraw。如果视频驱动程序不支持 DirectDraw，很可能引起显示不全的问题。第一步：在 Windows 桌面上，移动鼠标到任务栏，单击“开始”→“设置”→“控制面板”，双击“显示”图标；或者在桌面上右键单击，都会弹出“显示属性”对话框。第二步：单击“设置”→“高级”→“适配器”。第三步：查看“适配器/驱动程序信息”项目中的“特性”行。第四步：如果驱动程序不支持 DirectDraw，可以上网通过显卡提供商的网址获得支持 DirectDraw 的最新驱动程序。

686. 显示器图像为何左右闪动？

显示器图像左右闪动是显示器滤波模块老化或输入电压不稳造成的。如果是电压输入不稳，可以加装市电稳压电源解决；如果是滤波模块老化不能正常工作所致，就只能送专业维修部修理了。

687. 显示属性中的颜色只能用 16 色是怎么回事？

如果硬件没有损坏，很可能是驱动程序遭到破坏造成的。可以重新安装显卡驱动程序或重新安装 Windows 操作系统。

688. 怎样排除显示器缺色故障？

首先检查显示器与显卡的接口。显示器“D”形头的插针和显卡的插座接触不良，多半是画面缺色的罪魁祸首。如果显示器与显卡的接口没有问题，那么就可能是显示器本身的故障了，就必须送专门维修店修理。

689. 怎样解决游戏动画不显示？

在 Windows 桌面上，移动鼠标到任务栏，单击“开始”→“设置”→“控制面板”。然后：双击“添加/删除程序”，单击“Windows 安装程序”，单击“多媒体”→“详细信息”→“视频压缩”。最后单击“确定”，按照提示放入 Windows 安装盘开始安装，重启计算机即可。第二种办法是启动浏览器到微软官方网站，下载安装最新版本的 DirectX。或者启动浏览器到微软官方网站或各大软件下载网站，下载安装微软最新版本的 Windows Media Player（媒体播放机）。

690. 怎样修复 LCD 显示器屏幕出现的轻微划伤？

液晶屏幕是 LCD 显示器最脆弱的部件，使用中一定要避免被尖锐的物体划伤。LCD 显示器和很多 CRT 显示器一样，屏幕表面有一层涂层，用来保护屏幕不受损坏。显示器出现的轻微划伤应该是这个保护层上的划伤，可以用棉布擦牙膏或专用的摩擦剂轻轻将其抹平，当然，如果不影响使用，最好还是不要进行处理。

691. 怎样排除打印机不打印的故障？

检查打印机与主机的连接是否有接触不良，如若接触不良重新连接或者更换连线。二是检查打印接口是否有故障，如果有故障须请专业技术人员修理。三是检查是否有计算机病毒入侵,如有病毒,用杀毒软件查杀病毒。

692. 打印机不能打印汉字怎么办?

可能是因为没有运行汉字打印驱动程序,或者运行的汉字驱动程序与打印机类型不匹配。解决的方法是:运行与当前打印机类型匹配的汉字打印驱动程序,或者重装随机附送的打印驱动程序。

693. 打印机不能认出纸张类型怎么办?

现在的打印机拥有智能识别,可以辨认打印机上放置的纸张,若是纸张太暗,而且有痕迹、污垢,打印机无法正常识别,就会用缺省的低画质模式输出。遇到此类情况,可以选择手动识别纸张,让照片纸等特殊介质多吸收些墨水,提高打印质量。

694. 使用特殊纸张打印怎样避免出错?

现在的打印机不仅可以打印普通纸张,还可以打印照片纸、胶片、信封、卡片、打印转印介质之类的特殊纸张。特殊纸张通常有打印面和非打印面之分,两面的颜色有少许差异。打印面比较光滑,向上或向前放入打印机,非打印面较为粗糙,向下或向后放入打印机。还有一些特殊介质有不同的识别方法,甚至打印时要有垫纸来铺着底层。因此打印前一定要看说明书。特殊介质在打印数量上也有严格限制,一叠纸张的厚度比普通纸要薄,某些介质一次只能打印一张。打印宽度调节杆也要遵循纸张规格,以便进行上方固定,保持进入打印机的通路不变。特殊纸张使用特殊材料制造,价格昂贵,而且容易受到温度、湿度和阳光影响,用完最好马上放回包装盒,防止纸张发生变化。

695. 打印时字符重叠扭曲严重出错怎么办?

如果在打印的时候,遇到字符重叠,打印不完整,文本扭曲,可尝试使用以下方法解决。排除软件操作不当导致的失误。检查文件,找到制作时的排列问题。重新安装打印机的驱动程序,修复资料传输的错误;重新安装打印字库,打印字库缺陷常见于磁盘簇丢失造成的文件损坏;重新启动打印机,清除所有打印任务,防止打印时断电造成缓存资料出错;把打印设置为缺省值,避免纸张、边界设置错误而导致文本不完整。

696. 怎样解决打印机不能连续打印的问题?

第一步:在 Windows 桌面上,移动鼠标到任务栏,单击“开始”→“设置”→“打印机”。第二步:进入“打印机”文件夹,选中所使用的目标打印机。第三步:移动鼠标到菜单栏,单击“文件”→“属性”,或直接单击工具栏上的“属性”按钮,也可以右键单击该打印机,在弹出菜单中单击选中“属性”。第四步:在打印机“属性”对话框,单击“纸张”→“纸张来源”旁的下拉按钮,选“自动送纸”或“链式送纸”选项。第五步:单击“确定”退出设置。

697. 打印机经常卡纸怎么办?

除非打印机的纸张传送机械出了问题,光滑整齐松开的打印纸,放上打印机是绝对不会出现卡纸现象的。打印之前,不要放太多纸张在打印机上,用调节器固定纸张宽度,就更能减少卡纸的机率。一旦遇上卡纸，立即关闭打印机，打开前面板，缓慢取出打印纸，千万不要带电强行拉扯。

698. Windows 98 中不能录音怎么办？

首先检查声卡安装是否正确。第二步：检查 MIC 是否完好且安装正确。第三步：双击任务条上的小喇叭图标打开音量控制，检查 MIC 选项是否被静音。

699. Windows 98 第二版不能播放声音文件怎么办？

一是将要播放的声音文件拿到其它的电脑上试试能否正常播放，确定声音文件本身有没有问题。二是重新安装或升级声卡的驱动程序，确定声卡驱动程序有没有问题。三是确定声卡本身有无问题。将声卡拆下来拿到其它的电脑上试试有没有声音。四是如果发生上述故障前安装了新的设备，请将新设备禁用或卸载，确定是不是新的设备与声卡产生冲突。五是如果发生上述故障前安装了新的播放软件，请将新播放软件卸载，确定是不是播放软件之间产生冲突。六是如果安装了瑞星杀毒软件 2002 版并使用了瑞星助手，那么也有可能造成系统无法播放声音文件的现象。解决的方法是：右键单击桌面上的小狮子图标，然后将“打开音效”前的“√”去掉。七是查杀病毒。

700. 板载声卡不发声怎么办？

启动计算机，按“Del”键进入 CMOS 设置，找到“On Chip Sound”选项并单击选中，使用键盘上的“+”、“-”选择设置为“Enabled”，保存设置重启计算机。只要板载声卡没有物理损坏，装上适当的驱动程序后并设置正确就会发声。

701. 如何解决板载声卡在播放 MP3 时声音断续的问题？

在 Windows 桌面上，移动鼠标到任务栏，单击“开始”→“设置”→“控制面板”。然后双击“声音和多媒体”，单击“音频”→“声音播放”或“高级”→“性能”。把硬件加速调节到最大值。一般就可以解决。

702. Windows 98 为何找不到声卡？

开机启动计算机，当出现“Starting Windows 98…”字样时上方会有一张设备列表，在出现设备列表时，键入“Pause”键，列表就会暂停，占用系统中断的设备都会在此显示，仔细看看能否找到声卡占用的 IRQ。如果能找到，说明声卡本身没问题；如果没找到，很可能是声卡没插紧、兼容性问题或者声卡已经损坏。如果是声卡与其他设备发生冲突，可以打开主机箱，将声卡换一个插槽安装试试。然后启动 Windows 98“控制面板”中的“添加新硬件”向导，按照向导指引一步步手动添加声卡，看看能否解决问题。

703. 怎样解决 Windows 2000 系统不能识别声卡的问题？

第一步：开机进入 Windows 2000 的“设备管理器”。单击“其它设备”并将“其它设备”中的 4 个与声卡相关的项目全部删除。第二步：单击“扫描硬件改动”，这时系统会发现新的硬件设备，你可以随便找一个声卡安装而不用理睬系统的提示，直到装完重启电脑。接着在“设备管理器”中打开“声音、视频和游戏控制器”并在声卡驱动程序的第一项上打开“属性”，然后选择“更新驱动程序”。第三步：在随后弹出的窗口中选择“显示已知设备驱动程序列表，从中选择特定驱动程序”，最后在弹出的驱动程序列表中找到生产声卡公司的设备，安装完成后重新启动电脑即可。

704. 声卡在 Windows XP 中不能正常工作怎么办？

Windows XP 自带的声卡驱动程序只能保证声卡被系统认出来，而不能提供更多的功能。首先按照声卡说明书，上网打开声卡生产厂商的网站或主页。然后下载并安装声卡厂商提供的 For Windows XP 的声卡驱动。如果厂商没有提供，不妨试试使用 Windows 2000 的声卡驱动，或许可以解决。

705. 怎样提高声卡性能？

可以安装最新驱动程序。一般这些驱动程序都可以从制造商主页上直接下载，许多问题都可以通过安装最新驱动程序解决，同时也能明显改进声卡的工作性能。下载安装最新的主板驱动和 BIOS，这些驱动程序也都可以从制造商主页上直接下载。下载安装最新的 DirectX，虽然这是一个游戏平台，但它同样带有许多其它升级组件，其中就有涉及到声卡的 DirectSound & DirectMusic 组件，微软官方网站及国内各大网站都可以下载到 DirectX。

706. 怎样排除静电噪音和不规则的背景噪音？

第一步：在 Windows 桌面上，移动鼠标到任务栏，单击“开始”→“设置”→“控制面板”。第二步：双击弹出窗口中的“多媒体”或者“声音及多媒体”、“声音及音频设备”图标。第三步：单击弹出对话框中的“音频”→“高级属性”→“性能”。第四步：将“硬件加速”滑动钮向左移两格，使其位于“基本加速”位置。这种方法将关闭 3D 音频，是一个暂时性的解决手段。

707. 如何解决 Windows 98 声卡无声的问题？

[方法一]　第一步：准备好声卡驱动程序盘和 Windows 98 的安装光盘。第二步：在 Windows 桌面上，右键单击“我的电脑”，单击“属性”→“设备管理”→“按类型查看设备”。第三步：选中“设备管理器”中“声音、视频和游戏控制器”中被打了叉号或者感叹号的项目，单击“删除”。第四步：重新启动计算机。第五步：重新启动后，系统自动检测并发现新硬件，出现一个新硬件对话框要求你为它安装驱动程序。第六步：在询问驱动程序路径的时候插入相应的驱动程序盘，单击“从磁盘安装”。第七步：在弹出的对话框中输入或者选择驱动程序盘的盘符，也可以单击“浏览”按钮选择驱动程序所在盘符与路径。第八步：单击“确定”，开始安装驱动程序。第九步：如果安装成功，系统会要求重新启动计算机。

[方法二]　第一步：驱动程序安装成功重启计算机后，如果声卡仍不发声，可到“设备管理器”中再次删除“声音、视频和游戏控制器”下的项目。第二步：回到 Windows 桌面，移动鼠标到任务栏，单击“开始”→“设置”→“控制面板”。第三步：在“控制面板”中双击“添加新硬件”，启动添加新硬件向导。第四步：在添加硬件向导中，系统会询问你是否自动检测与配置新硬件，选择“否”，单击“下一步”。第五步：在出现的对话框中，单击选中“硬件类型”框中的“声音、视频和游戏控制器”，单击“下一步”。第六步：在出现的对话框中，单击“从磁盘安装”，选择驱动程序所在

的路径。第七步：选择好路径单击“确定”后，即开始安装声卡驱动程序。第八步：如果安装成功，系统会要求重新启动计算机。

［方法三］ 第一步：如果在“设备管理器”选项框中的“声音、视频和游戏控制器”下面的选项前面都有感叹号，双击那些有感叹号的选项，或者单击“属性”按钮，会弹出“设备状态”对话框，显示出这些不正常的选项的有关信息与运行状态。第二步：单击“驱动程序”，在随后弹出的对话框中显示出这些不正常选项的驱动程序信息，如供应商、日期、版本等。第三步：单击“驱动程序的详细资料”，在随后出现的“驱动程序文件”列表框中列出了声卡的驱动程序，在列出的驱动程序中，如果有“.386”文件，请记下这些文件的名称。第四步：回到桌面上，双击打开“我的电脑”，进入C:\Windows 文件夹，用记事本打开 System.ini 文件。第五步：在 System.ini 文件中查找记下的那些“.386”文件，找到后，在每个文件名的命令行前加上一个英文分号或 Rem 命令，以禁止这些命令起作用。第六步：再回到桌面上，移动鼠标到任务栏，单击“开始”→“运行”。第七步：键入“Regedit”后单击“确定”，启动注册表编辑器。第八步：在 HKEY__LOCAL__MACHINE\System\CurrentControlSet\Services\Class\MEDIA 主键下找到包含有刚才记下的“.386”文件的键值数据并将这些键值数据从注册表中删除。第九步：关闭注册表编辑器，重新启动计算机。第十步：如果电脑重启后死机，再次重启电脑并按下“F8”键，在启动菜单中选“3.Safe Mode”，进入“安全模式”。第十一步：在桌面上右击“我的电脑”，选择菜单中的“属性”，单击“设备管理”，然后在“声音、视频和游戏控制器”栏下将声卡选项删除。第十二步：再次重新启动计算机。

［方法四］ 第一步：断开电脑电源，打开机箱，从主板的声卡插槽中拔下声卡。第二步：重新开机，用 DOS 启动盘启动系统，然后对硬盘进行低级格式化、分区和高级格式化，完成后重新安装 Windows 98。第三步：安装结束后，再关机，然后在“ISA”插槽上插上声卡。第四步：重新开机，然后插入驱动程序盘，在 Windows 98 检测到新硬件时，安装声卡驱动程序。第五步：安装成功后，重新启动计算机。

708. 怎样利用“step by step”模式排除故障？

利用 step－by－step confirmation 启动模式可以对计算机的启动过程做一步一步的分解，如果你的计算机系统出现了问题，就可以利用这个方式找出毛病来从而进行排除。当然，我们要知道开机过程的各个步骤：第一步：装入 IO.SYS 的基本程序，如 DBLSPACE.BIN、FILES＝等。第二步：执行注册表。第三步：执行 CONFIG.SYS 中的命令。第四步：执行 AUTOEXEC.BAT 中的命令。第五步：装入窗口环境的图形界面(GUI)。第六步：装入 Windows 98 的各项驱动程序。知道了这些，当系统出现问题的时候，只要利用“step by step”启动模式，每次忽略一个步骤，观察系统是否能因此而恢复正常，只要找到产生错误的步骤，就能确定错误的源头，就能排除故障。

709. 怎样使用“恢复控制台”解决系统崩溃的问题？

虽然 Windows 2000 是一个非常稳定的系统，但一旦系统出现了错误，它的恢复办法与 Windows 98 有相当大的不同。尤其是在使用 NTFS 文件格式后而无法使用 DOS 选项时，更感到束手无策。幸而微软在 Windows 2000 中提供了恢复控制台，它可以将系统启动到命令行模式，这个命令行模式有点象 DOS。但它又与 DOS 有很多不同的地方：进入时仍然要求输入管理员账户和密码;启动后可以进入 NTFS、FAT32、FAT 分区以及 CD－ROM;在它下面你可以控制一些服务是否下次自动启动,这对一些不兼容程序安装后导致崩溃来说,非常有用。利用它你可以启动和停止服务、读写本地驱动器上的数据,包括用 NTFS 格式化的驱动器,从软盘或 CD 复制数据、格式化驱动器,修复引导区以及执行其它管理任务。恢复控制台的安装并不复杂。在命令行提示符模式下进入到 Windows 2000 的安装文件夹中的 I386 目录中,执行 Winnt32.exe/cmdcons,然后 Windows 2000 的安装程序会出现提示框。确认安装恢复控制台,并提示要占用 7M 左右的硬盘。单击"是",几秒种就可完成安装。以后每次启动计算机时就会多出一个"Windows 2000 恢复控制台"的选项。可以使用它将文件从软盘或 CD－ROM 复制到硬盘来修复系统或重新配置阻碍计算机正常启动的服务等。

710. 怎样在 DOS 下修复损坏的注册表?

第一步:曾经对注册表进行过备份,假设备份文件存放在 temp 临时文件夹中,文件名为"z001.reg"。在 DOS 提示符下执行"regedit/c c:\windows\temp\z001.reg"命令即可使用 z001.reg 文件中的内容重新建立注册表,导入之前请事先运行 smartdrv.exe 命令,否则需要的时间将会相当长。另外,/C 参数可是一个危险选项,它会导入指定注册表文件的全部内容,重新创建一个完整的注册表,因此在导入之前请事先备份好当前注册表文件。第二步:利用 scanreg.exe 工具。其实,这里的 scanreg.exe 实际上就是 Windows 中的"注册表检查程序",它不过是在 DOS 模式下运行而已,当然它的功能较之注册表检查程序又强大了许多。即使由于种种原因无法进入 Windows 系统,我们仍旧可以利用 scanreg.exe 命令对注册表进行各种操作,比较实用的参数是/restore。执行后会显示当前备份文件的列表窗口,从中选取某一个系统正常时备份的注册表(显示为"Started")文件后,按下"Restore…"按钮,注册表就可以自动恢复到选定的日期。一般情况下,Windows 会在每天首次成功启动后自动将注册表备份为一个扩展名为 .cab 的压缩文件,默认共有 5 个备份文件,默认路径位于 c:\windows\sysbckup 文件夹下。假如你觉得仅有 5 个备份文件的话还不够,可以修改 scanreg.ini 文件,找到"MaxBackupCopies＝5"字符串,将其键值由 5 更改为希望的数值即可,最大可以修改为 99。第三步:手工恢复注册表。在 DOS 提示符下键入:cd Windows;attrib－s－h－rsystem.dat;ren system. dat system.txt;然后,重新启动系统,由于此时系统无法找到 system.dat 文件,会自动将 system.da0 文件更名为 system.dat 使用。第四步:如果还不能解决问题,可以使用系统第一次成功运行时的备份文件 system.1st 试试。在 DOS 提示符下键入:cd windows;attrib—s—h—r system.dat;ren system.dat system.txt;attrib －s－h—r system.1st;copy system.1st C:\windows\system.dat;attrib ＋s＋h＋r system.dat。第五步:重新安装系统。Windows 在安装时会自动检查包括注册表在内的系统,如果发现错误会自动修复,待安装程序修复注册表后退出安装程序即可。

711. Windows 98".vxd"文件丢失无法进入系统怎么办?

可以用 Windows 98 的启动盘来恢复丢失的*.vxd 文件。第一步:开机记下丢失的文件名称和路径后关机。第二步:用准备好的 Windows 98 启动盘启动,出现启动选择菜单时选第一项。第三步:启动后将 Windows 98 安装光盘放入光驱,并进入 CD-ROM 驱动器,键入"ext"后回车。第四步:在提示"Please enter the path to the Windows CAB files(a):"后输入 Windows

98 安装压缩包所在的完整路径,如“F:\win98\”,然后回车。第五步:在提示“Please enter the name(s) of the file(s)you want to extract:”后输入记下的丢失文件名,如“xxx.vxd”,回车。第六步:在解压路径提示“Please enter path to extract to(“Enter” for current directory):”后输入文件将被解压的完整路径,如 C:\Windows\System 并按回车。第七步:最后出现确认提示“Is this ok? (y/n):”,输入“y”后回车。ext 程序会自动查找安装盘中的 CAB 压缩包,并将文件释放到指定的位置,重新启动电脑即可。

712. Windows 98“msgsrv32”程序为何总出错?

这多半是因为主板与声卡或显卡的驱动程序的兼容性问题所引起。第一步:在 www.mydrivers.com 下载安装 VIA 芯片组 4 合 1 的驱动补丁程序或升级声卡的驱动程序。第二步:打开主机箱调换声卡的插槽。第三步:检查是否和显卡的驱动程序冲突。第四步:检查是不是文件出错或者被损坏,如果是,可以从 Windows 98 安装盘里提取相同的文件覆盖它。第五步:检查是不是电源稳定性差或供电不足等,以及其他硬件是否有问题。第六步:在 DOS 下检查是否感染病毒。第七步:格式化硬盘后重装系统,不要采用覆盖安装。

713. Windows 98“msnp32.dll”动态连接失败是怎么回事?

这种情况多数发生在安装有网卡的机器上,没有正确安装操作系统或安装新的网络适配器,就会出现这样的故障。第一步:将 windows\system 中的这个文件删除。第二步:进入注册表,将有关“msnp32.dll”的项目和键值全部搜索出来并删除。第三步:进入“系统”→“设备管理器”,删除网卡和网络属性中所有网络组件。第四步:重新启动系统后,再安装网卡和网络组件即可解决。

714. Windows 98 经常显示系统资源不足是什么原因?

一是物理内存比较小,同时打开的程序又比较多,因此造成系统资源不足。遇到这种情况的时候,最直接的方法是关闭不必要的应用程序。二是 Windows 系统所在硬盘分区的磁盘剩余空间较小,系统所在硬盘分区至少要保持一半的剩余空间为好。三是磁盘零碎文件过多,可以在桌面上单击“开始”→“程序”→“附件”→“系统工具”→“磁盘清理程序”,对系统所在硬盘进行清理。

715. 报告说系统文件被替换或者被删除怎么办?

第一步:在 Windows 桌面上,移动鼠标到任务栏,单击“开始”→“运行”。第二步:输入 SFC/SCANNOW 后单击“确定”,对系统文件进行扫描并修复。SFC 命令对维护整个系统来讲是很有用的,相关命令语句如下:SFC[/SCANNOW][/SCANONCE][/SCANBOOT][/CANCEL][/ENABLE][/PURGECACHE][/CACHESIZE = X][/QUIET];/SCANNOW——立即扫描所有受保护的系统文件。/SCANONCE——扫描所有受保护的系统文件一次。/SCANBOOT——每次启动时扫描所有受保护的系统文件。/CANCEL——取消所有暂停的受保护系统文件的扫描。/ENABLE——为正常操作启用 Windows 文件保护。/PURGECACHE——清除文件缓存并立即扫描所有受保护的系统文件。/CACHESIZE=X——设置文件缓存大小。/QUIET——不提示用户就替换所有不正确的文件版本。

716. 如何关闭程序的出错提示?

在 Windows 桌面上，移动鼠标到任务栏，单击“开始”→“运行”。然后：输入 msconfig 后单击“确定”。然后选择服务，把“Error Reporting Service”前面单选框的“√”去掉，单击“确定”即可。

717. Windows XP 中如何恢复被误删的 boot. ini 文件?

在 Windows 桌面上，移动鼠标到任务栏，单击“开始”→“程序”→“附件”→“记事本”，打开“记事本”。然后在记事本里输入：[boot loader]；timeout＝30；default＝multi(0)disk(0)rdisk(0)partition(1)\Windows；[Operating systems]；multi(0)disk(0)rdisk(0)Partition(1)\Windows＝“Microsoft Windows XP Profession al”/fastdetect。最后移动鼠标到菜单栏，单击“文件”→“另存为”，然后将它保存为名字是 boot. ini 的文件，并将此文件保存到 C 盘的根目录下即可。

718. 怎样解决更新出错?

[方法一] 在 Windows 98 环境下。第一步：在光驱中放入 Windows 98 安装光盘。第二步：在 Windows 桌面上，移动鼠标到任务栏，单击“开始”→“运行”。第三步：在运行框中输入“SFC”后单击“确定”，打开系统文件检查器。第四步：选中“在安装软件中提取一个文件”，然后键入“WUPDINFO. DLL”，单击“开始”。第五步：该文件的还原路径为“X：\Win98(X 为光驱盘符)，保存路径为：“C：\Windows\System”。第六步：单击“确定”提取该文件。第七步：重新启动计算机。

[方法二] 在 Windows Me 环境下。第一步：在光驱中放入 Windows Me 安装光盘。第二步：在 Windows 桌面上，移动鼠标到任务栏，单击“开始”→“运行”。第三步：在运行框中键入“Msconfig”，打开系统配置实用程序。第四步：单击提取文件按钮，打开“从安装软盘中提取一个文件”的窗口。第五步：输入文件名“WUPDINFO. DLL”，单击“开始”。第六步：该文件的还原路径为“C：\win9X”，保存路径为“C：\Windows\System”，确定后成功还原 WUPDINFO. DLL 文件。第七步：在 Windows 桌面上，移动鼠标到任务栏，单击“开始”→“运行”。第八步：在运行框中输入“REGSVR32 WUPDINFO. DLL”。第九步：单击“确定”，系统显示 WUPDINFO. DLL 成功注册的提示后，重新启动计算机即可。

719. 怎样使用 Windows 98 系统日志诊断故障?

随着安装、启动和运行，Windows 98 建立了几个日志文件。每个人都可以利用日志查找操作系统的问题，并根据发现的问题找到可能的解决方法。这几个文件是 Bootlog. txt、Detlot. txt、Netlog. txt、Setuplog. txt、Scandisk. log、Modemdet. txt、Ndislot. txt，都可以在 C：盘根目录下找到，并且可以用记事本或者写字板打开。(1)Bootlog. txt。这是安装之后的第一次系统引导，或者任何后来进入过启动菜单而形成的启动日志。该日志中记载了每个将要启动和成功启动的组件的信息。如果有什么出了错，就会有一条包括单词“FAIL”的信息被写入日志中。通过它，可以找出是什么组件出了问题。(2)Detlot. txt。这个日志文件中记录了硬件检测的结果，它包括了一个被检测的硬件列表，并包含了描述设备和资源的数据行。在该日志中可以查找设备是否存在，是否有设备出错。(3)Netlog. txt。记录了网络客户协议和服务器初始化的事件，在该日志文件中可以找到期望的组件的名字。(4)Setuplog.txt。这个日志文件中记录了关于设置的事件，可以发现哪个组件被安装了，哪个文件被拷贝到了哪里，以及各个设备被初始化成了什么样。通过查看该日志，可以看出来应该存在但缺少了的设备，某些不该发生的事件或者应该发生却没有发生的事件。由于记录的事件比较多，所以一般这个文件比较长。(5)Scandisk.log。该文件报告了被ScanDisk发现并修理的错误。通过查看这个日志，我们可以找到磁盘出错的样式。如果ScanDisk经常找到目录或簇的问题，说明这个磁盘毛病很多了，可能需要对它重新格式化或考虑更换它。(6)Modemdet.txt。这个日志文件中记录了在哪里找到了或没找到调制解调器，通过检测该日志，可以看出调制解调器及其端口出错的记录。(7)Ndislot.txt。这个日志文件中记录了系统中与NDIS适应的网络驱动程序有关的事件。

720. Windows 98窗口右上端的按钮变成了怪字符怎么办？

第一步：检查Windows注册表有没有出错。在开机时按下“F8”键进入纯DOS运行scanreg/fix修改注册表。第二步：检查字体文件是否损坏或出错。因为窗口上的这些按钮是一种特殊的字体文件“marlett.ttf”和系统文件“comctl32.dll”，很可能是这两种文件损坏或出错。只须将运行正常的电脑中的字体文件“marlett.ttf”拷贝到该电脑Windows目录下的Font子目录中，再用SFC(系统文件检查器)工具从Windows 98安装盘中恢复“comctl32.dll”即可。第三步：检查是否安装了某种会改变按钮的软件。也可能是不经意间安装了某种会改变按钮的软件(如：ZipMagic等)造成的，特别是一些能够改变Windows外貌的修改软件。请仔细检查一下故障发生前有没有安装过类似的软件，如果有的话，将该软件卸载即可。

721. 误删了Windows 98快速启动栏中“查看频道”和“显示桌面”如何恢复？

Windows 98在任务栏的“开始”按钮右边预设了一个快速启动栏，单击鼠标就可以快速打开IE浏览器、Outlook Express和立即显示桌面，当然，也可以直接把常用的程序和文档拖拽到此栏中，以方便使用。在快速启动栏中的图标上单击鼠标右键，再选择“删除”命令，即可将图标删除。万一不小心删错了，也没有关系，可以随时将程序的快捷方式重新拖拽进来。可是如果删除的是“查看频道”和“显示桌面”，到哪里去找这两个图标呢？他们都藏在Windows安装路径下的system文件夹里，只要打开该文件夹，找到相应的图标然后按住“Ctrl”键，再把它们拖回快速启动栏就可以了。

722. NTFS格式怎样转为FAT32格式？

第一步：这种情况只能在Windows 2000/XP系统中使用Partition Magic进行转换，因为“fdisk”命令不能删除NTFS格式的主分区。第二步：启动浏览器，在地址栏键入“http://www.skycn.com/soft/3543.html”，下载Partition Magic 8.0。第三步：在Windows 2000/XP系统中安装好并进入Partition Magic后，在其主窗口中选中要转换的硬盘分区。第四步：右键单击选择“转换”命令，只要在弹出的窗口选中“FAT32”项，确认无误后按“确定”即可将NTFS格式的硬盘分区转换为FAT32格式。

723. 开机后Windows 98仍然自动执行已删除程序是怎么回事？

第一步：检查启动文件夹。在Windows桌面上，移动鼠标到任务栏，单击“开始”→“程序”

→“启动”，在“启动”文件夹中，看看是否还留有已经删除的快捷方式，如果还有的话，将其删除。第二步：检查“Autoexec. bat”与“Config. sys”文件。这两个文件里面的内容会在进入 Windows 98 之前就执行，如果有已经删除的程序留下的命令，可以将其删除，或者在前面加上一个“REM”以标明其无效。第三步：检查“Win. ini”与“System. ini”文件。在 Win. ini 的“load＝”与“run＝”这两行后面如果接有任何程序，则开机时就会自动加载这些程序。而 system. ini 中如果指定了一个不存在的驱动程序，也可能在开机时发生错误。尤其是“shell＝Explorer. exe”这一行，如果后面换成了一个不存在的程序，严重的话还可能造成不能开机。你可以通过运行“sysedit”来启动“系统配置编辑程序”，对这两个文件进行修改。

724. Windows 98 中删除的文件为何未放入回收站？

回收站就在硬盘的根目录下，其文件夹名为 Recycled，打开资源管理器就可以找到。第一步：在资源管理器的 C 盘下面右键单击 Recycled 文件夹，在弹出菜单中单击“属性”→“常规”，看看窗口中的文件夹属性是否被设置成“只读”。第二步：在资源管理器的 C 盘下面右键单击 Recycled 文件夹，在弹出菜单中单击“属性”→“全局”；如果电脑的设置“回收站”是各驱动器配置相互独立，请分别选择各个逻辑盘的标签页。看看是否选择了“不将文件移入回收站…”选项。第三步：在资源管理器的 C 盘下面右键单击 Recycled 文件夹，在弹出菜单中单击“属性”→“全局”。看看是否把“回收站的最大空间”选择为 0%。如果是，请选择一个合适的百分比，通常系统默认的是 10%。

725. Windows 98 中删除应用程序时出现“已经卸载”信息怎么办？

第一步：检查要删除的应用程序的文件夹是否还存在，如果已经被删除，几乎肯定会出现上面的警告信息，这时应重装应用软件，再将其删除。如果不这样做，而是直接在上述对话框中按下“是”按钮，就会将它从“添加/删除程序”列表中消除，但可能对系统造成不良影响。如果是应用软件的文件夹被换了一个名字，只要先改回原先安装时的文件夹名字，即可正常删除。第二步：检查卸载程序是否遗失或损毁。如果是应用程序所附加的卸载程序或日志文件不见了，或是文件被损毁。这种情况下最好的解决方法是重新安装一次软件，然后再来删除；或是把别的机器中的文件复制过来也行。还有一种情形是卸载程序或日志文件还存在，只是位置发生了改变，这时只要找到该程序，然后把它搬到正确的地方就可以了。

726. Windows 98 中无法“添加/删除”程序怎么办？

使用正版杀毒软件查杀病毒。覆盖安装 Windows 系统，问题应可解决。如果仍不能解决问题，那就是系统遭到严重破坏，格式化硬盘彻底重新安装 Windows 系统即可。

727. Windows 98 中怎样卸载“添加/删除”程序中找不到的软件？

删除该软件所在的文件夹及其所有文件。运行“清理注册表”类的工具软件，清除注册表中被删软件留下的垃圾。

728. 为什么在 Windows XP 下安装不了软件？

Windows XP 为了保护系统的安全和稳定，使用了用户账户和密码保护的方式来控制用户的操作。即只有指定的人，才能做指定的事情。安装软件等修改系统的操作需要用户拥有该计算机管理员的权力才能执行，这就是为什么不是谁都能安装软件的原因，相信还有很多操作不是管理员也都执行不了。Windows XP 系统在安装时，默认“administrator”账号是管理员的身份，可以采用下面的方法使自己成为管理员。第一步：以管理员的身份进入计算机，在 Windows 桌面上，移动鼠标到任务栏，单击“开始”→“注销”，确认进入等待登录的画面，同时按下键盘上的“Ctrl ＋ Alt ＋ Del”键。第二步：在弹出的对话框中，在用户名框中输入“administrator”，密码框中输入安装时设置的密码。如果你在安装时没有设置密码，密码当然为空，回车进入系统。第三步：在 Windows 桌面上，移动鼠标到任务栏，单击“开始”→“设置”→“控制面板”，打开“用户账户”，就会看到自己的用户账户，在旁边写着“受限的账户”。第四步：单击打开自己的账户，然后单击“更改账户类型”。在弹出的窗口中，单击选中“计算机管理员”的单选按钮，然后单击“更改账户类型”按钮，确认并退出。现在就可以安装软件了。

729. ISDN 上网有时打不开网页如何解决？

这种现象是 ISDN 上网的通病，一般重装协议和系统都不能解决问题。其实最简单的办法就是用手机或者与 ISDN 不同号码的电话拨打 ISDN 占用的那个号码，听到电话铃响几声后挂掉，问题就解决了。

730. Windows 2000 为何找不到外置 Modem？

问题的原因是先启动 Windows 2000 再打开 Modem 电源所致。这是由于 Windows 2000 对硬件状态的变化非常敏感，每次启动时都会对系统中的硬件检测扫描，对检测不到的硬件不予支持，以达到节省系统资源的目的。所以有些外置 Modem 会因为没打开电源造成系统启动时未检测到 Modem，系统就会认为 Modem 不存在。因此，要在启动 Windows 2000 前先打开 Modem 的电源。如果情况已经发生，解决的办法是：第一步：在桌面上右键单击“我的电脑”，单击“属性”→“硬件”→“设备管理器”。第二步：在列表框中右键单击“端口”，选中“扫描硬件改动”，确认后退出即可正常上网了。

731. 双系统 Windows 2000 的 Internet Explorer 不能脱机浏览 Windows 98 的网页怎么办？

第一步：在 Windows 2000 下启动 Internet Explorer，移动鼠标到菜单栏，单击“工具”→“Internet 选项”。第二步：在“Internet 临时文件”项目栏中单击“设置”→“移动文件夹”按钮。第三步：在“浏览文件夹”窗口中选定一个驱动器或一个文件夹，例如选择 D:\Internet Explorer Temp 目录，但不要选 Windows 98 的 Internet Explorer 临时文件夹，选好后，单击“确定”。第四步：再单击“确定”，屏幕上会弹出提示窗口：“Windows 将重新启动以完成对 Internet 临时文件夹的移动，是否继续”，单击“是”。第五步：启动 Windows98，进入所选的目录 D:\Internet Explorer Temp，不要理睬 Windows 98 的任何警告提示，将“Temporary Internet Files”目录删除。第六步：在 Windows 98 下启动 Internet Explorer，移动鼠标到菜单栏，单击“工具”→“Internet 选项”。第七步：在“Internet 临时文件”项目栏中单击“设置”→“移动文件夹”按钮。第八步：在接下来的“浏览文件夹”窗口中选定与 Windows 2000 中相同的 D:\Internet Explorer Temp 目录。第九步：保存设置，重新启动计算机。第十步：进入 Windows 2000，启动 Internet

Explorer，移动鼠标到菜单栏，单击“文件”→“脱机工作”，输入网址，熟悉的网页就又出来了。以后，不论在 Windows 2000 下还是在 Windows 98 下都可以同步脱机浏览已经浏览过的网页。第十一步：还可以把 Windows 98 目录下的“Favorites”文件夹下的文件全部内容拷贝到 Windows 2000 所在驱动器根目录下的“Documents and Settings\Administrator\Favorites”目录下，这样，收藏夹里的东西也恢复了。

732. 开机总是自动拨号上网怎么办？

第一步：在 Windows 桌面上，移动鼠标到任务栏，单击“开始”→“运行”。第二步：在运行框中键入“msconfig”，单击“确定”。第三步：在打开的窗口中单击“启动”，在列表框中，把那些自动打开的网页全部删除，即去掉前面小框中的“√”。第四步：启动浏览器，移动鼠标到菜单栏，单击“工具”→“Internet 选项”→“连接”。第五步：在“拨号设置”中单击选中“从不进行拨号连接”。第六步：保存设置后退出。这样处理之后就不会出现开机时自动拨号上网的问题了。

733. 为什么不能下载软件？

不能下载软件的原因很可能是在安全设置中选择了“禁止下载”选项。首先启动浏览器，移动鼠标到菜单栏，单击“工具”→“Internet 选项”→“安全”。选择地球状的“Internet”，单击“自定义级别”。然后在打开的“安全设置”窗口中找到“下载”项，选择“启用”。最后保存设置后退出，这样就可以在整个 Internet 中下载包括软件在内的所有文件了。

734. 为什么拨号时听不到 Modem 的拨号音？

第一步：检查 Modem 电源是否接通。第二步：检查电话线有没有接在 Modem 的“Line”接线端口上。第三步：检查是不是电话分机或并机太多的缘故。第四步：检查是不是 Modem“属性”中的“扬声器音量”被调到了最小。第五步：检查是不是该 Modem 不支持扬声器音量控制，即该 Modem 是不是质量有问题，需要修理或更换。第六步：测试 Modem 是不是正常的使用方法。运行“附件”中的“超级终端”，启动一个终端，取消自动拨号设置，在窗口中输入“AT”，并回车，如果出现“OK”，则说明 Modem 端口及安装均无问题。

735. Modem 无法拨号或拨号后无法与 Internet 连接怎么办？

第一步：检查相关通信软件。将 Windows/system 目录中的 comm. drv 和 serial. vxd 文件与 Windows 安装盘中的原版文件相比较，看文件大小及日期是否相同。如不同，则需通过“控制面板”的“调制解调器”安装驱动程序。第二步：检查 Modem 设置。打开“控制面板”中的“调制解调器”，检查 Modem 类型、驱动程序、使用端口、波特率等属性是否与实际相符。如果所用 Modem 不支持硬件流控制，则禁用“使用流控制”。第三步：检查设备管理。在“控制面板”中打开“设备管理”，选择所用 Modem 并单击“属性”，检查该设备是否已经存在，型号是否相符；在“设备管理”中单击“端口”，检查 Modem 占用的端口 I/O 地址及中断设置是否正确；选择 Modem 所用端口并单击“属性”，在“资源”标签中，查看资源设置是否与 Modem 相符；检查“冲突设备列表”，查看当前 Modem 使用的资源是否与其他设备有冲突，如有冲突，则单击“更改设置”，并选择不产生冲突的资源设置。

736. 拨号失败后再次拨号时系统提示 Modem 正被占用怎么办?

提示信息通常是"调制解调器正被另一个拨号网络连接或别的程序使用。断开别的连接或关闭别的程序,然后重试。"出现这种情况,说明 Modem 确被占用。第一步:如果确实有其他应用程序运行,则关闭它。第二步:如果对这个提示感到莫名其妙,说明后台有一个异常进程,比如有关拨号网络的设置有问题,该进程不能及时运行结束。第三步:键入一次"Ctrl+Alt+Del"键,从关闭程序的提示窗口选择可能的进程并单击"结束任务"。第四步:随后检查拨号网络适配器及 TCP/IP 协议是否安装正确,IP 地址及 DNS 是否设置正确,拨号网络及连接的设置是否正确,上网电话号码及电话的音频脉冲是否正确等等。

737. 网上浏览一段时间后线路突然挂断是怎么回事?

这种断线有多种原因,如电话线路噪音过大,用户端 Modem 有并联的电话摘机,远方服务器临时进行系统维护,所用系统软件或应用软件出现故障等,需要根据情况做出判断,找到正确的原因并予以相应处理。

738. E—mail 传送失败是怎么回事?

在网上发 E—mail 也不是百分之百可靠的,有很多因素导致对方收不到信。比如"对方的服务器超时"是表示对方的邮件服务器因某种原因未开机或系统出了严重故障。遇到这种情况,可以等几天再发一次,或发到对方的另一个地址。很多时候是发件服务器(SMTP)的故障,SMTP 故障无论是使用注册 ISP 的 SMTP 服务器还是使用免费 SMTP 服务器都有可能发生。有的 SMTP 服务器很不稳定,经常死机,甚至忽然取消了 SMTP 功能,如果仍使用原先的设置,就有可能导致邮件无法发送。解决的对策只能是多更换几个 SMTP 服务器,或使用一些提供 SMTP 功能的软件,实现本机发送电子邮件。据有关统计数据显示,目前我国上网用户最频繁应用的互连网功能就是收发 E—mail。但不少用户都有收发电子邮件失败的经历。造成电子邮件收发失败的原因除了 SMTP 服务器的问题外,可能还有以下两点:一是邮件地址错误。由于电子邮件地址是由各种字符等组成的,稍不注意就很容易把英文、数字等字符看错或在电脑上敲错,比如将下划线"__"当成连接符"—",把"."敲成"。",将英文的"O"当成阿拉伯数字中的"0"等。因此,要避免电子邮件收发错误一定要保证收件人的电子邮件地址正确无误。二是电子邮件过大。为了更有效地利用网络资源,ISP 往往会限制邮件的大小,并且发送邮件前还需要进行编码,会使邮件的大小增加 5%～20%。所以在发送超大附件时,最好将它分割为几个较小的部分,通过几份邮件来发送,这样就可以减少发送出错的概率。

739. Outlook Express 无法使用怎么办?

检查注册表中是不是被设置了"禁止运行 Outlook Express"的键值。可以在注册表项:HKEY__CURRENT__USER\Software\Microsoft\Windows\CurrentVersion\Policies\Explorer\DisallowRun 中检查有无为 Msimn.exe 的键值。如果有,则将它删除,就可以打开 Outlook Express 使用了。然后检查 Outlook Express 本身是不是有问题,可以重新安装,但是重新安装之前一定要卸载原来的 Outlook Express,否则,很有可能重新安装后仍然不能解决问题。

740. QQ密码忘了怎么办?

如果QQ密码还没有被别人修改,只须上网启动QQ后单击登录对话框中的“注册向导”,然后在弹出的“注册向导”中的“我忘记密码了,怎么办”下面的输入框中输入QQ号码,按“发送”按钮,然后按系统提示操作即可找回密码。如果密码已经被别人修改,而在此前申请过密码保护,这时可以登录到腾讯公司的网站要求密码申诉服务,也可以找回密码。

741. 如何删除邮件中的新闻组?

启动Outlook Express,移动鼠标到菜单栏,单击“工具”→“帐号”→“新闻”。然后单击选中列表框中不想要的新闻组,再单击右边的“删除”按钮就可以了。

742. 不能双向通话怎么办?

检查声卡是不是支持全双工,如果不支持全双工,就不能够双向通话。所谓全双工就是指声卡可以双向工作,即输出的同时也可以输入。测试声卡是否是全双工的方法,就是在用麦克讲话的同时也可以进行录音便是全双工的声卡。否则,只有换一块全双工的声卡了。如果不是声卡的原因,检查硬件连接或是软件设置上是不是有问题,可以根据说明书仔细核对或到厂商网站寻求帮助。

743. “txt”文件双击打不开怎么办?

可使用最新版本的正版杀毒软件杀毒。首先移动鼠标到一个“txt”文件,按下键盘上的“SHIFT”键,右键单击,在出现的菜单中单击选中“打开方式”,在“始终使用该程序打开”前打勾,在上面选择记事本“NOTEPAD”。然后单击“确定”即可。

744. Word文挡不能被修改如何解决?

Word 2000打开一个文档时,会在“TEMP”文件夹(通常位于C:\Windows下)中,生成几个临时文件(*.TMP),当遇到突发情况造成Word关闭后,Word会利用这些临时文件来帮助恢复所编辑的文档。正常退出Word时,系统会自动删除这些临时文件,如果因为误操作或其他原因,退出Word时没有删除这些临时文件,当你再次打开原文档时,就会出现这种情况。解决的方法是:删除TEMP文件夹中的TMP文件就行了。

745. 玩3D游戏时经常不定时死机怎么办?

一是检查电源,若电源属于杂牌电源或是电源功率偏小,可以更换一个质量较好、功率较大的名牌电源。二是检查CPU风扇,若CPU风扇功率偏小或安装不当,可更换大功率CPU风扇或将原风扇拆下后重新安装一次。三是检查外界供电电压是否正常、稳定,如不很稳定,可以考虑安装一个稳压器。

746. 玩游戏时出现Direct sound错误信息怎样处理?

声音的问题在DirectX游戏中比较少发生,如果是听不到声音,通常是因为旧的声卡不支持Direct sound的关系,只要更新驱动程序就可以解决,再不行就只好换一个新声卡了。如果听得到游戏的声音,但是声音断断续续,或出现“DirectSound初始化错误”之类的信息,而且更换了声卡驱动程序也无效的话，可以试试下面的这个方法：在 Windows 桌面上，移动鼠标到任务栏，单击“开始”→“设置”→“控制面板”，双击打开“多媒体”。然后单击切换到“音频”页，将喜欢使用的设备改为 Game Compatible Device（游戏兼容装置），并将“在任务栏上显示音量控制”选中。最后单击“确定”保存设置后，问题就会解决。

747. Windows XP 游戏速度为什么不如 Windows 98？

如果经常玩游戏，Windows 98 几乎是唯一的选择，Windows Me 或 Windows 2000/XP 无论是在速度上，还是在兼容性上，都还不如 Windows 98。一是 Windows 98 对各类游戏支持最好，而 Windows XP 有时需要使用兼容模式来运行某些游戏，会导致性能的下降。二是 Windows XP 启动后占用的系统资源远比 Windows 98 多，这样就会导致系统不能为游戏运行提供足够的资源。

748. 什么是计算机病毒？

计算机病毒是一种可以在计算机系统中潜伏、复制、传染和进行破坏的程序。计算机病毒的特点和危害是：一是破坏性。病毒程序一般都会给计算机系统造成或轻或重的损害，如破坏磁盘文件、抢占存储空间，甚至使整个计算机系统瘫痪。二是传染性。病毒程序一旦进入到当前运行的程序，就开始搜索可感染的其它程序，可迅速地在内存、磁盘之间传染，还可以通过网络在计算机之间扩散、传播。三是潜伏性。病毒程序都是人为的短小精悍的程序，可以长时间潜伏在合法文件中，感染系统而不被发现。四是激发性。病毒炮制者一般都设定病毒在一定条件下发作，如某个时间或日期、特定文件的出现或使用，一旦条件满足，病毒程序就被激活并对计算机发起攻击。

749. 病毒传染的途径有哪些？

一是通过软盘传染。这是九十年代中期以前最常见的传染方式，那时候，由于软件体积小，软盘的作用非常大，经常是同一张盘在多台不同的计算机之间传播着数据和程序，因此软盘也成了病毒的藏身之地。二是通过光盘传染。由于刻录机的大规模普及，用刻录光盘交换数据越来越常见，这些光盘在制作的过程中没有严格地按照检测流程对病毒进行预防，因此，一些病毒附在刻录光盘中就传到了原本健康的计算机中。三是通过网络传播。这是目前最为流行的病毒传播方式了，最常见的就是通过邮件传播病毒，只要你收到含毒的邮件或打开邮件中的含病毒附件，就会被感染。也有通过网页传播的病毒。只要访问了某个特定的网站，病毒就会通过一段代码在你的机器里扎下根来。四是通过移动存储设备进行传播。移动存储设备由于规模化制造，成本逐步下降。由于它具有速度快、容量高的优势，大有取代软盘成为标准配置的趋势，这种移动存储设备也给病毒的传播提供了方便，不过，很多移动存储设备也意识到这一点，纷纷内置了防病毒软件。五是通过局域网开放式共享传播。对于公司用户和家庭中拥有 2 台以上计算机构成局域网的用户来说，开放共享文件固然可以方便资源的相互共享，但同时也为病毒传播提供了途径。有一种求职信病毒就通过局域网内的共享文件进行传播，将机器上所有的驱动器，包括 C 盘都进行共享，同时还自动复制病毒，传播给更多的机器。

750. 病毒预防措施有哪些？

一是不要使用来历不明的软盘或移动存储器。由于现在软盘的作用已经不大，一般只是在做启动盘引导系统的时候才使用。因此，我们一定要在装有防病毒软件的机器上对其进行检查，保证启动盘是没有毒的。此外，能用硬盘引导启动的，尽量不要用软盘去启动。启动前，应将软盘驱动器的门打开，并抽出软盘，这是因为有些软驱缺乏保养，门虽然打开了，但磁头仍然锁定着，启动时还会从软盘引导，将病毒带入系统中。即使在启动不成功的情况下，只要软盘在启动时被读过，病毒仍然会进入内存进行传染。同样，也不能完全相信移动存储器，在访问里面的文件以前，要做好一定保护措施，最好是利用杀毒软件先对它进行扫描，确保没有病毒以后再打开。二是不要使用任何解密版的盗版软件，盗版者不可能全面照顾因为解密而产生的任何后果，更无法保证破坏了原软件完整性的盗版软件自身的干净和无毒。三是对于联网的计算机，在上网的时候尽量不要访问没有安全保障的小网站。对于使用 QQ 等聊天工具的人来说，不要随便打开陌生人发来的链接，不要随便接受陌生人传过来的文件或程序。在收邮件的时候，不要随便打开来历不明的附件，防止某些垃圾邮件发来的病毒。可以在 Outlook Express 中使用过滤功能，以后就不会再收到同样的来信，也就减少了病毒入侵的机会。四是对于局域网内的计算机，尽量不要开放共享文件夹。如果实在要开，也应该设置密码，只有自己信得过的人才能访问，而无关人员则无法访问，这样就大大减小了病毒的传播机会。五是使用杀毒软件，定期查杀病毒，必要时使用“防火墙”，“拒敌于国门之外”。

751. 怎样在 Outlook Express 中使用病毒邮件过滤功能？

在 Outlook Express 中，单击选中带病毒的邮件；移动鼠标到菜单栏，单击“邮件”→“阻止发件人”。然后保存设置后退出。就可以将该发件人屏蔽掉，以后就收不到这个发件人发来的信了。

752. 瑞星杀毒软件有哪些功能？

瑞星杀毒软件是北京瑞星电脑科技开发有限责任公司针对流行于国内外危害较大的计算机病毒和有害程序，自主研制的反病毒安全工具。用于对已知病毒、黑客的查找，实时监控和清除、恢复被病毒感染的文件或系统，维护计算机系统的安全。能全面清除感染 DOS、Windows、Office 等系统的病毒以及危害计算机安全的各种“黑客”程序。该杀毒软件分为两个部分：瑞星杀毒软件和瑞星实时病毒监控程序。主要功能有：提供实时监控病毒的“实时监控”功能，可检测压缩和自解压格式文件、率先清除 CIH 等 Windows95/98 病毒，安全修复被 CIH 病毒破坏的硬盘数据，清除各种黑客程序，彻底解决“宏病毒”，有效清除“幽灵”等 DOS 病毒，Windows 病毒、DOS、Windows 9X、Windows NT4.0、Windows 2000/XP 多平台杀毒，定时查杀病毒功能，可检测和清除未知宏病毒，提供应急恢复功能、提供检测结果报告和实时监控记录，查杀病毒速度非常快。另外，瑞星杀毒软件界面简洁、使用方便、安装简单，很适合一般家庭使用。

753. 怎样使用瑞星杀毒软件的“病毒实时监控”？

第一步：将安装光盘放入光驱，自动安装程序就会启动。当完成了瑞星的安装后，实时监控功能就已经打开，计算机就处于瑞星杀毒软件的实时监控之下，当文件被读取、拷贝、移动、压缩、解压、从因特网下载保存、从 E－mail 信箱接收保存时，瑞星杀毒软件将根据预先设定的处理形式对含有病毒的文件进行处理。第二步：程序运行后，在 Windows 系统任务栏右侧，即计算机屏幕右下角将出现小雨伞标志，绿色打开时为监控有效状态，红色合起时为监控无效状态。如果需要暂时关闭瑞星实时监控程序，用鼠标右键单击 Windows 系统任务栏右侧的瑞星实时监控程序小雨伞标志，选择“禁止实时监控”按钮，按“确定”即可。第三步：这时瑞星实时监控程序小雨伞标志由绿色变为红色，实时监控程序将不监控任何目标是否带毒。这在需要把光盘上的带毒文件拷贝到硬盘上时非常有用，因为光盘上的病毒是不能直接杀的，所以只有先关闭实时监控，然后拷贝文件到硬盘上进行杀毒操作。第四步：当使用计算机需要对某文件进行修改时，可能操作系统会报告该文件正在使用中，这时就需要检查是不是实时监控程序正在监控该文件，如果是的话，就需要暂时禁止实时监控。第五步：实时监控的设置。右键单击任务栏上的小雨伞图标，在弹出菜单中选择“设置”，在弹出的对话框中可以对实时监控目标、监控文件类型、发现病毒后的处理方法等选项进行设置。监控目标分为软盘、本地硬盘、光盘、网络邻居等；监控文件类型分为所有文件、程序文件、压缩文件等；发现病毒后的处理方法包括自动清除病毒、自动禁止使用带毒文件、自动删除带毒文件、询问用户如何处理等。第六步：如果在“发现病毒后的处理方法”选项中选择了“询问用户如何处理”，每当实时监控程序发现病毒时，都将显示一个对话框，由用户自己选择要采取什么动作。在对话框中共有四种选择方案：杀毒、删除、禁止和忽略。一般家庭应当选择第一项，也就是“杀毒”。

754. 怎样启动瑞星杀毒软件？

一是在 Windows 桌面上，移动鼠标到任务栏，单击“开始”→“程序”→“瑞星杀毒”，再单击打开“瑞星杀毒软件”菜单项。二是安装瑞星杀毒软件之后，会在桌面上添加一个瑞星杀毒软件的图标，双击该图标，即可启动瑞星杀毒软件。三是打开“我的电脑”或“资源管理器”，用鼠标选中磁盘的一个逻辑分区或一个目录，然后右键单击，从弹出菜单中单击选中“瑞星杀毒”，立刻启动瑞星杀毒软件，并检查这个逻辑分区或目录中有没有病毒。四是找到所要查杀的逻辑分区或目录，左键选中拖放到桌面上的“瑞星杀毒软件”即可启动瑞星杀毒软件，并检查这个逻辑分区或目录中有没有病毒。

755. 怎样使用瑞星杀毒软件“手动查杀病毒”？

第一步：启动瑞星杀毒软件。第二步：在“当前查杀目标”显示需要检测病毒的驱动器，或直接输入驱动器号或文件夹，也可以单击“浏览”按钮选定要检测的磁盘或文件夹。第三步：单击“查毒”，开始检测所选磁盘或文件夹。第四步：单击“杀毒”，则不仅检测所选磁盘或文件夹，而且发现病毒立即清除。第五步：检测过程中可随时单击“停止”按钮停止检测；检测中，带毒文件或系统的名称、所在文件夹、病毒名称将显示在查毒结果栏内，可以使用右键菜单对染毒文件进行处理。第六步：检测结束后，检测结果将自动保存到杀毒软件工作目录的指定文件中。第七步：如果想要继续检测其他文件或磁盘，重复第二步、第三步即可。

756. 怎样使用瑞星杀毒软件“定时查杀病毒”？

启动瑞星杀毒软件。在“选择扫描位置”中可指定需要定时检测的磁盘或文件夹，并可以选择查毒还是杀毒以及要检测的文件类型。当系统时钟到达所选定的时间，而此时瑞星杀毒软件并未运行，则自动启动并开始扫描预先指定的磁盘或文件夹。查毒界面会自动跳出，用户可以看到查毒情况,查毒完毕后可自动将查毒结果保存到瑞星杀毒软件所在目录下的文件中,供用户随时查阅。

757. 怎样使用瑞星杀毒软件"Outlook 邮件监控"功能?

第一步:在 Windows 桌面上,移动鼠标到任务栏,单击"开始"→"程序"→"瑞星杀毒",再单击打开"瑞星杀毒软件"菜单项中的"Outlook 邮件监控",启动程序。第二步:程序运行后,在 Windows 系统任务栏右侧,即计算机屏幕右下角将出现信笺标志。在主界面的"工具"下选择"开\关 Outlook 邮件监控",若此时邮件监控未启动,则启动邮件监控,若此时已启动,此按钮将关闭邮件监控。第三步:用鼠标右键单击 Windows 系统任务栏右侧的邮件实时监控程序信笺标志,选择"禁止 Outlook Email 监控"按钮即可暂停 Outlook 邮件监控;如想恢复 Outlook 邮件监控,用鼠标右键单击 Windows 系统任务栏右侧的邮件实时监控程序信笺标志,选择"允许 Outlook Email 监控"按钮即可。第四步:用鼠标右键单击 Windows 系统任务栏右侧的 Outlook 邮件监控程序信笺标志,选择"退出"即关闭"Outlook 邮件监控"功能。

758. 怎样使用瑞星杀毒软件"病毒隔离系统"功能?

第一步:在 Windows 桌面上,移动鼠标到任务栏,单击"开始"→"程序"→"瑞星杀毒",再单击打开"瑞星杀毒软件"菜单项中的"病毒隔离系统",或者在"瑞星杀毒软件"主界面单击"工具"→"病毒隔离系统",都可以启动瑞星实时监控"病毒隔离系统"。第二步:象在资源管理器中那样用鼠标选择染毒文件。第三步:通过"选择"菜单中各项功能配合鼠标选择文件。第四步:恢复染毒文件。选定要恢复的文件,通过"恢复"菜单中的功能恢复文件。"恢复":恢复染毒文件到隔离前所在的路径;"恢复为":恢复染毒文件到指定目录。第五步:删除染毒文件。选定要删除的文件,单击"删除"。第六步:清空病毒隔离系统。单击"清空",删除所有隔离的染毒文件,一经清空不可恢复。第七步:全部操作结束后,退出设置。

759. 怎样使用 Norton AntiVirus 查杀病毒?

Norton AntiVirus 是由著名的 Symantec 公司推出的杀病毒工具,Norton AntiVirus 是目前世界上最为著名的病毒防护工具之一,拥有众多的支持者。作为世界顶级的病毒防护工具,Norton AntiVirus 有许多强大而先进的功能,可以帮助我们预防病毒的入侵,或彻底清除已经感染的病毒;对于暂时无法彻底清除的病毒,软件会自动将其隔离,不影响正常文件的操作。同时,Norton AntiVirus 的升级速度也是非常快的,每当产生新的病毒以后,总是在第一时间内就可以在 Norton 的主页上发现病毒库升级,我们只需要下载并升级本地的 NortonAntiVirus,即可对最新病毒进行防范。第一步:在安装好 Norton AntiVirus 以后,从开始菜单中的程序组单击 Norton AntiVirus 图标,或者直接双击程序在系统任务栏中的图标,启动 Norton AntiVirus 程序,出现主界面。第二步:切换到"扫描"选项卡,可以像在资源管理器里面那样直接选择需要扫描杀毒的驱动器和文件夹或文件。如果想对杀毒过程或结果进行高级控制,可以单击"选项"。在这里可以选择是否对全部文件进行扫描还是只对特别后缀名的文件进行扫描,也可以选择当清除病毒失败时是隔离文件还是直接删除文件,如果文件不太重要,建议选择直接删除以彻底杀灭病毒。还有一个有用的设置就是可以设定扫描压缩文件到第几层,这对于习惯分类保存文件的人来说是非常必要的。第三步:当修复文件的时候,可以选择是否要想备份，都选择好后，单击“扫描”。如果扫描过程中发现有病毒存在，程序会给出病毒清除向导，并且会给出发现的病毒列表。此外，在该界面中提供了相应的清除方式，包括自动和手动两种。我们可以选择前者，单击“下一步”即可完成杀毒。

760. Windows 98 已经瘫痪怎样利用“备份”恢复系统？

如果遇到 Windows 98 操作系统已经不能正常启动，甚至连“安全模式”也不能启动的情况，Windows 98 操作系统提供了备份恢复的方法。要进行“备份”恢复，有三个前提条件：一是必须在你的系统瘫痪前，运用“备份”工具备份了 Windows 98 的文件副本；二是必须有 Windows 98 操作系统的安装光盘；三是必须有 Windows 98 的紧急启动盘。准备好这些之后就可以按以下操作来进行“非正常还原恢复”了。第一步：将 Windows 98 启动盘插入软驱，用启动盘启动计算机。第二步：在引导菜单上，选择第一项“支持 CD－ROM”启动，该选项可以加载光驱，但光驱的盘符要后移一位字母。第三步：在 DOS 命令提示符后键入“N”：(这里 N 是 CD－ROM 驱动器号)，然后回车。第四步：再在 DOS 命令提示符后键入“CD tools\sysrec”(指进入 CD－ROM 的 tools\sysrec 目录)，然后按回车。第五步：再在 DOS 命令提示符后键入“pcrestor”(指运行 pcrestor 恢复备份的命令)，然后回车。第六步：按屏幕提示操作。此时将在计算机上重新运行 Windows 98 安装程序。在安装程序运行结束后，将启动“系统恢复向导”。第七步：在“系统恢复向导”中单击“下一步”，键入用户名和公司名，然后单击“下一步”，单击“详细资料”。第八步：在“系统恢复向导”中单击“完成”，出现“微软备份”欢迎屏幕。再单击“取消”，单击“是”，然后重新启动系统。“系统恢复向导”自动启动，进入“备份”工具对话框。第九步：在“备份”工具对话框中，单击“恢复备份文件”。再按屏幕提示操作，只有当硬件设备同备份时完全相同时，才能恢复还原硬件设置。此时将恢复注册表的整个备份，如同恢复选定的本地驱动器。第十步：如果没有单击“在注册表中恢复硬件和系统设置”而继续操作，将同时恢复软件设置和配置以及所有选择的本地驱动器，恢复所有新建和更改的文件备份。从最旧的文件开始，进行到最新的增量备份。

761. Windows Me 中怎样恢复系统？

经常装卸软件的用户可能最害怕的就是一些不良软件或者硬件安装不合适而破坏系统文件和注册表，Windows Me 提供了“系统恢复”工具解决这个问题，该工具可以使发生问题的系统恢复到以前的某个状态。“系统恢复”能自动地为系统作记录以供恢复时使用，当你的电脑连续运转达 10 小时，或距上次系统记录 24 小时，或是当新软件智能升级安装前，它都会为你的系统做一个记录和备份，并且会在你的电脑至少空闲 5 分钟后开始新的记录。当系统发生了问题之后，可以在 Windows 桌面上，移动鼠标到任务栏，单击“开始”→“程序”→“附件”→“系统工具”→“系统信息”→“工具”→“系统还原”，选择“将计算机还原到先前时间”，然后单击“下一步”，会出现选择对话框。作了记录和备份的日期在系统恢复日程中用粗体表示。选择一个时间点，然后单击“下一步”，按照向导的提示完成还原过程。这样，只要你选择的还原时间点系统是正常的，一般都可以通过这种方法将系统还原到正常状态。但是，如果返回到安装某程序前的一点，则该程序在还原后可能无法使用。如果希望再次使用该程序，需要重新安装。另外，“系统还原”不能替代卸载程序，如要完全删除某一程序，还是要使用“控制面板”中的“添加/删除程序”或自带的卸载程序。

762. 怎样使用 Outlook Express 备份并恢复“邮件文件夹”?

第一步:备份 Outlook Express 电子邮件信件需要首先获取 Outlook Express 文件夹在磁盘上的保存位置,然后将它统一复制到指定的备份文件夹下。第二步:打开 Outlook Express,移动鼠标到菜单栏,单击“工具”→“选项”→“维护”选项卡。第三步:单击“存储文件夹”命令按钮,在打开的对话框中,将地址栏的地址选中并复制下来,单击取消按钮返回。第四步:打开资源管理器,在地址栏粘贴刚才复制的地址,回车。第五步:使用键盘键入“Ctrl+A”命令全选该目录下所有文件,然后单击鼠标右键,执行“复制”命令将它复制。第六步:打开用于备份的文件夹,执行“粘贴”命令,将刚才复制的文件拷贝即可完成备份。第七步:恢复的最简单方法是,获取 Outlook Express 文件夹在磁盘上的保存位置后,只要将刚才复制后的文件拷贝到 Outlook Express 的文件夹下即可。第八步:恢复邮件还可以使用导入文件夹的方法。打开 Outlook Express,移动鼠标到菜单栏,单击“文件”→“导入”→“邮件”,选择 Outlook Express 并单击下一步,选择“从 OE 存储目录中导入邮件”选项,单击下一步,并在打开的对话框中单击“浏览”,选中文件夹保存的位置即可。

763. 怎样使用 Outlook Express 备份并恢复“信件”?

第一步:如果只是打算备份收件箱中的某一封信件,在 Outlook Express 中选中这封邮件。第二步:移动鼠标到菜单栏,单击“文件”→“另存为”命令,会打开一个“另存为”对话框。第三步:选择信件保存位置后,在文件名中输入备份文件名,默认的文件扩展名是 EML。第四步:单击“保存”按钮。第五步:恢复的方法也比较简单,只要打开保存备份的文件夹,在文件名上双击后,即可在 Outlook Express 中直接打开。

764. 怎样使用 Outlook Express 备份并恢复“通讯簿”?

第一步:打开 Outlook Express 中的通讯薄。第二步:移动鼠标到菜单栏,单击“文件”→“导出”→“通讯簿”命令。第三步:在打开的对话框中,输入备份的通讯簿名称即可。第四步:恢复的方法是,移动鼠标到菜单栏,单击“文件”→“导入”→“通讯簿”命令即可。

七、电脑的技巧荟萃

765. DOS下安装操作系统怎样加载磁盘高速缓冲程序?

当无法进入Windows图形界面时,就得在DOS下安装操作系统,如果在安装操作系统前未曾加载"smartdrv.exe"这个磁盘高速缓冲程序的话,所需要的安装时间会大大增加。如果是Windows 9x/Me可能还好一些;假如是Windows 2000/XP,可能就会非常的慢。smartdrv.exe程序在创建启动盘时并未自动加载,可以从其他地方拷贝一个或者在c:\windows\下找到,然后把它拷贝到启动盘中即可。

766. DOS下如何启动Windows 98?

开机后进入DOS,要启动Windows 98图形界面,直接键入"WIN"后按回车即可。在DOS窗口中可以用EXIT命令回到Windows 98。如果是从"开始"菜单的"关闭系统"中进入DOS环境,也可以用EXIT或WIN命令回到Windows 98。

767. DOS下怎样创建Windows 98启动盘?

第一步:开机后按下"F8"或"Ctrl键",在启动模式中选择"DOS command prompt"进入DOS。第二步:在DOS提示符下键入:"bootdisk"后回车。第三步:选择磁盘所在位置,回车后就开始建立启动盘。第四步:键入Bootdisk后如果没有反应,切换到C:\windows\command下,再执行这个命令。

768. Windows 98中怎样隐藏桌面图标?

在Windows桌面上,右键单击任意空白处。从弹出的快捷菜单中单击选中"属性"→"效果"。第三步:单击选中"按Web页查看桌面时隐藏图标"即可。

769. Windows 98中怎样做一个假桌面蒙人?

第一步:先将Windows桌面清理干净。第二步:按下键盘上的"Print Screen"键,将整个画面截取下来。第三步:在Windows桌面上,移动鼠标到任务栏,单击"开始"→"程序"→"附件"→"画图"→"编辑"→"粘贴",将粘贴的画面存成BMP或JPG文件。第四步:在Windows桌面上,右键单击任意空白处。第五步:在弹出的菜单中选中"按Web页查看",再选择"属性"选项,在"效果"页中选中"按Web页查看桌面时隐藏图标"项,在"背景"页中将这副图片设置为桌面背景,"确定"后,一个骗人的假桌面就制作好了。

770. Windows 98中怎样改变"我的电脑"图标?

在Windows桌面上,右键单击任意空白处,在弹出的菜单中选中"属性"→"效果"。然后选择要更改的图标,单击"更改图标"按钮,从提供的图标中挑选一个,单击"确定"。

771. Windows 98 中怎样改变驱动器图标?

要改变某个硬盘的图标,先在该磁盘的根目录下放置一个 autorun. inf 的文件。用记事本打开这个文件,将“icon=”的内容改为“图标文件的路径及名字,n”的样式就可以了,请注意内容中的逗号。保存后回到我的电脑,然后刷新画面,就可以看到硬盘图标立刻变了模样。修改内容中的“n”代表要使用该文件中的第几个图标。图标的编号按照从上而下,从左自右的顺序,从左上方起第一个为 0 号,依次类推。至于图标文件,你可以自己制作,也可以指定一个含有图标的“. exe”、“. dll”文件。

772. Windows 98 中怎样自制桌面快捷图标?

第一步:用画图等绘图软件,制作一个 32×32 像素(或 48×48)的正方形图画,当然将一个图画进行剪切也行,并存为 BMP 文件。如果你要做出不规则形状的图标,需要将底色留白,这样图标周围就会自动变为透明。第二步:将图象文件的扩展名更换为“. ICO”文件,这样你就能直接在文件扩展名前看到这张图的样子,并直接预览这个图片,与普通的 BMP 文件有个区别。第三步:将桌面快捷方式图标改为所创建的“. ICO”文件。

773. Windows 98 中怎样设置窗口渐变标题栏?

第一步:在 Windows 桌面上,右键单击任意空白处。第二步:在弹出的菜单中选中“属性”→“外观”。第三步:在“方案”栏中选择某个现成的窗口显示搭配方案,如“枫树”。第四步:在“项目”列表框中选择“活动的标题栏”,以便对活动窗口标题栏进行设置。第五步:分别在“颜色”列表框和“颜色 2”列表框中选择适当的颜色。“颜色”列表框中的颜色为标题栏左边的颜色,“颜色 2”中的颜色为标题栏右边的颜色,在显示时,活动窗口标题栏将由左边的颜色渐变为右边的颜色。第六步:单击“确定”即可。

774. Windows 98 中怎样隐藏开始菜单中的应用程序?

第一步:在 Windows 桌面上,右键单击“开始”菜单,在弹出的快捷菜单中选“打开”。第二步:在打开的“Start Menu”窗口中找到希望隐藏的应用程序的快捷方式。第三步:右键单击该快捷方式,然后从弹出的快捷菜单中单击“属性”→“隐藏”。第四步:单击“确定”,关闭所有对话框。此后,该快捷方式就会从 Windows 98 的“开始”菜单中消失,如要恢复,重复操作一次取消这些快捷方式的隐藏属性即可。

775. Windows 98 中怎样在开始菜单中运行网络命令?

第一步:在 Windows 桌面上,移动鼠标到任务栏,单击“开始”→“运行”,输入一个网址。第二步:单击“确定”,就会自动打开浏览器连上这个网站。如果网址前有“www”,Windows98 会自动判别其为 Internet 地址,否则需要在前面加上“http://”才行。第三步:如果计算机连入了局域网,也可以在“运行”框中输入“\计算机名”,单击“确定”或键入回车后就能直接连到那台计算机。

776. Windows 98 中怎样快速进入控制面板?

[方法一] 在 Windows 桌面上,右键单击任意空白处,单击“属性”;相当于在 Windows

桌面上，移动鼠标到任务栏，单击“开始”→“设置”→“控制面板”，双击“显示器”。

［方法二］ 在 Windows 桌面上，右键单击“我的电脑”，单击“属性”；相当于在 Windows 桌面上，移动鼠标到任务栏，单击“开始”→“设置”→“控制面板”，双击“系统”。

［方法三］ 在 Windows 桌面上，右键单击“网上邻居”，单击“属性”；相当于在 Windows 桌面上，移动鼠标到任务栏，单击“开始”→“设置”→“控制面板”，双击“网络”。

［方法四］ 在 Windows 桌面上，移动鼠标到任务栏，右键单击“输入法”图标，单击“属性”；相当于在 Windows 桌面上，移动鼠标到任务栏，单击“开始”→“设置”→“控制面板”，双击“键盘”。

［方法五］ 在 Windows 桌面上，移动鼠标到任务栏，双击右端的时间区域；相当于在 Windows 桌面上，移动鼠标到任务栏，单击“开始”→“设置”→“控制面板”，双击“日期时间”命令。

777. Windows 98 中如何提高画面显示速度？

［方法一］ 不要在桌面上加背景图片，否则在切换画面时会显得迟钝。

［方法二］ 精简画面显示。第一步：在 Windows 桌面上，移动鼠标到任务栏，单击“开始”→“设置”→“控制面板”，双击“显示”，单击“效果”。第二步：在“效果”页中，取消“使用大图标”；取消“使用各种颜色显示图标”；取消“动画显示窗口、菜单和列表”；取消“拖动窗口时显示其内容”。

778. Windows 98 中“Shift”键有何妙用？

妙用一：选择文件(夹)。在资源管理器右窗口，或者“我的电脑”窗口及其他打开的对话框内单击一个文件(夹)，然后，按住“Shift”键再单击另一个文件(夹)，则它们之间的所有文件即被选中；也可以使用“Shift＋箭头”键，或者“Home”、“End”键。妙用二：显示全部快捷选单选项。按住“Shift”键，然后右键单击文件图标，将增加快捷选单的选项。妙用三：彻底删除文件(夹)。选择需要删除的文件(夹)，按下“Shift＋Del”组合键，回车；或者，右键单击所选文件(夹)，按住“Shift”键，然后单击“删除”。可以将选中文件(夹)直接删除，而不是将它放到回收站。妙用四：在对话框中反序显示页。只须按下“Ctrl＋Shift＋Tab”组合键。妙用五：一次关闭(保存)所有文档：在程序(如 Word)中如果打开了多个文档，按住“Shift”键，再单击“文件”菜单，将增加一个全部关闭和一个全部保存选项。妙用六：一次关闭所有文件夹窗口。如果以窗口形式打开了多个文件夹，则按住“Shift”键后单击关闭按钮将关闭该文件夹窗口及其所有上级文件夹窗口。在打开文件时按住“Shift”键，可以将文件在新的窗口打开；在关闭某一窗口时按住“Shift”键，可以快速关闭一系列窗口。妙用七：快速打开和关闭活动窗口。有两种方法可实现快速打开和关闭活动窗口。即，单击任务栏上快速启动工具栏的桌面显示按钮，或者按下微软键盘的“Windows＋M”键，“Windows”键即指键盘上“Ctrl”和“Alt”键之间标有视窗图案的那个键。反之，若要恢复所有的窗口，可按“Shift＋桌面显示按钮”，或者“Shift＋Window＋M”键。妙用八：跳过启动组中的程序。在 Windows 98 启动时按住“Shift”键直到启动完毕，可取消自动启动程序功能。可以跳过硬件检测，而达到快速启动。妙用九：取消自动运行光盘功能。光驱中插入光盘盘片(CD、VCD、软件安装光盘等)后，按住“Shift”键约 10 秒即可。妙用十：快速重新启动。关闭 Windows 98 时，选中“重新启动计算机”，按住“Shift”键，再单击“是”按钮,计算机将重新启动 Windows 98 而不执行热启动。可用于改变系统设置后需重新启动的情况。妙用十一:强制移动。当拖放文件(夹)时,按住“Shift”键然后放开文件(夹),可以将原文件(夹)强制移动到目标文件夹中。妙用十二:右键拖动文件:可以用鼠标右键拖动一个文件或文件夹,在拖动的同时按住“Shift”键,可在拖动的鼠标位置复制一个文件或文件夹。妙用十三:切换全/半角状态。按下“Shift+空格”键。妙用十四:输入法快速转换:按下“Ctrl+Shift”。妙用十五:反序切换程序窗口:按下“Alt+Shift+Tab”组合键。妙用十六:快速粘贴对象。不论是在编辑框中还是在标准 Windows 应用程序中,同时按下“Shift+Insert”键,即可从剪贴板上粘贴内容。妙用十七:按住“Shift”键再打开“我的电脑”,快速启动资源管理器。妙用十八:改变文件的关联。按住“Shift”键,使用鼠标在文件上单击,选“打开方式”,此时可以将“始终使用该程序打开这种类型的文件”前的选定框选中。

779. Windows 98 中怎样改变开关机画面?

蓝天白云的启动画面是 Io. sys 本身就保存有的图像文件,如果要更换为其他的图案,可利用 Windows 的画图或是其他的绘图软件,制作一个高 320×400 像素,256 色的 BMP 格式图像文件。图像大小格式必须完全相同,设定文件大小为 127KB。然后将其命名为“logo. sys”,放置在 C:盘的根目录下,下次启动时,就会有一个与众不同的启动画面。同样,在关机时也有两个画面,一个是显示“Windows 正在关机”字样的 logow. sys,另一个是显示“现在可以安全的关机了”字样的 logo. sys,这两个文件都位于 Windows 文件夹中,其大小和格式与开机画面是一样的。只要仿照开机画面的方法,置换掉原来的文件,你的关机画面也会与众不同了。当然也可以直接对开机、关机的这几个图象文件进行修改,不过在修改之前要做个备份,以防不测。

780. 如何使计算机进入 Windows 98 就启动密码屏幕保护程序?

第一步:在 Windows 桌面上,右键单击任意空白处,单击“属性”。第二步:在“属性”中选择“屏幕保护程序”。第三步:选择任意一种屏幕保护程序,单击“密码保护”,设定密码。第四步:在 Windows 桌面上,右键单击“开始”菜单,在弹出的快捷菜单中单击打开资源管理器。第五步:进入 Windows 安装目录下的 System 文件夹,找到扩展名为“. SCR”的文件,也就是屏幕保护文件,任意拖拽一个到“开始”菜单中的“启动”文件夹中。第六步:退出并重新开机,进入 Windows 98 就会自动启动屏幕保护程序。第七步:当要把屏幕保护程序取消时,就会出现一个密码对话框,不知道口令的人只能束手无策,因为连按下“Ctrl+Alt+Del”键都不起作用。第八步:如果要使用他人的计算机,而那个人正好用了这种手段。破解方法一:开机后使用键盘按下“Shift”键不放,直到完全进入 Windows 98,就会略过启动文件夹中的内容,存在于启动文件夹中的屏幕保护也就不会运行。破解方法二:开机后使用键盘按下“F8”键,在启动菜单中选安全模式,这样也不会执行启动菜单里的程序,然后在安全模式下将启动文件夹中的屏保删掉,重新开机即可。

781. Windows 98 中怎样快速改变文件关联?

[方法一] 第一步:在要改变关联的文件上按下 Shift 键,右键单击。第二步:在出现的快捷菜单中单击打开方式,会出现列表。第三步:从列表中选择一种应用程序,并将“始终使用该

程序打开这种类型的文件”选中。如果想启动的应用程序没有被列出,可以单击“其他”按钮来指定。第四步:单击“确定”,此类文件就与另外一种应用程序产生关联。

[方法二] 第一步:在 Windows 桌面上,移动鼠标到任务栏,单击“开始”→“运行”。第二步:在“运行”框中,输入“winfile.exe”回车。第三步:在出现的窗口中选择要增加关联的文件。第四步:移动鼠标到菜单栏,单击“文件”→“关联”命令,就会弹出窗口。第五步:在给出的列表中或通过“浏览”选择打开此类文件的程序。第六步:单击“确定”,新的关联就产生了。

782. Windows 98 中怎样用图片作文件夹背景?

第一步:打开要加入背景的文件夹。第二步:移动鼠标到菜单栏,单击“查看”→“自定义文件夹”命令。第三步:在出现的对话框中选中“选择背景图片”项目,单击“下一步”。第四步:选择一张背景图片,也可以单击“浏览”按钮选择其他图片,如果图片颜色太深文字无法辨认,可以再设置文字颜色及文字底色。选定后单击“下一步”。第五步:单击“完成”。

783. Windows 98 中怎样利用“快速查看”预览文件?

“快速查看”功能允许在不打开文件的情况下对文件进行预览。在资源管理器或文件夹窗口中的文件上单击鼠标右键,选择“快速查看”选项,就会看到该文件的初步面貌了,这对于 Word 一类打开需要很长时间的文件来说,如果只想看看它大概是什么内容,是非常方便的。如果文件不能被快速查看打开,则弹出菜单上的快速查看无效。如果对所有类型的文件该选项都无效,那就需要安装该程序。第一步:在 Windows 桌面上,移动鼠标到任务栏,单击“开始”→“设置”→“控制面板”。第二步:双击“添加/删除程序”,单击“Windows 安装程序”。第三步:选择“附件”,单击“详细资料”。第四步:如果“快速查看”左边的复选框未打上标记,表示没有安装该程序,单击选中后按“确定”按钮。第五步:根据系统提示,插入 Windows 98 光盘,完成安装。

784. Windows 98 中怎样增加文件类型?

第一步:在 Windows 桌面上,移动鼠标到任务栏,单击“开始”→“设置”→“文件夹选项”。第二步:单击“文件类型”→“新类型”,会弹出对话框。第一行是说明文字,第二行中输入文件扩展名,如“china”,第三行中输入一种 MIME 类型,如此处选择“text/plain”,第四行中添入与第二行一样的内容。第三步:单击“新建”,弹出对话框。在第一行中输入“open”,表示要设置“打开”的操作,如果没有设置这项操作,就无法打开。第四步:单击“浏览”,在第二行中指定一个要打开此类文件的程序。第五步:单击“确定”后,扩展名为“.China”的文件图标就会变成记事本的样子,在文件上单击鼠标右键,会看到快捷菜单里有“打开”和“快速查看”的选项,增加文件类型成功。

785. Windows 98 中怎样利用缩略图预览多个文件?

第一步:在打开的窗口中,右键单击选定的文件夹。第二步:在弹出菜单中单击选定“属性”。第三步:在出现的对话框中单击选中“按缩略图查看”。第四步:单击“确定”后生效。再进入这个文件夹时,只要执行“查看/缩略图”,所有的文件都会以预览图片的方式显示了,一般“.bmp”、“.gif”、“.jpg”、“.pcx”、“.tif”、“.wmf”、“.mic”等格式的文件都可以预览。

786. Windows 98 中怎样让"发送到"功能更强大？

［方法一］ 增加"发送到"菜单的内容。第一步：在 Windows 桌面上，移动鼠标到任务栏，右键单击"开始"，弹出快捷菜单。第二步：在快捷菜单中单击打开资源管理器，找到\Windows\SendTo 文件夹，但不要选择它，只是在左边的窗口中显示出来。第三步：将要增加的项目文件夹拖到 SendTo 文件夹上，选择"在当前位置创建快捷方式"即可。

［方法二］ 让"发送到"功能更强。第一步：双击桌面上"我的电脑"图标，打开 Windows 98 目录下的 SendTo 文件夹。第二步：移动鼠标到菜单栏，单击"文件"→"新建"→"快捷方式"。第三步：在命令行文本框中输入"C：\"(或"C："），单击"下一步"按钮，默认系统提供的快捷方式名称。第四步：单击"完成"按钮，这样就创建了 C 盘的快捷方式。第五步：右键单击 A 盘上的文件，在弹出的快捷选单中指向"发送到"选单，可以发现其中多了"Pwin98 se(C)"一项，单击选中就可以将文件或文件夹复制到 C 盘根目录了。第六步：依此类推，如果在建立快捷方式中的命令行文本框中输入一个电脑中已有的文件夹的完整路径，如 C：\wzy，那么我们就可以将选择的文件或文件夹用"发送到"命令复制到这个文件夹中了。

787. Windows 98 中查找文件有哪些技巧？

有时候一些文件的名称实在是记不起来了，此时只要利用记忆中残存的片段，把这几个你记得的字告诉 Windows 98，就会靠着这些线索找到文件了。譬如"今年的会议 .doc"这个文件名，如果只记得"会议"两个字，在 Windows 桌面上，移动鼠标到任务栏，单击"开始"→"查找"→"文件或文件夹"，在"名称"一栏输入"会议"二字，单击"开始查找"，凡是带有"会议"二字的文件就都会列出来。如果记得的是"年"和"会"，最好输入成"＊年＊会＊"。通配符在查找文件时会有很大的帮助，"＊"代表所有的字符串，"?"代表一个未知字符，例如"＊.d??"表示要搜索的文件扩展名是"d"开头的文件，并且文件扩展名共有 3 个字母。这样就可能查到名为"system.doc"的文件。

788. Windows 98 中怎样巧用查找文件清理硬盘？

许多应用程序在执行后或半途退出时，都会在硬盘中留下一堆 .tmp 临时文件，他们会大大降低系统的运行速度，虽然可以用磁盘清理程序来删除，但这种方法有其先天的不足之处，比如只能删除 C：\windows\temp 下的七天未动的临时文件。利用查找文件的功能可以通过在所有本地硬盘中查找"＊.tmp"文件，找到后全部选中，然后一股脑将这些散布在各个文件夹中的临时文件删除掉，这样就可以达到清理硬盘的目的。

789. Windows 98 中释放系统文件有哪几种方法？

［方法一］ Windows 98 内建了对 CAB 压缩包的直接支持，只需在资源管理器或"我的电脑"中双击包含有需要释放系统文件的 CAB 压缩包，Windows 98 就会为该压缩包打开一个单独的窗口，用户只需从中选择欲释放的系统文件并将其拖拽至目标目录即可。

［方法二］ 利用 Windows 98 的"系统文件检查器"恢复系统文件。在 Windows 桌面上，移动鼠标到任务栏，单击"开始"→"程序"→"附件"→"系统工具"→"系统信息"→"工具"→"系统文件检查器"，会弹出窗口。它除了可以对已有的系统文件进行检查、扫描之外，还可以按照用户的要求从 Windows 98 的安装磁盘释放用户所需的系统文件，并且它会自动对安装盘中

的所有 CAB 压缩包进行搜索以找出用户所需的文件，无需掌握要释放的系统文件存放在那个 CAB 压缩包中。

[方法三] 使用 Windows 98 启动盘中的 EXT 命令。第一步：将 Windows98 启动盘插入软驱并执行启动盘中的 EXT 命令，随后 EXT 命令将询问用户 Windows 98 安装文件所在目录，我们只需将 Windows 98 光盘插入光驱并指定相应路径即可。第二步：接着 EXT 命令将询问用户释放哪些文件，在这里可以指定(如“*.TXT”文件)。第三步：接下来 EXT 命令将会要求用户指定将这些文件释放到那个目录中，我们可根据需要加以选择是 Windows 目录还是 system 目录。第四步：最后 EXT 命令会将用户所做的选择以列表的方式显示出来，我们只需在确认无误的基础上单击“Y”，EXT 命令就会自动对安装光盘中的所有 CAB 压缩包进行搜索，找到用户所需的系统文件并释放。

790. Windows 98 中自己不在时如何防止别人使用机器？

机器启动时要进入 DOS 状态，需要在进入 Windows 98 的启动画面前按下“F8”或“Ctrl”键，直到显示“Windows 98 Startup Menu”，然后选择“DOS Command Prompt”。不妨试试以下方法：用记事本创建一个空文件，把它命名为 WIN.BAT 并存放在“C”：盘的根目录下。这样启动机器时，系统将自动地直接进入到 DOS 状态下。在这种情况下要进入到 Windows 98 的图形界面，键入“Win”后回车即可。当然也可以再改进一下：把 C:\Windows 目录下的 Win.com 文件重命名为其它，如 name.com，这样就可以阻止别人使用你的计算机了，当自己要使用的时候，只须在 DOS 命令行中输入只有自己才知道的 name.com 就能进入 Windows 98 了。

791. Windows 98 中怎样为电源管理设置密码？

第一步：在 Windows 桌面上，移动鼠标到任务栏，单击“开始”→“设置”→“控制面板”，双击“电源管理”图标，单击“高级”。第二步：单击选中“计算机退出待机状态时提示输入密码”选项。第三步：单击切换到“电源使用方案”，在“系统等待状态”列表框中选择计算机在停止操作多长时间之后自动启动电源管理功能进入“挂起”状态，列有“从 1 分钟之后”到“从不”等多种选项，可以根据需要选择不同的选项。第四步：接着为关闭监视器和关闭硬盘设置合适的时间间隔。第五步：单击“确定”按钮，关闭“电源管理属性”设置框。这样我们就启动了 Windows 98 的电源管理功能，并设置了保护密码，今后如果用户在指定的时间内没有对计算机进行任何操作，包括移动鼠标和敲击键盘，计算机就自动进入“挂起”状态，以节省电力消耗。这和在 Windows 桌面上移动鼠标到任务栏，单击“开始”→“关闭系统”，选择“将您的计算机转入睡眠状态”是一样的。当用户通过敲击键盘或移动鼠标“唤醒”计算机时，系统就会要求输入密码，不输入密码将不能返回正常状态。但是，Windows 98 电源管理并没有自己单独的密码，要求输入的是启动 Windows 98 系统时的启动密码。

792. Windows 98 中怎样加速系统运行？

[方法一] 优化 CMOS 设置。在启动计算机时，按下“Del”键，就可以进入 CMOS，在其中你可以进行以下的设置来起到优化计算机的作用。第一步：设置系统速度为高速。将 System Boot Up Speed 设为 High。第二步：提高启动速度。将 Boot Sequence 设为 C，A；Boot Up Floopy Seek 设为 Disable。第三步：提高显示速度。将 System BIOS Cacheable 设为 Enable；

Video BIOS Cacheable 设为 Enable。

［方法二］ 优化 Windows 98 文件。Windows 98 如果进行完全安装需要 260MB 空间，再加上应用软件的连接文件等，Windows 98 达到 300MB 以上，占有如此大的硬盘空间，既影响运行速度，又使小硬盘的用户望而却步，所以就要给 Windows 98 进行减肥。第一步：删除 Font 文件夹中不使用的英文字体，但是，一定要保留 Times New Roman 和 Marlett 等字体，否则系统的基本字体会发生紊乱。第二步：对于熟练使用 Windows 98 的用户可以删除 Help 文件夹，还有 Windows 98 的 Welcome 教程。第三步：进行磁盘碎片整理。

［方法三］ 优化系统属性。只要你拥有 10MB 以上的内存，这里建议你将电脑的文件系统由台式机改为网络服务器，我们都知道 Windows 查找文件时要访问文件分配表(FAT)，它可以通过存储已访问的文件的路径和名字来加快下一次访问的速度，如果设置为台式机，那么系统只能存储已访问过的 32 个文件夹和 677 个文件，使用约 10KB 的内存，而设置为网络服务器那么可以存储 64 个文件夹和 2729 个文件，使用约 40KB 的内存，所以将设置由台式机改为网络服务器可以大幅度提高 FAT 存储能力，加快访问速度。第一步：右键单击“我的电脑”，在弹出菜单中单击选中“属性”→“性能”→“文件系统”进入设置界面。第二步：在“硬盘”页中将计算机主要用途由“台式机”改为“网络服务器”。第三步：单击“确定”并重启计算机。

［方法四］ 优化硬盘设置。为了在使用硬盘时获得较高的性能和效率，设定 Windows 98 使用 Ultra DMA 功能。第一步：在 Windows 桌面上，移动鼠标到任务栏，单击“开始”→“设置”→“控制面板”，双击“系统”图标，选择“设备管理器”页，展开“磁盘驱动器”项目，选中“Generic IDE Disk Type46”，单击“属性”。第二步：单击切换到“设置”页，单击选中“DMA”项。第三步：单击“确定”，重启计算机。

793. Windows 98 中怎样进行磁盘高速缓存的设置？

第一步：在 Windows 桌面上，右键单击“我的电脑”，在弹出菜单中单击“属性”；也可以在 Windows 桌面上，移动鼠标到任务栏，单击“开始”→“设置”→“控制面板”，双击“系统”图标，打开“系统设置”窗口。第二步：在系统设置窗口，选择“性能”标签，单击下面的“文件系统”按钮，打开窗口。第三步：在窗口中拖动“硬盘”页中“预读式优化”的调节杆，可以设置预读条件。在“此计算机的主要用途”栏，如果系统的内存较多，可以选择“网络服务器”，这样，系统将用较多的内存来作为高速缓存。第四步：在 CD—ROM 页中，可以直接调节系统用多少内存作 CD—ROM 光盘读写的高速缓存，在“最佳访问方式”中选择“四倍速或更高速”，这样系统将根据情况设置缓存的大小。也可以调节“追加的高速缓存大小”栏中的调节杆，追加高速缓存。第五步：设置完成后，单击“确定”，重启计算机。

794. Windows 98 中怎样设置虚拟内存？

第一步：在 Windows 桌面上，移动鼠标到任务栏，右键单击“我的电脑”，在弹出菜单中单击“属性”；也可以在 Windows 桌面上，移动鼠标到任务栏，单击“开始”→“设置”→“控制面板”，双击“系统”图标，打开“系统设置”窗口。第二步：在系统设置窗口，选择“性能”标签，单击“虚拟内存”进入设置界面，选中“用户自己指定虚拟内存设置”。第三步：接着把计算机中的物理内存数的二倍作为虚拟内存数值添入最大值和最小值，比如计算机中有 64MB 内存，那么这里的最大值和最小值就应该为 128MB。第四步：设置完成后，单击“确定”，重启计算机。不要理会系统弹出的警告对话框，在设定虚拟内存前，最好先进行一下磁盘碎片整理，这样可以避免交换文件中存在磁盘碎片，影响效率；如果电脑中装有两块硬盘，虚拟内存应设置在主硬盘上。

795. Windows 98 中怎样合理使用系统内存？

［方法一］ 监视内存使用。在 Windows 桌面上，移动鼠标到任务栏，单击“开始”→“程序”→“附件”→“系统监示器”可以监视内存的占用情况；也可以在任何一个 Windows 98 的文件窗口中，移动鼠标到菜单栏，单击“帮助”→“关于 Windows 98”，打开窗口，看到目前内存资源使用情况。一般如果只剩 60％的资源可用，就要警惕了。

［方法二］ 释放内存容量。第一步：重新启动机器。第二步：关闭运行的程序，包括在后台运行的程序，例如防毒监视程序。有些应用程序不能用一般的方法关闭，可以使用键盘，按下“Ctrl＋Alt＋Del”键，再选择结束任务。第三步：清理剪贴板。如果在剪贴板中储存了一幅图像，是要占用大量内存空间的，可以剪贴几个简单的字符将图像数据从内存中冲掉。第四步：后台打印的数据也会占用大量的内存空间。必要时应停止打印。

［方法三］ 优化内存数据。在 Windows 中，驻留内存的数据很多，像桌面快捷图标、任务栏中的图标、系统托盘中的时间等都要占用内存资源，如果内存紧张，可以考虑优化这些项目，尽量少用各种后台驻留的程序，特别是设计不好的程序，要占用大量的内存资源。平常在使用电脑的时候，不要同时打开太多的窗口，或者在程序中打开太多的数据文件。另外，长时间使用电脑后，内存的数据排列有可能比较混乱而引起性能下降，这时可以重新启动系统。

［方法四］ 提高系统的其他部件性能。电脑系统的其他部件的性能，对内存也有巨大的影响。例如，总线类型、CPU、显存、硬盘速度等。如果显存太小，而显示的数据量很大，再多的内存也是没有办法提高系统性能的。如果硬盘的速度太慢，特别是平均寻道速度太慢，将严重影响系统虚拟内存的读写速度，造成整个系统速度下降。

796. Windows 98 中如何设置鼠标双击速度？

第一步：在 Windows 桌面上，移动鼠标到任务栏，单击“开始”→“设置”→“控制面板”，双击“鼠标”图标，会弹出“鼠标属性”对话框。第二步：在“按钮”页中可以通过滑块调整双击速度，并可以在旁边的测试区域内进行测试。如果你觉得 Windows 98 总是意识不到双击事件，就将滑块向左移动减小双击速度阈值；如果发现 Windows 98 有时将两个连续的单击解释为双击事件，就把滑块向右移动增加双击速度阈值。在测试区域中你可以在确定之前测试设置的效果，如果系统认识到双击，盒子中就会弹出一个小人。第三步：单击“确定”保存设置。

797. Windows 98 中如何创建和使用多硬件配置文件？

这里以制作抽取式硬盘的多硬件配置文件为例，介绍如何创建和使用多硬件配置文件。第一步：假设当前的抽取式硬盘在家里的计算机上，在 Windows 桌面上移动鼠标到任务栏，单击“开始”→“设置”→“控制面板”，双击“系统”图标。第二步：在“系统属性”对话框中单击切换到“硬件配置文件”页。第三步：选中 Original Configuration，单击“复制”，接着弹出对话框，要求在其中给当前使用计算机的硬件环境起一个名字，如起名为 Home。第四步：然后选定另一个硬件文件 Original Configuration，单击“重命名”按钮，为办公室计算机的硬件环境起一个名字，如起名为“Office”。第五步：重新启动计算机后，出现选择菜单。第六步：选择 Home 进入

Windows 98，注意不要选错。第七步：进入 Windows 98 后，如果一切正常，就可以取出抽取式硬盘到办公室的计算机设置“Office”了。第八步：将办公室的计算机上的硬件设备都安装好，启动计算机，选择“Office”。第九步：进入 Windows 98 后，会进行一系列的检测到新硬件、安装驱动程序、重启等工作。完成后，在 Windows 桌面上，右键单击“我的电脑”，在弹出菜单中单击“属性”→“设备管理器”。第十步：在“设备管理器”中，删除在家中的计算机硬件留有的信息。这样办公室里的硬件环境，也就是“Office”硬件配置文件，就设置好了。第十一步：从现在起，你就可以方便地将硬盘拔插于两台计算机之间了，只要在开机时选择对应的应用环境就可以了，你会发现两种不同的硬件环境互不影响。第十二步：一定要在计算机启动时选对要使用的硬件环境，也就是选对“Home”和“Office”，否则会前功尽弃。当然多硬件配置文件不是只有用在抽取式硬盘上，只要你的硬件使用环境常常会有变动的话，你都可以利用这项功能，随时调整所使用的硬件配置。

798. Windows 98 中如何使计算机自动进入待机状态？

第一步：在 Windows 桌面上，移动鼠标到任务栏，单击“开始”→“设置”→“控制面板”，双击“电源管理”图标，打开“电源管理属性”对话框。第二步：在“电源使用方案”页的“电源使用方案”项目中单击下拉箭头，就可以选择某个电源方案，该方案的时间设置将显示在“系统等候”、“关闭监视器”和“关闭硬盘”中。当计算机空闲 15 分钟后自动关闭显示器，5 分钟后关闭电源，再过 10 分钟后关闭硬盘，这些都可以自己进行设置。你也可以将你设置的结果保存成一个电源方案以方便日后使用。方法是：设置完成后单击“另存为”按钮，就会弹出对话框。例如可以命名为“电源方案一”，然后单击“确定”，就会在“电源使用方案”下拉列表中看到这个方案了。第三步：单击“确定”保存设置。此后，如果在设定的时间内没有对计算机进行任何操作，包括移动鼠标和敲击键盘，计算机就自动进入待机状态，以节省电力消耗。这和在 Windows 桌面上，移动鼠标到任务栏，单击“开始”→“关闭系统”，选择“将您的计算机转入睡眠状态”是一样的。第四步：随时可以通过敲击键盘或移动鼠标“唤醒”计算机，让系统返回正常状态。

799. Windows 98 中如何加装硬盘而使盘符顺序正常？

第一步：开机按下“Del”键进入 BIOS 设置菜单。第二步：选择 STANDARD CMOS SETUP 选项，使用键盘上的“＋”、“－”键把新硬盘的 TYPE 设置为 None。第三步：保存结果并退出 BIOS，启动计算机。Windows 下盘符顺序归于正常。第四步：如果要进入 DOS 操作新硬盘，要先把这个设置改回来。

800. Windows 98 中怎样避开“启动”文件夹在启动时自动运行程序？

第一步：在 Windows 桌面上，移动鼠标到任务栏，单击“开始”→“运行”。第二步：在“运行”对话框中输入 sysedit，回车后打开“系统配置编辑程序”。单击打开 Win.ini 窗口。第三步：编辑 Win.ini 程序，并在 Windows 部分添加一条 Run 命令，例如：run=c:\Program~1\winzip\winzip.exe。第四步：保存修改，关闭“系统配置编辑程序”。系统在下次启动时将自动运行所加入 Run 命令中的应用程序，如这里的“winzip”。

801. Windows 98 中怎样禁止应用程序自启动？

［方法一］ 取消"启动"程序组中的启动程序。绝大多数 Windows 应用程序都是通过"启动"程序组来实现自动运行的。第一步：在 Windows 桌面上，右键单击任务栏空白处，在快捷菜单中单击"属性"命令。第二步：在弹出的"任务栏属性"对话框中单击"开始菜单程序"标签页。第三步：单击"删除"按钮，系统弹出"删除快捷方式/文件夹"对话框。第四步：选中"启动"程序组中要禁止在系统启动时自动运行的应用程序的快捷方式，单击"删除"。

［方法二］ 取消 Win.ini 文件中的自启动选项。许多老版本应用程序都是通过 Win.ini 文件中的"RUN"和"LOAD"命令来实现在 Windows 启动时自动运行的。第一步：在 Windows 桌面上，移动鼠标到任务栏，单击"开始"→"运行"。第二步：在"运行"对话框中输入 sysedit，回车后打开"系统配置编辑程序"。单击打开 Win.ini 窗口。第三步：在窗口中找到"RUN＝"或"LOAD＝"行，然后将调用这些应用程序的命令行删除。

［方法三］ 取消 Autoexec.bat 文件中的自启动命令行。通过 Autoexec.bat 文件实现系统启动时程序自动运行是许多 DOS 程序常采用的简便方法，对于它们，你只须利用记事本打开 Autoexec.bat 文件，然后将调用这些应用程序的命令行删除即可。

［方法四］ 修改注册表中的自启动选项。第一步：在 Windows 桌面上，移动鼠标到任务栏，单击"开始"→"运行"。第二步：在"运行"对话框中输入"regedit"，回车后打开注册表编辑器。第三步：展开注册表 HKEY__LOCAL__MACHINE\Software\Microsoft\Windows\CurrentVersion\Run 主键。第四步："Run"主键中保存的就是所有通过注册表数据库实现在系统启动时自动运行的应用程序，你只须从中删除想要禁止的应用程序即可。

802. Windows 98 中怎样防止手动删除应用程序出错？

第一步：制作一张 Windows 98 系统启动盘。在 Windows 桌面上，移动鼠标到任务栏，单击"开始"→"设置"→"控制面板"，双击"添加/删除程序"图标，单击切换到"启动盘"页，就可以在系统引导下很方便地制作一张启动盘。第二步：备份注册表及"．ini"文件。虽然每次进入 Windows 98 时，系统都会备份注册表，不过很难保证它所备份的都是正确无误的数据，而要完全删除应用程序必将改动注册表，所以在改动注册表之前，最好将 Windows 文件夹下的"System.dat"及"User.dat"两个文件复制到其他地方，日后可以在 DOS 下恢复。Windows 文件夹下的"Win.ini"、"System.ini"这两个文件也是一定要备份的，因为没有提供卸载功能的大多是 16 位软件，它们往往会在这两个文件夹中加入一堆设置，届时要改动这两个文件的内容，所以事先一定要先备份才行。第三步：一个一个删除应用程序文件夹及快捷方式。如果在删除文件夹时出现"此次改动将影响部分已经注册的程序，是否继续？"的警告框，就要先暂停。这种情况在删除 16 位应用程序时，应该不会出现。通常都是在删除 32 位程序时，没有利用卸载程序而直接将文件夹删除才会出现这种警告。要先查明这个应用程序到底有无提供卸载功能，如果提供了，还是要使用自身的"卸载"程序删除。第四步：删除操作完成后，最好立刻重启计算机，以检查删除对系统是否有影响。如果重新开机后，出现"登录错误"等警告，就要使用 Windows 98 系统启动盘进入纯 DOS 环境，将"第二步"中备份的注册表复制回去，恢复成未改动前的状况。

803. Windows 98 中怎样加快"拨号网络"的拨号速度？

第一步：在 Windows 桌面上，移动鼠标到任务栏，单击"开始"→"设置"→"控制面板"，双击“网络”图标。第二步:单击“添加”→“客户”→“添加”,选取“Microsoft”和“Microsoft 网络用户”,单击“确定”。第三步:回到“网络”的“配置”页,在“主网络登陆(L)”的下拉箭头中选择“Microsoft 网络用户”并单击“确定”。第四步:把 Windows 98 安装光盘放入光驱中,读取 Windows 98 光盘后重新启动 Windows。第五步:打开“拨号网络”文件夹窗口,右键单击连接图标,单击选中“属性”→“服务器类型”页。第六步:在“高级选项”和“所允许的网络协议”项目中取消所有的选项,只留下“启用软件压缩”和“TCP/IP”。第七步:单击“确定”保存设置。

804. Windows 98 中如何将声音分配给程序事件?

第一步:在 Windows 桌面上,移动鼠标到任务栏,单击“开始”→“设置”→“控制面板”。第二步:在“控制面板”中双击“声音”,打开“声音属性”对话框。第三步:在“事件”列表中,选择需要分配声音的事件,然后在“名称列表”中选择事件发生时发出的声音。如果在列表中没有找到合适的声音,还可以单击“浏览”按钮选定需要的声音文件,系统还提供了其他几种声音方案供使用。第四步:在这里也可以将自己创建的声音方案保存起来,单击“另存为”保存并命名。第五步:单击“确定”结束分配,保存设置。

805. Windows 98 中怎样控制音乐 CD 的自动播放?

[方法一] 在插入音乐 CD 后使用键盘按下 Shift 键大约十秒钟,就可以避免系统自动播放 CD。

[方法二] 第一步:在 Windows 桌面上,移动鼠标到任务栏,单击“开始”→“设置”→“文件夹选项”。第二步:单击打开“文件类型”页。第三步:选择“CD 曲目”,单击“编辑”。系统打开“编辑文件类型”对话框。第四步:选中“操作”中的“播放”,单击“设置为默认值”,会看到“播放”二字在粗体和细体之间转变,如果是粗体,就表示 CD 会被自动播放,反之不会被自动播放。第五步:单击“确定”保存设置即可。

806. Windows 98 中怎样将 CD 播放清单备份起来?

在 CD 播放器的“唱片”菜单中有一项“编辑播放曲目”的功能,可以为音乐 CD 的每一首曲目加上曲名,这样在播放时便一目了然。但如果这张 CD 要拿到其他计算机上播放,或计算机需要格式化磁盘重新安装系统,那么播放清单是不是也要重新编辑呢?不是的,只要事先将 Windows 文件夹下的 cdplayer.ini 复制一份,在需要的时候拷入 Windows 文件夹下就可以了。当然,也可以直接修改 cdplayer.ini 文件来编辑播放曲目。

807. Windows 98 中怎样清除“运行”、“查找”和“文档”中的历史记录?

第一步:在 Windows 桌面上,移动鼠标到任务栏,右键单击“任务栏”任意空白处。第二步:在弹出菜单中选择“属性”→“开始菜单”页。第三步:单击“文档菜单”框中的“清除”按钮。第四步:单击“确定”保存设置即可清除“运行”、“文档”、“历史记录”框中的历史记录。

808. Windows 98 中怎样利用“desktop.ini”和“folder.htt”文件隐藏硬盘盘符?

在“按 Web 页”查看方式下,打开“我的电脑”,进入 Windows 98 目录时会弹出警告信息,说这是系统文件夹,如果“修改该文件夹的内容可能导致程序运行不正常”,要查看该文件夹的内容，请单击"显示文件"，这时单击"显示文件"就可以进入 Windows 目录了。原因就是在 Windows 98 目录下有"desktop.ini"和"folder.htt"这两个带有隐藏属性的文件。第一步：打开"资源管理器"，在 Windows 目录下找到"desktop.ini"和"folder.htt"两个文件。第二步：将这两个文件拷贝到你想隐藏的盘符所在根目录下（如：E：\）。第三步：用"记事本"打开"folder.htt"，利用记事本的"查找"功能，找到"显示文件"这几个字，将它删除，再找到"修改该文件夹的内容可能导致程序运行不正常，要查看该文件夹的内容，请单击显示文件"，将它替换成自己喜欢的文字，如"私人文件，请勿进入！"，将"要查看该文件夹的内容，请单击"替换成"请就此止步！"。当然，也可以干脆将 folder.htt 原文件中的这些文字替换成空白，这样就会给打开硬盘的人造成这是一个空硬盘的假象，使其中的文件更安全。第四步：只要在 Windows 98 的地址栏里输入被隐藏硬盘中任何一个文件的正确路径，就可以进入该硬盘。如在 E：\下面有一个目录 Soft，那就在 Windows 98 的地址栏里输入"E：\Soft"，文件就会全部显示出来。

809. Windows 98 中怎样使用文件管理器隐藏私人文件？

第一步：在 Windows 桌面上，移动鼠标到任务栏，单击"开始"→"运行"。第二步：在"运行"对话框中输入"winfile.exe"回车，启动"文件管理器"。第三步：移动鼠标到菜单栏，单击"查看"→"按文件类型"→"显示/隐藏系统文件"。第四步：把要隐藏的文件移至"C：\Recycled"，即回收站目录内，文件就隐藏起来了。不仅用"我的电脑"和"资源管理器"看不到，就是在"回收站"中也不会看到，而且"清空回收站"操作也不会把隐藏的文件清理走，这样就达到了简单保护文件（夹）的目的。第五步：当自己要查看隐藏文件时，只须进入"文件管理器"，再打开"C：\recycled"即可。

810. Windows 98 中怎样使用回收站隐藏私人文件？

第一步：在 Windows 桌面上，移动鼠标到任务栏，单击"开始"→"设置"→"文件夹选项"。第二步：单击"查看"，在列表框中单击取消"隐藏受保护的操作系统文件"和"不显示隐藏的文件和文件夹"选项，让所有文件都显示出来。第三步：打开"我的电脑"，进入某一分区如"C"盘，在回收站 Recycled 文件名上右键单击，在弹出菜单中单击选中"属性"。第四步：在"属性"对话框中单击选中"启用缩略图查看方式"，单击"应用"，去掉"只读"选项前复选框里的钩，单击"确定"关闭对话框。可以看到，回收站图标已经变成普通文件夹了。第五步：打开这个文件夹，里面只有一个 desktop.ini 文件。把需要隐藏的文件放进去，然后再把 Recycled 文件夹的属性改回去，也就是选中"只读"选项、去掉"启用缩略图查看方式"，Recycled 文件夹的图标就又变回原来的样子了。第六步：双击打开 Recycled 文件夹，看不到保存在里面的文件，清空回收站也不会被删除。第七步：要打开保存在回收站中的文件，只须再这样操作一次。也可以直接调用应用程序打开相应的文件。比如要打开保存在C盘回收站中名为 wzy.doc 的 Word 文档，启动 Word 程序后，单击工具栏上的"打开"按钮，在弹出对话框的文件名处输入"C：\recycled\wzy.doc"，单击"确定"后即可打开这个文档。同理，如果是其它格式的文件也可以用相应的程序打开。

811. 如何制作自己的 Windows 98 系统恢复光盘？

第一步：在机器上安装好 Windows 98 及常用软件后，进行系统个性化设置和优化整理、磁盘扫描。第二步：在 DOS 下运行 Ghost，选择“local→Partition to Image”，将系统区备份为一个镜像文件。建议选最大压缩，确认后开始执行备份。当然要注意备份出的镜像文件大小不要超过 600MB。第三步：准备一张具有 Format 等相关工具软件并可驱动光驱的可引导软盘。最方便的方法就是在 Windows 98 中制作一张启动盘。制作完毕后，应当使用该盘进行启动测试，看看是否可以正常引导系统，分配驱动器号给 CD－ROM。然后将 Ghost 文件拷贝到软盘。如果软盘空间不够，可删除其他无用文件。第四步：刻录启动光盘。类似刻录数据光盘，刻录软件我们可以使用最常用的 Easy CD Creator。在添加完所要刻录的数据后，单击工具栏上“新建”按钮旁边的小箭头，并从下拉列表中选择“可引导 CD”。第五步：软件会提示插入可引导软盘，单击“确定”，软盘的内容即被复制到系统且存储在 CD 盘中。可以看到两个特殊的只读文件 BOOTCAT.BIN 和 BOOTIMG.BIN 已被添加到 CD 盘的根目录中。按一下红色的按钮开始刻录。第六步：开机在 BIOS 中设置为光驱启动。当系统崩溃时，用该光盘启动系统然后运行 Ghost，选择恢复，几分钟即可完成系统分区使系统恢复如初。

812. Windows 2000 安装时怎样略过输入序列号？

第一步：开机进入 DOS 状态。第二步：将 Windows 2000 安装光盘放入光驱。第三步：在 DOS 提示符下键入“MD WIN2000”回车，创建一个名称为 WIN2000 的目录。第四步：在 DOS 提示符下键入“COPY X:\＊・＊ C:\WIN2000”把安装文件全部拷贝到硬盘中的 WIN2000 目录中。命令行中 X:是光驱的盘符。第五步：在硬盘中打开 i386 目录下的 setup.ini，将 PID 后面的数字改成 51873270。第六步：在 DOS 提示符下进入 WIN2000 目录，键入“Setup”后回车，从硬盘安装 Windows 2000，那么在整个安装过程中就不会再要求输入序列号了。

813. Windows 2000 中怎样缩短多系统启动时间？

[方法一] 第一步：在 Windows 桌面上，右键单击“我的电脑”，在弹出菜单中单击“属性”→“高级”。第二步：单击“启动和故障恢复”按钮，在对话框中将“系统启动”项中“显示操作系统列表”时间间隔设置得短一些，比如 5 秒或更短。如果我们想不显示系统列表而直接进入 Windows 2000，将它设置为 0 秒即可，但这样你往往来不及选择进入 Windows 98。第三步：选定后保存设置退出。

[方法二] 通过编辑 C:\boot.ini 文件中的“timeout＝”值同样可以达到缩短启动时间的目的。不过这个文件默认情况下是只读的，我们首先需要将其只读属性去掉，然后才能再编辑。第一步：在“我的电脑”中双击打开 C 盘，选择“工具”菜单中的“文件夹选项”命令。在“文件夹选项”对话框中单击切换到“查看”页，在“高级设置”中，将“隐藏受保护的操作系统文件”和“隐藏已知文件类型的扩展名”前面的“√”去掉，并选中“隐藏文件和文件夹”中的“显示所有文件和文件夹”，单击“确定”按钮。第二步：右键单击 boot.ini 的图标，在弹出的菜单中选择“属性”命令，进入“属性”对话框，将“属性”中“只读”前的“√”去掉，单击“确定”按钮。第三步：用记事本打开 boot.ini 文件，将“timeout＝”值更改为自己满意的数值，保存后退出即可。

814. Windows 2000 中怎样在启动时自动运行应用程序？

第一步：在 Windows 桌面上，移动鼠标到任务栏，单击“开始”→“设置”→“任务栏和开始菜单”→“高级”。第二步：单击“添加”按钮，出现“创建快捷方式”向导，在“键入该项目的位置”

输入框中输入或通过“浏览”选取要启动的程序，单击“下一步”。第三步：在出现的向导对话框中选中“启动”文件夹，单击“下一步”。第四步：在接下来的对话框中为该快捷方式指定一个名称，如输入“WINWORD”，单击“完成”返回到“任务栏和开始菜单属性”对话框。第五步：单击“确定”就会看到在“开始”菜单中的“程序”的“启动”中增加了一个“WINWORD”项目。以后在启动 Windows 2000 时就会自动启动 Word。

815. Windows 2000 中怎样删除游戏和写字板之类的组件？

第一步：在 Windows 桌面上，移动鼠标到任务栏，单击“开始”→“程序”→“附件”→“记事本”。第二步：用“记事本”打开 winnt/inf/目录下的 sysoc.inf 文件。第三步：使用“记事本”的“查找/替换”功能，在查找框中输入“,hide”(一个英文逗号紧跟 hide)，将“替换为”框设为空。并选“全部替换”，这样，就把所有的“,hide”都去掉了。第四步：保存该文件后退出。第五步：在 Windows 桌面上，移动鼠标到任务栏，单击“开始”→“设置”→“控制面板”，双击“添加删除程序”，单击“添加删除 Windows 组件”，就会看见多出了“附件和工具”项，可以在此将写字板一类的组件删除掉。

816. Windows 2000 中怎样去掉菜单上的下拉小箭头？

也许你并不喜欢 Windows 2000 引入的“个性化菜单”这项功能，因为它毕竟将很多工具都隐藏了起来，虽然可以通过点击小箭头使它重新显示出来，但是毕竟多了一道手续，怎样去掉 Windows 2000 菜单中的下拉小箭头呢？第一步：在 Windows 桌面上，移动鼠标到任务栏，单击“开始”→“设置”→“任务栏和开始菜单”→“常规”。第二步：单击清除“使用个性化菜单”。第三步：单击“确定”保存设置即可。

817. Windows 2000 中如何使用桌面墙纸功能？

Windows 2000 实现桌面墙纸的功能非常方便，不仅安装目录 Winnt 下的图像文件可以作墙纸，Winnt\Web\Wallpaper 目录下的图像文件也会自动添加到“显示属性”对话框的“背景”选项页中的背景图片列表中。Windows 2000 还在“我的文档”中建立了一个“My Pictures”(我的图片)文件夹，如果想用喜欢的图像作墙纸，只需把选择的图片放到“我的图片”文件夹中，在 Windows 2000“显示属性”对话框中就可以直接选择“我的图片”文件夹中的图片作为桌面墙纸。

818. Windows 2000 中怎样在预览图像文件时使用快捷键？

一是当使用了左边预览窗口中的放大功能，按住“Shift”键按动鼠标左键，图片就会不断缩小。二是当选择了缩小功能，按住“Shift”键按动鼠标左键，图片就会不断放大。三是如果图片很大需要使用滚动条，可以按住“Ctrl”键，同时按下鼠标左键上下移动鼠标，图片就会上下滚动。

819. Windows 2000 中怎样妙用“发送到”菜单打开文件？

和 Windows 98 一样，在 Windows 2000 中，如果在一个文件上单击鼠标右键，在弹出的快捷菜单中也有一个“发送到…”命令，可以快速地向软盘、我的文档等文件夹发送(复制)文件。

如果经常需要向另外的某个磁盘或文件夹复制文件，也可以将这个磁盘或文件夹添加到鼠标右键的快捷菜单中。只须为磁盘或文件夹创建一个快捷方式，然后将这个快捷方式复制到 Documents and Settings\Administrator\SendTo 文件夹中就可以了。其实，还可以把很多程序的快捷方式添加到这个菜单中，这样，用于打开非关联文件就更方便了。比如，在 Documents and Settings\Administrator\SendTo 文件夹中建立了 word 2000 或 WPS 2000 的快捷方式，如果用记事本写了一篇短文或者从网上下载了一段信息，用右键单击这个 TXT 或 HTML 文件，把它发送到 word 2000 或 WPS 2000 中，就可以方便地用这些程序为这篇文档排版或者修改网页了。

820. Windows 2000 中怎样设置文件和文件夹的加密属性？

第一步：进入“我的电脑”或“资源管理器”，打开需要加密的文件夹。第二步：移动鼠标到菜单栏，单击“文件”→“新建”→“属性”。第三步：在“常规”标签下，单击“高级”按钮，进入“高级属性”对话框。第四步：在“压缩或加密属性”框中，选中“加密内容以便保护数据”检查框，单击“确定”。第五步：接着会弹出“确认属性更改”对话框。单击“确定”，接受仅将加密属性应用于文件夹的设置，设置工作完成。Windows 2000 只对在 NTFS 分区上的文件和文件夹进行加密属性的设置，对压缩文件也不能加密。

821. Windows 2000 中怎样优化系统？

[方法一] 删除不需要的文件并清空回收站。系统在运行过程中常常会产生诸如“*.tmp”、“*.bak”、“*.log”、“*.old”、“*.txt”的文件，这些文件其实都是可以安全删除的，甚至包括 WINNT 目录下面的“*.bmp”文件，如果你不喜欢 Windows 2000 带的那些墙纸的话。在 WINNT/temp 目录下面的文件也可以删除掉，那些都是在安装应用软件的过程中留下的。在删除这些文件以后记住清空回收站。

[方法二] 磁盘检查和磁盘空间整理。当系统使用一段时间后，会出现一定的文件错误和磁盘碎片，这时候就需要进行磁盘检查和磁盘空间整理。一般来讲应该每隔一周进行一次磁盘检查，每隔一个月进行一次磁盘空间整理。在进行磁盘检查和磁盘空间整理的时候，最好关闭所有正在运行的程序。磁盘检查的时候要把“自动修复文件系统错误”和“扫描并试图恢复坏扇区”选中。

[方法三] 优化鼠标。在 Windows 2000 中允许对鼠标的采样速率进行设定，以使鼠标更精确地移动和定位。要设置鼠标采样速率，在 Windows 桌面上，移动鼠标到任务栏，单击“开始”→“控制面板”→“鼠标”→“硬件”→“属性”，选择“高级设置”，将鼠标的采样速率设置为 100Hz，输入缓冲区长度设置为 300Hz，单击“确定”。如果在设置后系统变得不稳定，那就改变采样速率，设置成 80Hz 或以下。

[方法四] 设置硬盘工作模式。现在的大硬盘一般都支持 DMA 工作模式，这样可以提高硬盘的传输速度并减少 CPU 占用率。右键单击“我的电脑”，选择“管理”→“设备管理器”项，在右窗口中打开“IDEATA/ATAPI 控制器”分支，选择 Primary IDE Channel，单击“属性”→“高级设置”，会出现对话框。在传输模式中选择“DMA”。

[方法五] 自动关闭停止响应的程序。要实现这个功能，需要编辑注册表 HKEY_CURRENT_USER/Control Panel/Desktop 主键中 AutoEndTasks 的键值，将其设置为“1”即可。

822. Windows XP 中怎样安装 Windows 98?

第一步:使用DOS启动盘引导系统启动,然后在DOS下按步骤选择与Windows XP不同的硬盘分区安装Windows 98。第二步:安装好后在BIOS中设置为光盘启动,将Windows XP的安装盘放入光驱,当系统从光驱启动并加载完Windows XP的安装驱动后,按“F3”键直接退出,不要继续安装。第三步:重新启动后在BIOS中更改为从硬盘启动,就会出现双启动菜单。

823. Windows XP 中怎样快速切换用户?

第一步:创建新账户。在桌面上单击“开始”→“控制面板”→“用户账户”→“创建一个新账户”,输入用户名(例如给妻子创建一个“妻子”用户),如果不想让她随意改动计算机的设置,应在随后的账户类型中选择“受限”,最后单击“创建账户”按钮结束操作。第二步:当要暂时离开将电脑交给妻子时,只须在桌面上单击“开始”→“注销”→“切换用户”,在出现的对话框中选择“妻子”即可。第三步:继续使用时,再用此法方便地切换回来。

824. Windows XP 中怎样妙用“运行”对话框?

第一步:如果要打开Windows XP的文件夹,只要打开运行对话框,在其中输入“\”,就可以在下拉列表中进行选择,单击“确定”按钮就可以打开它了。第二步:如果想知道某个文件的路径信息,打开“运行”对话框,用鼠标右键将“资源管理器”中的文件拖到对话框中,则文件的扩展名和完整路径就会显示在其中。

825. Windows XP 中怎样使用“·”运行命令?

在Windows桌面上,移动鼠标到任务栏,单击“开始”→“运行”;在“运行”对话框中输入“…”后回车,即打开“我的电脑”;也可以输入“..”后回车,打开“我的文档”(Documents and Settings);还可以输入“.”后回车,打开“我的文档\用户名”(Documents and Settings\xxx)。

826. Windows XP 中怎样快速获取文件路径信息?

如果要把文件所在文件夹的路径信息复制到剪贴板,可以用鼠标右键单击该文件,在弹出菜单中单击“属性”打开对话框;单击选中“常规”选项卡,选中“位置”后面的内容,在其上单击鼠标右键选择“复制”,或者按下快捷键“Ctrl+C”即可。

827. Windows XP 中怎样快速关闭应用程序?

如果打开的应用程序很多,逐个关闭确实比较麻烦。按下“Ctrl+Alt+Del”组合键打开“任务管理器”,选中“应用程序”选项卡中的所有程序,然后单击“结束任务”按钮即可将打开的应用程序一块儿关闭。

828. Windows XP 中怎样完整显示文件名称?

用“资源管理器”或“我的电脑”打开文件夹,经常发生文件名显示不完整的情况。可以用鼠标右键单击“名称”栏,选择快捷菜单中的“其他”命令,打开“选择详细信息”对话框。选中其中的“名称”,然后将“所选栏的宽度(像素)”后面的数值改大,“确定”之后就可以显示更长的文件名了。

829. Windows XP 中怎样按组排列文件？

Windows XP“资源管理器”或“我的电脑”增加了新的文件图标排列方式，打开“查看”→“排列图标”子菜单。根据需要选择“名称”或“大小”等单选项，然后选中“按组排列”，文件就会按照单选项的内容分组排列。例如选中“修改时间”，窗口中的文件就会分为“今天”、“这个月的前些时候”等组。

830. Windows XP 中怎样快速查看文件(夹)属性？

打开“资源管理器”或“我的电脑”，在按下 Alt 键的同时，双击某个文件(夹)，即可打开该文件(夹)的“属性”对话框。

831. Windows XP 中怎样撤销对文件(夹)的操作？

如果想撤销对文件(夹)的删除、剪切、复制、重命名等操作，按下“Ctrl＋Z”组合键即可。但是，如果清空了“回收站”，删除的文件(夹)就不能恢复了。

832. Windows XP 中怎样快速展开文件夹？

在“资源管理器”中，选中目标驱动器或目标文件夹后，按小键盘上的“＊”键，即可将目标盘或目标文件夹下的所有文件夹展开。只是，如果目标驱动器或目标文件夹下的子文件夹太多，展开的时间较长。

833. Windows XP 中怎样删除备份和临时文件(夹)？

在 Windows 桌面上，移动鼠标到任务栏，单击“开始”→“搜索”；在搜索文件名中填入“.bak”、“.tmp”(文件名之间用英文“,”号隔开)；单击“开始搜索”，然后将搜索到的文件全部选中，即可一次性删除。如果经常需要这样做，可以单击“保存搜索”将这个“搜索”取名保存起来，以后双击该保存文件，即可启动搜索功能并自动填入上述搜索条件。

834. Windows XP 中怎样直接打开某个文件(夹)？

一是随便打开桌面上一个文件夹(如“我的文档”、“我的电脑”等)；在打开的窗口“地址”栏中输入文件(夹)路径及名称(如“C:\wzy\电脑\888.txt”等)后回车即可打开该文件(夹)。二是在 Windows 桌面上，使用键盘按“Win＋R”键快速打开“运行”窗口；在“运行”框中输入文件(夹)路径及名称(如“C:\wzy\电脑\888.txt”等)后回车即可打开该文件(夹)。

835. Windows XP 中怎样整理“程序”文件夹？

在 Windows 桌面上，移动鼠标到任务栏，单击“开始”→“运行”；在“运行”对话框中输入“Documents and Settings\All Users\[开始]菜单\程序”后回车，即可整理所有用户共用的“开始菜单”中的“程序”菜单；如果在“运行”对话框中输入“Documents and Settings\xxx(用户名)\[开始]菜单\程序”文件夹，即可整理当前登录用户的“开始菜单”中的“程序”菜单。

836. Windows XP 中怎样整理“发送到”文件夹?

在 Windows 桌面上,移动鼠标到任务栏,单击“开始”→“运行”;在“运行”对话框中输入“Documents and Settings\Default User\SendTo”文件夹,即可整理默认用户的“发送到”菜单。如果在“运行”对话框中输入“Documents and Settings\xxx(用户名)\SendTo”文件夹,即可整理当前登录用户的“发送到”菜单。如果要向“发送到”菜单添加文件夹、应用程序等对象时,要先给对象创建一个快捷方式,然后将该快捷方式剪切(复制)到“SendTo”文件夹中即可。

837. Windows XP 中拨号连接怎样使用备用号码?

“备用号码”的作用是:拨号过程中,当默认接入号码因为网络拥挤或其他原因连接失败后,系统无须用户干予,自动试拨备用号码,以提高拨号效率。

第一步:在桌面上单击“开始”→“控制面板”→“网络连接”。第二步:选中创建的拨号连接,右键单击,在弹出来的下拉菜单中单击选中“属性”,打开“属性”对话框。第三步:在“常规”标签页的“电话号码”栏中单击“备用号码”按钮,弹出“备用电话号码”窗口。在此可添加、编辑或删除此拨号连接的备用号码,或对“电话号码”列表中的号码顺序进行调整。“电话号码”列表中的第一个号码是默认的 Internet 接入号码,其他为备用号码。如果你选中了“将连接成功的号码移到列表的顶端”复选框,就意味着上一次连接成功的号码将成为下次连接时的默认接入号码。第四步:设置完成后,单击“确定”退出。

838. Windows XP 中怎样使用“Internet 连接防火墙”?

第一步:在桌面上单击“开始”→“控制面板”→“网络连接”。第二步:选中要保护的拨号连接,右键单击,在弹出来的下拉菜单中单击选中“属性”,打开“属性”对话框。第三步:在“高级”标签页的“Internet 连接防火墙”下,勾选“通过限制或阻止来自 Internet 的对此计算机的访问来保护我的计算机和网络”复选框。设置完成后,单击“确定”退出。不过,你必须以计算机管理员身份才能完成该设置。

839. 怎样巧妙制作 Windows XP 启动盘?

第一步:开机启动 Windows XP;将一张新软盘插入软盘驱动器。第二步:右键单击“我的电脑”中的软驱图标;在弹出菜单中单击“格式化…”,出现对话框。选中“创建一个 MS—DOS 启动盘”,单击“开始”即可。第三步:完成启动盘的制作后,单击“关闭”退出程序。无论在 Windows XP 还是在 Windows 98 系统下,这个启动盘和 Windows 98 下制作的启动盘一样,都可以将你的电脑引导到 DOS 方式下,并且前者要比后者快许多。

840. Windows XP 中怎样恢复快速启动工具栏?

在桌面上移动鼠标到任务栏,右键单击任意空白处,在随后出现的快捷菜单上选择“工具栏”,单击“快速启动”即可。

841. Windows XP 中怎样改变开始菜单排列顺序?

在桌面上移动鼠标到任务栏,单击打开“开始”菜单;将鼠标移动到要改变顺序的程序上面,单击鼠标右键;在随后出现的快捷菜单中选择“固定在开始菜单上”即可。

842. Windows XP 中怎样去掉桌面右下角的信息?

在桌面上右键单击任意空白处,在随后出现的快捷菜单上选择“属性”,单击“桌面”→“自定义桌面”,弹出新窗口;在新窗口中单击“WEB”标签,选中“锁定桌面项目”,单击“确定”,返回桌面属性窗口;再单击“确定”,桌面上那几排 Windows XP 的版本信息就不见了。

843. Windows XP 中怎样去掉桌面图标文字的阴影?

在桌面上右键单击“我的电脑”',在随后出现的快捷菜单上选择“属性”,单击“高级”;在性能框中单击“设置”,取消视觉效果中的“在桌面上为图标标签使用阴影”前面的复选框即可。

844. Windows XP 中怎样避免频繁激活?

在桌面上移动鼠标到任务栏,右键单击“开始”菜单,在随后出现的快捷菜单上单击打开“资源管理器”,将\Windows\system32\下的 wpa.dbl 文件复制一份作为备份,以后不管出现什么情况需要再次激活 Windows XP 时,只要将该文件拷过来覆盖系统中的原文件即可。

845. Windows XP 中怎样禁止自动拨号?

在桌面上移动鼠标到任务栏,单击“开始”→“设置”→“控制面板”,在控制面板中双击“管理工具”,然后双击“服务”打开服务列表,找到“Remote Access Auto Connection Manager”,双击它打开属性窗口;在窗口“启动类型”中选择“禁用”,然后单击下面“服务状态”中的“停止”按钮停止该服务。

846. Windows XP 中怎样设置各隐藏选项?

在桌面上移动鼠标到任务栏,单击“开始”→“运行”,在“运行”栏中输入“gpedit.msc”,单击确定后会弹出一个设置窗口,可以在这里对 Windows XP 进行高级设置,例如自定义“Ctrl＋Alt＋Del”菜单、关闭文档访问记录、关闭光盘自动播放等。

847. Windows 系统中怎样提高磁盘整理的速度?

关闭所有正在运行的程序,包括病毒实时监控程序和屏幕保护程序,为尽可能防止干扰,加快速度,可以考虑在“安全模式”下进行碎片整理。运行“defrag/u”命令(命令和参数之间有一空格),这样在整理的时候就会跳过磁盘中的空白扇区。在正常运行磁盘整理程序时,在弹出“选择驱动器”对话框时,按其中的“设置”按钮,在接着弹出的“磁盘碎片整理程序设置”对话框中,将“重新安排程序文件使程序启动得更快”选项前面的对号“√”去掉,再进行碎片整理。

848. Windows 有哪些常用快捷键?

一、桌面、资源管理器和我的电脑操作。(1)插入光盘时略过自动播放:在插入光盘时按住“Shift”键;(2)最小化所有窗口:“win(Windows 开始菜单启动键,即有 Windows 图标的两个键,下同)＋M”键;(3)当前窗口的“最小化”与“还原”:“win＋D”键;(4)开启“Windows 资源管理器”:“win＋E”键;(5)开启“运行”窗口:“win＋R”键;(6)开启“查找”窗口:“win＋F”键;(7)关闭当前窗口:“Ctrl＋W”键;(8)刷新桌面:“F5”键;(9)复制文件:边拖动文件边按住“Ctrl”键;(10)创建快捷方式:边拖动文件边按住“Ctrl＋Shift”键;(11)彻底删除某项目而不将它放入“回收站”:“Shift＋Delete”键;(12)显示“搜索文件或文件夹”:“F3”键;(13)重命名选定项目:“F2”键;(14)选定所有项目:“Ctrl＋A”键;(15)浏览选定项目的属性:“Alt＋Enter”键或“Alt 加鼠标左键双击”。

二、仅适用于“Windows 资源管理器”和 Internet Explorer 的操作。(1)打开“搜索”栏:“Ctrl＋F”键;(2)打开“历史”栏:“Ctrl＋H”键;(3)打开“收藏夹”:“Ctrl＋I”键;(4)整理“收藏夹”:“Ctrl＋B”键;(5)返回上个文件夹/页面:“Back space”键;(6)打开“地址栏”:“F4”键;(7)选中“地址栏”:“F6”键;(8)打印:“Ctrl＋P”键。

三、记事本操作。(1)撤销:“Ctrl＋Z”键;(2)查找:“F3”键;(3)插入当前日期:“F5”键。

849. 常用热键有哪些代用键?

在 Windows 中,我们经常用到“Ctrl＋C”(复制)、“Ctrl＋X”(剪切)、“Ctrl＋V”(粘贴)、“Ctrl＋Z”(撤消)这些通用的快捷键,这些快捷键在 Windows 的自带程序和后来安装的基于 Windows 的程序如 Word 中都可以使用,大大方便了我们的操作。不过,上述几个快捷键似乎都更适合于右手使用鼠标的操作者用左手按下。如果你习惯用左手操作鼠标,那么用左手按下这几组快捷键可能稍有不便。其实,在左手握鼠标的情况下,你不妨用右手试试以下几组快捷键:“Ctrl＋Insert”(复制)、“Shift＋Delete”(剪切)、“Shift＋Insert”(粘贴)、“Alt＋Backspace”(撤消)。在桌面、“我的电脑”和“资源管理器”中,要慎重使用“Shift＋Delete”组合键进行“剪切”操作,因为此时“Shift＋Delete”组合键的作用是直接删除文件或图标,而且不把删除的项目放到“回收站”中,即不可再恢复。

850. Windows 系统中怎样自制热键启动应用程序?

以 Windows 附件中的“记事本”为例。在 Windows 桌面上,移动鼠标到任务栏,右键单击“开始”→“打开”,在打开的窗口里双击 Programs 文件夹,再双击被打开的窗口里的“附件”,这时在附件窗口里看到有“记事本”的图标;右键单击“记事本”图标,在弹出菜单中单击选中“属性”→“快捷方式”标签;移动鼠标到“快捷键”的文本框里单击,不要理会那个“无”字;按下键盘里的任一字母键,这时文本框里就会显示“Ctrl＋Alt＋字母”。例如,键入“A”,文本框里就显示“Ctrl＋Alt＋ A”。然后单击“确定”,保存设置退出。今后,只要按下“Ctrl＋Alt＋A”组合键,记事本程序就立刻启动,其他应用程序也可以这样设置。

851. Windows 98/2000 中怎样给常用输入法设置快捷键?

[方法一] 在 Windows 98 中。第一步:在桌面上移动鼠标到任务栏,单击“开始”→“设置”→“控制面板”。第二步:双击进入“输入法”,单击“热键”,然后选择需要切换到的输入法种类。第三步:按需要选中“组合键”前边的复选框中的“√”,这里选中“Ctrl”键,再选择基本键为“1”或自己喜欢的其他键。第四步:单击应用保存设置退出之后,在输入文章的过程中就可以通过同时按“Ctrl”键和数字键“1”切换到自己的常用输入法了。

[方法二] 在 Windows 2000 中。第一步:在桌面上移动鼠标到任务栏,单击“开始”→“设置”→“控制面板”。第二步:双击进入“键盘”,单击“输入法区域设置”,在“输入法区域设置的热键”中,选择需要切换到的输入法。第三步:单击“更改按键顺序”,选中“启用按键顺序”前边的的“√”,然后按需要选择数字键,这里同样可以选数字键“1”或自己喜欢的其他键。第四步:与

Windows 98中不同的就是在切换时要用“Ctrl键”或“Alt＋Shift＋数字”键的形式，即同时要按3个键才可以快速切换到需要的输入法。

852. Windows Me/2000/XP中怎样实现一键上网？

第一步：选定一个web页上的超链接。硬盘上的和网上的Web页均可，选取的Web页要求没有禁止右键功能。第二步：在超链接上单击鼠标右键，选择“复制快捷方式”命令。第三步：返回桌面，单击鼠标右键，选择“粘贴快捷方式”命令。在桌面上会生成一个e图标的快捷方式。第四步：将桌面上的快捷方式重命名为“一键上网”。第五步：选中快捷方式，单击鼠标右键，选择“属性”。第六步：在属性对话框中单击“Web文档”标签，此时在“Web文档”标签页中会看到“URL”和“快捷键”这两个输入框。第七步：在URL处填上常去网站的地址（如http://www.china.com），在快捷键处选定快捷键。方法是按下键盘上你喜欢的键位，建议选择F1—F12或任意数字键，因为如果用其它键做快捷键时，系统就要求输入“Ctrl＋Alt＋其它键”才可以。第八步：选好后单击“应用”，以后就可以一键上网了。第九步：对于拨号用户，还需要进行以下设置方可使用：打开“我的电脑”→“控制面板”→“拨号网络”，用鼠标右键单击一个拨号连接，选“属性”选项，在弹出的对话框中，单击“安全性”标签，填上正确的用户名和密码后，再选中“自动连接”选项，确定退出即可。

853. 怎样使用Internet Explorer实现与一个Web站点同步？

第一步：启动Internet Explorer浏览器，连接到你长期需要访问并且需要最新内容的Web站点，然后在“收藏”菜单中选择“添加到收藏夹”命令，出现“添加到收藏夹”对话框。第二步：单击选中“允许脱机使用”→“自定义”，出现“脱机收藏夹向导”，单击“下一步”，出现向导对话框。第三步：选择是否使用该网页的链接。例如选择“是”，并设定为第一级链接，然后单击“下一步”。第四步：选择同步该网页的形式，包括“仅在执行‘收藏’菜单的‘同步’命令时同步”、“创建新的计划”，如果以前创建过同步计划还会有一项“使用已有的计划”。第五步：选择“创建新的计划”，单击“下一步”，出现向导对话框。第六步：设置同步该Web页的频率和时间以及新计划的名称。完成设置单击“下一步”。第七步：随后向导会询问你是否使用密码，可以选择不使用密码，如果不想让别人随便使用，可以选择使用用户和密码，并输入用户名和密码。单击“完成”，完成新的同步计划的创建。第八步：如果正在上网，单击“确定”，显示正在下载使该Web页可以脱机使用的文件，单击“详细信息”，显示出详细的信息。这个过程完成后，同步Web站点的工作就完成了。这样IE就可以在计划设定的时间下载该Web站点的最新内容了，当然也可以根据实际需要在任何时候对其进行同步操作。第九步：需要时，在Internet Explorer的“工具”菜单中选择“同步”命令，将显示所有可以进行同步的Web站点列表。第十步：将需要同步的Web站点名称前的复选框选中，取消不需要同步的站点前的复选框，然后单击“同步”，系统即开始对所选站点同步。可以看到在对话框中有进程条显示同步操作进展状况，并在下面说明已完成多少个站点的同步。

854. 怎样使用Internet Explorer中的打印操作技巧？

一是拖动一个Web页快捷方式到桌面的打印机图标上，即打印该文档。二是要迅速打印Web页的某个框架，可用鼠标右键单击该框架，然后选择“打印”命令。三是单击“打印”工具按钮，然后在“打印”对话框中，单击“打印链接列表”，即打印出与 Web 页相连的所有链接的列表。四是单击“打印”工具按钮，在“打印”对话框中，单击“打印所有链接的文档”，即打印指定 Web 页上链接的所有文档。五是按“Ctrl＋P”组合键，打印当前页或活动框架。

855. Internet Explorer 地址栏有哪些操作技巧？

一是按键盘上的“F4”键，可以快速显示地址栏中键入过的 Internet 地址。二是按“Alt＋D”组合键，可以立刻将光标移到地址栏中。三是要从地址栏中搜索，可在某单词或词组之前键入“go”，“find，”或“？”，然后按“Enter”键。四是在地址栏中，按“Ctrl＋←”组合键，就可以让光标以地址部分为单位迅速向后移动；而按“Ctrl＋→”组合键，可以让光标以地址部分为单位迅速向前移动。五是可以在地址栏中键入某个单词，然后按“Ctrl＋Enter”组合键，就可以在单词的两端自动添加“http://www.”和“.com”。

856. 遗忘 Internet Explorer 分级审查密码后怎么办？

第一步：启动注册表编辑器，找到“HKEY__LOCAL__MACHINE\SOFTWARE\Microsoft\Windows\CurrentVersion\Policies\Ratings”子键。第二步：删除名为“KEY”的键值项，它就是用户设置的 IE 分级审查口令。第三步：关闭注册表编辑器。第四步：重新启动 IE 浏览器。单击 IE“工具”菜单中的“Internet 选项”命令，打开“Internet 选项”对话框。第五步：单击“内容”选项卡；单击“禁用”按钮。第六步：看到系统提示输入分级审查口令时，输入新的密码即可。

857. 浏览网页时怎样破除屏蔽右键？

[方法一]　当右键单击出现版权信息类的情况时。第一步：在网页目标上按下鼠标右键，弹出限制窗口时，不要松开右键，将鼠标指针移到窗口的“确定”按钮上，再同时按下左键。第二步：现在松开鼠标左键，限制窗口就被关闭了。第三步：再将鼠标移到网页目标上松开右键，就会弹出右键菜单，取消限制。

[方法二]　当右键单击出现“添加到收藏夹”的情况时。第一步：在网页目标上按下鼠标右键，出现添加到收藏夹窗口，不要松开右键，也不要移动鼠标。第二步：使用键盘的“Tab”键，移动光标到取消按钮上，按下空格键，这时窗口就消失了。第三步：松开右键，就会弹出右键菜单，将鼠标移动到你想要的功能上，单击左键。

[方法三]　当右键单击超链接无法用鼠标右键弹出“在新窗口中打开”菜单的情况时。第一步：在超链接上按下鼠标右键，弹出窗口。第二步：这时不要松开右键，按键盘上的空格键，窗口就会消失，这时松开右键，右键菜单出现。第三步：选择其中的“在新窗口中打开”就可以了。

[方法四]　当单击“查看”→“源文件”失灵时。按键盘上的“Shift＋F10”组合键可以直接出现右键菜单。

[方法五]　许多情况下，都可以使用键盘右“Ctrl”键左邻的键位。按下它就会打开右键菜单。

[方法六]　第一步：在屏蔽鼠标右键的页面中右键单击，出现限制窗口后不要松开右键。第二步：用左手按键盘上的“Alt＋F4”组合键，限制窗口就被关闭。第三步：松开鼠标右键，右键菜单就会出现。

858. 怎样全面提高 Internet Explorer 的浏览速度？

(一)加快 Internet Explorer 的启动速度。在拨号上网开始时系统提示“正在验证用户名和密码”时，其实已经可以打开浏览器浏览网络或发送电子邮件了。另外，可以在“开始”菜单的“运行”项里直接输入网址，回车后即可快速地进入 Internet Explorer 并打开网站主页。

(二)加快 IE5 的搜索速度。Internet Explorer 支持直接从地址栏中进行快速高效地搜索，也支持通过“转到/搜索”或“编辑/查找”菜单进行搜索，只须键入一些简单的文字或在其前面加上“go”、“find”或“?”，IE5 就可直接从缺省设置的 9 个搜索引擎中查找关键词并自动找到与要搜索的内容最匹配的结果，同时还可列出其他类似的站点供你选择。

(三)使用 Internet Explorer 的快捷键。“Alt＋→”：转到下一页；“Alt＋←”或“Back space”：返回到前页；“Esc”：停止下载网页；“Ctrl＋O”或“Ctrl＋L”：打开新的网页或文件夹；“Ctrl＋N”：打开新的浏览器窗口；“F5”或“Ctrl＋R”：更新当前页；“Alt＋Tab”或“F6”：在地址栏、链接栏和浏览器窗口之间转换；“F11”：在全屏和窗口之间转换。

(四)快速下载图片。有时我们会碰到网页中的某个图片没有成功下载的情况，此时该图片内容显示成一个“X”，对此我们可在该图上单击右键，然后选择“显示图片”，就可单独重新下载此图，而不必重新费时将整个网页再下载一次。

859. Internet Explorer 的使用技巧有哪些？

(一)使用“Ctrl＋N”。“Ctrl＋N”等同于“文件”菜单中的“新建”，但要快捷许多。多数人在浏览新网站时，总是一次次重新单击桌面上的 IE 图标。其实可以用“Ctrl＋N”键打开新网页，这比单击图标要快许多。

(二)使用“历史”菜单和“历史”按钮。要重新打开一个刚刚关闭了的网页，可以在“历史”中找到快速打开它。

(三)使用“停止”按钮。网页一般是从上向下逐步打开的，当看到有用的超链接后，就可以单击“停止”，打开超链接，可节约不少时间。

(四)使用地址记忆功能。IE 浏览器有地址记忆功能，当我们在地址栏输入一个网址时，对应已输入的字母，IE 会提示和已输入字母相同的、曾经打开过的一些网址。如果有正好需要的，单击即可。

(五)隐藏图片功能。依次打开“工具”→“Internet 选项”→“高级”，去掉“多媒体”栏中你不需要的“播放动画”、“显示图片”等复选项并确定。可提高浏览速度，尤其可以避免看到一些烦人的广告。

(六)使用“开始”菜单的“收藏夹”。养成使用“收藏夹”是个很好而有用的习惯。遇到我们喜爱的站点时，把它保存在“收藏夹”当中。无论什么时候，要到此站点时，从桌面“开始”菜单中的“收藏夹”里找到单击即可。

(七)仅用 HTML 格式保存网页。我们常常要把有用的网页中的文字保存下来，这时要注意在保存类型中选择“Web 页，仅 HTML”格式，这样既可节约存储空间，也可提高保存速度。当然如果想把网页中的图片一并保存下来，就要用“Web 页，全部”格式，保存一个完整的网页。

(八)使用刷新提高速度。遇到网页打开速度很慢，屏幕上始终没有反应时，可在 IE 下部的进度条显示打开一部分时，单击“停止”再单击“刷新”，可有效加快打开速度。

(九)利用脱机浏览功能。看到需要的网页,打开后就立刻关闭它。应充分利用有效时间打开尽可能多的网页,离线后再选定“文件”菜单中的“脱机工作”项,用“历史”慢慢浏览,可节省网费和时间。

860. 怎样使用“网络蚂蚁”批量下载文件?

利用批量下载方式可以成批下载文件。这些文件一般在服务器都是按规律进行存放,例如,要下载某网站的十个图片,它们分别是由“http://202.102.233.134/wsxy/pic/pic01.zip”、“http://202.102.233.134/wsxy/pic/pic02.zip”……这时就可以用批量下载功能,一次性将这十个图片文件添加到下载任务列表中。

第一步:启动“网络蚂蚁”,移动鼠标到菜单栏,单击“文件”→“成批加入新任务”,或者直接单击工具栏上的“成批加入新任务”按钮,弹出窗口。第二步:在URL框中输入网址,它包括三个部分,在前面的文本框中输入文件,在服务器上保存的目录名。在本例中输入http://202.102.233.134/wsxy/pic。中间的“+ * +”是系统自动填入的数字序列号。在后面文本框中输入文件后缀,如:zip。然后在下面的“数字”选项中选择数字序列的排列规则,本例中起始值为1,终止值为10,数字位数选2,这样系统就自动按01、02、03……10的顺序排列。如果你是按字母排列文件,那就在“字母”选项中选择字母的起始值和终止值。单击“产生”按钮,系统就会生成十个下载任务,并显示在下面的窗口中。单击“保存选项”,可以设置文件的保存目录。第三步:全部设置完毕,单击“确定”,系统会自动把任务添加到任务列表中并开始下载。

861. 怎样使用“网络蚂蚁”快速下载网页文件?

一是下载在线的网页链接。右键单击要下载的网页,在弹出的快捷菜单中选择“download all by netants”,“网络蚂蚁”会自动将所有超链接添加到任务中,这时需要选择想要下载的文件类型,可以单击下拉菜单选择文件类型,然后单击“+”按钮,即可在上面窗口中选择相应类型的文件。当然也可以手工在窗口中一个个地选择。选定后单击“确定”开始下载。二是从本机上保存的网页中导入链接。第一步:启动“网络蚂蚁”,移动鼠标到菜单栏,单击“文件”→“处理网页”,或者直接单击工具栏上的“处理网页”按钮,弹出窗口。第二步:在“添加多个任务”窗口中选定文件类型。第三步:全部设置完毕,单击“确定”,开始连网下载。

862. 怎样使用“网络蚂蚁”自动检测下载文件中的病毒?

启动“网络蚂蚁”。移动鼠标到菜单栏,单击“选项”→“参数设置”→“自动操作”。然后选中“下载的文件进行病毒检查”选项,在病毒扫描程序中指定计算机中的杀毒软件所在目录。如果需要,还可以指定一些运行“参数”。

863. 怎样使用“FlashGet”批量下载文件?

网上许多文件的路径和命名很有规律,如图片、报刊、图书等等,例如有6张图片的路径和命名为“http://cimg.163.com/movie/0110/22/bs001.jpg”、“http://cimg.163.com/movie/0110/22/bs002.jpg”、“http://cimg.163.com/movie/0110/22/bs003.jpg”、“http://cimg.163.com/movie/0110/22/bs004.jpg”、“http://cimg.163.com/movie/0110/22/bs005.jpg”和“http://cimg.163.com/movie/0110/22/bs006.jpg”,它们之间不同的只是文件

名中的序数，命名规则为 bs001、bs002、bs003……一直到 bs006。

第一步：启动 FlashGet，移动鼠标到菜单栏，单击“任务”→“添加成批任务”。第二步：在新增成批任务窗口中的 URL 编辑框中输入 http://cimg.163.com/movie/0110/22/bs00(*).jpg，调整下方的数字为从 1 到 6，修改通配符长度为 1(通配符长度随着“*”代表的位数变化，也就是这里如果选 2，括号里的“*”就代表两位数，在这个例子里，下载的图片就有 10 张以上，99 张以下)。第三步：单击“确定”，设置图片的保存路径后，即可将这些图片一次性下载到电脑中。

864. 怎样使用 Webdup 下载网站？

Webdup 是一款中文免费软件。Webdup 的大小为 916KB，目前版本为 0.9 版。第一步：下载安装。启动浏览器，在地址栏输入“http://newhua.ruyi.com/down/Webdup09Beta.zip”后回车，或者直接使用专门的下载软件输入这个地址下载它。下载后双击解压，然后按照安装向导指引即可完成安装。第二步：认识界面。Webdup 0.9 版的界面主要有五个部分：菜单栏、工具条、项目文件夹、下载记录区、下载状态区。菜单栏：所有功能都可以通过菜单栏控制；工具条：列出了一些常用功能的按钮；项目文件夹：用来进行创建和管理项目及类别；下载记录区：显示每个项目的下载记录；下载状态区：显示项目在进行下载时每个线程的运行情况。第三步：创建新项目。单击工具条中的“新建项目”，当然也可以移动鼠标到菜单栏，单击“文件”→“新建”→“项目”，或者右键单击利用右键菜单完成新项目的创建。第四步：在弹出的”新建项目向导第一步”对话框中，输入项目名称，设置文件保存路径，默认的保存路径为 Webdup 的安装路径。然后单击“下一步”。第五步：在“新建项目向导第二步”的对话框中，输入要下载网站的首页地址。如：http://www.sohu.com。然后再设置下载的层数，层数可以是 0 到 99 之间的任何数字。但要注意“0”是代表无限制的意思。最后，单击“完成”即可。第六步：右键单击要下载的项目，在弹出的菜单中单击选择“开始”，即开始下载。也可以移动鼠标到菜单栏，单击“下载”→“开始”；或者直接单击工具条上的“开始”启动下载。第七步：移动项目或类别。在管理项目时，有时要对项目进行重新分类，这时，需要对项目或类别进行移动。由于 Webdup0.9 支持项目和目录的拖动操作，移动项目或类别非常方便。第八步：删除下载记录。选中要删除的一个或多个下载记录，按“Del”键；也可以移动鼠标到菜单栏，单击“文件”→“删除”；或者右键单击要删除的下载记录，选择弹出菜单的“删除”。当删除某个项目的下载记录时，Webdup 将自动把该记录和有关的所有下载文件删除掉。第九步：浏览器整合。移动鼠标到菜单栏，单击“选项”→“浏览器整合”。此后，就随时可以在浏览器中右键单击链接或当前页面，选择弹出菜单中的“使用 Webdup 下载”，方便地创建项目或为一个项目添加新地址，下载喜欢的网站。

865. 怎样手工优化 56K 内置 Modem？

第一步：打开“开始”菜单，选择“设置”中的“控制面板”，双击“网络”图标；在该窗口中单击“添加”按钮；在“请选择网络组件类型”中双击“客户”；在弹出窗口的“厂商”中选择“Microsoft”；在右边框中选择“Microsoft 网络用户”，单击“确定”，按提示完成安装。再打开“控制面板”中的“网络”，在“主网络登录”中选择“Microsoft 网络用户”，然后按下“属性”按钮，在“网络登录选项”中将“登录及恢复网络连接”改为“快速登录”，再单击“确定”。

第二步：在“控制面板”中双击“调制解调器”，单击“常规”标签下的“属性”按钮，在“最快速度”设置中选定“115200”;单击“连接”标签,不选取“拨号之前等候拨号音”,其余各项数值均不变;再单击“端口设置”按钮,选取“使用 FIFO 缓冲区”,并把“接收缓冲区”和“传输缓冲区”都设为最大,单击“确定”退回;再单击“高级”按钮,选取“使用差错控制”中的“压缩数据”,选取“使用流控制”中的“硬件(RTC/CTC)”,在“附加设置栏”中填入“S11=50”(即设置音频持续和间隔时间为最小值 50 毫秒),连续两次单击“确定”,关闭“调制解调器”窗口。

第三步:在“控制面板”中单击“向上”图标,在“我的电脑”中双击“拨号网络”,双击“建立新连接”,按照提示完成所使用的连接,并用鼠标右键单击它,再从弹出的菜单中选择“属性”,选中“服务器类型”标签,在“高级选项”中选用“启用软件压缩”;将所允许的网络协议下的“NetBEUI”和“IPX/SPX 兼容”选项统统关闭,只留下“TCP/IP”以提高传输性能,然后单击“确定”返回,并关闭“拨号网络”窗口。

第四步:打开“开始”菜单,单击“运行”,在“打开”栏中填入“win.ini”,单击“确定”,在“win.ini 记事本”窗口中,把“COM2=9600,n,8,1,X”修改为“COM2=921600,n,8,1,P”,关闭窗口退出;再次单击“运行”,在“打开”栏中填入“system.ini”,单击“确定”,出现“system.ini 记事本”窗口,在 386[ENH]组中手工添上“com2buffer=2048”,关闭窗口退出。

第五步:再在“运行”框中填入“regedit”',单击“确定”打开“注册表编辑器”,完成以下设置:(1)依次展开 HKEY_LOCAL_MACHINE\System\CurrentControlset\Services\vxd\MSTCP,寻找键名为 DefaultRcvWindow 的项,双击该键名,把它改为 6432。DefaultRcvWindow 是缺省的传输单元缓冲区的大小,它表示接收 TCP/IP 分组数据的缓冲区容量,该值太小将导致分组阻塞,降低传输效率;再往下找到键名为 NameSrvQueryTimeout 的项,把它调大到 5000,NameSrvQueryTimeout 表示域名服务器超时计数,如果在计数值设定的时间内没有收到城名服务器的回应,则系统会认为域名服务器设有收到本机的请求,请求将会重发或做超时错误处理,为增大连接的成功率可以适当增加该值,但最大不得超过 65535;再往下寻找键名为 DefaultTTL 的项,双击该键名,把它改为 255,DefaultTTL 是 TCP/IP 分组的寿命,如果分组在 Internet 中传输的时间超过了分组的寿命,则该分组将被丢弃,将 Defaultm 值改得大些,有利于信息在 Internet 中传得更远;(2)再次展开 HKEY_LOCAL_MACHINE\System\CurrentControlSet\Services\Class\NetTrans\0000,将“MaxMTU”的值改成 576,MaxMTU 表示最大的 TCP/IP 传输单元。

866. 怎样指定 Outlook Express 邮件存放路径?

启动 Outlook Express。第一步:在系统以外的任意硬盘分区或文件夹中新建一个准备存放邮件的文件夹。如:“MyMail”。第二步:移动鼠标到菜单栏,单击“工具”→“选项”→“维护”。第三步:单击“存储文件夹”→“更改”。第四步:在“浏览文件夹”框中找到新建的“MyMail”文件夹,单击“确定”,保存设置即可。

867. 怎样让 Outlook Express 自动记住邮箱口令?

启动 Outlook,移动鼠标到菜单栏,单击“工具”→“账号”→“邮件”;选中“账号”下面的邮箱名称,单击“属性”按钮;在对话框中单击“服务器”标签,选中“登录方式”前面的单选钮,在“密码”框中输入邮箱口令,单击“确定”。

868. 怎样让 Outlook Express 保存来信电子邮件地址？

启动 Outlook，打开"收件箱"；在右边窗口右键单击来信标题；在弹出菜单中单击选中"将发件人地址添加到通讯薄"；要给通讯薄中的地址发送邮件时，只须在"收件人"的左边单击"通讯簿"即可显示电子邮件地址列表，从中选择一个单击即可。

869. 怎样使用 Outlook Express 自动签名发送邮件？

启动 Outlook，移动鼠标到菜单栏，单击"工具"→"选项"→"安全"；选中"在所有待发邮件中添加数字签名"复选框；单击下面的"获取数字标识"，即可建立自己的标识；在撰写邮件时，这个签名"标识"就自动添加到信的末尾。

870. 怎样使用 Microsoft Outlook 2000 撤换已发送出去的电子邮件？

使用收件箱或 Microsoft Outlook 2000 发送邮件，大家都会操作。那么，对于已发送出去的邮件，如果内容有误，能否撤回或用新邮件替换呢？回答是肯定的，但必须满足两个条件：一是收件人必须登录并使用收件箱或 Microsoft Outlook 2000。二是收件人还没有读邮件或还未将邮件移出"收件箱"。

第一步：单击 Outlook 面板上的"邮件"或收件箱中的"显示\隐藏文件夹列表"按钮。第二步：单击"已发送的邮件"。第三步：打开要撤回或替换的邮件。第四步：单击"工具"菜单中的"撤回该邮件"。第五步：若要撤回邮件，请单击"删除该邮件的未读副本"。若要用其他邮件替换该邮件，请单击"删除未读副本并用新邮件替换"，单击"确定"按钮，然后键入新邮件。第六步：若要了解对各收件人邮件的撤回或替换成功与否，请选中"告诉我对每个收件人撤回是成功还是失败"复选框。选中该框后，就会在"收件箱"中列出谁的邮件撤回失败。若要替换原邮件，必须发送一封新邮件。否则，将撤回原始邮件。第七步：全部操作结束后，单击"关闭"按钮退出程序。

871. 怎样在各种文本编辑中自动输入时间？

一是在记事本中，只要在文档的开头顶格输入".LOG"，以后打开该文档时，系统日期和时间将自动添加到该文档的尾部。二是在 Word 2000/XP 中，移动鼠标到菜单栏，单击"插入"→"日期和时间"，在随后弹出的对话框中，选中"自动更新"，单击"确定"，则随系统日期(时间)改变而改变的日期(时间)会插入到该文档的光标处。三是在 Excel 2000/XP 中，选中需要输入系统日期的单元格，输入公式"＝today"以后，按下回车键，则随系统日期改变而改变的日期会自动输入到该单元格中；如果输入公式"＝now(　)"，并按下回车键，则随系统日期和时间改变而改变的日期和时间会自动输入到该单元格中。四是在 Access 2000/XP 中，在某"表"的设计状态下，选中需要输入系统日期的字段(当然先要将该字段的"数据类型"设置为"日期/时间"格式，在其"默认值"栏中输入"date()"后，则系统日期会自动输入到该字段中。五是在 PowerPoint 2000/XP 中，在幻灯片区域中，选中任意一张幻灯片，移动鼠标到菜单栏，单击"插入"→"日期和时间"，在随后弹出的"页眉和页脚"对话框中，选中"自动更新"选项，并选中一种日期(时间)样式，单击"全部应用"或"应用"按钮，则随系统日期(时间)改变而改变的日期(时间)会插入到该文档的"全部"或"选定"幻灯片中。六是在 WPS 2000/Office 文档中，移动鼠标到菜单栏，单击"插入"→"日期和时间"，在随后弹出的"插入日期与时间"对话框中，选中"X.

控制码方式”选项后，单击“确定”，则随系统日期(时间)改变而改变的日期(时间)会插入到该文档的光标处。七是在 WPS Office 系列的其他文档中(电子表格、电子幻灯文档)，可以仿照 Office 2000/XP 系列中相应软件(Excel、PowerPoint)的操作，输入随系统日期(时间)改变而改变的日期(时间)。

872. Word 2000 中如何实现稿纸打印？

启动 Word 2000，移动鼠标到菜单栏，单击“文件”→“新建”；在弹出的对话框中选择“其他中文文档”，然后选择稿纸向导；在稿纸向导中可以选择稿纸的形式、大小、不同格数等。对于常常打印稿件投稿的人，使用 Word 2000 的稿纸向导相当方便。如果在菜单中没有发现“稿纸向导”的选项，找出 Word 2000 安装盘重新安装即可。

873. 怎样使用 Word 2000 给汉字注音？

启动 Word 2000，在文本框中把需要注音的汉字输入进去；选中需要注音的汉字；移动鼠标到菜单栏，单击“格式”→“中文版式”→“拼音指南”，即可将汉字的拼音显示出来。

874. 怎样使用 Word 2000 的词典？

启动 Word 2000，移动鼠标到任务栏，单击“工具”→“语言”，即打开 Word 2000 的词典功能。很多人认为 Word 2000 中的词典功能没有用处，其实 Word 2000 中的词典完全可以作为一个简单的单词翻译软件使用。我们有时需要翻译一些单词而不是翻译整句话，这时就可以利用 Word 2000 中的词典功能。当然，如果需要翻译的是一些句子或是文章的话，这个功能就没有多少用处了。

875. 怎样使用 Word 2000 制作无线表格？

首先要熟悉制表符。制表符位于横标尺的左端，每单击一次就会出现不同的功能按钮，也有着不同的作用。可以在每次单击后移动鼠标到制表符按钮上停留几秒钟，屏幕上就会出现功能说明提示。在熟悉了制表符后，先选择需要的功能按钮，在水平标尺的相应位置上单击，标尺上就会出现相应的制表符。输入各字段的文字时，输入完一格后按 Tab 键跳到下一格，输完一行按回车继续输入，下一行格式跟上一行相同，直到输完为止。如果觉得哪一格不合适，可以通过拖动水平标尺上的制表符来进行调整，或者双击该制表符手工删除或添加，这样就完成了一个无线表格的制作。

876. 怎样在 Word 2000 中“反悔”？

[方法一] 修订功能。这是在反复编辑同一篇文档时非常有用的功能，它可以让你看到文章是如何被修改的，允许反悔。第一步：启动 Word 2000，移动鼠标到菜单栏，单击“工具”→“修订”→“突出显示修订”。第二步：单击“选项”，为不同的操作设置不同的显示方式。第三步：打开修订功能后，对文章所进行的修改并不会立即起作用，还需要进行“接受或拒绝修订”的操作。第四步：有时候，我们把同一篇文章存储了好几份，每一份之间都有一些差别，当需要找出这些文章间的差别的时候，不必一个文件一个文件去查找，只需先打开一个文档，然后移动鼠标到菜单栏，单击“工具”→“修订”→“比较文档”。在出现的对话框中选择待比较的文档就可以

了。文档间的差别也是利用刚才我们设置的修订标记来显示的。这样操作非常方便。

［方法二］ 存储一个文档的不同版本。Word 2000 允许我们存储一个文档的多个不同的版本。第一步：启动 Word 2000，移动鼠标到菜单栏，单击“文件”→“版本”。第二步：如果需要 Word 2000 自动保存不同的版本，需要选中“关闭时自动保存版本”。第三步：日后如果需要打开一个文档不同的版本，只须在“版本”对话框中选择一个版本。当然，保存一个文档不同的版本后，文档会比单独保存的文件大一些。解决的办法是：当一个文档完全编辑好后，另存为新文档就可以了。

877. 怎样妙用 Word 2000/XP 的插入文件功能？

一是合并文档。可以将若干 Word 文档、Web 页、Rtf 文档、Word 模板或文本文件合并成一个文件。首先启动 Word 2000/XP，打开第一个要合并的文档；移动鼠标到菜单栏，单击“插入”→“文件”，选择要插入的文档，可以一次选中多个文档，但插入后的顺序和选中的顺序相反。最后单击“插入”按钮即可。二是打开有问题的文档。有时在 Word 中打开某一个文档后，Word 停止响应，无论怎样都没有反应，而 Windows 系统却无异常，此时按下“Ctrl＋Alt＋Del”后，可以结束 Word 任务，如果再打开其它 Word 文档却没有这种情况发生，重启计算机后问题依旧。这时可以新建一个 Word 文件，然后插入有问题的文档，会发现该文档中的内容并没有损坏丢失，再修改、保存即可。三是插入 Excel 电子表格工作薄、工作表。首先移动鼠标到菜单栏，单击“插入”→“文件”，选择要插入的 Excel 文件；单击“插入”按钮，Word 会弹出“Open Work Sheet”对话框，从中可以选择是插入整个工作簿还是插入某张工作表或该工作表中的某些单元格，输入的选择单元格的格式与 Excel 中的要一致，如“A1:D9”，再单击“OK”即可。也可以一次选中多个 Excel 文件，单击“插入”按钮后，在弹出的“Open Work Sheet”对话框中，会按照与选中 Excel 文件相反的顺序，要求你确定插入的范围。插入后的表格可按 Word 表格的格式进行编辑，原 Excel 中所设置的公式或其它功能会全部丢失。四是打开设有密码的文档。如果忘记了某 Word 文档已设置的修改权限密码，则可以通过“新建文件”、“插入文件”，选择该 Word 文档，插入时，Word 并不要求输入修改权限密码，然后进行编辑修改，保存时覆盖原文档即可。但是如果忘记了打开权限密码，那么插入时，Word 会要求输入打开权限密码，否则不能插入。

878. 怎样用 WPS 快速合并多个文件？

有时我们为了阅读或管理方便，需要将若干个文件的内容合并在一起，一个一个地打开、复制、粘贴比较麻烦，这时可以使用 WPS Office 的文件灌入功能，将需要合并的文件一个一个地灌入同一文件的指定位置，该功能支持 TXT、WPS、DOC 等及常用的超文本文件。如果要打开或新建一个文件，先将光标移动到插入位置。然后移动鼠标到菜单栏，单击“文件”→“文件输入输出”→“灌入 WPS 文件”；选择好文件格式和文件名，单击“打开”，被选中的文件内容就会全部写入指定位置。重复操作即可将多个文件合并到该文件中。操作结束后，单击“关闭”退出 WPS Office。

879. 怎样用 WPS 转换 GB 与 BIG5 码文件？

［方法一］ BIG5 码转换成 GB 码。第一步：启动 WPS Office，打开需要转换的 BIG5 码文

件。第二步：同时选中“允许自动识别内码”选项，再打开文件即可正常显示。第三步：这时，只要将该文件存盘即可将BIG 5码文件转换为WPS Office默认的GB码文件。

［方法二］ GB码转换成BIG5码。第一步：打开需要转换的GB码文件，单击执行“另存为”命令，将文件格式选为WPS以外的格式。第二步：这时就会发现在WPS Office保存对话框中的“BIG5码文件”选项已经被激活，选中它即可把当前文件保存为BIG5文件。第三步：操作结束后，单击“关闭”退出WPS Office。

880. 怎样使用“我形我速”批量调整图像？

第一步：启动图像处理软件“我形我速”，通过左边的目录树列表，打开存放图片的文件夹，并且选中需要调整的图片。第二步：单击窗口上部工具栏中的“成批调整”按钮，此时可以看见下拉菜单中有“改善、旋转和转换”三个命令。改善用于对图片的色彩、亮度、对比度等属性进行优化调整；旋转，是将选中的一批图片进行“左右旋转”或者是“水平/垂直翻转”；转换命令可以把现有的图片转换为BMP、JPG、PSD、GIF等数十种格式。比如在此我们选择“改善”命令对图片进行优化处理。第三步：在窗口左边提供了调整（调整倾斜图片的角度）、修剪（去除图片中多余部分）、亮度和对比度、色调和饱和度以及焦距这几项。第四步：单击相应的按钮，程序自动对图片进行分析并将它调整到最佳状态。第五步：全部操作结束后，单击“关闭”按钮保存修改，退出程序。

881. 怎样使用“我形我速”在图片上添加签名？

第一步：启动图像处理软件“我形我速”，通过左边的目录树列表，打开存放图片的文件夹，并且选中需要添加签名的图片。第二步：单击工具栏中的“装饰”→“签名”按钮进入签名界面。第三步：单击窗口左上部的“类别”按钮，选中“笔迹”命令。第四步：可以直接选用“我形我速”中附带的常用英文名称，如果你的英文名称不在此列，或者想输入中文名称的话，单击下部的“创建新签名”按钮，会出现新建签名窗口。第五步：在窗口中我们可以按住鼠标左键书写自己的签名，同时还能够设置签名的笔画粗细、文字颜色等属性，最后单击下部的“保存”完成签名创建。第六步：返回窗口，在左部区域中找到刚刚创建好的签名，单击下部的“应用”，这个签名就被添加到右边的图片中了。第七步：全部操作结束后，单击“关闭”按钮保存修改，退出程序。

882. 怎样使用“我形我速”制作月历卡？

第一步：启动图像处理软件“我形我速”，通过左边的目录树列表，打开存放图片的文件夹，选择一幅中意的图片。第二步：单击工具栏中的“分享”→“日历”命令。第三步：此时程序会将图片嵌入到默认的模板中，并显示当前的日历。由于“我形我速”默认的是制作每周的日历，所以我们要在“日历类型”下拉菜单中选择“一个月”为单位，这样才能按照月份定制出日历。第四步：在窗口的左部有十余种现成的模板，可以根据自己的喜好来选择一款使用。同时，还可以单击“方向”按钮设定日历是水平放置还是垂直放置。第五步：设置完成之后，单击“下一步”设置年份和日期，一般直接采用系统默认的当前值即可。第六步：单击“下一步”，对日历中的文字、背景图片等属性进行设定。由于我们事先已经选择了中意的图片，所以在这里也可以采用默认的参数。第七步：最后，程序会提示你将制作好的日历打印输出并保存为单独的文件，或者是直接作为桌面壁纸使用。第八步：如果采用“我形我速”制作的日历作为桌面壁纸，程序会自动为你更新日历，而且在制作日历的时候，还可以设置“计划表”按钮等增加一些附加功能。第九步：全部操作结束后，单击“关闭”按钮，退出程序。

883. 怎样让《超级解霸》不自动播放光盘？

一是在 Windows 桌面上，移动鼠标到任务栏，右键单击“超级解霸自动伺服器”图标，也就是显示系统时间旁边的一个类似于光盘的小图标。在弹出菜单中单击选中“关闭探测器”；接着在出现的提示窗口中选择“否”。这样以后超级解霸就不会自动播放光盘了。二是在插入光盘后按下“Shift”键大约十秒钟，可以让超级解霸不自动播放这张光盘。

884. 怎样在《超级解霸》中实现播放列表功能？

第一步：打开资源管理器，移动鼠标到菜单栏，单击“工具”→“文件夹选项”，将要播放的文件类型设置为默认用超级解霸打开。第二步：在桌面上建立一个超级解霸的快捷方式，移动鼠标到快捷方式上右键单击。第三步：在弹出菜单中单击选中“属性”→“快捷方式”项，在“目标”文本框中键入要播放文件的命令行参数。假设超级解霸安装在 D:\herosoft 目录，要播放的文件(1.dat、2.dat、3.dat、4.dat、5.dat)在 D:\file 目录，则在“目标”文本框中输入：“D:\herosoft\STHSVCD.exe D:\file\1.dat D:\file\2.dat D:\file\3.dat D:\file\4.dat D:file\5.Dat”即可，总的字符数不能超过 255，单击“确定”保存设置。第四步：最后将快捷方式重新命名为自己喜爱的名字，并将它放在“桌面”上或者“开始”菜单中，这样播放列表就完成了。以后每次需要播放这些文件时，只须单击该快捷方式即可。

885. 怎样用《超级解霸》作语音校对？

第一步：使用 Windows 中的应用程序“记事本”写好文章并保存，如果是用 WPS 或 Word 等格式写的文章要转换成“记事本”的文本文档。第二步：双击桌面图标或在任务栏上单击“开始”→“程序”→“超级解霸”→“音频解霸”运行程序。第三步：移动鼠标到菜单栏，单击“文件”→“打开一个文件”。第四步：在对话框中的“文件类型”下拉列表中选“所有 *.*”，再单击选中要校对的文本文件，单击“确定”。第五步：“音频解霸”开始朗读文章。如果文章有多篇，可以选“打开多个文件”，然后用“Shift”或“Ctrl”键加鼠标选中这些文件。使用“音频解霸”面板上的按钮可以实现暂停、前进、后退…等操作。

886. Windows 系统中怎样设置声卡？

第一步：在 Windows 桌面上，移动鼠标到任务栏，单击“开始”→“设置”→“控制面板”。第二步：在“控制面板”中双击“添加/删除程序”对话框，单击“Windows 安装程序”→“多媒体”→“详细资料”，确定系统中安装有“音频压缩”组件。第三步：如果没有安装，单击选中“音频压缩”→“确定”后按照向导指引完成安装。第四步：如果没有音量控制，也应该通过这个对话框一并安装。第五步：重新启动机器后，在 Windows 桌面上，移动鼠标到任务栏，单击“开始”→“设置”→“控制面板”。双击弹出窗口中的“多媒体”或是“声音及多媒体”、“声音和音频设备”图标，单击“音频”栏。第六步：分别在回放，录音和 MIDI 栏的下拉菜单中选择适当的音频设备。只有当你安装了多声卡，或者有不同的 MIDI 引擎用于 MIDI 回放时才会用到这个功能。第七步：在对话框右下角有一个“仅使用首选(默认)设备”选项，选中此项后，在此之前最后选定的音频设备将成为惟一被指定的设备。如果系统中只有一个设备，这一项可以不选；如果有多个可用设备，应该选中这一项，以防止多设备混用。第八步：单击声音回放部分的“高级属性”；再单击选中“扬声器”栏。从下拉菜单中选择适当的音频输出模式。第九步：单击“性能”栏。将“硬件加速”滑动按钮移至最右端第四格的“全加速”状态，这样声卡驱动和3D音频等功能才能全面运行。下面的“采样率转换质量”滑动钮基本上不会影响声音回放质量和声卡运行性能。第十步：在Windows桌面上，移动鼠标到任务栏，单击“开始”→“程序”→“附件”→“娱乐”→“音量控制”，在出现对话框中，向上移动“音量”滑动钮，相应模式的声音会变大，一般推荐将这里的音量设置为最大值的70%，这样既可以减轻声卡本身的扩音负担，也能获得比较好的音频效果，外设的音箱上也有音量控制。“均衡”滑动钮可以被用于调节左、右音箱的音量均衡。如果两个音箱和你的距离不一样，这个功能就非常有用。第十一步：单击选中对话框左上角的“选项”→“高级控制”，这基本上是一个均衡器，适当调节这里的滑动钮。在大多数情况下都可以提升音频质量。低音：这个滑动按钮控制低音频(20Hz－250Hz)的放大，向左移动，放大水平会提高；高音：这个滑动按钮控制高音频(6kHz—20kHz)的放大，向右移动，放大水平会提高。如果选中了最下面的数字输出惟一选项，数字音频信号将通过声卡的S/PDIF输出端口送出，在外设的接收器DAC上进行转换，而不是在声卡的DAC上进行转换，是否选择这一项要由音箱系统来决定。此选项不影响AC—3、DTS、S/PDIF的输出，无论是否选中它，你都可以将AC—3/DTS通过S/PDIF输出端口送入杜比解码器中。第十二步：全部操作完成后，单击“确定”保存设置。

887. Windows系统中怎样优化用于播放CD的声卡设置？

一是使用Windows 9X系统。在Windows桌面上，移动鼠标到任务栏，单击“开始”→“设置”→“控制面板”；在“控制面板”中双击弹出窗口中的“多媒体”选项，单击选中“CD音乐”栏。然后单击选中“在这个CD—ROM设备上启用数字CD音频”选项。二是使用Windows 2000/XP系统。在Windows桌面上，右键单击“我的电脑”，单击弹出菜单中的“属性”→“设备管理器”，打开DVD/CD—ROM驱动目录，右键单击每个驱动，再单击选中弹出菜单中的“属性”→“属性”栏。同在Windows 9X系统上一样，单击选中“在这个CD—ROM设备上启用数字CD音频”选项。三是取消Sensaura日志。在Windows桌面上，移动鼠标到任务栏，单击“开始”→“运行”；在“运行”框中，输入regedit，单击“确定”。然后在弹出的注册表编辑器中打开HKEY—USERS\.DEFAULT\Software\Sensaura\Audio3D\Settings。右键单击SPlashScreen，单击选中“修改”，将键值变为0。全部操作完成后，单击“关闭”，保存设置。

888. 怎样放置音箱和低音炮？

音箱和低音炮的放置对于取得最好的声音效果非常重要，如果愿意花上一点时间把它们摆到正确的位置上，声音质量的提升绝对会让人吃惊。双音箱位置的变化将对音频回放的效果产生明显的影响，它们和操作者的距离与角度都应该一样，其高度和操作者的耳朵也应该相当，否则音箱就应该适当倾斜，使其和操作者耳朵的连线垂直于音箱正面。在音箱中间尽量不要放置任何障碍物，它们会影响声音输出的质量。四音箱要将两个前置音箱放在显示器两侧，两个后置音箱也应该和操作者等距离放置，与两个前置音箱成矩形包围操作者。同时最好还能进行某些加强，比如让音箱靠墙放置或者在后面放上挡板，最好能放在耳朵以上一尺高的地方，大多数后置音箱都配有支架，可以满足这一需求。五音箱应依照四音箱的模式摆放前置音箱和后置左、右音箱。将中央音箱放在显示器中间靠前的地方，固定好。低音炮的位置要根据低音炮的质量来确定，质量不好的低音炮应该放在墙角，以提供更强劲的低音输出。高质量的低音炮应该远离墙角，以避免反弹声波的干扰，降低音质。